Descartes
La Fable du Monde

Jean-Pierre CAVAILLÉ, né en 1959, est Docteur de l'E.H.E.S.S. et de l'Institut Universitaire Européen de Florence ; il enseigne la philosophie à l'Université de Toulouse-le-Mirail et poursuit des recherches sur le Scepticisme entre le XVIe et le XVIIe siècle.

CONTEXTES

Jean-Pierre Cavaillé

DESCARTES
LA FABLE DU MONDE

Avec 23 illustrations en appendice

Ouvrage publié avec le concours de
l'Institut Universitaire Européen de Florence

Éditions de l'École
des Hautes Études en Sciences Sociales

Librairie Philosophique J. Vrin

1991

A Screamin' Jay Hawkins

... j'enrichis peu à peu (...) ma capacité de créer (...) de nouvelles façons de feindre que je comprends le monde, ou plutôt de feindre qu'il est possible de le comprendre.

Fernando Pessoa

Printed in France

ISBN 2 7116-1090-X

INTRODUCTION

« Le *Monde* de Descartes » est une œuvre de science; un corps de physique, composé entre 1630 et 1633, probablement achevé, mais laissé impublié à l'annonce de la condamnation de Galilée[1]. Notre équivoque n'est cependant pas gratuite: ce livre, Descartes l'appellera toujours « *mon* Monde », en jouant explicitement sur les termes. Cette œuvre, *son* œuvre, contient la « fable » d'un « nouveau monde », c'est-à-dire présente un modèle cosmogonique mécaniste, susceptible de rendre compte intégralement du monde matériel. Ce monde, à la fois son ouvrage et l'univers de ses pensées scientifiques, Descartes le projette autour de lui sur le mode de la « rêverie », de l'imaginaire (I, 204; II, 682). En ce monde, cette fable qui est sienne, il se plaît et surtout se complaît: il l'a conçue dans les « déserts » de Hollande (car pour Descartes le désert est aussi bien la ville moderne, VI, 31), à l'écart des cercles intellectuels, des salons, des académies et des universités, mais en rapport constant avec ces lieux et ces structures de production et de diffusion du savoir qu'il appelle précisément *le* monde; ce monde des autres, par opposition à *son* monde, un monde entièrement sien, dont il est le créateur, le monarque et le seul habitant (X, 501).

Pour l'historien des idées, il est cependant évident que ces deux mondes ne sont pas séparés de façon drastique: ils interfèrent, s'interpénètrent et même se comprennent mutuellement. Le texte de Descartes appartient sans nul doute au monde culturel dans lequel il apparaît et en retour ce *Monde* du philosophe « retiré » comprend en

1. Sur l'achèvement du traité, cf. *A Mersenne*, fin novembre 1633, *Œuvres de Descartes*, publiées par Charles Adam et Paul Tannery, nouvelle présentation, en coédition avec le CNRS, Paris, Vrin, 12 vol., 1964-1972, t. I, p. 270, par la suite abrégé I, 270. Sur le contenu des parties aujourd'hui manquantes, cf. VI, 44 et 59-60; XI, 119-120 et 703-704.

filigrane tout l'univers savant de la première moitié du XVIIe siècle. Et la manière même de se rapporter au corps social et aux institutions du savoir dans la défiance et l'écart est caractéristique de cet univers mental. Car l'attitude cartésienne présente ainsi deux traits saillants de cette culture et de cette sociabilité: une éthique de la défiance et une esthétique de la distance.

Le *Monde* de Descartes n'en est pas moins un événement à la fois littéraire, scientifique et philosophique: pour la première fois, un ouvrage offre en français et dans un style colloquial un système cosmologique et physiologique intégralement mécaniste, dans le cadre d'une épistémologie fondée non plus sur le monde mais sur l'esprit qui entreprend de le connaître. Enfin, le *Monde* présente l'ébauche de la métaphysique absolument nouvelle que requiert cette épistémologie révolutionnée.

Notre propos est ainsi non seulement de resituer Descartes en son monde, de replacer le texte en son contexte, mais aussi de produire une réinterprétation de l'événement que constitue le *Monde*, à travers cette tentative de recadrage historique. Cette réinscription de l'œuvre dans son moment peut être menée depuis de multiples points de vue. Le nôtre est résolument philosophique: le rapport que nous souhaitons étudier entre ce nouveau monde et la constellation culturelle à laquelle il appartient est avant tout d'ordre spéculatif. Nous ne chercherons pas autrement dit à étudier pour elles-mêmes les diverses déterminations sociales, religieuses et culturelles auxquelles l'œuvre est soumise, mais nous nous efforcerons plutôt de restituer quelques bribes du dialogue critique que Descartes entretient avec la culture dont il est pétri et dans laquelle il intervient en écrivant son livre du *Monde*. C'est dans cette optique que nous nous proposons d'utiliser les informations et les méthodes que peuvent nous apporter des disciplines comme l'histoire des sciences, la critique littéraire ou l'histoire de l'art. Nous nous intéressons autrement dit aux relations que Descartes noue, dans cet ouvrage, avec ce qu'il est possible d'appeler, en prenant beaucoup de précautions, la pensée baroque.

Nous savons ce que le terme de baroque peut avoir de flou et de périlleux. Il permet cependant de désigner commodément une saison de la culture européenne, qui commence dans les deux dernières décennies du XVIe siècle et se prolonge jusqu'au milieu du siècle suivant. Sur ce point, le consensus des historiens, quel que soit leur champ d'étude, est à peu près acquis. On peut bien sûr constater que la vie de Descartes (1596-1650) s'inscrit dans cette période. Descartes est donc un auteur baroque. Mais ce n'est encore rien dire, ou plutôt cela revient simplement à remarquer que Descartes est le contemporain de

Rembrandt, de Calderón et de Corneille, l'ami de Guez de Balzac et de Constantin Huygens, le correspondant du Père Mersenne et du grand Arnauld. C'est aussi noter qu'il a connu le Cardinal de Bérulle et le libertin Desbarreaux, qu'il a lu et apprécié des poètes comme Théophile de Viau ou Le Moyne. C'est relever dans sa biographie qu'il est mort à la cour de Christine de Suède, qu'il a sans doute visité la Rome d'Urbain VIII, assisté au sacre de l'Empereur Ferdinand, connu la guerre de Trente ans, les luttes pour la libération des Provinces Unies et quelques éclats de la Fronde[2]. Descartes appartient à l'âge baroque. Cette simple constatation, si longtemps éludée par les commentateurs, nous paraît, par la bibliothèque qu'elle nous ouvre et les problèmes d'interprétation qu'elle ne manque pas de soulever, d'une importance déterminante pour la compréhension des enjeux de la philosophie de Descartes.

Elle entraîne d'abord la reprise d'une vieille question: celle des rapports de la pensée cartésienne au scepticisme. La philosophie de Descartes – sa science, sa théorie de la connaissance et sa métaphysique – se présente comme une critique et surtout un dépassement du scepticisme et du pyrrhonisme. Or il nous semble que la catégorie « scepticisme » permet d'embrasser la plus grande partie de la production culturelle de l'âge baroque, et autorise à parler *d'une* pensée baroque, par delà les clivages et les conflits de toutes sortes (confessionnels, théologiques, politiques, moraux, esthétiques). Ce scepticisme se manifeste d'abord dans la défiance et la critique de la métaphysique traditionnelle et de son ontologie: il est la pensée la plus propre de cette crise qui, au tournant du XVIe siècle, bouleverse les sphères du savoir, de la politique et du social. Ce scepticisme est aussi une crise de la pensée, et comme telle, son expression théorique s'accompagne le plus souvent de sa tentative de surmontement. On le trouve à la racine du mouvement libertin, au cœur du grand renouveau de l'augustinisme, à la base de l'empirisme moderne de Gassendi ou du nominalisme mécaniste de Hobbes et en général de tous les développements de la nouvelle science, mais on le rencontre jusque dans l'aristotélisme des universités. Sous une forme spontanée, préthéorique, comme doute général et radical sur la réalité et la vérité de toutes choses, ce scepticisme est le terrain où s'épanouit une culture du trompe-l'œil, de la théâtralité et de l'éloquence, de la dissimulation et de l'ostentation, de la vanité et de la gloire, du mépris mais aussi du

2. Voir la biographie d'Adrien Baillet, *La vie de Monsieur Descartes*, Paris, 1691, 2. vols, et celle de Ch. Adam, dernier tome des *Œuvres de Descartes* (vol. 12), *op. cit.*

culte des apparences. Nous voulons parler de cette culture même qui constitue le baroque européen, considéré en amont des multiples finalités (politiques, apologétiques, morales etc.) poursuivies par ses diverses expressions. Le scepticisme se présente enfin, sous la forme d'une idéologie mondaine, comme la «philosophie naturelle» de l'honnête homme, entendu par là l'ensemble des raisons d'ordre éthique et esthétique qui justifient une attitude ironique et dépréciative à l'égard des spéculations proprement philosophiques.

Tel est, décrit de façon extrêmement succincte, le monde culturel dans lequel intervient Descartes. L'objectif que se propose l'auteur du *Discours de la méthode* et des *Méditations* est l'élaboration d'une réponse définitive à la crise sceptique de la pensée. En assumant le doute et en le conduisant jusqu'au point où il se retourne en certitude absolue dans la profération du «je pense», il s'agit pour Descartes de fonder une philosophie de la vérité capable d'assurer le développement cohérent de la science moderne, mais aussi et d'abord de définir le statut métaphysique et moral du sujet de ce nouveau savoir. *Le Monde* procède avant tout du souci scientifique, mais nous verrons que la démarche du physicien est inséparable des spéculations du métaphysicien et du souci moral qui préside chez Descartes à l'entreprise philosophique comprise dans sa globalité. Nous essaierons de montrer en quoi ce traité de physique participe d'une culture du doute, de la défiance et de la représentation, tout en se donnant comme le surmontement de la crise sceptique qui déchire la pensée baroque.

Pour mener cette recherche, nous prendrons la *fable* comme fil d'Ariane. La fable est un concept clé du scepticisme baroque, à la fois comme genre discursif indéxé sur l'imaginaire, voué à l'expression et à la dénonciation de l'illusion, et comme métaphore de la vanité et de la fausseté du monde. Or il se trouve que Descartes, pour présenter la vraie science du monde au lecteur de son ouvrage de physique, adopte la «fable» d'un «nouveau monde» créé dans «les espaces imaginaires» des cieux laissés vacants par la philosophie scolastique.

I. LE MONDE ET SON THÉATRE

> La figure de ce monde passe à tout moment; cela veut dire que tout ce monde présent et visible n'est qu'un grand théâtre... où tout n'est que figure; et dont toutes les beautez ne sont que des décorations de théâtre...[1]

Nous voulons étudier comment, dans cet écrit auquel Descartes a donné le nom de *Monde*, et avec l'aide des autres textes cartésiens auxquels cette œuvre est étroitement liée, un nouvel univers s'élève sur les ruines du cosmos de la tradition: le monde moderne, objet de la physique mécaniste et nouveau cadre de l'expérience humaine. Nous nous attacherons à montrer en quoi ce texte s'inscrit dans un contexte culturel déterminé et s'en dégage à la fois, comment il reflète et transforme la *Weltanschaaung* baroque, en lui donnant une nouvelle orientation, indissolublement scientifique et métaphysique. Mais pour ce faire il nous faut, dans un premier temps, essayer de spécifier quelle est la notion de «monde» impliquée dans la culture savante du premier XVIIe siècle et tenter de déterminer quel rapport à la tradition métaphysique se trouve ainsi engagé.

Cette notion de monde, à l'âge baroque, comme nous amène à l'établir le texte cartésien lui-même et l'énigmatique reflet que donne de ce texte un portrait «moralisé» du philosophe, cette notion s'avère indissociable d'une métaphore: celle du théâtre. C'est pourquoi nous nous proposons de commencer cette étude par l'analyse d'un lieu déterminé, qui nous servira en quelque sorte de microcosme paradigmatique, un lieu où la science paraît d'emblée théâtralisée et qui, pour

1. Discours à l'adresse d'une communauté religieuse, manuscrit de la Bibliothèque Nationale, f. fr. 13271, cité par Jean Rousset, *La littérature de l'âge baroque en France*, Paris, 1964, p. 272.

des raisons biographiques, mais surtout théoriques, nous ramène à Descartes : il s'agit de l'amphithéâtre d'anatomie de Leiden. Nous aurions pu nous astreindre à confronter le traité du *Monde* avec d'autres textes de physique. D'ailleurs le discours de Descartes, en toute bonne logique créationniste, va, dans l'œuvre que nous voulons étudier, du monde à l'homme, de la physique à l'anatomie. L'étude du corps humain vient donc chez Descartes s'inscrire dans une cosmologie déjà constituée. Cependant, il nous a paru beaucoup plus fécond de renverser l'ordre et la perspective et de prendre comme terrain d'investigation du monde précartésien un théâtre d'anatomie. Ceci parce que l'anatomie, à l'époque baroque, met en jeu une représentation du monde qui excède d'emblée la science, considérée dans son strict déploiement théorique et pratique, pour se faire l'écho, sous le couvert d'un discours moralisateur, d'une crise profonde de l'ontologie traditionnelle. Pour la tradition, la vie est conçue comme le paradigme de tout étant : « *vivere viventibus est esse* » dit la traduction latine d'Aristote[1], et Albert le Grand commente : « *ex quo posuit vitam, superfluum fuit addere esse* »[2]. Pour la théologie scolastique, dans l'acte créateur, Dieu confère à la fois la vie et l'être. Et voici qu'avec l'anatomie, le cadavre devient le paradigme du vivant. L'étant n'est donc plus en tant qu'il est vivant. Dès lors que la vie est comprise à partir du cadavre, le vivant (entendons l'homme vivant et comme tel immergé dans un monde animé, vivant lui-même), par l'examen de son modèle mortuaire, est confronté à son propre non-être. Quand, d'une extrémité à l'autre de l'échelle des êtres, la vie cesse de circuler, le grand et le petit univers, le monde et l'homme entrent en décomposition ; décomposition active, travail de la technique et de la science, mais aussi (et peut-être d'abord) subie : morcellement, fragmentation, corruption, évanescence de toute réalité parce que se défait l'unité vitale du cosmos, parce que l'assise ontologique vient à faire défaut. Le théâtre, monde des ombres et, en son apothéose baroque, monde de l'illusoire, du non-réel, univers où l'apparition, le phénomène est simulation et non d'abord manifestation de l'être, le théâtre est le lieu par excellence où se joue cette crise de l'ontologie. A plus forte raison lorsque la science investit la scène pour y accomplir son travail d'analyse, de découpage du réel, pour accomplir la crise, abstraction faite de la vie, indifférente à l'être. Et la fable cosmologique de Descartes ne peut être véritablement comprise qu'une fois replacée dans le contexte de cette crise.

1. *De anima*, II, 4 ; 415 b 13.
2. *In Dionys. de div. nom.*, éd. Col., 37, I col. 135 a.

1. «Mundus est fabula»: l'énigme du portrait

«*Mundus est fabula*»: on peut lire cet aphorisme sur le portrait de Descartes peint par Jean-Baptiste Weenix[1]. Le monde est une fable. Cette épigraphe nous paraît fournir une bonne introduction au monde de Descartes. Le monde de Descartes: formule volontairement vague et équivoque, désignant ici, à la fois les cadres culturels, sociaux et politiques dans lesquels l'œuvre cartésienne a pu être produite, et l'idée de monde qui se dégage de cette œuvre, à partir de l'élaboration d'une physique nouvelle. Nous souhaitons traiter de la genèse du monde cartésien et nous postulons qu'il n'y a pas en science ou en philosophie de création ex-nihilo. Or ces quelques mots inscrits sous le portrait, dans la mesure où ils constituent une variation sur un thème obligé de la culture baroque, tout en faisant expressément signe en direction des textes du corpus cartésien, nous semblent permettre d'envisager le processus par lequel ce nouveau monde se dégage de sa «prima materia»: la mentalité baroque et le discours protéiforme où cette mentalité se trouve prise. *Mundus est fabula*: il est difficile de trouver un auteur qui n'exploite au XVIIe siècle le motif de la fable ou théâtre du monde. Descartes, dans le *Discours de la Méthode*, fait du voyageur parcourant le monde le spectateur de «toutes les comédies qui s'y jouent» (VI, 28). Mais surtout, qui porte attention au tableau est immanquablement renvoyé à une œuvre déterminée. L'épigraphe est inscrite dans un livre que le philosophe tient ouvert devant lui. Dans le livre du philosophe, le spectateur peut lire que le monde est une fable. Or Descartes est l'auteur d'un ouvrage auquel il a donné le nom de *Monde* et qu'il a présenté, précisément, comme une fable. L'ouvrage, que Descartes renonça à publier après la condamnation de Galilée, était cependant connu des contemporains à travers la cinquième partie du *Discours de la Méthode*, qui en donne le résumé, et par les *Principes de la Philosophie*, dont les deuxième, troisième et quatrième parties reprennent et développent systématiquement la plupart des sujets du traité de 1632[2]. Confronté au tableau, le spectateur du XVIIe siècle, rompu au déchiffrage des devises et familier du philosophe ou de ses œuvres, ne pouvait que saisir l'allusion à cet ouvrage mystérieux dont

1. Voir reproduction en appendice.
2. Cf. le relevé des correspondances entre le *Monde*, la cinquième partie du *Discours de la Méthode* et la physique des *Principes* in XI, 702-706.

l'existence même, à l'époque du *Discours*, passa pour fabuleuse auprès de certains lecteurs[1]. L'interprète du XXe siècle devra donc quant à lui revenir du tableau à la lettre du texte, au monde du traité, à travers le double prisme de la biographie, dont le portrait et sa devise sont de précieuses traces, et de l'univers culturel auquel appartient cette représentation du philosophe.

Le portrait a été exécuté en 1647 environ. A cette époque la plus grande partie de l'œuvre cartésienne est déjà constituée: les *Principia* sont publiés en 1644 à Amsterdam et la traduction française de l'abbé Picot paraît en 1647 à Paris. Descartes doit faire face à de nombreuses attaques, parfois très virulentes, venant aussi bien des milieux universitaires protestants des Pays-Bas, où il réside, que de ses anciens maîtres, les Jésuites[2]. Lassé par ces controverses, il écrit à Chanut, le 1er novembre 1646: «je crois que le mieux que je puisse faire dorénavant, est de m'abstenir de faire des livres; et ayant pris pour ma devise, *Illi mors gravis incubat,/ Qui, notus nimis omnibus,/ Ignotus moritur sibi*, de n'étudier que pour m'instruire...» (IV, 537). Ces vers, réminiscence des études humanistes au collège jésuite, sont de Sénèque[3]. Cette lettre et le portrait étant à peu près contemporains, la devise sénéquienne et l'épigraphe trouveraient à se compléter dans une interprétation qui s'attacherait à mettre en évidence les éléments stoïciens que Descartes partage dans sa morale avec beaucoup de ses contemporains. L'importance persistante, quoique déclinante, du néo-stoïcisme vers le milieu du siècle et le fait que celui-ci constitue à n'en pas douter l'une des sources de la morale cartésienne, associés à la désillusion personnelle évoquée ci-dessus, pourraient légitimer une telle interprétation[4]. Désabusé, le philosophe vieillissant délaisse les

1. Cf. les objections de Pierre Petit au *Discours de la méthode*, publiées dans la *Revue de métaphysique et de morale*, 1925, p. 86-87.

2. Cf. Baillet, *op. cit.*; Ch. Adam, t. XII des *Œuvres*, *op. cit.*; notices de Ferdinand Alquié in Descartes, *Œuvres philosophiques*, 3 vols, Paris, 1963-1973, t.II et t.III, Paris (par la suite abrégé FA II, FA III, suivi du n° de page), et plus récemment Theo Verbeek, introduction et notes à René Descartes et Martin Schoock, *La Querelle d'Utrecht*, Paris, 1988.

3. *Thyeste*, v. 401-403. Descartes a également transcrit ces vers dans l'*album amicorum* de Montigny de Glarges, le 10 décembre 1644. Cet extrait figure dans le *Corpus omnium veterum pœtarum latinorum* (Lyon, 1603) que Descartes possédait au collège. Ce livre, qui apparaît dans le rêve de 1619, semble être la source de la plupart des références poétiques latines de l'œuvre cartésienne (X, 217-219; IV, 537; etc.).

4. Cf. Julien Eymard d'Angers, *L'apologétique en France de 1580 à 1670. Pascal et ses précurseurs*, Paris, 1954; Saunders J.-L., *Justus Lipsius: The Philosophy of Renaissance Stoicism*, New York, 1955, Gerhard Œstreich, *Neostoicism and the early moderne State*, Cambridge, 1982. Cf également Ernst

controverses doctrinales pour répondre à l'injonction socratique : il se détourne du monde au profit de lui-même. Le monde taxé de fable dans le livre peint (les livres que Descartes renonce désormais, ou plutôt feint de renoncer à faire), serait en ce sens synonyme de « vie mondaine », au sens fort de vie en ce monde – « *scena vitae* » –, comme le rapport à la mort, introduit par la citation sénéquienne, semble autoriser à le penser[1]. La fable du monde doit ainsi d'abord être comprise comme fable du théâtre du monde[2]. La fable signifie la comédie ou la tragédie – la tragicomédie – de la vie. Ce thème de la comédie humaine, dont le dernier acte, dérisoire ou magnifique, se conclut par la mort, excède très largement le néo-stoïcisme et hante véritablement l'ensemble de la culture européenne de la Renaissance jusqu'à la fin du XVIIe siècle[3]. « *Mundus est fabula* », ainsi interprété comme *memento mori*, rappelle aussi bien du point de vue de la forme que du fond le fameux mot de l'empereur Auguste, repris par Rabelais et après lui, par tant de baroques : « *Acta est fabula* » ; la fable est achevée, la pièce est jouée.

Il est indéniable que l'épigraphe du tableau doit être d'abord lue comme une variation sur le thème du théâtre du monde. Il semble dès lors que nous nous enfonçions dans la morale et nous éloignions de la science. Mais il semble seulement : d'abord parce que le lien qui unit la science à la morale, s'il devient bien problématique au XVIIe siècle, est encore loin d'être défait. La finalité assignée par Descartes à la science dans le *Discours de la Méthode*, il ne faut jamais l'oublier, est l'acquisition de la sagesse ; il s'agit de trouver « la vérité dans les sciences » pour bien « conduire sa vie ». Quoique ce rapport, au cours du développement successif de la philosophie cartésienne, se fait toujours plus critique, la préface de l'édition française des *Principes* présente encore la morale « la plus haute et la plus parfaite », « dernier degré de la sagesse », comme une « science » qui présuppose la connaissance de

Cassirer, « La Renaissance du stoïcisme dans la morale des XVIe et XVIIe siècles » in *Descartes, Corneille, Christine de Suède*, Paris 1942, 1981, p. 71-88.

1. Le thème de la vie comme fable et comédie est omniprésent dans la littérature néo-stoïcienne. Cf. Guillaume du Vair, *Philosophie des Stoïques*, Paris, 1946, p. 81 et Juste Lipse, *De Constantia*, I, VIII.

2. L'un des sens les plus courants du mot fable (*fabula*) au XVIIe siècle est le « muthos » de la poétique aristotélicienne, sujet et intrigue d'une pièce de théâtre. Cf. notamment l'entrée « Fable » dans les dictionnaires de Richelet et de Furetière.

3. Le thème stoïcien nourrit tout autant les spéculations du sceptique. Cf. La Mothe Le Vayer, *Cinq dialogues faites à l'imitation des Anciens par Orasius Tubero*, 1re éd. probablement 1630, Francfort, 1717, t. I, « *Lettre de l'Autheur* ». Ce texte est commenté, en relation avec Descartes, par Guido Canziani, *Filosofia e scienza nella morale di Descartes*, Firenze, 1980, p. 25-26.

toutes les autres (IX, II, 14). Cette liaison du savoir et de la morale est présente dans toutes les démarches scientifiques du siècle, y compris et peut-être surtout là où la nouvelle science, élargie au politique, revendique le plus complètement l'universalité : le rapport de subordination est alors inversé, et la morale annexée à la science politique, comme chez Hobbes. Mais une telle entreprise, qui conduit à la négation de toute autonomie morale au profit du politique érigé en science, est elle-même indissolublement scientifique et morale. On ne s'étonnera donc pas que ces deux champs, que nous séparons aujourd'hui radicalement, soient au XVIIe siècle investis par les mêmes concepts et par la même métaphorique. C'est ainsi que la métaphore du théâtre du monde, à l'époque baroque, assume d'emblée un sens à la fois cosmologique et moral. L'idée force suivant laquelle le monde est un théâtre, sous le regard de Dieu ou dans les mains du destin, et où chacun est amené à jouer son rôle, s'avère étroitement liée à une conception artificialiste de la nature. Etudier la nature revient à découvrir par quels mécanismes dissimulés aux spectateurs sont produits les phénomènes qui forment les décors changeants et variés du monde[1]. A l'instar des relations sociales suspectées d'histrionisme généralisé, les apparences du monde sont perçues comme des faux-semblants dont il s'agit de comprendre et de maîtriser la production. Plus exactement, nature et société paraissent obéir fondamentalement à une même structure : celle de la théâtralité. Si la tâche de la morale est de nous enseigner comment nous comporter sur la scène du grand théâtre du monde, il revient à la science d'entreprendre le démontage de ses soubassements techniques. La science paraît alors indissociable d'une morale, qui en constitue l'achèvement pratique. En dernier recours, sont recherchées dans les coulisses du monde les règles de mise en scène et la didascalie capables d'assurer aux acteurs une bonne prestation, avec toute l'ambiguïté morale que cet impératif de réussite dans l'ordre du paraître ne manque pas de susciter. Et l'on trouve cette même métaphorique technico-morale de la machine théâtrale du monde aussi bien dans le discours profane du courtisan que dans celui de l'ascétisme chrétien. Descartes, nous le verrons, dans l'usage qu'il fait de la métaphore ouvre une troisième voie, aussi éloignée de la stratégie curiale que de l'exercice spirituel.

Un exemple de théâtralité indissociablement morale et scientifique va nous permettre de préciser la fonction de cette riche notion de

1. Cf. Fontenelle, *Entretiens sur la pluralité des mondes*, éd. Marabout Université, Paris, p. 30-31 et le magnifique commentaire que Pierre Bayle fait de ce texte, *Œuvres diverses*, Nouvelles de la République des Lettres, mois de mai 1686, art. I, La Haye, P. Husson, 1727.

théâtralité dans la culture baroque. Il s'agit d'un amphithéâtre d'anatomie que Descartes a connu. Nous en faisons un lieu paradigmatique du monde précartésien[1]; de ce monde qui prélude au traité du *Monde*. Et nous verrons comment l'épigraphe du tableau trouve sa place dans ce théâtre.

2. *L'amphithéâtre d'anatomie de Leiden: l'autopsie d'un monde* [2]

Deux gravures, de 1609 et de 1610[3], nous représentent l'amphithéâtre d'anatomie de Leiden. Il ne devait pas avoir beaucoup changé à l'époque où Descartes a pu le fréquenter[4]. Avec ces deux

1. Nous ne donnons pas à cet adjectif un sens strictement chronologique, mais bien plutôt doctrinal. Par «monde précartésien» nous entendons la représentation du monde généralement admise durant les périodes de formation et d'activité de Descartes. Mais cette représentation conservera longtemps sa prédominance. Ainsi par science précartésienne nous désignons la science avec laquelle Descartes rompt, mais qui continuera à compter bien du temps encore après la mort du philosophe et qui plus encore, dans bien des cas, parviendra à «récupérer» les aspects les plus novateurs de la science cartésienne. L'amphithéâtre que nous nous proposons de décrire, construit en 1593, conservera ses traits caractéristiques (le macabre moralisé et la «curiosité» comme facteurs dominants de la collection scientifique) jusqu'au XVIIIe siècle. Cependant, parce que les options prises par Descartes (son refus de moraliser le cadavre, son dédain et sa critique ouverte de la culture de la curiosité, mais surtout les fondements épistémologiques et métaphysiques par lesquels il justifie ce refus et cette critique) nous semblent déterminantes dans le développement de la science moderne, nous nous croyons autorisé à parler de science et de monde précartésiens pour des œuvres qui pourront s'avérer chronologiquement postérieures à Descartes.

2. Cette étude sur l'amphithéâtre d'anatomie de Leiden s'appuie sur l'inventaire dressé en 1620 par le professeur Ottho Van Heurne, complété en 1622 et 1628, in J. A. J. Barge, *De oudste Inventaris der oudste academische anatomie in Nederland*, Leiden, 1934; les ouvrages de J. J. Orlers, *Icones, elogia ac vitae professorum Lugdunensium apud Batavos*, Leiden, 1617 et de Meursius, *Athenae batavorum*, 1641; un guide du début du XVIIIe siècle: *Les Délices de Leide*, Leiden, 1712; l'ouvrage de J. E. Kroon, *Bijdragen tot de geschiedenis van het geneeskundig onderwijs aan de Leidsche Universiteit 1575-1625*, Leiden, 1877 et l'article de Th. H. Lunsingh Scheurleer, «Un amphithéâtre d'anatomie moralisée», in *Leiden University in the Seventeeth Century*, Leiden, 1975, p. 216-277.

3. Gravures de B. Dolendo ou de W. Swanenburgh, 1609 (cf. fig. 1), d'après J. Woudanus (Jan Cornelisz van't Woundt), et de W. Swanenburgh (1610), d'après Woudanus également (cf. fig. 2).

4. L'amphithéâtre, l'un des premiers amphithéâtres permanents, construit à l'université de Leiden sous l'initiative du docteur Pieter Pauw (1564-1617), pro-

gravures nous ne quittons pas la métaphore théâtrale; plutôt la voici d'une certaine façon concrétisée. Car c'est bien un théâtre que nous avons sous les yeux; un théâtre de la science bien sûr, mais aussi un théâtre de la mort, et encore un petit théâtre du monde réalisé, un microcosme théâtral de l'univers baroque.

La séance d'anatomie se déroule dans une architecture théâtrale circulaire, inspirée du modèle vitruvien. Cette association de la science et du théâtre, à l'aube de la modernité, est lourde de signification. Car il y a bien ici interaction entre la pratique de la dissection et la fonction spéculaire, spectaculaire du théâtre. L'amphithéâtre d'anatomie, sous le signe de la science, opère d'une certaine façon la condensation de ces deux activités dont l'importance ne cesse de s'affirmer à l'époque baroque, comme le montre l'ampleur de leur diffusion métaphorique et comme en témoignent leur développement effectif et leur rôle pilote dans les niveaux de culture qu'elles concernent: il est ainsi possible de dire que l'anatomie a valeur de modèle pour la science expérimentale naissante, comme le théâtre, au même moment, pour les arts du visible[1]. Enfin l'anatomie, comme le théâtre, a partie liée avec la mort. De cette rencontre du théâtre et de la science témoigne un long poème de Scriverius, qui était placé à l'entrée de l'amphithéâtre[2]. Une foule se presse à l'entrée du «théâtre», sous les yeux étonnés d'un voyageur: «tu crois peut-être qu'il se rendent aux jeux», dit le poète au voyageur, mais en ce lieu ne se produisent ni mimes, ni saltimbanques, ni histrions. Dans ce théâtre «règne» le docteur Pauw, qui fait «tournoyer d'une main experte tous les instruments de chirurgie» !

Les gravures exhibent bien d'abord un théâtre de la science, dont le centre est occupé par une planche de dissection, et où se trouve mis en scène le «jeu» de l'anatomiste. L'une de ces deux images représente l'amphithéâtre entre deux séances, au moment où un visiteur soulève le drap qui recouvre le cadavre, déjà ouvert, travaillé et scruté. Par ce

fesseur de médecine et de botanique, fut achevé en 1593, cf. Lunsingh Scheurleer, *art. cit.*, p. 217-218. Pauw s'est inspiré du premier amphithéâtre permanent jamais réalisé, celui de Padoue, érigé par le maître de Pauw, Hieronymus Fabricius ab Aquapendente (1533-1619). Descartes s'inscrit dans cette université le 27 juin 1630. Plus tard (1642-43) il se lie avec Adolphe Vorstius (1597-1663) qui y occupe la fonction de professeur d'anatomie et de médecine (1624-1663). On peut donc avoir la «certitude morale» qu'il a connu l'amphithéâtre, alors très célèbre aux Pays-Bas et dans toute l'Europe (cf. G. Cohen, *Ecrivains français en Hollande au XVIIe siècle*, Paris-La Haye, 1921, p. 375 et sq.).

1. Cf. W. S. Heckscher, *Rembrandt's anatomy of Dr. Nicolaas Tulp*, New York, 1958, ch. III: «The Anatomy as scientific event and theatrical fete», p. 27-35.

2. Le poème, écrit en 1615, est notamment reproduit dans *les Délices de Leide*, *op. cit.*, p. 143-147.

geste théâtral de dévoilement, le visiteur exhibe la « fabrique »[1], le « chantier » anatomique. L'autre nous montre la leçon du professeur Pauw, le bras droit levé, sentencieux, alors que de l'autre il extrait le cœur de la poitrine béante du mort. Le cœur : foyer, principe même de la vie. On songe bien sûr à la leçon d'anatomie du docteur Tulp de Rembrandt[2], elle aussi extrêmement théâtralisée, et à cette main « savamment » écorchée, sous le regard inquisiteur des médecins penchés sur le cadavre. L'anatomie est ce rapport spéculaire, autoptique avec les profondeurs du corps, que Rembrandt a su capter avec tant de force par le jeu de regards des assistants. L'anatomie est autopsie du corps, « vue directe », inquisition progressive et méthodique du cadavre : elle ressort d'une volonté de savoir qui est d'abord une volonté de voir. Dans l'amphithéâtre, la science devient un spectacle public. Car la leçon d'anatomie est bien ce spectacle scientifique au cours duquel la machine du corps est patiemment démontée, pièce par pièce.

La finalité pratique de cette investigation spectaculaire du corps paraît très claire aux modernes que nous sommes : elle est évidemment médicale. La dissection du cadavre permet de compléter la connaissance du corps, de perfectionner le geste chirurgical, et bien sûr aussi d'enquêter sur les causes du décès. Et il est certain que la médecine qui lit et traite le corps comme une horloge, un automate, ambitionne non seulement de réparer la machine et de l'entretenir, mais aussi d'en rechercher la perpétuité du mouvement. La médecine se propose de reculer et, secrètement, d'annuler la mort. Bien des textes de Descartes et d'autres hommes de science de son époque sont à cet égard révélateurs[3].

1. Cf. le titre particulièrement évocateur du traité de Vésale : *De humani corporis fabrica*, Basilae, 1543. Le corps de Vésale est une « fabrique », comme le monde de Copernic : « ... divina haec optimi opificis fabrica... », *Des Révolutions des orbes célestes*, publié, comme on le sait, la même année que le traité de Vésale (trad. A. Koyré, Paris, 1934, p. 118).

2. La célèbre toile de Rembrandt a été exécutée à Amsterdam, en 1632. Cf. le très bel ouvrage de W. S. Heckscher, *Rembrandt's anatomy of Dr. Nicolaas Tulp*, *op. cit.* et celui de W. Schupbach, *The paradox of Rembrandt's « Anatomy of Dr. Tulp »*, London, 1982. Pierre-Alain Cahné, a confronté justement cette toile à une lettre de Descartes, datée de novembre 1632 (I, 263), où le philosophe, alors à Amsterdam, parle de ses propres travaux d'anatomie (*Un autre Descartes*, Paris, 1980, p. 98-99). Sur la possible assistance de Descartes à la séance annuelle de Tulp en 1632, cf. Heckscher, *op. cit.*, p. 26.

3. Cf. *Descartes à Mersenne*, janvier 1630, I, 235 ; janvier 1639, I, 105-106 ; *A Huygens*, décembre 1637, I, 649 ; *Entretien avec Burman*, texte 66, V, 178, ainsi que le témoignage de Digby, rapporté par Des Maizeaux, *Vie de Saint*

Mais, devant les gravures de l'amphithéâtre de Leiden, ce n'est pas cette idée prométhéenne de la science qui vient d'abord à l'esprit. Le spectateur est frappé en premier lieu par ces squelettes d'hommes et d'animaux juchés au dessus des gradins et rangés en cercles concentriques autour du cadavre anatomisé, comme pour une procession funèbre, et qui brandissent des drapeaux où sont inscrites des formules latines ressassant le thème de la précarité de la vie: «*homo bulla*», «*vita brevis*», «*pulvis et umbra sumus*», «*nascentes morimur*» etc. Ces sentences, tirées de la Bible et des anciens, on les trouve inlassablement répétées, avec d'autres similaires, dans les peintures de vanités, toujours associées à la représentation du crâne ou du squelette. La rhétorique décorative et didactique de ce théâtre apparaît ainsi profondément ancrée dans la tradition chrétienne d'appropriation des doctrines morales de l'antiquité[1]. Les thèmes théologiques eux-mêmes sont présentés en bonne place: au centre de la gravure, trône l'arbre de la science flanqué de squelettes figurant Adam et Eve (figures 1 et 2). L'invention de la science est ainsi associée à l'origine de la mort. Ce pessimisme ostentatoire est très éloigné du discours humaniste que semblerait devoir encourager la pratique de l'anatomie et son rôle pionnier dans la naissance et le développement de la science moderne. Nous sommes bien d'abord en présence d'un théâtre de vanité, d'un théâtre de la mort où se trouve mise en scène la mort physique, individuelle, mais inscrite dans l'histoire humaine christianisée, entre le péché originel et l'apocalypse[2]. L'envahissante décoration funéraire fait de ce lieu de science un *memento mori*, ainsi qu'il est d'ailleurs écrit sur l'un des drapeaux: un théâtre de la mémoire de la mort. L'enjeu le plus visible de la séance d'anatomie, comme de l'exhibition des squelettes, est la contemplation de la mort[3]. Sous le drap, sous la peau incisée et détachée comme une mue, les chairs découpées et scrutées, le squelette triomphant semble récupérer son statut de pur

Evremond, cité in XI, 671 et celui de Picot, rapporté par Baillet, *op. cit.*, t.II, p. 448 ; (voir *infra*, Conclusions, I).

1. Sur la dimension morale et spirituelle des discours prononcés par l'anatomiste durant les séances publiques, cf. Schupbach, *op. cit.*, p. 21-26 et *passim*.

2. P. Dibon montre combien la philosophie hollandaise au XVIIe siècle est préoccupée par le problème de la «chute originelle» et il y voit à juste titre un puissant ferment de scepticisme, «Scepticisme et Orthodoxie religieuse en Hollande au XVIIe siècle», in *Scepticism from the Renaissance to the Enlightenment*, ed. by R. H. Popkin and B. Schmitt, Wiesbaden, 1987; p. 57 et p. 71-78.

3. Sur l'obsession de la mentalité baroque pour la mort et la fascination exercée par l'anatomie, cf. A. Chastel, «Le baroque et la mort», in *Retorica e barocco*..., Rome, 1955, p. 41 sq. et Ph. Ariès, *L'homme devant la mort*, Paris, 1977, 2 vol., t. 2, éd. 1985, p. 74-83.

symbole[1]. L'amphithéâtre de médecine paraît alors curieusement détourner le spectateur de l'inspection et de la prospection scientifiques au profit de l'introspection morale. «*Nosce te ipsum*», peut-on lire encore sur un autre fanion. Nous retrouvons les Socrate et Sénèque christianisés de Scaliger, de Juste Lipse et de Guillaume du Vair: «sache que tu es mortel». La devise de Descartes et le «*motto*» de son portrait, si l'on veut bien pour un instant faire abstraction de l'œuvre elle-même afin d'en rechercher les conditions de possibilité, viennent tout naturellement s'inscrire dans ce contexte, et nous ne serions pas étonné de les voir figurer en ce lieu: misérable, celui qui meurt inconnu de lui-même...

Mais ce «connais-toi toi-même» renvoie en même temps à la science et signifie tout autant: «apprend à connaître comment est faite la machine de ton corps; étudie l'anatomie»[2]. Les instruments de cette connaissance, les outils de chirurgie et de dissection, sont exposés dans une grande armoire vitrée et longuement énumérés par Scriverius, avec une jubilation que l'on pourrait qualifier de futuriste, si l'on ne craignait l'anachronisme. L'aspect strictement technique de la pratique anatomique fait donc aussi pleinement partie du programme didactique de cet amphithéâtre-musée. D'ailleurs les nombreux squelettes d'hommes et d'animaux forment bien un musée d'ostéologie, la spécialité du docteur Pauw, promoteur, metteur en scène et premier officiant de l'amphithéâtre[3]. Ainsi, malgré la prolifération symbolique et allégorique, malgré la mise en scène du triomphe de la mort, et à la faveur de ce qu'il faut bien appeler une rhétorique de la dénégation, c'est bien la science moderne qui s'affirme. Le squelette (et plus généralement le cadavre) reste encore un symbole, mais il est déjà, et avant tout, un «objet» d'étude: d'analyse et de classification. La science n'objective ainsi le corps humain qu'en faisant abstraction, dans sa pratique effective, de son statut symbolique. Dans les traités d'anatomie de l'époque, comme dans l'amphithéâtre de Leiden, les éléments symboliques sont omniprésents, mais ils ne structurent plus le discours scientifique, qui s'articule déjà suivant un ordre propre. La

1. Sur la reprise et la transformation funèbre du macabre gothique à la fin du XVIe siècle, cf. Rousset, *op. cit.*, p. 89-114.

2. Les premières lignes de *La Description du corps humain* de Descartes permettent de prendre l'exacte mesure des rapports que l'anatomie cartésienne entretient avec l'anatomie couramment pratiquée en ce début de XVIIe siècle: son originalité ne tient pas à l'évocation de l'injonction socratique, ni au mécanisme, mais à leur articulation dans le cadre d'une doctrine de la connaissance absolument nouvelle (XI, 223-224).

3. P. Pauw est l'auteur d'un ouvrage d'ostéologie, les *Primitiae anatomicae de humani corporis ossibus*, Leiden, 1615.

science anatomique porte sur le corps considéré comme un objet observable, mesurable, classable, et les traités d'anatomie exposent d'abord les résultats de ces observations, de ces mesures et de ces classements. Le manuel d'ostéologie du docteur Pauw n'est que de surcroît un *memento mori*, et son amphithéâtre est bien de ce point de vue, l'anticipation du musée moderne de la science.

Cependant, ces distinctions, nécessaires pour comprendre le processus qui conduit de la Renaissance à la pleine modernité, ne sont pas véritablement opérées par la conscience baroque. Celle-ci saisit comme homogènes des éléments qui nous paraissent, a posteriori, voués à une radicale hétérogénéité. Nous verrons quelle est la contribution de Descartes à cette prise de conscience théorique de la différence fondamentale qui sépare le nouveau discours scientifique du discours symbolique et de l'incompatibilité des perceptions du monde qu'ils induisent[1]. L'amphithéâtre de Leiden, de ce point de vue, demeure un lieu profondément précartésien : il embrasse en une seule représentation des domaines dont Descartes et les autres membres de l'« avant-garde » mécaniste vont montrer les rapports problématiques. Scriverius place l'amphithéâtre sous le patronage d'Hygie, déesse de la santé, tout en en faisant à la fois un lieu d'introspection et de méditation sur la mort[2]. Médecine et *ars moriendi* ne sont donc pas véritablement séparées ; la manipulation technique du corps est encore compatible avec son traitement moral comme effigie de la mort : transformation technique et stigmatisation morale du monde, n'apparaissent pas sur ce théâtre comme des tâches antagonistes. Ces deux démarches, ainsi coordonnées sinon confondues, mettent en œuvre un même concept de monde. Le monde trompeur, habité par la mort, dont les vaines pompes nous divertissent de nous-mêmes et le monde qui abuse nos sens, mais que la technique nous permet de manipuler, sont fondamentalement un seul et même univers. L'analyse de l'amphithéâtre de Leiden vient confirmer ce que nous avons avancé à propos de la double pertinence sémantique, morale et cosmologique, de la métaphore du théâtre du monde telle qu'elle nous semble engagée dans l'aphorisme du portrait de Descartes.

Mais il faut bien prendre en vue combien cette homogénéité épistémique est travaillée par une crise de fond, qui conduit à une

1. Voir *infra*, II, 3 et IV, 3, d.

2. Après avoir longuement filé le motif de la vie corrompue par la mort, Scriverius oppose le théâtre d'anatomie au théâtre de cruauté de la Rome antique : celui-ci offre le spectacle de la mort, celui-là... de la « santé » (« sunt spectacula mortis haec salutatis ») : il s'agit du dernier vers, et donc de la « chute » du poème : la méditation sur la mort est, *in fine*, relevée par l'apologie de la science.

redistribution des savoirs et prépare l'instauration d'une nouvelle métaphysique.

A cet égard encore l'amphithéâtre de Leiden reste exemplaire. Nous savons qu'il contenait, outre ses squelettes et son armoire d'instruments d'anatomie, une collection de gravures, ainsi que de «raretés» de la nature et de l'art (antiquités, objets exotiques, curiosités naturelles[1]). Il peut donc être rangé au nombre de ces cabinets de curiosité, ou *Kunst und Wunderkammern* qui se multipliaient à cette époque dans l'Europe entière[2]. De telles collections peuvent paraître aujourd'hui extrêmement déroutantes. La plupart des historiens qui ne se sont pas contentés d'en noter l'aspect hétéroclite, se sont soit efforcés de leur trouver un ordre et une structure symboliques, qui en font des résumés, des «maquettes» de l'univers, soit tout au contraire, ils se sont attachés à montrer que ces collections constituent plutôt des «inventaires» du monde, dressés hors de toute démarche analogique[3]. Les uns reconduisent ainsi la collection de raretés à l'univers symbolique de la Renaissance, les autres la tirent à la modernité constituée et à la science positive. Il nous semble quant à nous que le collectionnisme de la fin du XVIe siècle et du début du XVIIe siècle contribue, dans la discontinuité et la contradiction, à assurer le passage de l'encyclopédisme de la Renaissance aux taxinomies de la science moderne. Ces musées nous paraissent témoigner d'abord de la crise épistémologique qui sépare et articule deux visions du monde radicalement différentes. Les principes qui président au choix des objets et aux classements, s'avèrent en fait multiples et contradictoires. Mais surtout ces collections tendent toujours plus au XVIIe siècle à s'organiser autour d'une catégorie d'êtres qui demeurent irréductibles à l'herméneutique symbolique, mais tout aussi bien à la science quantitative et taxinomique qui se développe parallèlement: il s'agit, comme on les appelle à l'époque, des «merveilles», des «raretés» ou, peut-être de façon moins équivoque, des «curiosités». Les merveilles (*mirabilia*), à l'âge baroque, ont perdu leur caractère thaumaturge ou magique, et si leur contenu symbolique est bien réaffirmé, voire surdéterminé, ce n'est que sous forme de connotations, de représentations qui n'engagent plus l'essence même de l'objet. Qu'elle soit de la nature ou de l'art, la

1. C'est le successeur de Pauw, Ottho Van Heurne (1577-1652) qui eût l'initiative de réunir la collection. Cf. l'inventaire dressé par lui-même, in Barge, *op. cit.*, p. 36-73 et Lunsingh Scheurleer, *art. cit.*, p. 222-223.

2. Cf. K. Pomyan, *Collectionneurs, amateurs et curieux, Paris–Venise XVI-XVIIIe siècle*, Paris, 1987.

3. Voir l'excellente mise au point de Patricia Falguière, *Invention et Mémoire*, thèse de doctorat, 1988, t. I, p. 19-20.

merveille doit être comprise suivant le modèle rhétorique du *concetto*[1], du *wit*, de l'*argudezza*, de la pointe ou du mot d'esprit, pour citer quelques-uns des noms et des formes que ce phénomène culturel prend à cette époque dans l'Europe entière. Brillante condensation d'une multiplicité d'éléments sémantiques, la pointe se prête à l'anatomie : sa lecture, son déchiffrage consiste en un démontage et en une énumération de ses nombreuses composantes[2]. La merveille peut être soumise à l'anatomie. Réduite au statut de belle (ou curieuse) apparence, la merveille du collectionneur est un objet fondamentalement neutre, neutralisé par l'esprit qui le pose comme simple curiosité, et par là, finalement apte à se plier à l'analyse scientifique[3]. L'étonnement, l'émerveillement passé, maîtrisé et révoqué, l'arc-en-ciel par exemple, « Iris », la fille de « Thaumas », l'admiration, cette « merveille de la nature »[4] que le collectionneur ne peut posséder, mais que l'ingénieur peut reproduire artificiellement, devient un objet de la science mécaniste[5].

1. Du statut rhétorique de la merveille témoigne, entre mille exemples, le titre du traité du Père Binet, membre de la Compagnie de Jésus : *Essai des merveilles de la nature et des plus nobles artifices. Pièce nécessaire à tous ceux qui font profession d'Eloquence*, Rouen, 1626.

2. C'est à une telle réduction que se livrent des auteurs comme Tesauro ou Gracián. Tesauro présente son traité, comme « un plein théâtre de merveilles », et le compare ainsi explicitement à un cabinet de raretés (*Il Cannochiale Aristotelico*, Torino, 1654). B. Contardi écrit très justement que le « cannochiale » (la lunette), isole, sépare les objets (les figures) qu'il observe et étudie (« ... ingrandendo le parole, le isola : i nessi sono sezionati chirurgicamente », B. Contardi, *La retorica e l'architettura del Barocco*, Roma, 1978, p. 39). En fait Tesauro s'emploie, avec son appareil à « scruter » les textes, à une double anatomie : les textes sont d'abord découpés, et il n'en est conservé que les pointes, les « *argudezze* », dont l'invention (la fabrication et « l'extraction ») devient ainsi l'enjeu même du travail littéraire. Ensuite les « *concetti* » eux-mêmes sont démontés, réduits à leurs atomes sémantiques. Du texte, comme unité, totalité, il ne reste alors plus rien qu'une collection d'éléments neutres, disponibles pour le travail du taxinomiste : en l'occurrence du grammairien ou du linguiste moderne.

3. Cf. P. Falguière, *op. cit.*, t. II, p. 490.

4. Voir par exemple les lignes que le Père Binet consacre à l'Iris *op. cit.*, p. 595-597) et C. B. Boyer, *The rainbow from the myth to mathematics*, London, 1959.

5. Cf. Descartes, *Météores*, VI, 231, 343-344 ; Bacon, *De Dignitate et Augmentis scientiarum*, L. I, 46 et *Novum Organum*, Livre II, aph. 29, trad. M. Malherbe et J.-M. Pousseur, Paris 1986, p. 243 ; Galilée, *Discorsi*, *Opere*, ed. nazionale, t. VIII, p. 56 et considérations sur le Tasse et l'Arioste (*op. cit.*, t. IX. Voir E. Panovsky, *Galileo as a critic of the arts*, La Haye, 1954) et enfin Evangelista Toricelli, *Lezioni Accademiche*, Milano, 1823, p. 194, cité par Maurizio Torrini : « Il topos della meraviglia come origine della filosofia da Bacon a Vico » in *Francis Bacon terminologia e fortuna nel XVIIe secolo*, Rome, 1986, p. 262-263.

L'accumulation d'objets recherchés pour leur curiosité ou leur rareté pose bien sûr de graves problèmes de classement que l'on ne peut véritablement résoudre sans exclure les concepts de merveille, de rareté et de curiosité, ce à quoi s'emploieront les taxinomistes modernes. La quête du curieux et de l'insolite rend en tout cas impossible la reconstruction d'un réseau d'analogies, de similitudes et de correspondances réglées, suivant l'idéal d'harmonie et d'exhaustivité qui présidait aux représentations cosmologiques de la Renaissance, puisqu'une telle quête est d'abord recherche du différent et du dissemblable, non de l'analogue et du similaire.

Dans les limites de cette étude, il nous est impossible d'analyser avec précision le contenu et la disposition du musée de l'amphithéâtre de Leiden. Il ne peut être considéré à proprement parler comme un cabinet de merveilles, comparable à ceux qui vont se répandre au cours du XVIIe siècle, remplis presque exclusivement d'anomalies, de pièces uniques, d'objets paradoxaux échappant finalement à toute classification. Il est à rattacher plutôt aux collections encyclopédiques de la deuxième moitié du XVIe siècle, où l'objet vient s'inscrire dans des séries obéissant à des classements multiples et hétéronomiques ; ici on notera les squelettes évidemment, les diverses sections des gravures, les antiquités égyptiennes et romaines...[1] De ce point de vue, l'amphithéâtre est bien un « microcosme », un résumé (*compendium*) du monde, suivant le vocabulaire qu'utilise Pierre Borel, érudit de la ville de Castres, pour définir son propre cabinet[2]. Mais ce microcosme, ce petit monde, n'est en rien comparable à l'homme-microcosme de la Renaissance, émanation et reflet de l'ordre cosmique, même si Borel se réfère bien, et non sans nostalgie, à cette structure mentale en pleine décomposition. Et d'abord parce que ce microcosme n'est pas l'épitome du même univers. Le monde clos et hiérarchisé des analogies et des similitudes est bien évoqué de multiples façons, mais par lambeaux et par fragments, comme si le tissu de ce vieux monde s'était définitivement déchiré, comme si toute tentative de recomposition « microscopique » était vouée à l'échec[3]. La collection moderne semble de toute façon interdire l'idée d'achèvement et d'exhaustivité :

1. Cf. Quicchelberg, *Inscriptiones vel tituli theatri amplissimi*, Munich, 1565, à comparer avec le catalogue du musée de Leiden dressé par Heurnius : J. Barge, *op. cit.* et celui qui figure dans les *Délices de Leide*, *op. cit.*

2. *Les Antiquitez... de la ville et du comté de Castres...*, Castres, 1649 ; rééd. Paris 1868, p. 30.

3. Beaucoup rêverons longtemps encore à la recomposition encyclopédique de ce « Tout » désormais dispersé et révolu. Au XVIIe siècle, l'hermétiste Robert Fludd et le jésuite polymathe Athanase Kircher sont sans doute ceux qui ont poussé le plus loin ce projet de reconstruction du cosmos analogique.

elle est par essence ouverte à l'infini. C'est pourquoi le microcosme de Borel est plutôt le miroir d'un monde qui a perdu ses limites, ses «fins», son harmonie et son ordonnancement hiérarchisé, monde désormais, en un sens négatif, in-fini, ou mieux indéfini, pour utiliser une notion cartésienne que nous retrouverons[1]. Et c'est dans cette in(dé)finité que les nouvelles sciences s'efforcent de définir leurs objets.

Les collections de notre amphithéâtre d'anatomie se rattachent ainsi de façon très lâche à l'enseignement et à la pratique de cette science. La plupart des gravures exposées dans les salles adjacentes pouvaient servir à l'étude de l'anatomie et de la médecine[2]. Mais la science s'approprie ici les discours dans lesquels elle se trouve prise et comme immergée: outre les planches anatomiques, toutes «moralisées», abondent les sujets mythologiques, religieux, allégoriques, historiques, géographiques, politiques... Ce recueil d'images nous fournit d'abord une représentation du monde baroque, ou plutôt un riche répertoire de ses éléments constitutifs. Car les gravures ne participent visiblement pas d'une tentative systématique de présenter un abrégé cohérent de l'univers, un «*compendium*» qui en montrerait les articulations ontologiques. C'est pourquoi ces images ne peuvent être comparées à celles qui emplissaient par exemple le théâtre universel de Julio Camillo, cette machine de bois composé de lieux mnémoniques et dont son auteur cherchait à faire coïncider la structure avec celle du monde même[3]. L'orateur-initié, en exploitant les correspondances établies entre les images disposées dans ce théâtre symbolisant l'univers, devait pouvoir s'approprier du même coup la connaissance des articulations les plus secrètes du monde. Autant que l'on puisse en juger à la lecture du catalogue, les gravures de l'amphithéâtre de Leiden proposent une rhétorique finalisée par le

1. Cf. *infra*, V, 4.

2. Cf. Lunsingh Scheurleer, *art. cit.*, qui présente la reproduction d'une grande partie de ces gravures, identifiées à partir du catalogue dressé par le commanditaire lui-même, Ottho Van Heurne.

3. Julio Camillo, *Idea del Teatro*, Venise, 1556. Sur le théâtre de Camillo et les arts de mémoire, cf. Richard Bernheimer, «Theatrum Mundi», in *Art Bulletin* n. XXXVIII, 1956, p. 225-247; Paolo Rossi, *Clavis Universalis*, Torino, 1960; Frances Yates, *The art of Memory*, trad. française de D. Arasse, Paris 1975 et, plus récemment, G. Barbieri, «L'artificiosa rota: il teatro di Giulio Camillo», in L. Puppi (ed.), *Archittettura e utopia nella Venezia del Cinquecento*, Milan, 1980, p. 209-218 et «La natura discendente. D. Barbaro, A. Palladio, e l'arte della memoria», in L. Puppi (ed.), *Palladio e Venezia*, Florence, 1982, p. 30-46; L. Bolzoni, *Il teatro della memoria. studi du Giulio Camillo*, Padoue, 1984; P. Falguière, *op. cit.*, t. II, p. 126-140 et Mario Carpo, *Metodo e ordini nella teoria architettonica di Sebastiano Serlio*, thèse I.U.E, Florence, 1990.

«*docere*» et le «*delectare*», l'enseignement et le plaisir, hors de tout propos ésotérique et de toute prétention ontologique. Au contraire, le discours qui donne une certaine unité à ces représentations disparates, nous semble contenir une critique implicite de l'ontologie traditionnelle, et de la doctrine de l'analogie à laquelle celle-ci servait de fondement. En effet, ce discours abondant, ostentatoire, pléthorique même, saturé de références iconiques et livresques (car l'écrit tient dans ces images une grande place), est celui-là qui règne sur la salle de dissection; le discours moralisant qui renchérit sur l'inanité des choses et la corruption de la vie, prêche le mépris du monde et la préparation à la mort[1]. Mais ce stoïcisme christianisé, qui s'exprime en adages et en «*concetti*» visuels, ne suffit pas à expliquer cette focalisation du discours sur la mort, ni surtout à rendre compte du rapport interne unissant ainsi l'émergence de la science nouvelle à cette hantise de la mort qui, au tournant du siècle, ne cesse de grandir. Au contraire, cette morale de la constance et du renoncement est une réponse provisoire à une crise beaucoup plus profonde, qui trouve sa source dans l'effondrement d'une ontologie. Et c'est à partir de cette défaillance ontologique qu'il faut s'efforcer de comprendre cette récurrence obsessionnelle de la mort, au cœur même des nouvelles préoccupations scientifiques.

Il nous faut reprendre notre discours de plus haut. Une brève analyse de la leçon d'anatomie nous a amené à considérer cette déhiscence introduite par la mort entre la science et la morale, fêlure que nous avons retrouvée ensuite au centre de la pratique du collectionnisme. L'anatomie est ce démontage méticuleux du corps humain à l'état de cadavre. Or l'homme de la Renaissance se pensait comme microcosme, petit monde dont chaque élément était en correspondance avec la totalité organisée du macrocosme. L'homme-microcosme était le corps animé et participant comme tel à la grande âme du monde. L'anthropologie médicale consistait en la mise à jour de ces liens qui unissaient l'homme au cosmos et conditionnaient sa «vie», en un sens aussi bien corporel que spirituel. L'anatomie, dans le développement qu'elle connaît au XVIe siècle, peut être interprétée d'abord comme une opération de démantèlement systématique et méthodique du microcosme, auquel elle tranche les liens vitaux qui le rattachaient au macrocosme et qu'elle découpe, démonte comme l'on démonte un artefact, une machine. L'anatomie, d'une certaine façon,

1. Dans la très abondante littérature consacrée à ces thèmes, citons les deux ouvrages d'Erasme: le *De Contemptu mundi* (Louvain, 1521) et le *De praeparatione ad mortem* (Bâle, 1534), tous deux réédités à Rotterdam en 1616.

accomplit le meurtre symbolique du microcosme. La mort qui hante l'inertie blême du cadavre sur la toile de Rembrandt, et que scrutent les regards des praticiens, est d'abord mort du microcosme, mort de l'homme des similitudes et des correspondances[1]. Naît alors ce terrible soupçon : que l'homme est peut-être tout là, dans la chair muette du cadavre. Cette autopsie de la mort, obsession du discours moraliste, consomption incessante du vivant, est source d'une angoisse que la métaphorique mécanicienne, technicienne de la science ne parviendra jamais à annuler. La leçon la plus importante de l'anatomie tient dans ce que l'étude du cadavre dément : l'existence de ce lien vital que l'on disait unir l'homme à l'univers et, à travers son corps même, au divin.

De ce point de vue la collection, qui dans l'amphithéâtre de Leiden sert de cadre aux séances de dissection, est une anatomie de la nature entière : elle isole, décontextualise, atomise, ce qui dans le grand discours analogique du monde (le grand livre du monde) était uni en un seul corps (pris en un seul texte). C'est pourquoi la collection, tout autant que l'anatomie, traite de la mort. Borel, après avoir nommé son musée un microcosme, l'appelle, de façon révélatrice, un « cimetière » contenant des « cadavres », ressuscités, s'empresse-t-il d'ajouter, par le collectionnisme, cette « nécromancie licite » (*op. cit.*, p. 132). Mais peine perdue : le catalogue de son cabinet montre suffisamment que la plupart de ses objets ont directement rapport avec la mort. Le cabinet de curiosité est un mausolée, un tombeau du monde des correspondances et des similitudes. Les objets de la collection sont autant de parcelles, de fragments, de reliques d'un univers éclaté, défait, infinitisé. La collection s'avère à la fois une entreprise désespérée de sauvetage et l'accomplissement d'un nécessaire travail de deuil. Fondamentalement, le collectionnisme est au macrocosme ce que l'anatomie est au microcosme. Le professeur d'anatomie et le collectionneur (qui, à Leiden, se trouvent être le même) se livrent à la même autopsie d'un monde défunt, « mort et putréfié », comme l'écrit John Donne, dans sa propre *Anatomie du Monde*[2].

Nous avons vu qu'il fallait chercher dans la rhétorique concettiste, le modèle de la merveille et plus généralement de la collection ; dans

1. Par delà le contenu emblématique qui peut être mis en évidence (l'anatomie comme connaissance de soi et reconnaissance de Dieu dans le corps humain : cf. l'analyse convaincante de W. Schupbach, *op. cit.*), ce qui donne sa modernité à cet admirable tableau est bien, nous semble-t-il, cette transgression de l'allégorie dans la représentation « directe » (c'est-à-dire non-médiatisée par le symbole, dont il ne s'agit pas de nier la présence) d'une angoisse nouvelle.

2. *An anatomie of the world*, Londres, 1611, v. 56.

ces compilations, recueils, dictionnaires de lieux communs et de figures extraites des textes anciens. Cette pratique a très justement été décrite, et perçue à l'époque même, comme une anatomie systématique du patrimoine culturel. Mais la métaphore anatomique, parce qu'elle renvoie immédiatement à la pratique analytique de la science, sert d'abord à désigner le travail critique de l'essayiste, du moraliste et du poète[1]. Chez Donne l'anatomie concettiste (euphuistique, dans le cadre de la littérature anglaise) des textes de la tradition est mise au service d'une anatomie conceptuelle et critique. Donne révèle ainsi, avec une lucidité admirable, quels sont les véritables enjeux de la pratique anatomique, et en assume complètement les conséquences dans sa propre activité de poète. L'anatomiste doit prendre acte d'un événement irréversible; il se penche sur la dépouille d'un monde défunt dont aucune entreprise ne peut ne serait-ce que retarder la décomposition[2]. Et le poète évoque la « nouvelle philosophie » qui enregistre et provoque à la fois par ses « doutes » la destruction simultanée de l'ordre cosmologique et de l'ordre politique traditionnels : la « perte » du soleil dans l'infinité des cieux s'accompagne de l'« oubli » des hiérarchies cosmiques et humaines[3]. Remarque prophétique ; l'atomisation du monde naturel se double nécessairement de l'atomisation du monde social[4]. « This is the world's condition now » (v. 219) : crise cosmologique et épistémique, crise culturelle, politique et sociale. L'exacerbation du sentiment de la mort, la conscience aiguë de la finitude, leur gestion par une morale du contrôle individuel et du repli doivent être comprises comme l'expression même de cette crise

1. C'est surtout en Angleterre que se multiplient les « anatomies critiques » : cf. par exemple *The Anatomy of Abuses*, Phil. Stubbes, 1583 (opuscule contre la corruption des mœurs), *The Anatomy of Absurdity*, Thomas Nasche, 1589 (contre les excès de moralisme) ; *A lively anatomie of Death*, John More, 1596 ; *Times Anatomie*, Robert Pricket, 1606 et surtout le célèbre ouvrage de Robert Burton : *The Anatomy of Melancholy*, 1621, rééd. H. Jakson, London-Toronto, 1932 (reprint 1977). Cf. Devon L. Hodges, *Renaissance fictions of Anatomy*, Amherst, 1985.

2. La seule instance métaphysique qui aurait pu « sauver » ce monde, ou plutôt le rédimer, lui donner une nouvelle cohésion, un nouveau sens, sous la figure d'Elizabeth, (la jeune fille morte célébrée par le poète), n'est autre que l'Idée néo-platonicienne, qui structure tout le discours maniériste : « best and first originall / of all faire copies » (v. 227-228). Mais cette instance même est définitivement abolie : « the beauties best, proportion, is dead » (v. 306).

3. Cf. les vers 205-215, souvent cités, du poème de John Donne, aux quels il faut ajouter, les vers 392-396, moins connus, mais qui signent la révocation définitive de la magie, fondée sur la « correspondance » des cieux et de la terre.

4. C'est sur l'atomisation du socius en individus séparés que Hobbes, sur le modèle atomiste et géométrique du mécanisme, fondera quelques décennies plus tard son système de philosophie politique.

générale. La pratique et la métaphorique de l'anatomie (ainsi d'ailleurs que l'activité théâtrale et sa métaphorisation) montre que cette crise est vécue de façon active, dynamique; anatomie comme constat de décès d'un monde, mais aussi et d'abord mainmise technique sur la dépouille de cet univers, entreprise de déconstruction et de reconstruction, de démystification et de fabrication des merveilles, devenues objets privilégiés de l'exercice de la nouvelle science. La pensée qui domine cette crise, qui double cette conscience désespérée de la mort d'un monde qui fut ordre et beauté et sur laquelle s'appuie cette manipulation technique des phénomènes, celle qui fait d'un amphithéâtre d'anatomie à la fois une «fabrique» et un *memento mori*, cette pensée est désignée sous le nom de scepticisme[1]. Elle est, nous semble-t-il, la première forme du nihilisme moderne.

3. «*Tout est rien*»

«L'ignorance humaine est si grande que les Sainctes Ecritures ont dit que toute la science des hommes estoit vanité (...) Nous ne sçavons rien qui ne soit ni ne puisse estre debatu (...) C'est ce qui a meu les Pyrrhoniens ou Sceptiques à douter de toutes choses et a fait naîstre divers livres de la vanité des sciences. L'Astrologie, la Médecine, la Jurisprudence, la Physique chancellent tous les iours et voyent crouler

1. Dans son étude sur les ferments du scepticisme dans la philosophie hollandaise du XVIIe siècle, P. Dibon relève une méfiance diffuse à l'égard de la métaphysique aristotélicienne mais aussi cartésienne, défiance qui se nourrit de la conviction suivant laquelle la raison humaine est irrémédiablement corrompue par la chute originelle («Scepticisme et orthodoxie religieuse...», *art. cit.*, p. 57 sq.). D'où une tendance générale à réduire la philosophie à la seule «*contemplatio naturae*». Mais cette réduction ne peut être simplement expliquée par un acte d'allégeance de la philosophie à la théologie comme tend à le faire l'auteur. Celui-ci relève l'importance centrale, dans la philosophie de cette époque, des thèmes de la «*libertas philosophica*» et de la «*libertas philosophandi*» (auxquels recourt d'ailleurs Descartes lors de sa querelle avec Voet, VIII-II, 3; cf. J.-L. Marion, Préface à René Descartes et Martin Schoock, *La Querelle d'Utrecht*, Paris, 1988, p. 9). Cette revendication de la liberté de philosopher, qui s'exprime dans le refus des autorités et la défiance à l'égard de la métaphysique se fait toute au profit de la quête des «vérités naturelles», c'est-à-dire d'une grande diligence dans la «lecture» de la nature (P. Dibon relève quelques unes des nombreuses occurrences du thème du livre de la nature, dans les écrits des premiers cartésiens...). C'est bien à cette lecture que l'anatomiste s'emploie dans les entrailles du cadavre.

leurs fondemens»[1]. C'est Pierre Borel qui parle, le collectionneur, médecin, chimiste, auteur d'un ouvrage sur l'invention du télescope et de l'une des premières biographies de Descartes. Le thème de l'incertitude des sciences ne cesse de s'affirmer tout au long du XVIe siècle et hante avec une insistance remarquable les spéculations de la plupart des contemporains de l'auteur du *Discours de la méthode*[2]. En quelque domaine que ce soit, l'homme n'est capable d'atteindre par ses seules forces aucune vérité. Sanchez, reprenant Agrippa, écrit: «toutes les sciences que nous avons ne sont que vanités, rhapsodies, fragments d'observations rares et mal faites»[3]. Et cela parce que nous échappe d'abord la réalité à laquelle cette vérité se doit d'être adéquate, comme l'exige la définition donnée par la tradition. Car la crise est bien d'abord et d'emblée ontologique: comme le dit Montaigne, «nous n'avons aucune communication à l'être»[4]. Nous n'avons commerce qu'avec le paraître, apparences au royaume des apparences, pitoyables histrions sur le grand théâtre du monde. La mort baroque, en dernière instance, est le signe d'une défaillance ontologique, le signe de la faillite de l'ontologie aristotélicienne et de son alternative néoplatonicienne. Le problème ontologique est rarement affronté comme tel dans la littérature philosophique et scientifique. Nous verrons que c'est cette esquive même de la question de l'être qui permet le développement de la science moderne; la physique mécaniste requiert un monde «désubstantialisé», «déréalisé», réduit à un ensemble de phénomènes soumis aux lois de la raison. Le problème est traité (ou plutôt, encore escamoté), par la littérature morale et la poésie spirituelle, et toujours à l'occasion de cette méditation rhétorique infiniment répétée sur la mort. Invariablement l'être est ramené au

1. P. Borel, *Discours nouveau sur la pluralité des mondes*, Genève, 1657, p. 3. Gassendi avait déjà écrit à peu près la même chose dans ses *Exercitationes paradoxicae adversus Aristoteleos...*, Grenoble, 1624, liv. sec. disc. VI, 207b.

2. Cf. R. H. Popkin, *The History of scepticism from Erasmus to Descartes*, Assen, 1960.

3. «Eae (scientiae) quas habemus vanitates sunt, rapsodiae, fragmenta observationum paucarum et male habitarum...», *Quod nihil scitur*, éd. 1984, p. 68. L'ouvrage de Corneille Agrippa, prototype d'une longue série, est le *De Incertitudine et vanitate scientiarum atque artium declamatio* (1527) dont Louis de Mayerne-Turquet donne une traduction française en 1617 (*Paradoxe sur l'incertitude, vanité et abus des sciences*).

4. *Essais* (publiés d'après l'exemplaire de Bordeaux par Fortunat Strowski, Bordeaux, 1906, reprint Hildesheim, 1981), II, 12, t. 2, p. 366. Cf. également Léonard de Marandé, *Jugement des actions humaines*, Paris, 1624, p. 55.

non-être, au néant, en même temps que l'homme et le réel sont réduits au rien, au zéro, au nul et non avenu. Mais ceci n'est possible que par l'identification de l'être à l'étant subsistant et contingent; l'homme d'abord, et le monde ensuite, considéré comme l'ensemble, ou plutôt comme le flux des apparences dans lesquelles l'homme est immergé. «Fuis sans regret le monde (...)/ dont l'être et le non être ont presque un même instant»[1]. C'est de la brièveté et de la fragilité de la vie dont il est bien sûr question. Et l'on retrouve les sentences du théâtre d'anatomie. «*Nascentes morimur*», proclame le squelette de Leiden. «On meurt le mesme jour, que l'on commence à naistre,/(...)/Naistre et mourir n'est qu'un,/ l'estre n'est qu'un non estre», rime Pierre Matthieu, l'un de ses nombreux poètes dévots du début du siècle[2]. La néantification de l'être (et surtout la destitution pure et simple du problème ontologique) advient par assimilation du couple être/non-être au couple paradoxal de la vie et de la mort; par réduction de la question métaphysique au paradoxe de l'homme, dont la mort commence avec la vie, dont la vie est une mort reconduite. Le mort-né et l'avorton deviennent des figures monstrueuses du néant, des oxymores en fait où se combinent l'être et le néant: «toi qui meurs avant que de naistre, / assemblage confus de l'estre et du néant,/ triste avorton informe enfant,/ rebut du néant et de l'estre»[3]. Ce thème de la vie avortée (du néant toujours déjà victorieux des simulacres de l'être) est représenté dans l'amphithéâtre par le squelette d'un nouveau-né, la précision n'est pas négligeable, tué par sa mère.

Nous sommes ici bien loin de l'humanisme néo-platonicien qui revendiquait la dignité ontologique de l'homme, le nommait «miracle visible» et lui donnait la figure des dieux anciens[4]. Dans la hiérarchie émanentiste des êtres, l'homme occupait, chez Pic de la Mirandole, chez Ficin, un rôle central, absolument privilégié, en tant que liberté lui était donnée de s'élever dans les ordres supérieurs de la création, au dessus des anges mêmes, jusqu'au seuil de la Divinité (*op. cit.*, p. 10 et 12). Il était cet être mobile dans un univers stable et ordonné: une fois

1. Rotrou, *Le Véritable Saint Genest*, IV, 4. Ce second vers conclut l'ouvrage de Léonard de Marandé cité ci-dessus.

2. Cité in Terence Cave et Michel Jeanneret, *Métaphores spirituelles, anthologie de la poésie religieuse française, 1570-1630*, Paris, 1972, p. 51.

3. Sonnet de Dehénault, cité par J. Rousset, *Anthologie de la poésie baroque*, 2 vols, Paris, 1968, t.II, p. 152.

4. Cf. Pic de la Mirandole, *De Hominis Dignitate*: «... in hac quasi mundana scaena (...) nihil spectari homino admirabilius», éd. Atanor, Roma, 1986, p. 6 (Pic reprend ici *l'Asclepius*, cf. *Hermetica*, éd. Scott, Oxford, 1924, I, p. 294).

cet ordre aboli par le pouvoir de négation que comporte nécessairement cette liberté, l'individu, faute d'autre « sujet », privé de tout autre référent, est livré à lui-même[1]. C'est pourquoi, en un certain sens, la crise du maniérisme, puis du baroque, confirme le privilège et le statut métaphysique de l'homme, mais négativement : elle révèle l'envers de la liberté laissée à l'homme d'acquiescer aux formes supérieures de l'être, sa liberté de mettre en doute et de nier l'ordre et l'harmonie du monde. Au terme de cette entreprise de démantèlement systématique de l'onto-théologie traditionnelle et de la cosmologie qu'elle fondait, l'individu se trouve confronté sans plus aucune médiation à sa propre mort, cerné et traversé par le manque et l'absence, hanté par l'infinitude et l'inconsistance de toute chose. Aucun accès à l'être n'est plus dès lors possible et l'*ego*, dans sa dérive mondaine, est invariablement conduit à la constatation de son manque, à la révélation de son néant. Le temps, qui précipite l'individu vers sa mort, est la forme de ce manque à être et le monde la scène mouvante de cette vaine poursuite, de cet échec[2]. Le face à face avec le cadavre, topos du lyrisme baroque, équivalent poétique de la leçon d'anatomie, est d'abord ce terrible constat de la double faillite de l'ontologie et de la cosmologie. Le cadavre est figure du défaut, de l'absence, de la disparition, figure de l'immonde : de la décomposition du monde. « L'homme est tout cadavre »[3]. Et le monde est devenu ce flux de phénomènes, cette eau courante, rhapsodie de pures illusions dans le miroir desquelles l'homme ne peut que reconnaître son propre manque. D'où cette insistance, symétrique de la représentation du cadavre défait, à définir l'homme en dressant la liste des phénomènes les plus évanescents du monde, de tout ce qui passe, s'altère, disparaît. L'écume du néant. « *Pulvis et umbra sumus* » lit-on à Leiden. « Qu'est-ce que l'homme ? (...) Ce n'est rien/ ou si c'est quelque chose il sera bien nommé/ vapeur, fleur, songe, ombre et rien tout ensemble »[4]. Après l'affirmation brutale de la vanité et vacuité humaines, la course

1. « Et puis, me trovant entierement despourveu et vuide de toute matiere, je me suis presenté moy-mesmes à moy, pour argument et pour subject », Montaigne (*Essais*, II, 8, *éd. citée*, t. 2, p. 69).

2. Cf. Auvray et Fiefmelin, cités par Jean Rousset, in *Anthologie... op. cit.*, t. I, p. 47 et 122. La vie comme course contre la mort, et par là comme course à la mort, est un autre topos de la culture baroque. On le trouve notamment chez Hobbes, *Elements*, I, IX, 21, p. 75-76 ; *Human Nature*, IV, p. 53.

3. Christian Hofmann von Hofmannswaldau, cité par J. Rousset, *La littérature de l'âge baroque*, *op. cit.*, p. 160.

4. Auvray, in Jean Rousset, *Anthologie de la poésie baroque...*, *op. cit.*, t. I, p. 46. Cette utilisation cumulative et sérielle des phénomènes éphémères pour définir la vie humaine, se retrouve dans toute l'Europe baroque.

des métaphores phénoménales est relancée de justesse, comme une redondance du néant, une pellicule de paraître à la surface du non-être. La conclusion est donnée par Flemming, qui s'adresse ainsi au cadavre: «Rien est tout, toi son reflet»[1].

4. L'histrion et le cosmos: le théâtre de la crise

Le nihilisme baroque ne se révèle nulle part de façon plus complète qu'à travers la métaphore théâtrale. Et son étude montre en quoi le nihilisme moderne ne peut être pensé indépendamment de l'appropriation technique de la nature. Le nihilisme s'accomplit dans la mise en représentation du monde naturel par la technique. *Mundus est Fabula*: ce motto qu'il nous faudra réinterpréter à la lecture de Descartes convient parfaitement à la *skepsis* nihiliste. A travers l'évolution sémantique d'un thème extrêmement riche et complexe comme l'est celui du théâtre du monde, il est possible d'étudier ce passage de l'ontologie traditionnelle au nihilisme de la technique moderne.

La métaphore du théâtre du monde est vieille comme la philosophie; elle remonte au moins à Démocrite[2]. On la trouve chez Platon, chez les stoïciens, puis chez Plotin et Boèce[3]. Comme l'a montré Jean Jacquot, il revient à Jean Chrysostome d'avoir opéré, avec les nombreuses références qu'il fait au topos dans ses *Homélies*, «la conciliation de l'apport platonicien et stoïcien avec la tradition chrétienne»[4]. La plupart des humanistes semblent tenir le lieu commun de Jean de Salisbury, qui lui consacre deux chapitres de son Policraticus et se réfère lui-même à Pétrone: «*quod fere totus*

1. Paul Fleming, in *Poètes baroques allemands*, présentation et traduction M. Petit, Paris, 1977, p. 35.

2. «Le monde est un théâtre, la vie une comédie: tu entres, tu vois, tu sors». (fr. 84, trad. J.-P. Dumont, *Les Présocratiques*, Pleïade, 1988, p. 873).

3. Cf. E.R. Curtius, *La littérature européenne et le Moyen-Age latin*, trad. Jean Bréjoux, Paris, 1956; éd. 1986, t. I, p. 235-236; J. Jacquot: «Le théâtre du monde de Shakespeare à Calderón», *Revue de Littérature Comparée*, 1957, p. 348; F. J. Warnke, *Versions of Baroque*, New Haven, 1972, p. 66 et sq. et P.N. Skrine, *The Baroque*, London, 1978, p. 3 et sq.

4. Jean Jacquot, *ibid.*, p. 359.

mundus... exerceat histrionem»[1]. Jean file longuement la métaphore et développe ses connotations éthiques, cosmologiques et théologiques, en montrant comment la pièce de la vie (*scena vitae*), se joue dans le vaste théâtre du monde (*theatrum mundi*) sous le regard de Dieu et des bienheureux. Il trace ainsi le cadre général dans lequel viendront s'inscrire les nombreux traitements que la Renaissance fera de cette image synthétique et particulièrement malléable qui permet l'expression d'une *weltanschaaung* complète et nuancée.

Les humanistes conservent au motif un sens profondément métaphysique: le théâtre du monde est d'abord une architecture cosmique, un temple clos, sphérique, tout harmonie et proportion: le modèle divin des théâtres vitruviens. Les théâtres de mémoire, nous l'avons vu, ont pu être ainsi la projection imaginaire ou même, avec Camillo, la réalisation concrète de modèles réduits du cosmos[2]. Le plan de l'amphithéâtre de Leiden rappelle encore cette architecture céleste, copiée de l'antique. C'est dans ce palais, ce temple que se dresse la scène «mondaine», se récite la «fable» des vivants, à la fois, et en un sens de plus en plus ambigu, expression et négation de cet ordre cosmique. Tout au long de la Renaissance en effet, cette théâtralité spécifiquement humaine ne va cesser de prendre de l'importance, jusqu'à occulter ou plutôt détruire cette belle structure cosmologique qui lui servait de cadre et de modèle[3].

1. *Policraticus* III, 8: «*De Mundana Comœdia vel Tragedia*». écrit en 1159, le *Policraticus* est plusieurs fois édité au cours du XVIe siècle, notamment en 1595 à Leiden.

2. Cf. *supra*, I, 2.

3. La métaphore du théâtre du monde possède à la Renaissance un sens d'abord architectural, et se réfère à deux images, l'une essentiellement païenne, l'autre chrétienne. La première est celle du colisée, du cirque romain tel que le reconstitue l'imaginaire pictural à partir des premières données archéologiques. La seconde est la représentation des hiérarchies célestes: anges, saints et bienheureux rangés en cercles concentriques, étagés autour de Dieu, aréopage céleste qui surplombe la terre et assiste au spectacle de la vie humaine. Ces deux images concordent en tant que représentations cosmologiques. Mais surtout cette correspondance cosmologique est soudée par la théologie; et d'abord par l'histoire du salut: le sang des martyres a christianisé le cirque romain, sous le regard des anges, des saints et des bienheureux (cf. R. Bernheimer, *art. cit.*). Les deux images s'articulent donc: le drame de la vie humaine se déroule sous les cieux concentriques de Ptolémée et devant le consistoire chrétien qu'ils abritent. Le théâtre mondain reflète le théâtre céleste; il en est le reflet brouillé, inexact, souvent chaotique mais, idéalement, la cité humaine peut et doit tendre vers la cité céleste. Cependant, progressivement, cette structure politique, théologique et cosmologique, qui trouve dans le cercle sa forme architecturale, se défait. Les structures deviennent changeantes, mouvantes: dans la métaphore du théâtre du monde, s'affirment comme modèles le théâtre moderne – qui se caractérise avant tout par la

Nous prendrons un exemple tardif, sensiblement contemporain en fait de Descartes, mais qui nous apparaît comme l'une des tentatives les plus achevées pour penser les rapports entre histrionisme humain et théâtralité cosmique en terme de subordination, et où se fait en même temps l'épreuve d'une fracture irrémédiable : il s'agit de deux sonnets philosophiques de Campanella, écrits dans les premières années du XVIIe siècle[1]. Dans ces poèmes, l'auteur de la Cité du Soleil utilise le théâtre comme un symbole qui permet de rendre compte des liens internes unissant les hommes à la nature. Mais par ce symbole Campanella tente de décrire aussi la corruption voire la rupture, la perte de ces attaches. En effet, alors même qu'il utilise l'expression de « comédie de l'univers », Campanella prend bien soin de préserver le monde naturel de toute identification théâtrale au sens strict, ceci en maintenant une distinction essentielle – de modèle à simulacre – entre le théâtre cosmologique et le drame de la vie humaine. La « comédie » qui désigne les deux instances, est une image empruntée au degré le plus bas de l'action humaine, suivant le schéma classique de la mimésis platonicienne, mais que le poète fait servir à son anabase métaphysique. Dans la glose dont il accompagne ses poèmes, Campanella distingue le sens « métaphysique » du sens politique de la métaphore.

La comédie politique, celle des rôles sociaux qu'endossent les hommes, n'est qu'une imitation de la nature, cet ouvrage de Dieu (« *divina Arte* », Sonnet 14 : *Gli Huomini son giuoco di Dio e degli Angeli*). Le théâtre des hommes (la politique, comme a fortiori le divertissement du même nom qui en est le mime, dans cette dialectique poétique ascendante où le référent de la métaphore devient le dernier degré du simulacre) n'a donc aucune véritable autonomie par rapport au théâtre de l'univers ; il n'en est que le reflet brouillé, l'image effacée. De même que Dieu a octroyé de toute éternité sa place à « chaque étoile » comme à chaque « animal », de même il a attribué son rôle à chaque être humain (sonnet 15). Et si, malgré cela, les hommes « canonisent les impies », « mettent à mort les saints » et choisissent comme prince les pires d'entre eux, c'est qu'ils sont de mauvais comédiens et récitent mal leur partie (*ibid.*). Tous les maux politiques viennent de ce que l'« art humain » ne produit qu'une imitation « falla-

présence de la scène-tableau, la scène en trompe-l'œil, chargée de décors et de machines – et le drame moderne, qui occupe cet espace de l'illusion, drame d'individus livrés à eux-mêmes, abandonnés sous un ciel opaque et muet, malgré la profusion des artifices, des miracles de scène, des effets optiques et acoustiques, malgré le triomphe de la technique, à cause de ce triomphe même.

1 Tomaso Campanella, *Poesie Filosofiche*, Paris, 1622, reprint, Naples, 1980.

cieuse» de l'«art divin»: la nature (glose du sonnet 15). Le masque politique qu'arborent les hommes de nos sociétés corrompues ne fait que se surajouter au masque naturel, celui du corps qui dissimule l'âme (sonnet 14). Loin de concevoir l'univers sur le modèle du théâtre, Campanella cherche donc au contraire à montrer que le théâtre humain, par excellence le théâtre politique, ne peut prétendre qu'à l'imitation du grand théâtre du monde, non pas ainsi en toute rigueur théâtre mais cosmos, monde hiérarchisé et ordonné où Dieu a assigné de toute éternité sa place à chaque être (sonnet 4). La lumière qui éclaire et anime ce théâtre de l'univers n'est donc pas feinte, elle est la «lumière vive de Dieu» («*Dio luce viva*»: glose du sonnet 14), vers laquelle il nous appartient de nous retourner et dans laquelle, au jugement dernier, toute vérité se fera sur notre prestation terrestre (nous verrons alors «*chi meglio fece il debito suo*», *ibid.*). De ce point de vue, l'art théâtral, qui devient à cette époque la pierre de touche de la théâtralité universelle, n'est donc qu'un simulacre de troisième ordre, en tant qu'il imite la comédie politique, cette imitation du cosmos, le plus souvent infidèle.

Ainsi la métaphore théâtrale bénéficie-t-elle d'un sens positif lorsqu'elle qualifie la perfection et l'harmonie du monde, alors qu'elle prend une valeur négative quand elle se réduit à une politique des apparences: de son acception cosmo-théologique à son acception morale s'opère un changement de valeur qui interdit toute assimilation du lumineux théâtre de l'univers au théâtre d'ombre des intrigues politiques. Cette dialectique métaphorique descendante du poème (sonnets 14 et 15), en suppose une autre, ascendante, par laquelle, de la triviale comédie des rois et des saints imposteurs, la réflexion s'élève à la contemplation du merveilleux théâtre de la nature créé par le divin dramaturge. Le monde est ce théâtre conçu par Dieu, où nous apparaît, par opposition, tout ce que peut avoir d'illusoire, de dérisoire et de fallacieux celui de la société humaine, lorsqu'il ne se conforme pas au modèle cosmique.

Mais il faut aussi se rendre à l'évidence: l'illusion, la dérision et la fausseté règnent désormais sur la scène du monde. Entre l'idéal cosmo-politique platonicien maintenu coûte que coûte (l'utopie de la cité solaire) et les pratiques politiques effectives, vécues et ô combien souffertes par Campanella, un abîme s'est ouvert. L'histrion s'affranchit définitivement du cosmos. Et les sonnets de Campanella, publiés en 1621, peuvent être considérés comme le chant du cygne du naturalisme humaniste. Le renversement a déjà eu lieu, qui a rabattu le grand théâtre analogique du monde sur le théâtre des errances de l'homme[1]. Il revient alors à l'art dramatique d'accueillir le thème théâtral, d'en faire et de «se» faire ainsi la métaphore par excellence de l'inconsistance et de l'irréalité du monde, en usant de tous les secours de la dramaturgie, mais surtout en exploitant de façon systématique la structure du théâtre dans le théâtre[2]. L'attention est désormais presque exclusivement portée sur la «scène» et son univers fantomatique, son monde d'ombres. «*All the world's a stage*»: le monde entier est une scène de théâtre. C'est ce que déclare Jacques, le personnage d'*As you Like it*. La comédie de Shakespeare fut créée en 1600 au Globe Theatre de Londres qui avait ouvert ses portes l'année précédente, et dans lequel on pouvait lire la célèbre devise de Jean de Salisbury, à peine retouchée: «*Totus mundus agit histrionem*», le monde entier joue la comédie. En se donnant cette devise, le théâtre donne d'abord au monde la sienne[3]. Par l'usage qu'il fait du topos, le théâtre baroque

1. On ne comprend plus l'ordre politique à partir de l'ordre cosmo-théologique, mais on considère plutôt les désordres du cosmos introduits par les hommes de science, à partir des désordres politiques. Chez la plupart des auteurs de la fin du XVIe et du début du XVIIe siècle, la vision d'un monde renversé, bouleversé, fragmenté à l'infini se présente comme l'assomption cosmologique de la crise socio-politique. C'est par exemple la considération des «grands estats menacés de ruyne» qui amène Montaigne à craindre la «dissipation et divultion» imminente de la «masse entiere» de l'univers (*Essais*, III, 9, *éd. citée*, t. 3, p. 224-225). Pour Agrippa d'Aubigné ou Montaigne, les guerres de Religion, tout comme la guerre de Trente Ans pour les baroques allemands, sont le signe de l'imminence de la fin du monde; mais plus encore, les horreurs de la guerre (voir l'œuvre graphique de Jacques Callot) donnent déjà le spectacle de la fin en acte. Car à travers le langage emprunté à la tradition théologique et morale, il faut bien saisir le passage à l'immanence de la crise. La guerre est déjà l'apocalypse au présent. L'avènement de la modernité est inséparable de cette substitution d'une présence quotidienne (et donc socio-politique) de l'apocalypse (de sa sécularisation) à l'ancienne conception eschatologique. Cf. Walter Benjamin, *Origine du drame baroque Allemand*, trad. Sibylle Muller, Paris, 1985, p.66 et 80-81 Cf. aussi Giorgio Spini, *Ricerca dei libertini*, Roma, 1950, part. I, chap. III.

2. Cf. Jean Rousset: *La littérature de l'âge baroque en France*, *op. cit.*, p. 66 et sq.; Georges Forestier: *Le Théâtre dans le Théâtre sur la scène française au XVIIe siècle*, Genève, 1981.

3. Frances Yates montre que le Globe Theatre, plus exactement sa scène, a pu servir de modèle au «théâtre de mémoire» imaginé par Robert Fludd (*Utrius Cosmi Maioris silicet et Minoris Metaphysica atque Technica Historia*..., *Tomi secundi tractatus primi sectio secunda, de Technica Microcosmi Historia*..., Oppenheim, 1620, p. 55) et elle remarque à cette occasion que le Globe était sans-doute lui-même, par son plan hérité de Vitruve (un cercle inscrit dans un hexagone),

s'attache à révéler l'essence théâtrale du monde. Aussi est-il juste d'interpréter la tirade de Jacques comme une explicitation de la devise, même si l'on ne peut affirmer avec certitude que telle était l'intention de Shakespeare[1], car la multiplication des formes théâtrales et l'extraordinaire apogée que connaît alors le drame européen nous paraissent prendre leur sens de cette double tâche dévolue au théâtre: refléter et accomplir la théâtralisation de l'univers et l'universalisation du théâtre.

Conséquence ultime de la théâtralisation : l'homme, dont l'acteur est devenu la figure paradigmatique, se trouve pris au piège d'un labyrinthe d'illusions, de masques et de trompe-l'œil, sans autre issue que la mort, toujours aux aguets sous le masque[2]; infinie vacuité, sous les décors du monde. Le monde devient alors théâtre de la vanité, de la défaite de l'homme, théâtre de la mort, de la cruauté et du deuil: *Trauerspiel*[3]. Le théâtre qui va jusqu'au bout de cette logique de l'illusion universelle conduit à la révélation du néant que dissimulent les faux semblants du monde. Shakespeare, qui a enregistré tous les moments de cette transformation de la métaphore théâtrale, fait une grande place dans ses tragédies à cette expérience extrême, radicalement nihiliste, de la théâtralité:

> Life's but a walking shadow, a poor player
> That struts and frets his hour upon the stage
> And then is heard no more. It is a tale

une représentation de l'univers, *The Art of Memory*, *éd. cit.*, p. 367 et sq. Cette signification symbolique du théâtre («reflet des proportions du monde», *ibid.*) nous semble secondaire dans le cas du Globe, en ceci que la valeur symbolique du théâtre est recouverte et subvertie par la nouvelle fonction qui lui est dévolue à cette époque, et qui est d'abord, comme nous essayons de le montrer, de refléter, et dans une certaine mesure d'accomplir le démantèlement du cosmos de la tradition. C'est ce dont nous paraît témoigner d'abord la devise, qui se réfère non à l'ordre du monde mais à l'universalité de l'activité histrionique, et surtout le théâtre élisabéthain; en particulier l'œuvre de Shakespeare, abondamment jouée au Globe. Avant de servir de modèle à l'art de Fludd, le théâtre du Globe était sans doute lui-même une mémoire du monde, mais d'un monde révolu, en tant que la nostalgie et le deuil de ce vieux monde ordonné participaient à la genèse chaotique du nouveau, qui s'accomplissait... sur scène précisément.

1. Cf. également la devise composée par Vondel, le grand dramaturge hollandais, pour le théâtre d'Amsterdam, construit en 1637 (l'année de la publication du *Discours* !), et que Descartes connu sans doute: «De wereld is een speeltoneel/ Elk speelt zijn rol en Krijgt zijn deel» (Le monde est une scène de théâtre,/ Chacun joue son rôle et prend son dû).

2. Le crâne masqué est un motif récurrent des peintures de vanité (cf. Cesare Ripa, *Iconologia*, éd de 1669, Venise, p. 423).

3. Sur le *Trauerspiel*, on se reportera bien sûr à l'admirable ouvrage de Walter Benjamin, *Origine du drame baroque allemand*, déjà évoqué *supra*.

Told by an idiot, full of sound and fury,
Signifying nothing. (*Macbeth*, V, 5, v.24-28)

Par ces mots, qui portent en germe tout le théâtre de l'absurde et la meilleure littérature de la fin des temps modernes, l'histrion tragique dresse le constat de la perte du sens en même temps que de l'être. En dernier recours, tous les «effets» dramatiques du théâtre du monde ne peuvent servir qu'à une phénoménologie du néant: *desengaño*, désillusion du spectateur sur le grand théâtre du monde, qui supposait de l'être et du sens là où ne se déchaînent en fait que le bruit et la fureur.

Il ne faut cependant pas se méprendre; la double révélation de l'irréalité du monde et de la vanité de l'homme n'entraîne pas d'abord le renoncement au savoir et à l'action[1]. La recherche exclusive de l'anéantissement mystique (la passion de la perte[2]) ou le désengagement total de l'individu au profit d'une morale strictement privée (qu'elle soit d'inspiration stoïcienne ou épicurienne) sont des démarches qui occupent les confins de la culture baroque, des attitudes marginales, même si elles ont inspiré une abondante littérature. Il faut les interpréter en relation étroite avec les options dont elles semblent la négation: au XVIIe siècle, ceux-là même qui prônent avec la plus grande ferveur le renoncement (qu'il soit religieux ou moral) intriguent dans les cours, cultivent la rhétorique ou s'adonnent avec enthousiasme à la science moderne. Que l'on ne se hâte pas trop de ne voir là qu'une simple tartufferie: il faudrait plutôt, par delà la satire sociale, faire de Tartuffe le type exemplaire d'une situation historique déterminée, aux côtés de Don Juan et de Monsieur Jourdin. Le nihilisme moderne, comme le montre le théâtre de Molière et de ses contemporains, est un scepticisme affairé, curieux, intrigant, plein de ressources et d'industrie. Les oxymores et les apories de la mort, du rien et du non-être sont inséparables d'un zèle inlassable pour l'expérimentation, l'«essai», et sont étroitement liés aux problèmes

1. La dénonciation de la vanité des sciences n'est pas abandon de toute prétention scientifique mais prémisse de renouvellement de la science. Cette attitude est un trait commun du scepticisme et de l'empirisme moderne dès le XVIe siècle. Ainsi le *Quid nihil scitur* est conçu par son auteur comme une introduction à un exposé scientifique (qui ne fut pas écrit ou s'il le fut, qui nous est resté inconnu). Mais il s'agit bien pour Sanchez de déterminer tout autant les conditions de possibilité d'une science empirique que de montrer l'inanité des prétentions dogmatiques de la science aristotélicienne. De même, pour Gassendi, la critique systématique de l'aristotélisme du point de vue du scepticisme est le préalable au développement des sciences et d'une théorie de la connaissance résolument empiriste, comme il apparaît dans ses *Exercitationes*..., (*op. cit.*).

2. Cf. Mino Bergamo, *La Scienza dei Santi*, Firenze, 1984, p. 1-47.

soulevés par la science naissante, comme nous l'avons vu avec l'anatomie. Ainsi les nombreuses «éloges du rien», qui fleurissent entre la fin du XVIe et le milieu du siècle suivant, sont conçues par leurs auteurs comme les fruits d'une rhétorique expérimentale, très explicitement orientée vers la recherche de la «nouveauté» et la production de la «merveille», dans une optique qui rencontre et croise les entreprises d'ordre strictement scientifique[1]. L'avènement du nihilisme s'avère indissociable de l'avènement d'une science déterminée par la technique: l'ambition de la science moderne est bien, comme n'ont cessé de le répéter les commentateurs du *Discours de la Méthode*, à travers le déploiement de la technique, de se soumettre et de manipuler les phénomènes du monde. Or cette manipulation requiert une déréalisation préalable: le monde ne peut être assujetti à la technique que si lui sont ôtées ses assises ontologiques, ou du moins si ces fondements sont laissés indéterminés. Pour que la technique triomphe, il faut que le monde ne soit pas. Et la ruine de l'ontologie ne fait qu'une avec la suprématie déclarée de la technique sur la nature par l'assimilation de la nature à la technique elle-même. La métaphore théâtrale devient à l'époque baroque l'expression de cette suppression des privilèges de la nature au profit de la technique et de la substitution ainsi opérée de «*technè*» à «*phusis*», d'«*ars*» à «*natura*». La nouvelle science de la nature est d'abord science des machines, mécanisme. Dans tous les domaines de la culture l'accent est mis sur la fabrique, le processus opératif, le savoir faire. «On ne comprend que ce que l'on sait faire», tel est l'adage des temps nouveaux[2]. Mais surtout, dans ce rapport incontournable à l'absence ou indétermination du fondement, on ne comprend que ce que l'on peut «feindre». Au défaut d'assise métaphysique, le savant-technicien répond par la fiction d'un monde. Le faire baroque est d'abord un feindre, la technique baroque, une technique de l'apparence, du spectaculaire, du faux-semblant, avant de devenir véritablement et proprement utilitaire. Et c'est à travers cette fiction que la science moderne s'inaugure et que se développe une technique déterminée par une pragmatique: jeux rhétoriques, automates, trompe-l'œil, pièces à machine sont le prélude théâtral à la manufacture, à l'industrie bourgeoise et, parallèlement, à la science positive. Le monde est une fable; il est «représenté» sur la scène de la science mécaniste,

1. Cf. Carlo Ossola, «Elogio del Nulla» in *Il segno barocco*, a c. di G. Nocera, Roma, 1983, p. 109-134.

2. «Nous ne savons les vraies raisons que des choses que nous pouvons faire de la main, ou de l'esprit...», Mersenne, *Harmonie Universelle*, Paris, 1636, p. 8. Cf. Tullio Gregory, *Scetticismo e empirismo*, Bari, 1961, p. 72 sq.

fabriqué, machiné par une instance qui ne peut plus, directement et sans médiation, être Dieu. Nous sommes ici, de plain-pied, chez Descartes.

5. *Préambule cartésien*

Avant d'entamer notre lecture du *Monde*, il nous faut rapidement nous livrer à une première confrontation de la philosophie de Descartes avec le monde dont nous venons de décrire quelques aspects; le monde tel que le trouve le philosophe avant de passer la rampe et de monter sur scène, ce monde dans lequel il aura à proposer sa réforme radicale de la pensée[1]. Car le rapport que Descartes entretient avec la culture à laquelle il appartient ne pourra être, fondamentalement, qu'un rapport critique.

L'une des armes les plus efficaces de cette critique est l'élision. Descartes se distingue peut-être d'abord par tout ce qu'il abandonne de la culture baroque, tout ce dont il se détourne avec dédain ou indifférence, afin de ménager ses armes pour les combats qui lui paraissent décisifs. Ainsi de la moralisation outrée de l'anatomie, ainsi de l'accumulation morbide du collectionneur, de la recherche systématique du nouveau et du merveilleux, ainsi enfin des litanies complaisantes sur la mort et des prouesses théâtrales et rhétoriques sur le néant.

Reprenons point par point. Comme l'Homme nous le confirmera, l'anatomie de Descartes est purement mécaniste, même si la connaissance du corps et la pratique de la médecine sont envisagées dans une perspective morale. On chercherait en vain dans les textes une interprétation moralisée de l'anatomie. Pas la moindre description non plus du cadavre en décomposition. C'est que le corps chez Descartes, comme l'a montré Pierre-Alain Cahné[2], est d'emblée pris dans une métaphorique instrumentale et mécanique. Là où le poète Tristan l'Hermite décrit un corps de chair, de sang et de graisse «qui se mine à toute heure», un corps souffrant, hanté par la mort[3], Descartes parle de roues, de tuyaux et de cordes: le cadavre qu'il dissèque est une

1. Voir infra, Conclusions 2.
2. *Op. cit.*, p. 73 et sq.
3. *La Folie du sage*, tragicomédie (1633), Acte IV, sc. 1.

horloge arrêtée, une machine brisée[1]. Il est sans doute possible d'interpréter cette mécanisation immédiate du corps, dont toute interférence sensuelle et morbide (pas de chair et de désir qui ne soit sourdement travaillé par la mort, répètent les baroques) est soigneusement écartée, comme la conjuration proprement cartésienne de la «mort panique» omniprésente dans la culture du début du siècle.

C'est une démarche comparable qui l'amène à rompre avec la culture de la rareté et de la merveille, à la faveur de laquelle se développe la science moderne, mais qui est aussi l'inventaire et le tombeau d'un monde aboli. Descartes, cela est très important, évolue dans un climat intellectuel dominé par la curiosité. Mersenne, son correspondant le plus assidu est l'une des figures majeures de cette culture scientifique de la curiosité; mais il est surtout le coordinateur de tous les curieux, en même temps que le «secrétaire de l'Europe savante». Régulièrement, il envoie à Descartes de longues listes de questions «curieuses» et «nouvelles» (*inouyes*), sur toutes sortes de sujets[2]. Descartes répond souvent à ce genre de questions de fort mauvaise grâce, quand il n'oppose pas à son correspondant un refus pur et simple[3]. Mais surtout, au rebours de l'éclectisme passionné de Mersenne, dont ces collections de questions sont l'expression fiévreuse, Descartes s'emploie toujours à réduire la curiosité, à la banaliser, en la ramenant à ses propres cadres conceptuels. Non que la curiosité ne tiennent une place importante dans sa philosophie[4]; en témoigne suffisamment son intérêt pour les «merveilles» de la nature (étranges phénomènes célestes, «météores» spectaculaires[5]), mais surtout de l'art (illusions d'optique, automates hydrauliques, etc.). Mais, lorsqu'il s'intéresse à de tels phénomènes naturels, il s'emploie

1. Cf. par exemple la *Description du corps humain*, XI, 226-227; *Seconde Méditation*. IX-I, 20 et *Passions de l'âme*, art. 6, XI, 330-331.

2. Cf. l'ouvrage de Mersenne: *Questions Inouyes ou la recreation des sçavans*, Paris, 1634. Réédité dans le *Corpus des Œuvres philosophiques en langue française*, Paris, 1985. Outre Lenoble, *op. cit.* p. 234-236, dont l'ouvrage est encore le plus complet et le plus important sur l'activité intellectuelle de Mersenne, voir l'excellent article d'André Pessel: «Mersenne, la pesanteur et Descartes», in *Le Discours et sa Méthode*, Paris, 1987, p. 163-187.

3. 25 février 1630, I, 115; 18 décembre 1629, I, 89; 18 mars 1630, I, 132; janvier 1630, I, 110. Sur l'éclectisme des questions que Mersenne pose à Descartes, voir, entre beaucoup d'autres, les réponses de Descartes du 4 mars 1630, I, 125-127 et de juin-juillet 1635, I, 321-324.

4. Voir Ettore Lojacono, «Descartes curioso. Qualche considerazione sulla *Correspondance* di Descartes: per una migliore comprensione degli *Essais* e per un'altra immagine dell'autore», in *Descartes: il Metodo e i Saggi*, Rome, 1990, t. 1, p. 77-104.

5. Cf. l'introduction des *Météores*, VI, 232.

toujours à réduire l'inconnu au connu, à supprimer le merveilleux en «l'expliquant». Lorsqu'il s'agit d'artefacts, la merveille est d'abord un effet de la science, et l'émerveillement, l'admiration est alors amenée à se détourner du prodige lui-même au profit de l'ingéniosité du savant technicien qui l'a conçu[1]. La merveille n'est plus avec Descartes qu'un faire-valoir de la science. Les premières pages de la *Recherche de la Vérité* se présentent ainsi comme un très habile exercice de rhétorique philosophique par lequel Descartes reconduit «l'honnête homme» épris de curiosités et de merveilles (en fait le lecteur «moyen» de son temps) aux principes de sa propre science[2]. Et le philosophe n'omet pas de stigmatiser au passage ces esprits «perpétuellement travaillés par une curiosité insatiable», cette maladie tout à fait comparable à l'hydropisie[3].

Descartes rompt avec la culture de la curiosité qui l'entoure de la même façon qu'il s'interdit cette moralisation du cadavre anatomisé dont l'université de Leiden offrait le spectacle. Il s'agit de développer dans les sciences de la nature un mécanisme cohérent, strict et lucide. Il importe donc d'éviter de se laisser fasciner, capter, captiver par l'objet, qu'il soit merveilleux comme l'arc-en-ciel, ou monstrueux, comme le cadavre. Mais surtout Descartes tient à refuser et à réfuter le scepticisme qui s'affirme ainsi dans le *memento mori*, la vanité scientifique et les merveilleux riens où le savoir baroque se complaît. De même on ne trouvera bien sûr pas chez Descartes ces jeux rhétoriques sur l'être et le non-être par lesquels le nihilisme se déclare. Contre le scepticisme, Descartes démontre la possibilité de fonder une science vraie. Mais, contre la scolastique cette fois, il se détourne du problème de l'être au profit de l'établissement d'une vérité qui n'est plus «*adequatio rei et intellectus*». C'est dans cette précellence du problème de la vérité sur celui de l'être que Descartes conserve l'essentiel du nihilisme. Dans le traité de physique qu'il rédige entre 1630 et 1633, le nihilisme nous semble s'affirmer par le biais de la fable du monde. Nous retrouvons ici la formule du tableau. Mais la fable cartésienne du monde apparaît d'emblée radicalement différente des fables baroques. Contre celles-ci, elle prétend à la vérité, et surtout, loin de rester attachée à la dépouille du vieux monde, la fable cartésienne présente la genèse d'un nouveau monde, entièrement machiné, feint depuis une instance métaphysique qui n'est pas encore

1. Cf. *A* ***, septembre 1629, I, 21.
2. X, 495-505. Cf. *Passions de l'Ame*, art. 73-74-75-76-78.
3. X, 500. Cf. également *Règle IV*, X, 371, *Passions de l'Ame*, art. 76 et 78.

élucidée dans ce texte, fiction d'un monde entièrement disponible à une mainmise de la nouvelle science mécaniste et par là de la technique.

6. *Traité de la Lumière ou: Le Monde*

Traité de la Lumière, *Monde*: l'hésitation de Descartes entre ces deux titres permet d'introduire la problématique scientifique et philosophique de l'ouvrage[1]. Le texte commence par ces mots: «Me proposant de traiter ici de la lumière...». Mais il faut attendre les chapitres XIII et XIV pour y voir traiter systématiquement de la lumière et que soient expliquées sa nature et ses propriétés. Au cours de son enquête, dans les chapitres précédents, Descartes a eu le temps d'établir les principes et les lois de sa physique, et de traiter des cieux, des étoiles, des comètes, des planètes et des marées. L'étude de la lumière ouvre et clôt le texte de la première partie du *Monde*. Nous verrons que cette étude offre l'occasion et le fil conducteur de cette cosmologie mais plus encore la nécessite. A cela il faut ajouter que la lumière fournit le prétexte de toute la seconde partie; l'*Homme*, comme Descartes l'indique dans le *Discours de la Méthode* (VI, 42) et comme le laisse penser le dernier chapitre que nous possédons de la première partie, en ce qu'il y traite de la façon dont «le soleil et les astres agissent contre nos yeux». La lumière génère ainsi chez Descartes encore une cosmologie, mais seulement dans l'ordre d'exposition de la physique et non dans la formation effective du «nouveau monde» mécaniste. Si la démarche de la fable du monde paraît mimer et mime effectivement pour une part le récit de la genèse biblique, il ne faut pourtant pas s'y tromper, car le démiurge cartésien

1. «... le traité qui contient tout le corps de ma physique porte le nom *De la lumière*», *A Vatier*, le 22 février 1638, I, 562. En fait Descartes, dans sa correspondance, appelle son ouvrage tantôt «*Monde*», tantôt «*Traité de la Lumière*». Les premières éditions ont respecté cette hésitation de l'auteur entre les deux titres: *Le Monde de Monsieur Descartes ou le Traité de la Lumière*, à Paris, chez Jacques Le Gras, 1664; *Le Monde, ou Traité de la Lumière*, à Paris, Chez Michel Bodin ou Nicolas Le Gras, 1677. Sur les titres, le projet initial de Descartes et ses transformations, l'interdépendance des trois œuvres rédigées plus ou moins simultanément (*Météores*, *Dioptrique*, *Monde*) cf. Simone Martinet, «Rôle du problème de la lumière dans la construction de la science cartésienne», *XVIIe siècle*, n° 136, juillet/septembre 1982, p. 286; Gianfranco Cantelli, in René Descartes, *L'Uomo*, Turin, 1960, p. 22-23 et in Descartes, *Opere*, Milan, 1986, p. VI-XVI; Antonio Nardi: «La luce e la favola del Mondo, Descartes 1629-1633», *Annali dell'Istituto di Filosofia*, Florence, 1981, p. 193-145.

commence par refuser à la lumière cette dignité que lui conférait la tradition, dignité tout à la fois théologique, physique et métaphysique.

Sans nous arrêter ici sur l'importante distinction qu'établissait cette tradition entre la source de lumière (*lux*) et son effet dans le monde visible (*lumen*), que Descartes n'est pas le premier à négliger[1], nous voudrions simplement relever l'importance de cette fonction génétique jouée par la lumière dans la plupart des cosmologies antérieures à la modernité. Pour la pensée médiévale, et plus encore pour le néoplatonisme de la Renaissance, l'étude de la lumière offrait un moyen privilégié pour appréhender les fondements ontothéologiques de l'univers. Le phénomène lumineux était pour tous la manifestation la plus évidente de la transcendance, l'indice le plus sûr du concours ordinaire apporté par Dieu à sa création. La lumière sensible, pour qui savait la contempler, possédait une vertu anagogique qui, à travers tous les êtres unis en une seule chaîne, ramenait au principe et à l'origine des choses. Kepler encore fait de la lumière, sans aucune distance métaphorique, l'âme même de l'homme et de l'univers[2]. Mais Kepler, s'il est bien l'un des fondateurs de la science moderne, compte aussi parmi les derniers grands représentants du néoplatonisme[3].

Avec la science mécaniste, la lumière perd cette pertinence ontologique et cette excellence théologique. Mécanisée, elle devient un objet de science comme les autres. Certes, l'optique est un terrain privilégié pour le développement de la science moderne : mais justement parce qu'elle est le domaine où l'incompatibilité du mécanisme avec la physique traditionnelle apparaît de façon la plus éclatante, où l'analyse quantitative s'oppose peut-être le plus nettement à la physique des qualités. Surtout, pour la mentalité baroque, la lumière ne livre plus le monde dans sa vérité. Le monde qu'elle éclaire, nous l'avons vu, se présente comme un théâtre ; et le jour sur une scène est toujours feint. La lumière donne bien le monde à voir, mais comme un jeu d'illusions, de faux-semblants et de décors trompeurs : la lumière baroque exhibe un monde en trompe-l'œil. Elle

1. Kepler, dont Descartes connaît les *Paralipomènes à Vitellion* refusait déjà cette distinction. Descartes ne la récuse pas à proprement parler, mais n'en tient aucun compte, malgré ce qu'il prétend à Morin (II, 203-204 ; cf. S. Martinet, *art. cit.*, p. 307-308).

2. Cf. Catherine Chevalley, « Sur le statut d'une question apparemment dénuée de sens : la nature immatérielle de la lumière », *XVIIe siècle*, n° 136, p. 262-266 et Gérard Simon, *Kepler astronome et astrologue*, Paris, 1979, p. 195-211.

3. Sur le rôle de la lumière pour le néoplatonisme et l'hermétisme, cf. *Cahiers de l'hermétisme*, n° spécial *Lumière et Cosmos*, Paris, 1981.

est l'artifice des artifices, celui par lequel se trament tous les pièges du visible. L'optique régresse dans la hiérarchie des sciences : subordonnée au mécanisme, elle donne lieu au développement d'un savoir technique finalisé par la production d'illusions visuelles. Ces machines optiques sont doublement paradigmatiques ; de la vérité et de l'efficacité techniques de la science et tout à la fois du caractère fallacieux du monde visible[1]. Dans une lettre de 1629 (l'époque où il projette la rédaction du *Monde*), Descartes nomme cette partie de l'optique « la science des miracles, parce qu'elle enseigne à se servir si à propos de l'air et de la lumière, qu'on peut faire voir par son moyen toutes les mêmes illusions, qu'on dit que les Magiciens font paraître par l'aide des Démons » (I, 21). Ce que les magiciens produisent grâce au démons, selon le « on dit », – c'est-à-dire ce qu'ils ne produisent en fait pas –, il est possible de le faire grâce à la science, qui requiert ici, de façon paradigmatique, l'étroite collaboration du savoir et du faire ; la science en tant qu'elle permet le développement de la technique[2]. Dans un texte de jeunesse, Descartes donne une liste de ces miracles et merveilles que l'on peut réaliser avec de simples miroirs paraboliques[3]. Dans la lettre citée, il s'empresse d'ajouter que ces miracles d'air et de lumière ne sont que des « niaiseries ». Mais ces niaiseries de la technique ont une profonde valeur épistémologique ; par la manipulation des phénomènes optiques, elles montrent la pertinence de la science et surtout font « voir », car tel est l'enjeu rhétorique de ces tours d'illusionniste, que les phénomènes naturels ne sont eux aussi que des artefacts. « On peut faire que le soleil, reluisant dans une chambre, semble toujours venir du même côté, ou bien qu'il semble aller de l'Occident à l'Orient, le tout par des miroirs paraboliques ». Il s'agit bien là d'une démonstration des pouvoirs de la technique associée à la science : arrêter ou inverser la course du soleil. Pourtant, ces « miracles » ne sont que des faux-semblants et ils ne prétendent pas à autre chose. Mais justement, là réside toute leur force (dé)monstratrice. En effet, pour le copernicien convaincu qu'est Descartes, la course apparente du soleil n'est-elle pas elle-même une sorte d'illusion d'optique ? Que peut donc être son inversion, sinon un divertissement,

1. Cf. J. Baltrusaitis, *Anamorphoses*, Paris, 1955 et *Le Miroir*, Paris, 1978.

2. La *Dioptrique* est à cet égard exemplaire, où la théorie mécaniste de la vision fonde une technique pour tailler les verres et « augmenter » la « puissance » de la vue (VI, 81-82).

3. X, 231-232. Cf. également *A Mersenne*, le 25 février 1630, I, 120 ; *Villebressieux à Descartes*, été 1631, I, 211 ; *Météores*, VI, 343-344.

riche d'implications épistémologiques[1] ? L'artifice de l'inversion induit les spectateurs émerveillés à penser que la course « naturelle » du soleil n'est peut-être qu'une simple apparence. Du même coup, la « science des miracles » se donne comme une simulation de la magie, mais une simulation dénonciatrice qui en montre la vanité. Car, pour croire à l'efficacité de la magie naturelle, il faut croire à la vérité du visible : dès que celle-ci est sérieusement suspectée, lorsque la nature est comprise à partir des artifices d'une technique vouée en premier lieu à la production d'un spectacle, le mage disparaît comme tel et cède la place au technicien, à l'ingénieur, au metteur en scène[2]. Le mage était ministre de la nature, il devient maître des artifices. Il est d'ailleurs très significatif que dès la fin du XVIe siècle sont gratifiés des noms de « mage » ou de « sorcier », les ingénieurs, scénographes et artificiers : maîtres du feu et des eaux, maîtres de la lumière ; entendons maîtres en illusions. Car le public n'est pas dupe et consacre la défaite de la magie en abusant ainsi du terme. Il faut situer la science cartésienne des miracles aux côtés de la « perspective curieuse » de Jean-François Niceron. Celui-ci se réfère à Pic de la Mirandole, mais pour substituer au concept de « magie naturelle » celui de « magie artificielle ». Celle-ci « produit les plus beaux et admirables effets, où l'art et l'industrie de l'homme puissent arriver », au premier rang desquels les perspectives anamorphotiques dont l'ouvrage du minime fait la théorie[3]. Avant de s'en déclarer maître et possesseur, le technicien s'emploie à démystifier la nature. Avant d'être exclusivement finalisée par l'« utilité » entendue en un sens étroitement pragmatique, la technique est un divertissement sceptique, avant de devenir productive

1. Cf. G. Granel, « La mathesis universalis », *Cartesiana*, Toulouse, 1984, p. 171.

2. Cette lettre de 1629 laisse clairement entendre que l'auteur du *Discours de la méthode* pensait bien le rapport entre la science mécaniste et la magie en terme de concurrence : la science doit permettre la production de bien plus grandes merveilles que la magie, et cela justement par ses applications illusionnistes. Ce qui revient à supposer d'ailleurs que le mage n'est rien d'autre qu'un illusionniste opérant sans le secours de la vraie science et dont l'art se trouve limité à des « effets » dérisoires, sinon inexistants, purement imaginaires. Ce jugement ironique et méprisant doit cependant être fortement relativisé, car parallèlement à cette appropriation du caractère spectaculaire, ou présumé tel, de la magie, le philosophe mécaniste emprunte à celle-ci ses exigences d'effectivité et d'efficacité, absolument disproportionnées aux instruments, comme le montrent bien les espoirs déraisonnables que Descartes nourrit longtemps en médecine (Voir *infra*, Conclusions, 1).

3. Jean-François Niceron, *La Perspective Curieuse*..., Paris, 1638, p. 6.

et autoproductive, elle est récréative[1]. Plaisante simulation des œuvres de la nature, la technique baroque, par la maîtrise des jeux d'eau, de feu et de lumière, par la construction de sphères armillaires et d'automates, mime les premiers gestes du créateur[2]: seconde création, re-création, machination, simulation semble-t-il innocente et dérisoire, puisqu'il ne s'agit, apparemment, que de jouer avec les apparences, mais lourde de conséquences pour l'avenir de la modernité. Descartes partage avec ses contemporains cette défiance active à l'égard du monde visible, dans lequel le mage technicien intervient comme un démiurge ironique, se récréant à recréer le paraître à l'aide de ses «machines», calculs et discours. Mais les merveilles spectaculaires de la nature ne sont dignes d'intérêt que par rapport à la science qui les explique et les «miracles» de la technique sont pour lui des incitations à la recherche ou des effets de la science, les faire-valoir et les ornements d'une refonte générale du savoir. La récréation de Descartes, dans le traité, est une re-création du monde à partir des principes de son intelligibilité et sous la forme d'une fable.

La nouvelle physique naît ainsi de la volonté de rendre compte d'un jeu de lumière. C'est en effet le souci d'expliquer un phénomène lumineux relevant de l'illusion qui pousse Descartes à interrompre sa métaphysique pour projeter ses premiers écrits de physique, les *Météores* et le *Monde* (I, 17): le phénomène des parhélies ou faux-soleils[3]. L'explication des parhélies ne se trouve pas dans le *Monde*; elle est en revanche le point d'arrivé des *Météores* «Discours dernier:

1. L'invention, la collection, la construction et la déconstruction des «merveilles», qu'elles soient techniques, mathématiques ou littéraires, pour le curieux, sont de l'ordre de la «récréation». Cf. l'ouvrage du P. Jean Leurechon, lu et relu par Descartes (X, 546-551), *Recreation mathematique composée de plusieurs problèmes plaisants et facétieux en fait d'arithmétique, géométrie, méchanique, optique et autres parties de ces belles sciences*, Pont-à-Mousson, 1624 et bien sûr l'ouvrage déjà cité de Mersenne, au sous-titre particulièrement éloquent: *Questions inouyes ou recreation des sçavans.*

2. Voir Mersenne, *La Vérité des Sciences..., op. cit.*, fin de la préface (non paginée).

3. Le texte de référence est le compte-rendu d'observation du Père Scheiner, fait à Rome en Mars 1629, cf. *A Mersenne*, Le 8 octobre 1629, I, 23; *Au même*, le 13 novembre 1629, I, 70. Comme le montrent les correspondances de Mersenne et de Peiresc, ainsi que le journal de Beeckman, l'observation de 1629 a soulevé l'intérêt de l'ensemble de la communauté scientifique, en relation étroite avec la dimension spectaculaire du phénomène (Peiresc parle d'un «phénomène extravagant») et avec le fait que les parhélies sont des illusions: l'apparition de quelque chose qui ne saurait être ce qu'il semble (plusieurs soleils dans le ciel). Cf. *Peiresc à Dupuy*, le 16 avril 1629, in *Lettres de Peiresc*, Tamisey de Larroque, II, p. 72; *Journal tenu par Isaac Beeckman*, publié par C. de Waard, IV, p. 149-151, cf. E. Lojacono, in René Descartes, *Opere scientifiche*, Turin, 1983, p. 503.

de l'apparition de plusieurs soleils» (VI, 354). Nous ne pouvons refaire ici le chemin de cette explication que préparent tous les chapitres précédents, qui traitent des différents phénomènes dont les parhélies cartésiennes sont composées (exceptée la lumière renvoyée à la *Dioptrique* et au *Monde*): les vents, la neige, la pluie, la glace, les nues et leurs couleurs, l'arc-en-ciel etc. Notons simplement que cette explication frappe à la fois par la rigueur toute géométrique du raisonnement et la richesse de l'imagination mise en œuvre[1]. En ceci elle est un parfait exemple et sans doute l'un des plus beaux chapitres du roman de la physique cartésienne. Descartes n'hésite pas à exploiter, dans sa reprise de l'observation du phénomène et les explications qu'il propose, ces belles images à la fois cristallines et tremblantes qui émaillent la poésie d'un Tristan ou d'un Théophile: «ces soleils (...) semblaient être enchassés dans le cercle blanc ainsi qu'autant de diamants dans une bague» (VI, 356)[2]. L'un d'eux, «vers le couchant, ayant une figure changeante et incertaine, jetait hors de soi comme une grosse queue de feu (...) Ce qui n'était sans doute autre chose sinon que l'image du soleil était ainsi contrefaite et irrégulière (...), comme on le voit souvent lorsqu'elle nage dans une eau un peu tremblante, ou qu'on regarde au travers d'une vitre dont les superficies sont inégales. Car la glace était vraisemblablement un peu agitée en cet endroit...» (VI, 364)[3]. Ces dernières images explicatives sont parfaitement légitimes, parce que les phénomènes convoqués sont homogènes à celui dont il s'agit de rendre compte: des effets de lumières sur une surface liquide ou glacée. La surface gelée du nuage

1. Il est très intéressant de comparer à ce sujet le texte de Descartes avec celui que Gassendi consacre au même phénomène (*Parhelia*, 1629, in *Opera Omnia*, t. III). Descartes estime être en mesure de donner une explication complète du phénomène et surtout entreprend de développer à son occasion une physique générale qui rendra compte de la nature de la lumière et des autres principaux «corps». Au contraire, les parhélies confortent le scepticisme de Gassendi en lui donnant l'opportunité d'affirmer que, décidément, la science ne pourra jamais être que descriptive («... nihil scire licere ex rebus naturae praeter ipsarum historiam», III 653 a). Cf. également, *A Peiresc*, le 15 juin 1629, *Lettres de Peiresc*, *op. cit.*, IV, p. 195-196, cité et commenté par O. R. Bloch, *La philosophie de Gassendi*, La Haye, 1971, p. 81 et p. 96-97.

2. Le poète jésuite Pierre Le Moyne décrit le même phénomène, et utilise le même langage: voir ses *Entretiens et Lettres poétiques*, Paris, 1665, Entretien II, cité in Rousset, *Anthologie...*, *op. cit.*, t. I, p. 179. Il est à noter que Descartes connaissait et appréciait la poésie de Le Moyne, comme en témoigne une lettre à Mersenne d'octobre 1631 (I, 221).

3. Voir les trois figures contenues dans ce dernier chapitre des *Météores* (voir fig. 3, 4, 5). Tristan l'Hermite exploite la même poétique: *La Mer*, in *Poésies galantes et héroïques*, Paris, 1662, IIe partie, p. 29

qui fait paraître ces soleils est pour Descartes une lentille convexe, comparable à l'un de ces instruments d'optique avec lesquels on peut arrêter ou inverser la course du soleil. D'ailleurs la nuée glacée est capable de produire de tels miracles: «notez que cela peut faire paraître le soleil après même qu'il est couché, et qu'il peut aussi reculer ou avancer l'ombre des Horloges, et leur faire marquer une heure toute autre qu'il ne sera» (VI, 359). La nuée, comme les miroirs de l'opticien thaumaturge, altère le cours normal des apparences. Mais c'est dans toutes les occasions que la nature agit à la manière de l'illusionniste dont les tours n'ont plus rien de merveilleux pour qui en connaît le «secret», c'est-à-dire la technique d'exécution. D'où la conclusion de ce «dernier discours», la conclusion générale des *Météores*: «ceux qui auront compris tout ce qui a été dit en ce traité, ne verront rien dans les nues à l'avenir, dont ils ne puissent aisément entendre la cause, *ni qui leur donne sujet d'admiration*» (VI, 366). L'ingéniosité cartésienne, qui explique toutes les prestidigitations de la nature, en supprime du même coup la merveille. La magie naturelle, celle de la nature, cède la place à la magie artificielle de la science. Il suffit de comparer à ce propos ces derniers mots des *Météores* aux dernières lignes de la *Dioptrique*: «je veux espérer que les inventions que j'ai mises en ce traité seront estimées assez belles et assez importantes pour obliger quelques uns des plus curieux et des plus industrieux de notre siècle à en entreprendre l'exécution». Autocélébration du physicien-dioptricien, appel à la curiosité industrieuse du public. La fin des *Météores* consacre la désillusion (le *desengaño*) du savant mécaniste devant les merveilles de la nature, la fin de la *Dioptrique* célèbre les merveilles de la technique comme autant d'effets de la science.

Dans la *Dioptrique* aussi, le sujet annoncé comme majeur, celui qui donne en l'occurrence son nom à l'écrit, est rejeté à la fin. Les analyses de la lumières, de la réfraction, de la perception sensible et de la vision ont pour but de préparer l'exposé d'une technique: la taille des verres et la fabrication des lunettes. «Nous pourrons par cette invention voir des objets, aussi particuliers et aussi petits, dans les Astres, que ceux que nous voyons sur terre» (VI, 206)[1]. Et surtout Descartes projette la

1. Le 13 novembre 1629, il écrit à l'artisan Ferrier: «nous verrons, par votre moyen, s'il y a des animaux dans la lune» (I, 69). Descartes fait fi de toutes les objections adressées à la lunette de Galilée, dont tout le monde reconnaissait l'excellence pour l'observation terrestre, mais que l'on accusait de falsifier l'image des objets célestes. Les commentateurs ont noté les difficultés éprouvées par Galilée pour répondre à ces objections: «seule une nouvelle théorie de la lumière et de la vision pouvait légitimer ce que l'on voyait à travers l'instrument en autorisant d'une

réalisation de microscopes, qui pourraient à bon escient montrer la vérité du corpuscularisme cartésien (VI, 152). Cette issue technique de l'optique n'est pas pour autant une réhabilitation du visible. En jetant les plans de microscopes extrêmement puissants, Descartes semble chercher à forcer le visible, l'obliger à cautionner sa physique. C'est pourquoi il préfère le microscope au télescope; celui-ci ne nous montrera jamais que ce que nous voyons déjà à l'œil nu sur terre, et après cela le travail scientifique reste encore à faire.

C'est ainsi que l'on peut comprendre pourquoi la physique toute entière a pu se développer à partir d'un désir d'expliquer les parhélies, ces faux soleils: de simples illusions d'optique. Le *Monde* ne traite pas des parhélies, mais dans le dernier chapitre qu'il nous reste de la première partie, Descartes énonce ce «paradoxe» qui, comme il le dit lui-même, dans le cadre de sa physique, n'en est pas un[1]. Le soleil, comme une parhélie, pourrait être faux. Il résulte en effet de la conception cartésienne de la lumière, comme action de la matière subtile contre l'œil, et de la théorie des tourbillons que, si le centre des turbulences n'était pas occupé par des étoiles, les apparences n'en seraient pas changées pour autant. Le soleil «n'a quasi» besoin «d'être autre chose qu'un pur espace pour paraître tel que nous le voyons»[2]. Le soleil n'existerait pas, nous le verrions quand même. Il est difficile d'imaginer destitution plus radicale du monde visible: derrière ce que nous voyons, il peut y avoir tout autre chose et il pourrait même n'y avoir rien du tout. Il n'y a en fait que ce que la raison «voit», ce qu'elle détermine devoir être sous les apparences,

façon rigoureuse de franchir par la lunette la distance entre Ciel et Terre» (Pietro Redondi, «Galilée et les théories aristotéliciennes», in *Matière et lumière*, *op. cit.*, p. 269; cf. aussi Vasco Ronchi, *Galileo e il cannocchiale*, Udine, 1942). C'est bien cette nouvelle théorie que présente Descartes dans la *Dioptrique* et surtout dans le *Monde*. La théorie cartésienne exclut que la lunette puisse tromper la vue, lorsqu'elle est construite selon les lois de la réfraction, en conformité avec cet instrument optique naturel qu'est l'œil: la fonction de la lunette n'est que de grossir, de «rapprocher» les objets célestes. Par ailleurs le dioptricien cartésien, possède évidemment tous les moyens théoriques pour construire des lunettes déformantes, des machines à illusion. Mais le point fondamental est que, pour Descartes, c'est l'image oculaire elle-même, et celle que permet d'avoir tout aussi bien la lunette la plus perfectionnée du monde, qui est illusoire, dans son rapport à la réalité physique qu'elle représente.

1. XI, 110. Repris presque tel quel dans les *Principes* III, art. 64, IX-II, 136. Cf. S. Martinet, *art. cit.*, p. 308.

2. Cette hypothèse, dans une physique du plein, où l'espace et la matière ne font qu'un, reste un paradoxe, mais elle permet de faire comprendre en quoi consiste la lumière pour Descartes (une pression de la matière subtile sur l'œil) et de montrer combien cette conception est étrangère aux doctrines émanentistes.

malgré elles et souvent contre elles (VI, 43). Et c'est bien en substance tout ce que nous voyons, le monde sensible lui-même qui, tant que les sens en sont les seuls témoins, peut n'être rien. L'évocation d'une possible inexistence du soleil et la valeur paradigmatique des illusions d'optique en physique autorisent l'extrapolation métaphysique : le doute métaphysique est bien, de ce point de vue, l'exact prolongement, le développement rigoureux du doute « physique » porté sur le sensible.

Ce doute physique qui ouvre le *Monde*, porte précisément sur la lumière : la réalité physique n'a peut-être aucun rapport avec l'idée que nous nous en faisons dans l'expérience visuelle. On peut voir dans ce doute initial, ce que l'on pourrait appeler « l'effet parhélie » : la transposition au quotidien de l'illusion d'optique et surtout son extension à ce qui la rend possible, la lumière même. Les parhélies sont des jeux de lumières sur des nuées, leur explication, pour être complète, requiert celle de la lumière, mais la logique du soupçon reflue sur la cause ; comme il arrive de voir plusieurs soleils là où il n'y en a qu'un, la lumière même, en tant qu'elle est perçue par l'œil, n'est-elle pas tout aussi irréelle que ces faux soleils produits sur les nuées ? C'est ce que montrera d'abord l'analyse de la perception par dissemblance, puis l'entier développement de la physique mécaniste. Les conditions physiques de la lumière ne sont pas, en elles-mêmes, « lumineuses », la lumière fait partie des qualités qui n'ont de réalité que pour le sujet sensible. Pas plus que le soleil ne se démultiplie réellement lors des phénomènes de parhélie, la lumière n'est une qualité réelle, et nous errons chaque fois que nous réifions et projetons dans le monde les idées sensibles que le monde suscite en nous. Lorsqu'il sera établi que la lumière n'est qu'une action de la matière subtile contre notre œil, il deviendra même possible de montrer que cette pression nous ferait voir le soleil en son absence même. C'est en ceci que le phénomène des parhélies est un objet paradigmatique de la physique cartésienne : le paradigme caché de la lumière et du monde dont il est traité.

On cerne dès lors peut-être mieux la fonction profonde de la lumière dans le traité qui porte son nom. Ce rôle est certes, comme l'ont justement remarqué les commentateurs, beaucoup plus important que ne veut le reconnaître le *Discours de la Méthode* : la lumière est « l'élément organisateur » de l'œuvre, en tant que le souci de résoudre le problème qu'elle pose a incité Descartes « à mettre au point la théorie des tourbillons et la théorie des éléments»[1]. Mais il ne faut pas pour autant négliger les raisons et le ton de cette partie du *Discours de la Méthode*, destinée, si l'on peut dire, à faire la publicité de l'ouvrage resté au tiroir après la condamnation de Galilée, et à «sonder le gué», comme l'écrit Descartes, en vue d'une publication toujours espérée (VI, 41)[2]. Descartes y évite de mentionner l'héliocentrisme, mais pour le reste résume fidèlement, à quelques détails près, le contenu de l'ouvrage et insiste sur la forme «fable» de l'écrit; ce qui montre, si besoin était, l'importance attachée par Descartes à cette dimension fabuleuse du *Monde* et à sa prestation rhétorique. Pour rendre compte de la fonction jouée par la lumière dans le corps de physique, Descartes file longuement la métaphore picturale. Il faut citer le passage en entier, l'une de ces longues phrases sinueuses et exhaustives, spécifiquement cartésiennes:

> J'ai eu dessein d'y comprendre tout ce que je pensais savoir, avant que de l'écrire, touchant la nature des choses matérielles. Mais, tout de même que les peintres, ne pouvant également bien représenter dans un tableau plat toutes les diverses faces d'un corps solide, en choisissent une des principales qu'ils mettent seule vers le jour, et ombrageant les autres, ne les font paraître qu'en tant qu'on les peut voir en la regardant: ainsi, craignant de ne pouvoir mettre en mon discours tout ce que j'avais en la pensée, j'entrepris seulement d'y exposer bien amplement de que je concevais de la lumière; puis, à son occasion, d'y ajouter quelque chose du Soleil et des étoiles fixes, à cause qu'elle en procède presque toute; des cieux, à cause qu'ils la transmettent; des planètes, des comètes et de la terre, à cause qu'elles la font réfléchir; et en particulier de tous les corps qui sont sur la terre, à cause qu'ils sont ou colorés, ou transparents, ou lumineux; et enfin de l'homme, à cause qu'il en est le spectateur. (VI, 41-42)[3]

Ce passage est d'une telle richesse méthodologique qu'il pourrait servir de base à une interprétation globale du traité. Nous le retrouverons au cours de la cette étude[4]. Relevons simplement ici les points

1. A. Nardi, *art. cit.* p. 110 et S. Martinet, *art. cit.*, p. 309. Nous renvoyons à cette excellente étude pour le détail de la démonstration de la fonction génétique assumée par le problème de la lumière dans le corps entier de la physique.

2. Cf. également *A* ***, fin mai 1637, I, 370; *A Pollot*, le 12 février 1638, I, 518.

3. Dans cette revue, Descartes est bien fidèle au *Monde*, où la lumière sert de pierre de touche pour déterminer la nature élémentaire des corps célestes, XI, 29-30 (voir également, *Principes* III, art. 52).

4. Voir *infra*, V, 2.

qui intéressent notre propos actuel. L'étude de la lumière est à la cosmologie cartésienne ce que l'utilisation de la lumière et de l'ombre est au tableau en perspective: un moyen de créer une illusion de totalité et de complétude dans la représentation d'une seule partie. Descartes élabore, à partir d'une analyse de l'objet lumière, toute une cosmologie en clair-obscur: la lumière permet de suggérer dans l'ombre une physique achevée.

Remarquons d'abord que cette présentation métaphorique de la lumière ne possède aucune connotation métaphysique ou théologique. le choix de la lumière comme fil conducteur de toute une physique, n'est en rien dicté par l'excellence de l'objet, sa primauté ontologique ou son caractère divin, mais satisfait à des exigences méthodologiques et rhétoriques. De plus il faut noter que méthode et rhétorique ne peuvent être séparées dans ce résumé du *Monde*. D'ores et déjà nous pouvons soupçonner que les règles de la méthode présentées dans les *Regulae* et dans la deuxième partie du *Discours*, ne peuvent constituer une grille de lecture suffisante pour le *Monde*. Car l'analogie établie entre le travail du physicien et celui du peintre, qu'unit un même souci de représentation, et ce recours à la lumière picturale pour parler de la fonction lumière dans le traité, sont riches d'implications théoriques.

La métaphore lumineuse vaut ici, en l'absence de toute mystique de la lumière, comme un modèle artificialiste, et s'avère d'abord significative de l'objectivation et de la neutralisation mécaniste du phénomène physique. A travers l'analogie filée de la lumière telle que la représente le peintre, aucune valeur épistémologique n'est reconnue à la simple sensation lumineuse, c'est-à-dire à la lumière que le peintre «imite» et bien sûr utilise, la lumière sans laquelle son tableau ne serait pas visible, celle qui offre les points de départ et d'arrivée de l'analyse mécaniste. Cette lumière-là, la lumière du monde, est d'emblée pensée, à partir de l'œuvre picturale, comme une illusion; c'est pourquoi la démarche scientifique commencera par suspecter la vérité de la représentation que la lumière nous donne d'elle-même et du monde dans l'expérience immédiate que nous en faisons. En même temps la métaphore picturale nous renseigne sur le statut du discours scientifique, ainsi défini à partir de la «fiction» artistique. L'usage qui est fait de la lumière s'avère indissociablement techniciste et spectaculaire, c'est-à-dire, dans le texte de physique, à la fois méthodologique et rhétorique. La lumière permet d'exposer une physique entière pour des raisons qui peuvent paraître fortuites à première lecture, mais qui en fait ne le sont pas: l'explication de la lumière exige effectivement celle des corps dont elle procède, de ceux qui la transmettent et la réfléchissent et requiert, pour être complète, une analyse physiologique de la perception. Le *Discours* est bien sur ce point fidèle au traité. Mais la lumière est en même temps, un moyen rhétorique pour produire une apparence d'exhaustivité. Il faut en prendre acte, « l'effet parhélie » est aussi présent au niveau de l'écriture du traité : juste après avoir ainsi parlé de la lumière, Descartes, dans le *Discours*, poursuit ainsi le développement de sa métaphore picturale : « Même, pour ombrager toutes ces choses... ». Cette ombre rajoutée aux jeux de lumière, comme un voile destiné à estomper les contrastes du clair-obscur, n'est autre que la fable du nouveau monde : « je me résolus de laisser tout ce monde ici... » (VI, 42).

II. LA DIFFÉRENCE

La fable du nouveau monde ne commence qu'au sixième chapitre du traité : les cinq premiers peuvent être considérés comme l'esquisse d'une physique générale, se développant à l'occasion d'une analyse du phénomène lumineux. Nous voudrions montrer que tout ce début prépare la fable, la rend nécessaire et, d'une certaine façon, l'anticipe.

Le nouveau monde de la fable est bien « Le » monde, mais abstraction faite de sa réalité, le monde considéré comme objet de la physique mécaniste. Or dès les premières lignes du traité, par le biais d'une théorie sémiotique de la perception, est opérée une déréalisation radicale du monde sensible. Cette sémiotique de l'acte perceptif est comprise sur le modèle du signe linguistique, en tant que celui-ci apparaît d'emblée traversé par une « différence ». Cette différence, appliquée à la perception, introduit une scission entre la réalité présumée, et ce qui en devient la représentation. Pareille doctrine de la perception grève le monde perçu d'une irréductible indétermination ontologique. Cette indétermination quant à l'être du monde, inséparable de l'assimilation de la perception à une sémiose, nous autorise à avancer que, d'entrée de jeu, le monde est traité dans le texte cartésien comme une fable. Le monde est un discours fallacieux, une énigme à déchiffrer, un trompe-l'œil à rectifier, une machinerie spectaculaire à démonter. Ce travail de décryptage, de déconstruction, de rectification appartient en propre à la science mécaniste. Et c'est ce travail de décodage et d'« anatomie » mécaniste qui est présenté, dans le traité du *Monde*, comme une fable. Mais alors il ne s'agit pas du tout de la même fable ; celle-ci vient redoubler la première pour en neutraliser et démonter les mécanismes. La fable de la science, que Descartes nomme la fable de « son » nouveau monde, a pour fonction de restituer le sens brouillé de ce que nous prenons la liberté, non sans nous appuyer sur les textes cartésiens eux-mêmes, de nommer la fable du monde sensible.

La fable du nouveau monde est un discours qui revendique la vérité. Dès lors, pourquoi Descartes présente-t-il sa science de la nature comme une fable? On peut bien sûr répondre en reprenant les raisons données par Descartes, dans le texte et sa périgraphie (correspondance et cinquième partie du *Discours de la méthode*). Ces raisons ne sont pas satisfaisantes parce qu'évasives et difficilement compatibles: ornement du discours, biais pour exposer un corps entier de physique, façon élégante d'éviter une discussion frontale de l'aristotélisme et donc moyen d'échapper à la censure de l'orthodoxie. Ces raisons avouées devront être examinées dans leur détail, confrontées, articulées et bien sûr interprétées[1]. Mais elles nous semblent surtout renvoyer à des problèmes internes à la philosophie et à la science cartésiennes. Pour mettre à jour ces problèmes et raisonner les raisons de la fable, il nous paraît nécessaire d'opter pour la voie longue, et de commencer notre lecture par le début du traité, en amont de la fable, où se trouve exposée la doctrine de la perception sensible par «différence», sur le modèle de la communication linguistique. Une étude circonstanciée de cette doctrine, qui excède nécessairement le seul texte du *Monde*, va nous permettre de circonscrire les statuts respectifs du sensible et du langage dans la gnoséologie cartésienne et de faire apparaître l'interaction des données sensibles et du travail du langage dans la production de ce que nous venons d'appeler la fable du monde sensible, cette comédie des «erreurs» qu'il reviendra à la science d'énoncer, de décrypter, de rectifier par sa propre fable. Ce travail est le préliminaire nécessaire à l'investigation des raisons de cette fable de physique, dont l'énigme hante l'œuvre –et le portrait– du philosophe au masque.

1. Le sensible suspecté

Le *Monde* s'ouvre par un *avertissement* de l'auteur: au sujet de la lumière «il peut y avoir de la différence entre le sentiment que nous en avons (...) et ce qui est dans les objets qui produit en nous ce sentiment». Descartes s'efforce alors de montrer que cette différence est radicale et générale, qu'elle affecte et structure notre perception du monde. Considérons les termes de cette séparation: le «sentiment» de la lumière et «ce qui» dans les objets extérieurs produit en nous ce sentiment. «Ce qui est dans les objets»: réquisit d'abord absolument

1. Voir *infra*, chap. V.

indéterminé, situé «du côté» des objets, des choses[1], dans «la flamme» et «le soleil», que l'on nomme, sans en avoir une image ressemblante, sans la voir véritablement, «Lumière» (X, 3). Le sentiment de la lumière, «c'est-à-dire, précise Descartes, l'idée qui s'en forme en notre imagination par l'entremise de nos yeux». Cette définition contient toute une doctrine de la perception, déjà élaborée dans les *Regulae*[2], et qui sera reprise et retravaillée dans les textes ultérieurs. De cette doctrine, le *Monde* conserve d'abord les imprécisions de la nomenclature et les problèmes qui leur sont inhérents. Le «sentiment» est une «idée», mais de celle-ci il est tantôt dit qu'elle est «en l'imagination», tantôt «en la pensée» (XI, 3, 4 et sq.). Si l'imagination n'était qu'une modalité de la pensée, l'une des «fonctions» de la «force de connaître» (X, 416), le texte serait au demeurant parfaitement clair. Mais l'imagination, dans les *Regulae* et dans le *Monde*, est d'abord «une véritable partie du corps» (X, 414), qui accueille les impressions transmises depuis les «sens externes» à travers le système nerveux et le «sens commun»[3], en même temps qu'elle permet à l'entendement qui s'y applique de produire des représentations imagées. Cette duplicité ou plutôt cette homonymie de l'imagination sera clarifiée, pour autant qu'elle peut l'être, et conservée dans les textes ultérieurs. Tout aussi problématique est dans le *Monde* le statut de l'«idée», dont il est dit dans la seconde partie de l'ouvrage[4] qu'elle est la «figure», «forme» ou «image» tracée sur la glande pinéale (siège de l'imagination corporelle) et que l'âme «considère immédiatement» (XI, 176-177). L'«idée» est ainsi à la fois dans l'imagination corporelle et dans la pensée dont on ne peut donc assurer en ce début du *Monde*, si l'on considère ce flottement à la fois terminologique et conceptuel, qu'elle est véritablement, c'est-à-dire ontologiquement distincte du corps. Faute de pouvoir appuyer l'interprétation sur le statut ontique de l'idée, laissé ici indéterminé, nous partirons de son

1. Descartes utilise indifféremment les termes «chose» et «objet» dans le *Monde* : il désigne par là le réel dont l'existence est massivement supposée (le *Monde*, traité de physique, ne formule pas le doute sur l'existence du monde), mais qui reste ici ontologiquement indéterminée.

2. Cf., en particulier, *Règle XII*, X, 411 sq.

3. Dans les *Regulae*, l'imagination (*imaginatio*) ou fantaisie (*phantasia*) est l'un des «sens internes» de la scolastique. En elle s'impriment les «figures ou idées» que le «sens commun» (l'autre sens interne) reçoit des «sens externes» et lui transmet (*Règle XII*, X, 414). Dans ce texte, il revient au sens commun, qui sera ultérieurement assimilé à l'imagination (*Meditationes II*, VII, 32), d'enregistrer les données sensibles.

4. *L'Homme*, d'abord publié séparément, comme nous l'avons vu. Souhaitant considérer le texte dans son unité et sa continuité, nous appellerons aussi *Monde* cette seconde partie, chaque fois que cela nous paraîtra nécessaire.

statut représentatif, mis en avant dans le texte. Ceci d'abord parce que l'idée conservera cette fonction essentiellement représentative lorsqu'elle recevra sa définition strictement intellectuelle, lorsque par idée il faudra entendre «tout ce qui est conçu par l'esprit» (IX-I, 181). Autrement dit, il apparaît que la structure de la représentation précède le dualisme métaphysique. Quand Descartes entre en philosophie elle est déjà constitutive de l'espace culturel occidental. La pensée cartésienne en est précisément la rigoureuse mise en forme philosophique et s'efforce de répondre au scepticisme, issue commune de ce triomphe des simulacres. L'«idée», qui conserve son statut représentatif alors même qu'elle est retirée au corps pour n'appartenir plus qu'à l'âme seule, témoigne de cet a priori, de ce déjà là. Ainsi, dans les *Méditations*, Descartes recourt-il pour définir l'idée à la métaphore picturale: «Entre nos pensées, quelques unes sont comme les images des choses, et c'est à celles-là seules que convient proprement le nom d'idées» (IX-I, 2). Les idées sont «comme des tableaux» (*ibid.*, 33)[1], «comme des portraits tirés de chaque chose d'après le naturel...» (X, 507). Soyons attentifs à la précaution que Descartes n'oublie jamais de prendre: l'idée est «comme» une image, un tableau, un portrait. Le recours aux termes de la mimésis picturale n'excède pas les limites de la comparaison. Mais il n'en demeure pas moins que Descartes se situe d'emblée sur le terrain de la représentation. Dans le *Monde*, le seul rapport envisagé entre l'idée et l'objet est celui de ressemblance et/ou dissemblance: jamais Descartes n'y pose la question en terme de participation. C'est qu'à ses yeux, le problème de l'âme du monde est nul et non avenu, et toute relation interne entre la sensation et le senti, l'idée et son référent dans le monde, est exclue par avance. La perception est d'emblée saisie avec l'éloignement, la distance, la différenciation que suppose la représentation, entendue au sens strict: présentation d'un simulacre en l'absence de la chose même.

Mais une fois établie la nature représentative de la perception, un paradoxe se fait jour. L'idée est une image qui ne ressemble en rien à ce dont elle est la représentation: les portraits des choses ne sont jamais

1. Le latin dit seulement: «veluti (...) imagines». Cf aussi, pour la dénomination des idées des «choses corporelles», la *Deuxième Méditation*: «la figure ou l'image d'une chose corporelle» (IX-I, 28; «figuram, seu imaginem», VII, 22), et la précision fondamentale de l'*Exposé Géométrique* des *Secondes Réponses*, Définition II: «Je n'appelle pas du nom d'idée les seules images qui sont dépeintes en la fantaisie; au contraire, je ne les appelle point ici de ce nom en tant qu'elles sont en la fantaisie corporelle, c'est-à-dire en tant qu'elles sont dépeintes en quelques parties du cerveau, mais seulement en tant qu'elles informent l'esprit même, qui s'applique à cette partie du cerveau», IX-I, 124; cf. encore, *Entretien avec Burman*, V, 163

véritablement ressemblants. Telle est la différence: «il n'y a rien hors de notre pensée, qui soit semblable aux idées que nous concevons...» (IX, 9)[1]. Il s'agit en l'occurrence des idées du «chatouillement» et de la «douleur», mais cette déclaration pourrait servir de conclusion à toute l'argumentation au cours de laquelle Descartes passe en revue les données de chacun des sens.

La différence étant pensée suivant le modèle, raturé, de l'image, la vue est le sens à partir duquel Descartes s'emploie à nous montrer l'infirmité de tous les sens, leur incapacité structurelle à nous procurer une représentation fidèle du réel. Nous l'avons dit, le phénomène lumineux semble se donner dans son évidence; Descartes veut montrer que cette «limpidité sensible»[2] de la lumière n'est qu'une fausse apparence. A proprement parler, nous ne voyons pas *la* lumière, car nos yeux ne nous permettent que d'en former une représentation dissemblable. Pour le montrer, et pour montrer que cette affirmation doit être généralisée, Descartes rapporte plusieurs expériences mettant en jeu l'ouïe et le tact. Le philosophe du doute méthodique recourt à l'expérience sensible, mais pour en mettre en cause la validité épistémologique. La stratégie rhétorique est très subtile. Descartes s'en remet à un sens pour en décrire un autre et faire apparaître la dissemblance de leurs images respectives. C'est ainsi qu'il fournit une description d'abord visuelle de l'expérience du son émis dans l'acte de parole (abstraction faite de la communication sémantique à laquelle ce son sert de support). Cette description se solde par un échec: il est impossible de rendre compte de «l'image» auditive par l'image visuelle: «un homme ouvre la bouche, remue la langue (...); *je ne vois rien* (...) qui ne soit fort différent de l'idée du son...» (XI, 5)[3]. L'image d'un homme qui parle est «différente» de la sensation acoustique dont elle s'accompagne. La vue et l'ouïe, pour un même

1. Cf. *Dioptrique*, VI, 114 et 489; *Principes* I, art. 66-71.

2. L'expression est de Jean-Luc Marion, *Sur la théologie blanche...*, *op. cit.*, p. 246.

3. Ce «voir» est évidemment ambigu; il est à la fois une vision sensible et une opération intellectuelle. On retrouve un peu plus bas la même ambiguïté, mais développée: du mouvement des parties du bois agitées par la flamme Descartes affirme d'abord qu'on le peut «voir à l'œil», puis il dit que par cette explication mécaniste de la combustion, il fait abstraction de toutes les qualités sensibles du feu, et ne «suppose» que ce qu'il «voit nécessairement y devoir être» (XI, 7). Le voir à l'œil, l'observation, est ainsi à la fois révoquée et requise par la vue nécessaire de la théorie mécaniste; la vue sensible est ici d'emblée construite, dominée par le modèle abstrait, structurée par le mécanisme, mais en retour, la vue nécessaire reste tributaire de ce qui se voit à l'œil, ou de ce qu'il serait possible de voir, si la vue pouvait nous le «faire distinguer», ainsi des «petites parties» remuées par la flamme (XI, 8).

phénomène, ne concordent pas ; les sens ne conspirent pas pour donner une image univoque et cohérente du monde[1] : entre leurs données respectives, passe une nouvelle différence. Cette différence, interne à la sensibilité, est donc seconde, mais elle est un indice de la différence première qui sépare le sensible de son dehors. L'unité du sensible n'est qu'apparente ; l'analyse nous montre que les sens ne produisent que des représentations disparates des choses. J'entends un son, je vois un homme ouvrir la bouche : ni l'un, ni l'autre sens ne m'apprennent ce qu'est le son ; « un tremblement de l'air contre notre oreille », disent « les philosophes ». Le son est de l'air en mouvement qui touche notre oreille. De même, dans la vision, notre œil est « touché » par l'« action » qui « signifie » la lumière (XI, 5). Le toucher constitue-t-il alors le modèle par excellence de cette théorie de la perception qui inaugure en effet une physique du contact ? En un certain sens oui, si l'on prend garde à ne pas surdéterminer le modèle[2]. Dans tous les textes qu'il consacre à la lumière, Descartes s'emploie à comparer la

1. Jean-Luc Marion (*Sur l'Ontologie Grise de Descartes*, Paris, 1981, p. 122-124), montre comment, pour la tradition aristotélicienne, il revenait « au sens commun » (*koiné aisthésis*, ou *sunaisthésis*) d'opérer la synthèse des sensations particulières, de former ainsi les *sensibles communs* (mouvement, repos, figure, grandeur, mais aussi rudesse, lissé, aigu etc.). Or, avant d'être absorbé par l'imagination, le sens commun n'a chez Descartes qu'un rôle de « transmission » ou « de stockage des informations ». C'est que, pour lui, les « sensibles communs » sont donnés immédiatement dans la sensation (pour une définition et une analyse des sensibles communs dans la scolastique contemporaine de Descartes, cf. Eustache de Saint Paul, cit. par Gilson, *Index Scolastico-cartésien*, Paris, 1913, p. 270-271). En fait, des sensibles communs, Descartes conserve seulement ceux qui sont requis par la science mécaniste ; la figure et le mouvement, le nombre, la grandeur... Mais devant l'homme qui parle, entre ce que lui montrent ses yeux et ce qu'il entend, Descartes ne « voit », c'est-à-dire ne saisit (la vue assumant ici sa fonction sensitive et jouant à la fois son rôle métaphorique dans le processus cognitif) aucun rapport nécessaire. Le « mouvement » des « parties de l'air contre l'oreille » (c'est l'explication mécaniste du son : de la figure en mouvement), qui en l'occurrence ne s'entend ni ne se voit, permet d'établir une continuité entre les deux phénomènes, mais en instaurant entre les sens et le sens une irréductible dissemblance.

2. Commentant le passage de la *Dioptrique* cité plus bas (« ... on peut quasi dire (des aveugles) qu'ils voient des mains », VI, 84), Maurice Merleau-Ponty affirme que « le modèle cartésien de la vision » est le toucher, *L'Œil et l'esprit*, Paris, 1985, p. 37. A propos du même texte, Michel Serres dit également que « le modèle du tact remplace complètement la vision, *puisque la lumière y est transposée dans l'absence de lumière* » (« L'évidence, la vision et le tact », in *Etudes philosophiques*, Paris, 1968, p. 193). Mais ce modèle reste dans les limites de l'analogie, de la comparaison : il ne faut pas oublier, comme le fait Merleau-Ponty, l'approximation (« quasi »). En outre le bâton d'aveugle n'est pas ramené au toucher mais décrit comme « l'organe de quelque sixième sens », comme un organe artificiel,

vue au tact, afin de montrer que la lumière est l'action instantanée de particules de matière contre l'œil[1]. Le passage de la *Dioptrique*, où Descartes file longuement la comparaison du rayon de lumière à un bâton d'aveugle[2], a suscité de nombreux commentaires[3]. Le bâton, comme l'œil, permet de «distinguer» des corps dans l'obscurité, à tel point que l'on pourrait quasi dire des aveugles «qu'ils voient des mains». Et en effet la science nous apprend que l'ouïe et la vision se font par contacts, mais des contacts que notre tact ne peut sentir. Mais suffirait-il pour autant que nous puissions toucher tout ce que nous voyons et entendons pour que disparaisse la dissemblance? Le tact est-il le plus *véridique* des sens? Aussitôt après avoir évoqué l'opinion des «philosophes au sujet du son» comme toucher, Descartes envisage justement le tact: «celui des sens que l'on estime le moins trompeur» (*ibid.*).

Notons d'abord cette affirmation subreptice, reprise dans le *Discours de la méthode*, les *Méditations* et la *Recherche de la vérité*: tout le monde est prêt à reconnaître que «les sens nous trompent quelques fois»[4]. Les sens peuvent tromper: il y a là un consensus, proprement baroque, et que Descartes exploite habilement. Certes les collections d'erreurs des sens font partie de la panoplie de l'argumentation sceptique, et sont vieilles comme la philosophie. Mais la spécificité du scepticisme baroque consiste à suspecter les sens de «duperie», «tromperie» et «déception» (entendue au sens latin), c'est-à-dire à leur prêter le pouvoir, et comme l'intention, à la fois de séduire et de trahir l'esprit. Descartes montre dans les *Regulae* que nous ne sommes pas à proprement parler victimes de nos sens ou de

branché sur le corps et qui pour cela montre le fonctionnement des organes naturels des cinq sens. Cette comparaison permet à Descartes de développer son analyse mécaniste du phénomène lumineux et de la vision. Elle favorise d'abord le processus de réduction théorique du qualitatif au quantitatif, de la lumière et des couleurs à de la figure mise en mouvement. Jean-Luc Marion dit très justement que l'aveugle «abstrait: la lumière, qui se refuse à lui comme sentiment, lui advient comme un mouvement et une action, sous la figure du bâton, qui lui transmet les variations de l'étendue (...) tout entière la lumière se réduit à l'étendue donc à la figure, abstraction faite de toute qualité sensible», *Sur la Théologie blanche..., op. cit.*, p. 247-248. Une lettre de 1638 confirme d'ailleurs tout à fait cette interprétation: «je n'ai pas dit que la lumière fût étendue comme un bâton, mais comme les actions ou mouvements qui sont transmis par un bâton», *A Reneri pour Pollot*, avril-mai 1638, FA II, 57 (II, 42). Ce qui n'empêche pas le statut de la comparaison cartésienne de demeurer profondément ambigu (voir *infra*, IV, 3, e).

1. *Règle XII*, X, 413; *Dioptrique*, VI, 83-85; *Principes* III, Art. 63; commentaire de ce dernier dans l'*Entretien avec Burman*, texte n. 50.
2. VI, 83-85
3. Voir ci-dessus, n. 2 p. 62.
4. VI, 32; IX-I, 13; X, 511 ; *Principes* I, Art. 4..

notre imagination, et qu'il est incorrect de leur attribuer des pouvoirs qui n'appartiennent qu'à l'entendement (X, 396). Mais pour l'homme baroque, la tromperie, l'artifice et le mensonge menacent partout l'accès à la vérité et le plus souvent l'interdisent. Cette menace et cet interdit, Descartes cherche précisément à les lever, et d'abord en généralisant la suspicion dont les sens font l'objet. Or le sens jugé le plus trompeur, et dont les *erreurs*, à l'âge baroque, sont à la fois extrêmement redoutées et inlassablement recherchées, est la vue. Le sens le plus noble pour la tradition, s'avère aussi le moins fiable. Contre les mensonges de la vue, le dernier recours du sceptique est le toucher. Scepticisme de l'apôtre Thomas: si la vue nous trompe, ne nous montre que de vaines apparences, de fausses apparitions, n'accordons alors notre créance qu'au seul toucher[1]. Zeuxis, le maître de l'illusion picturale dont les raisins trompent les oiseaux mêmes, peut lui aussi être la victime de Parrhésius; cependant la main qu'il tend pour ôter le voile peint couvrant la Vénus de son concurrent n'est pas longtemps abusée[2]. Car la main dissipe les équivoques du trompe-l'œil. Dans une démarche radicalement différente de celle de Descartes, et que le scepticisme baroque épris de représentation récuse[3], un sceptique nostalgique de participation, comme Montaigne, privilégie toutes les métaphores du toucher, parce que le tact permet, après la disparition de tous les intermédiaires analogiques grâce auxquels le microcosme restait en sympathie avec le macrocosme, de restaurer un contact

1. L'exploitation picturale du thème de l'incrédulité de Saint Thomas – l'apôtre enfonçant ses doigts dans la plaie du côté de Jésus ressuscité –, est l'une des expression de ce sensualisme sceptique qui se développe au XVIIe siècle, hâtivement baptisé en peinture *réalisme*. On songe bien-sûr ici, en premier lieu à l'extraordinaire toile du Caravage, l'une des plus copiées du maître du luminisme. Descartes, quant à lui, condamne ceux «dont la raison ne s'étend pas plus loin que les doigts, et qui pensent qu'il n'y ait rien au Monde que ce qu'ils touchent» (XI, 21).

2. Cf. Sanchez, *op. cit.*, p. 98 et Du Bartas, *Sepmaine* VI, v. 815-920.

3. L'atomisme, qui renaît et se développe à l'époque de Descartes, ramène tous les caractères sensibles aux propriétés tactiles: *tangere* et *tangi*; mais l'atomisme baroque intègre le paradigme tactile au modèle optique, considéré comme modèle par excellence du scepticisme. Entre Montaigne et Descartes la position d'un sceptique comme Marandé, grand lecteur de Montaigne, est très significative. Il s'attache à réduire tous les sens au tact («l'attouchement se fait par le moyen de l'air, lequel selon la puissance de l'objet et selon qu'il est pressé contre nous, ou telle partie de notre corps, fait ou le visible, ou le son, ou le goust, ou le sensible qui est universellement par tout le corps et que le commun croit seul mériter le nom d'attouchement», *op. cit.*, 48), pour montrer ensuite que nous n'avons aucune communication non seulement à l'être des choses, mais pas même avec leur apparence véritable, car aucune «image», ainsi définie comme le produit d'un

immédiat et entier avec le monde, c'est-à-dire indifférencié, qui évite la séparation critique, le clivage affirmé par Descartes à travers la reprise de toute la métaphorique traditionnelle de la vision.

L'image de l'aveugle, évoquée plus haut, ne vise donc pas tant à ériger le toucher en modèle de la vue qu'à destituer l'ensemble du sensible au profit de l'intelligible, par substitution du tact à la vue: celui qui ne voit pas, en maniant son bâton, peut se faire, analogiquement, une idée correcte du phénomène lumineux. Mais Descartes ne dit pas pour autant que le toucher est plus vrai que la vue; il s'attache plutôt, dans le *Monde*, à montrer qu'il est au moins aussi trompeur qu'elle. Et si, en dernier recours et malgré toutes les précautions théoriques, un sens informe la doctrine cartésienne de la perception, c'est bien toujours le sens chéri de la métaphysique: la vue. «la vision est le modèle de l'intuition, et le toucher *indistant* est le modèle de la vision», écrit Michel Serres (*art. cit.*, p. 193). Mais il faut bien préciser que l'intuition est une vision raturée parce qu'elle implique qu'il soit fait abstraction de la vision oculaire, et de même, le phénomène lumineux ne devient *clair* (ne tombe sous l'intuition de l'homme de science) que si l'analogie du tact est complétée par l'analyse critique de la sensation tactile. La vue reste cependant chez Descartes la source d'une grande partie de son vocabulaire philosophique[1]. Il s'agit alors de métaphores mortes (intuition, évidence, clarté et distinction, lumière naturelle, yeux de l'esprit etc.), empruntées à la tradition mais, il est important de le noter, dont Descartes

contact, ne saurait être (et pour cause!) «ressemblante»: «les sens ne rapportent donc pas seulement les images de la vérité (...) puisque l'image doit être la ressemblance de la chose» (p. 53). L'issue de la démarche ne saurait être que radicalement sceptique: le toucher (et donc le sens en général) n'offrant plus la possibilité d'une symbiose, mais se donnant comme le lieu évident de la dissemblance. Il est à peine besoin de noter que cette promotion du toucher s'inscrit dans le cadre gnoséologique (et métaphysique) de la représentation par image, c'est-à-dire visuelle. La pensée baroque, quand elle traite du sensible, ramène toujours au modèle du trompe-l'œil. Voir, par exemple la fonction du modèle optique chez Gassendi, à partir duquel sont appréhendées à la fois les limites indépassables de la science et ses possibilités réelles (cf. O. R. Bloch, *op. cit.*, p. 19-29).

1. Hobbes lui objecte que l'expression «grande clarté dans l'entendement» est métaphorique et donc impropre à entrer dans une argumentation philosophique. Descartes répond en donnant une définition qui engage d'autres métaphores moins «vives», si l'on peut dire, mais tout autant originées dans la vision, comme «perspicuité de connaissance» et «évidente perception», montrant ainsi malgré lui qu'il est de toute façon impossible de construire une argumentation philosophique sans recourir, par la métaphore, au sens «métaphysique» par excellence, *Troisièmes Objections et Réponses*, IX, 149-150.

s'emploie à revivifier l'origine sensible[1]. Comme le fait justement remarquer Merleau-Ponty, l'analogie de la vision qui sous-tend la définition de «*l'intuitus mentis*» est celle de la vision de l'artisan, attachée aux détails, à «l'indivisible visuel» («idéal de la pensée distincte»[2]), par opposition à la vision d'ensemble, indifférenciée, celle de la mer, jugée «confuse» (IX-I, 90). L'usage de la métaphorique de la vision est donc conscient et délibéré et Descartes, en filant son analogie de la vision *technicienne* pour rendre compte de l'intuition mentale, loin de reconnaître au sens de la vue une véritable valeur euristique dans le procès de connaissance, le soumet à l'entendement[3]. La vision sur l'analogie de laquelle il faut comprendre l'intuition est une vision dominée d'entrée de jeu par l'esprit, qui exerce sa «clarté» et sa «distinction» en examinant «les techniques les plus insignifiantes et les plus simples» (*Règle X*, X, 404), ou en s'employant à de spectaculaires inventions techniques. Mais si la vision, réglée par l'entende-

1. Cf. *Règle III*, X, 368-369, où Descartes déclare prendre le terme «*intueri*» en son sens latin, sans se préoccuper de l'usage scolaire. Or, comme le souligne Ferdinand Alquié, «*intueri*» c'est voir (FA I, 87-88 n. 3). Et il ajoute qu'en effet, l'intuition cartésienne est «au sens propre» et en l'occurrence au sens proprement cartésien, une vision, puisque la vision, en tant que phénomène de conscience, appartient à l'intelligence pure. Cependant Descartes ne nie bien-sûr pas qu'il y ait une vision purement animale ne faisant pas intervenir l'entendement, une vision *aveugle*, parce qu'inconsciente, si l'on veut filer la métaphore métaphysique de la vue intellectuelle. Mais justement, la métaphore est parlante : car si les yeux de la machine animale ne voient pas véritablement (si l'esprit ne confère aucune vérité à ce voir), en retour, la vision intellectuelle ne peut mieux se dire que comme vision directe, c'est-à-dire faisant réellement intervenir le sens.

2. Merleau-Ponty, *Le Visible et l'Invisible*, Paris, 1964, p. 327, qui se réfère à la *Règle IX*, X, 402. Cf. également P.-A. Cahné, *op. cit.*, p. 114 et Gérard Granel, *op. cit.*, p. 157-162.

3. Il est cependant possible de montrer que la métaphorique de la vision excède dans le texte cartésien le rôle purement analogique qui lui est attribué pour porter avec elle, et malgré toute la vigilance théorique de Descartes, comme en contrebande, l'expérience sensible de la vision jusqu'au cœur de la doctrine de la perception. Car Descartes ne peut se passer de recourir à l'expérience visuelle dans ce qu'elle a d'irréductible à l'abstraction intellectuelle (et à la réduction mécaniste de la vision dont celle-ci s'accompagne), et cela pour rendre compte précisément de ce processus d'abstraction lui-même. Pour s'en convaincre, il suffit de faire réflexion sur la notion d'«idée», telle qu'elle est traitée dans le *Monde*. Elle est, nous l'avons vu, cette image dissemblable qui requiert, pour être *perçue*, une *vision* intellectuelle. Cette saisie de l'idée par la pensée est bien encore un voir : elle met en jeu un regard intellectuel qui reste encore, malgré tout, un regard charnel. L'idée, dans le cadre de cette doctrine de la perception qui est une doctrine de la représentation, ne peut être lue, interprétée, que si l'esprit, capteur d'images et de signes, se fait fondamentalement *voyant* : au fond de l'esprit, pour percevoir les idées, Descartes doit supposer encore la présence d'un homme voyant, c'est-à-dire, d'une pensée oculaire. Cf. Merleau-Ponty, *Le Visible et l'Invisible*, p. 263.

ment, peut servir d'auxiliaire à celui-ci (*Règle XII*, X, 135), l'homme de science, dans le procès d'investigation de la nature, ne doit pour autant faire aucune confiance à ses données (*ibid.*, 423). S'il est vrai que la vue reste la source métaphorique privilégiée qui permet de décrire et de qualifier l'activité de l'esprit et si elle s'avère une aide précieuse pour les exercices intellectuels, la vision n'est porteuse en elle-même d'aucune vérité, comme le montre l'analyse de la perception.

Ce discrédit épistémologique porté sur les sens est bien général, et l'auteur du *Traité de la Lumière*, en établissant que les *idées* suscitées par l'attouchement sont dissemblables, chasse le sceptique de son dernier refuge, l'arrache à ses rêves de symbiose :

> On passe doucement une plume sur les lèvres d'un enfant qui s'endort, et il sent qu'on le chatouille : pensez-vous que l'idée du chatouillement qu'il conçoit, ressemble à quelque chose de ce qui est en cette plume ? (XI, 6)

Scénette pleine de délicatesse et de mignardise. Descartes n'est pas l'ennemi des sens, il s'en faut de beaucoup. L'économie des plaisirs esthétiques ou sensuels qu'il met au point dans ses écrits sur la musique et dans ses textes de morale, possède de nombreuses affinités avec l'épicurisme revendiqué par des libertins comme Sorel, Théophile ou Cyrano[1]. Mais l'usage des plaisirs requiert chez lui une théorie de la connaissance qui jette le plus profond discrédit sur la sensibilité : le toucher ne représente pas le réel avec plus de fidélité que la vue, ses « idées » diffèrent radicalement des choses.

2. *Le dedans et le dehors*

La différence, on le voit, est d'emblée saisie comme une scission, une séparation drastique entre le « dedans » et le « dehors », entre par

1. Il est d'ailleurs possible de se demander si la remise en cause radicale de la valeur cognitive des sens (et leur réduction dans le champ de la connaissance à un modeste rôle d'auxiliaire, sous la haute surveillance de l'entendement), ne libère pas en même temps fondamentalement la sensibilité ; la raison abandonnant à cette dernière les domaines de l'esthétique et de la sensualité, en intervenant dans l'art et dans toute autre pratique visant aux plaisirs des sens, comme un coordinateur, un régulateur et un temporisateur, et non pas du tout comme un censeur ou un éducateur. L'ouïe par exemple, n'entretenant plus de rapport naturel avec le Beau, avec le Vrai ou avec le Bien, le but de la musique pourra être la seule délectation du sens, considérée hors de toute finalité morale, théologique ou métaphysique.

exemple «les idées du chatouillement et de la douleur qui se forment *en notre pensée*» et «*les corps du dehors*, qui nous touchent». Car la différence n'est pas ici d'ordre métaphysique et l'on ne peut parler de dualisme, même si tout ce texte prépare et appelle la distinction des substances[1]. La schize, en ce premier moment de l'analyse, ne passe pas d'abord entre l'âme et le corps, mais entre une intériorité non encore définie, un esprit qui enregistre des contacts et une extériorité pure, les corps du dehors qui provoquent ces contacts. L'intériorité est bien la pensée, mais en tant qu'elle est prise en un corps. C'est par ce corps que je vois, que je sens les autres corps, mais dans une différence radicale. Je ne sens rien de véritablement conforme à ce «dehors» en contact avec lequel je suis, et auquel participe mon corps. Les «sentiments» sont des pensées confuses et obscures[2]. Les yeux grand ouverts dans la lumière, nous restons aveugles. C'est pourquoi, pour appréhender correctement les propriétés de la lumière, il faut commencer par fermer les yeux, et comme les aveugles, apprendre à «voir des mains» (VI, 84). D'ailleurs Descartes montrera plus avant que nous ne sentons qu'une petite partie des corps qui nous touchent et que l'insensibilité aux choses du monde est notre condition la plus ordinaire (XI, 21). Entre moi (un moi qui ne se pense pas encore complètement sans le corps) et le monde (lieu d'origine présumé de mes sensations); entre ces corps dont mes sens me signalent la présence et moi qui les sens, les imagine, qui me fais des «idées» à leur occasion, le rapport est d'abord d'extranéité, d'étrangeté, d'altérité: de dissemblance. En affirmant cela Descartes s'élève contre l'opinion commune, qui accrédite l'erreur cardinale, la plus répandue et la plus tenace des erreurs: «les idées que nous avons en notre pensée sont entièrement semblables

1. En l'absence d'une métaphysique explicite, le dualisme n'est pas posé dans le *Monde*. Il est cependant supposé par la doctrine de la perception par différence et affirmé ensuite, à travers la décision, au début de la deuxième partie de l'ouvrage, «de traiter séparément du corps et de l'âme» (XI, 119). Il revient ainsi à la fiction d'affirmer le dualisme, et d'une bien étrange façon: dans le monde nouveau, est d'abord créé un homme machine, plus exactement le corps machine de l'homme, lequel est décrit longuement, et ce n'est que dans un second temps que l'auteur de la fiction se propose d'y ajouter une âme. Mais cette partie de *l'Homme* ne nous est pas parvenue bien que Descartes affirme dans le *Discours* l'avoir écrite. Contre l'opinion de la plupart des commentateurs, il ne nous semble pas que l'on puisse sur ce point remettre en cause la parole de Descartes.

2. Cf. *Principia* IV, art. 197 (VII-II, 315); *A Chanut*, février 1647 (IV, 603), etc.

aux objets dont elles procèdent» (XI, 3)[1]. C'est l'erreur dans laquelle tombent «nos philosophes» en prenant le tableau comme paradigme de l'idée sensible (VI, 112). Dans ce texte de la *Dioptrique* sont ainsi critiquées simultanément la théorie scolastique des espèces intentionnelles et celle, d'origine épicurienne, des simulacres, ou petites «images voltigeantes par l'air» (VI, 85)[2]. Ces deux doctrines s'attachent à préserver une continuité entre les choses et ce que nous percevons, elles interdisent la séparation d'un dedans et d'un dehors: avec les espèces et les simulacres, les choses, en quelque sorte, viennent à notre rencontre. Plus que la seule similitude critiquée par Descartes, ces doctrines supposaient, du moins dans l'antiquité et durant toute la période médiévale, une homogénéité, sinon une identité profonde entre la perception et le perçu. Mais si Descartes ne saisit dans ces doctrines que l'affirmation arbitraire d'un rapport de ressemblance extérieure, c'est que ces doctrines, réinterprétées par la néo-scolastique d'une part et l'empirisme moderne de l'autre, se sont elles-mêmes transformées en théories de la représentation. Il faudrait montrer comment cette transformation s'opère dans les textes, à travers la consécration du modèle pictural[3]. Le triomphe de la représentation est inséparable de l'avènement d'une conscience du soupçon. Comment pouvons-nous être assurés de la vérité de la représentation, dès lors que, dans la suppression ou l'indétermination de tout lien interne, le rapport au réel est institué sur le modèle du simulacre artificiel? Nous l'avons vu, la culture baroque est une culture de la défiance, du doute, du soupçon. Mais, dans sa critique du modèle pictural de la représentation, auquel il ne peut d'ailleurs lui-même que recourir, Descartes s'emploie à dénoncer la naïveté et la pusillanimité de cette défiance. La naïveté consiste, en l'occurrence, à admettre que si de la fraude peut être découverte dans les données de la sensibilité, c'est que le monde lui-même est «trompeur». Autrement

1. De cette erreur dérive le «préjugé d'enfance» qui nous fait croire qu'il n'y a rien là où nous ne voyons ni ne sentons rien (XI, 17). Dans le cadre du dualisme établi, cette erreur consiste à confondre le corps et l'âme en ramenant la pensée à l'étendue, mais aussi réciproquement en projetant la pensée dans l'étendue. La croyance à la présence d'une âme dans le corps des animaux en est la plus parfaite illustration, cf. *A Reneri pour Pollot*, avril ou mai 1638, FA II, 54-56 (II, 39-41).

2. Descartes assimile les deux doctrines, voir Ferdinand Alquié, FA I, 655 n. 2 et Jean-Luc Marion, *Sur la Théologie blanche..., op. cit.*, p. 243, n. 12.

3. C'est un tel travail qu'a mené Jean-Luc Marion, et de façon remarquable, sur la disparition, l'«oubli» de l'analogie thomiste au profit d'une doctrine de l'univocité, cet oubli se traduisant par la substitution d'une théologie de la représentation à la théologie de l'expression thomiste (exemplarisme), *Sur la théologie blanche de Descartes, op. cit.*, section 1: «L'achèvement théologique de l'analogie et la critique cartésienne de l'univocité de l'*ens*».

dit, la ressemblance de la représentation n'est pas remise en cause : les images sensibles sont dites trompeuses en vertu de leur fondamentale ressemblance[1]. Cette défiance naïve, aux prises avec la prolifération des illusions devrait logiquement conduire la raison au renoncement, car le statut de la représentation reflue alors sur le monde qu'elle représente. La vanité des artefacts montre l'inanité des phénomènes : le monde paraît dans son non-être radical. L'envers du décor se révèle vide ou, ce qui revient au même, peuplé à l'infini par de nouveaux trompe-l'œil. Faillite de l'ontologie, avons-nous dit, émergence du nihilisme[2]. Mais ces conséquences sont rarement assumées comme telles. La naïveté est redoublée le plus souvent par une certaine pusillanimité, plus exactement, par une impuissance à penser l'abîme que ne manque pas d'ouvrir cette décision de soumettre le monde à l'empire de la représentation. Elle est une conscience qui s'angoisse des conséquences nécessaires de son doute, refuse de les assumer, cherche à les exorciser en leur donnant des noms sur lesquels elle jette l'anathème, mais sans jamais pouvoir se soustraire à ses propres soupçons : *libertinage*, *athéisme* et d'abord *scepticisme* ; le scepticisme peu revendiqué mais tant pratiqué à l'époque de Descartes. Il est impossible d'échapper à la dupe, c'est pourquoi il faut s'en accommoder, la gérer, en tirer partie pour « l'utilité de la vie », formule sans cesse répétée par tous les tenants de la science nouvelle. Toute la stratégie philosophique de l'empiriste moderne repose sur ce scepticisme radical, souvent déguisé par ce faux antidote que Mersenne lui oppose, sous le nom de « dogmatique »[3]. Il suffit pour s'en convaincre de se reporter aux premières lignes des *Objections* de Gassendi et de Hobbes aux *Méditations*. Tous deux croient trouver dans la *Première Méditation* le constat, qui leur paraît à la fois trivial et inutile, de la fatalité de la dupe. Certes nos opinions sont toutes « incertaines », admet Gassendi, et quitter un préjugé revient à en

1. La dissemblance, dans la représentation baroque, ne remet pas en cause une ressemblance fondamentale, qui d'ailleurs, loin de sécuriser le spectateur ne peut que le plonger dans l'inquiétude et le désarroi. C'est ainsi que les représentations aberrantes et curieuses (les anamorphoses de toutes sortes se combinant avec de véritables prodiges de ressemblance), ont pour effet de jeter le doute sur l'authenticité et l'existence même des phénomènes naturels simulés ou/et déformés systématiquement par les artefacts.

2. Voir *supra*, I, 4.

3. Cf. la lettre très instructive de Mersenne à Sorbière, dans laquelle le premier incite le second à renoncer « à la sceptique » au profit de « la dogmatique ». Cette lettre, Sorbière la placera en exergue de sa traduction du *De Cive* de Hobbes. Sur les éléments de scepticisme chez Mersenne, voir la fin du *Discours sceptique sur la musique* que son ami Naudé lui dédie (voir Lenoble, *op. cit.*, p. 95 et Popkin, *op. cit.*, p. 140).

«revêtir un autre tout nouveau», alors à quoi bon la «machine» du doute[1]? Et Hobbes: bien sûr, si nous «suivons seulement nos sens, nous avons juste sujet de douter si quelque-chose existe ou non»[2]; mais pourquoi rabâcher de si vieilles spéculations (IX-I, 133)? Le mécanisme n'a pas besoin d'elles pour s'imposer et s'étendre à tous les domaines du savoir. Dans les deux cas, Descartes dénonce le contre-sens: c'est Hobbes qui, spontanément, reçoit ses raisons de douter pour «vraies», alors que lui-même ne les présente que comme «vraisemblables», afin de «décrire la maladie» dont son objecteur est visiblement atteint (*ibid.*, 134). Quant au discours de Gassendi, Descartes le rejette carrément hors de la philosophie, dans la seule rhétorique, et avec une ironie cinglante qui montre combien la position théorique du chanoine de Digne lui semble incompatible avec son propre mode de philosopher. Un philosophe, dit-il, «n'aurait pas (...) ajouté qu'il suffisait (...) d'alléguer, pour raison de notre défiance, le peu de lumière de l'esprit humain ou la faiblesse de notre nature». Et d'accuser Gassendi de tautologie: «nous errons parce que nous sommes sujet à l'erreur» (FA II, 789); cercle infrangible de la sceptique. Au contraire, dès ses premiers écrits, Descartes déploie sa défiance pour éprouver la force de l'esprit humain, sa capacité de résister à l'erreur. Ainsi du doute *prémétaphysique* du *Monde* qui, en faisant apparaître la dissemblance au cœur de la représentation, permet d'établir une différence salutaire pour la science, mais aussi pour la métaphysique à venir. En deçà des sens, Descartes tient à préserver une extériorité

1. FA II, 707. Cf. la question de Gassendi (*ibid.* 724) et la réponse de Descartes (*ibid.* 804). Voir également les *Instantiae* de Gassendi sur la *Première Méditation* (*Opera* III, p. 286 B.) et Réponse de Descartes, *Lettre à Clerselier*, IX, 204. Sur la critique gassendiste du doute cartésien, cf. T. Gregory, *op. cit.*, p. 80-82. Extrêmement éclairant, l'autre nom que Gassendi donne à sa «science expérimentale»: «scientia experimentalis et, ut sic dicam, *apparentialis* (*Exercitationes*... II, p. 207 a); science de l'apparence, «pour ainsi dire». L'expérience pour Gassendi, irréductiblement sensible, ne possède aucune pertinence ontologique. L'empiriste gassendiste se contente de la logique des apparences, dont Descartes montre qu'elle ne peut pas même s'assurer contre les doutes les plus immédiats, dits psychologiques, qui hantent fatalement le scepticisme: ceux du songe, de la folie etc., doutes prémétaphysiques en fait, qui se développent à la faveur de l'absence d'ontologie et conduisent aux hypothèses métaphysiques du Dieu trompeur et du malin génie : le monde et la pensée sont peut-être truqués de part en part.

2. Tel est bien le grand paradoxe de la philosophie hobbienne; il n'existe que des êtres matériels, cependant nous n'avons jamais une connaissance directe de ce qui est, puisque les données des sens sont les produits de mouvements cérébraux occasionnés par le contact des choses extérieures et comme telles les «qualités» ne sont rien hors de nous mais seulement des «semblants» et des «apparitions», *Human Nature*, in *English Works* IV, p. 8-9.

pure et au-delà, une pure intériorité : l'être ne sera pas soumis au paraître, et la connaissance ne sera pas l'otage de la sensibilité.

Pour cela, il convient de tenir ferme la différence. Croire à une ressemblance entre le dedans et le dehors revient à croire que « l'idée de chatouillement ressemble à quelque chose qui est en cette plume » (XI, 6). Il est à peine besoin de noter l'ironie de cette argumentation et le sentiment d'extranéité qu'elle provoque. Nos sens ne nous rapportent pas la vraie figure des choses, ils sont au contraire le lieu d'une opacité, d'une clôture[1] : ils nous coupent du monde en même temps qu'ils nous en indiquent la présence. Cette valeur indicative, indicielle, n'est pas ici mise en doute, mais cette analyse de la perception fournit la base théorique sur laquelle pourra se développer le doute métaphysique portant sur l'existence du monde. Mais il faut bien prendre en vue que, par l'établissement de cette différence, c'est le monde sensible en son entier qui tombe dans l'intériorité, se trouve confiné en moi, puisqu'il se réduit à la totalité des « idées » que j'en forme « en mon imagination, par l'entremise de mes sens ». Si l'on peut parler d'un « grand renfermement » chez Descartes, c'est bien d'abord à propos de cette intériorisation du monde sensible, prélude

1. Merleau-Ponty, dans l'une des notes de travail pour le *Visible et l'Invisible*, évoque « l'idée cartésienne du corps humain en tant qu'humain *non fermé*, ouvert en tant que gouverné par la pensée », corps « qui n'est *pas de l'en-soi*, (s'il l'était, il serait fermé comme un corps animal) », *op. cit.*, p. 288. Et pourtant le corps humain, en tant que tel, est bien pour Descartes un corps fermé, comme celui des animaux. Certes la pensée fait brêche dans cette clôture et permet un accès au monde, pour problématique qu'il soit. Mais l'union de l'âme et du corps, visée par Merleau-Ponty, présente bien une aporie : comment, une fois la machine du corps refermée sur elle-même par la physique, la pensée advient-elle pour ouvrir le corps à son dehors ? Du point de vue de la physique, le problème semble être résolu par la découverte d'un lieu où va pouvoir siéger « l'âme raisonnable » : la glande pinéale. L'âme se tient dans le corps, comme un fontenier derrière les regards de ses machines hydrauliques (XI, 131). Oui, mais cette présence ne suffit pas à sceller l'union : l'on ne sent pas une blessure dans son corps « comme un pilote aperçoit par la vue si quelque chose se rompt dans son vaisseau... », diront les *Méditations* (IX-I, 64). La sensibilité une fois réduite par la physiologie à une fonction mécanique de l'automate, par laquelle celui-ci réagit aux stimuli extérieurs (et s'autorégule), l'ouverture du corps au monde par la pensée, ne laisse pas de faire problème. Le problème de l'union est en fait celui de l'appropriation (ou plutôt de la réappropriation) de la sensibilité par la pensée après le doute métaphysique sur l'existence du monde extérieur. Car la sensibilité revendiquée par le *cogito* ne saurait valoir d'emblée comme une ouverture de la pensée : la sensibilité peut être autoaffectation du sujet ; d'où la nécessité, pour démontrer l'existence du monde extérieur (et par là même du corps où se « prononce » le *cogito*), d'établir d'abord l'existence et la véracité de Dieu.

non à l'exclusion de la folie, mais bien à son accueil « au logis »[1]. Le monde sensible devient une représentation, cette fois au sens théâtral : le spectacle chatoyant du monde n'existe qu'en moi, en chambre noire, en huis clos. Descartes intériorise ainsi l'illusion, la tromperie, l'erreur qui ne nous adviennent plus du dehors comme une fatalité. Cette intériorisation de tous les périls est aussi la possibilité, non certes de nous défaire une fois pour toutes de nos imperfections, mais en tout cas de les tenir sous le contrôle de la raison : nos idées nous appartiennent, y compris les plus folles (les plus confuses et les plus obscures). Certes, cette intériorisation requiert un dehors qui en offre « l'occasion ». Descartes, dans le *Monde*, répète inlassablement ce mot, qui exprime parfaitement cette absence de détermination, de nécessité interne, d'homogénéité entre le dehors et le dedans. Les corps du dehors ne sont pas la cause efficiente de mes idées, ils n'en sont que la cause occasionnelle. Ce processus d'intériorisation du sensible est aussi celui de l'extériorisation du réel. « Mon corps », auquel mes sens appartiennent, est le lieu de la cécité et de l'opacité, entre « ma pensée » clairvoyante et les corps « du dehors ». Une fois constitués en objets de la science ceux-ci se laissent penser de façon purement mécaniste. Mais dès lors le corps lui-même, saisi dans son immédiateté comme *mien*, tombe aussi dans l'extériorité, devient un corps du dehors, un objet étranger à ma pensée[2] : il ne peut être connu que sous l'aspect d'une

1. Cf. la querelle Derrida / Foucault et les nombreux rebonds et commentaires auxquels elle a donné lieu : M. Foucault, *Histoire de la folie à l'âge classique*, Paris, 1961 ; J. Derrida, « Cogito et histoire de la folie », *Revue de métaphysique et de morale*, 1963 ; M. Foucault, « Mon corps, ce papier, ce feu », *Histoire de la folie*, Paris, 1972 ; J.-M. Beyssade, « Mais quoi, ce sont des fous. Sur un passage controversé de la première Méditation », *Revue de Métaphysique et de morale*, 1973. Nous apporterons au dossier un passage de la *Règle XII* où la folie se trouve associée à la sensibilité : en effet la règle qui commande de ne pas prendre les données des sens et de l'imagination pour de fidèles représentations des choses vaut même lorsque nous sombrons dans la folie (car la folie est bien ici assumée par le « nous » collectif : *arbitremur*) et que nous croyons que les « images désordonnées » (*turbata phantasmata*), produites par la maladie, nous « représentent » (*rapresentare*) de vraies choses (X, 423). La seule succession des exemples de la jaunisse (maladie des sens) et de la mélancolie (maladie de l'imagination) montre combien Descartes, loin de rejeter la folie, la place au plus près de l'expérience quotidienne des erreurs des sens. C'est que les images des sens, comme celles de l'imagination sont produites en nous, en vase clos, dans cette chambre obscure de toutes les folies, où toute lumière vient d'une raison elle aussi purement intérieure, et qui ne domine l'obscurité et la confusion que dans un effort, une prudence, un combat de tous les instants.

2. Lorsque dans les *Principes*, Descartes reprend les exemples paradigmatiques du chatouillement et de la douleur, c'est pour montrer que ces « sentiments » ne sont pas plus « dans nos mains et dans nos pieds » que dans « les objets extérieurs » qui les provoquent (I, art. 67).

machine dans un univers de machines. Le maniement de cette machine habitée par une âme fournit l'argument de la morale, mais d'abord de la technique : la médecine permet de conserver la machine en bon état de marche, les arts donnent les moyens de l'utiliser en vue de procurer à l'âme des plaisirs sensibles.

Comment cette mécanisation du monde extérieur est-elle possible, dès lors que la sensibilité nous en éloigne ? Il faut que l'acte perceptif, la différence qui interdit tout accès direct au monde, nous en permette cependant la connaissance. La pensée excède la sensation en direction de la chose afin qu'elle puisse devenir « objet » du savoir mécaniste. Voilà le postulat sans lequel aucune démarche cognitive ne serait possible. La différence interdit la symbiose, mais ce faisant permet à la science de se déployer. Que la perception advienne dans la différence et par la différence, Descartes, dans le *Monde*, n'en doute pas. Cette transgression est admise dès la première phrase du traité et elle paraît d'emblée d'ordre indissolublement sémiotique et sémantique. La différence passe entre l'idée de la lumière et ce qui « dans les objets (...) *s'appelle du nom de Lumière* » (XI, 3) : dans l'acte de nomination, la pensée excède le sensible, puisque ce que le mot lumière désigne, n'est pas l'image en nous, mais bien ce qui, au dehors, la provoque. Sur le modèle de la désignation linguistique, c'est tout le sensible qui est compris comme un langage. Ainsi toutes les « expériences », que Descartes convoque pour remettre en cause le préjugé de ressemblance, ne peuvent être correctement comprises qu'à partir de la première d'entre elles : l'expérience de la parole. Pas plus que le « sentiment » ou l'« idée », la parole ne ressemble à ce qu'elle désigne. Le modèle de la représentation cartésienne s'avère la signification, entendue comme perception du sens par la différence. Le monde est un texte, la nature un livre. L'antique lieu commun revitalisé par le néo-platonisme, exploité par la culture baroque en un sens foncièrement sceptique, devient, récupéré par Descartes, une pièce essentielle de l'entreprise de dépassement du scepticisme. L'analyse sémiotique de la perception qui introduit le traité du *Monde*, offre en fait les conditions de possibilité de la nouvelle physique, et par là, celles de la *construction* du nouveau monde de la science.

3. *Les mots et les sens*

Descartes comprend l'expérience sensible à partir de l'expérience de la parole. Ce faisant, il ne se contente pas d'établir une simple analogie entre la perception des données sensibles et la transmission d'une information par le langage. D'abord parce que le langage, dans la mesure où il requiert la voix ou l'écriture, met en œuvre la sensibilité, ensuite parce que la sensibilité est elle-même saisie comme un processus sémiotique. C'est pourquoi l'analyse du langage peut nous apprendre comment, dans l'expérience sensible, nous nous rapportons au monde et comment le monde nous apparaît. Descartes présente l'expérience de la parole comme le paradigme de la représentation par dissemblance: «vous savez bien, écrit-il, que les paroles, n'ayant aucune ressemblance avec les choses qu'elles signifient, ne laissent pas de nous les faire concevoir» (XI, 4). «Vous savez bien»: Descartes donne la dissemblance linguistique pour une chose évidente et triviale sur laquelle l'assentiment du lecteur n'a pas à être conquis, et qui peut donc servir de modèle à la dissemblance du sensible, plus difficile à apercevoir. L'affirmation d'une différence entre les mots et les choses, le langage et le réel (tous ces termes étant ici entendus dans leur sens le plus large et le plus vague) n'était certes pas une nouveauté au XVIIe siècle. Il nous faut cependant faire plusieurs remarques.

a. Notons d'abord que cette thèse de la différence, telle qu'elle est énoncée par Descartes, est loin de faire l'unanimité à son époque. La fin de la Renaissance se caractérise par un très grand développement de l'occultisme: l'hermétisme, la cabale, le pythagorisme font l'objet de nombreuses tentatives de syncrétisme, le plus souvent d'orientation néoplatonicienne[1]. Pour l'ensemble de cette mouvance culturelle, encore très active au XVIIe siècle, bien qu'en déclin[2], l'origine du

1. Cf. Frances Yates, *Giordano Bruno and the hermetic tradition*, London, 1964 et Thorndike, *History of magic and experimental science*, New-York, 1958.

2. La défense et la pratique effective de la magie et de l'occultisme cèdent de plus en plus la place à des entreprises encyclopédiques de totalisation (pansophie, etc.) qui paraissent finalement subir le modèle dominant de la représentation; en effet, des auteurs comme Fludd ou surtout Kircher, semblent renoncer à l'efficacité véritable de la parole au profit d'une «histoire» des effets magiques des mots et des images. Ces auteurs polygraphes et polymathes, par l'infinie compilation des langages et des savoirs occultes, ne s'emploient-ils pas à mettre en représentation cette participation, devenue impossible, entre le langage et le monde?

langage est naturelle, et donc divine. En vertu de cette origine sacrée, un lien interne attache les mots aux choses, et pour cette pensée magique, il est vraiment possible d'agir sur les choses par le biais du seul langage. Cette « magie naturelle » du langage implique la négation de toute différence de nature entre les mots et les choses : les mots sont des choses et les choses des signes, le langage appartient pleinement au réel et celui-ci, saturé de signatures, est un langage. Dans cette sémiose du réel, le signe est symbole, mais au sens le plus fort que peut revêtir le mot « *sunbolon* » : il fait partie intégrante de la réalité à laquelle il renvoie. Entre le monde et les mots, la relation est d'abord d'identité[1]. A la différence de la plupart des champions de la science nouvelle[2], Descartes ne prend pas la peine de réfuter cette doctrine[3], qu'il semble avoir cependant partagée durant sa jeunesse ; comme si une telle conception du langage ne méritait même plus, pour le Descartes de la maturité, d'être discutée[4].

1. Nous sommes obligés ici d'aller vite et de passer sur les différences conceptuelles qui, au sein de ce vaste mouvement, dessinent des courants parfois antagonistes (cf. Madeleine David, *Le débat sur les Ecritures et l'hiéroglyphe aux XVIIe et XVIIIe siècles*, Paris, 1965). Il revient sans doute à Bacon d'opérer la transition entre cette conception magique du langage et le conventionnalisme moderne, en distinguant les emblèmes et hiéroglyphes qui se « rapportent naturellement aux choses signifiées », des caractères nominaux et des « caractères réels », établis artificiellement, par convention. Cf. *Advancement of learning*, in *Works*, t IV, p. 439-440). Cf. Paolo Rossi, *Francesco Bacone, dalla magia alla scienza*, 1957, Torino 1974, p. 250-278.

2. Les disputes qui opposent Kepler, Mersenne et Gassendi à Fludd sont ainsi l'occasion, pour les tenants de la nouvelle science, de mener une critique radicale de cette doctrine naturaliste et magique du langage. Cf. Brian Vickers, « Analogy versus identity », in *Occult and scientific mentalities in the Renaissance*, sous la direction de B. Vickers, Cambridge, 1984, p. 95-163 ; Lenoble, *op. cit.*, p. 106-108. Très significative également la mise en cause par Jean-Baptiste Van Helmont de l'usage magique du langage en médecine, tel que le revendiquait Paracelse. Cf. Vickers, *ibid.*, et A. Koyré, « *Paracelse* », in *Mystiques, spirituels et alchimistes du XVIe siècle allemand*, Paris, 1955.

3. Exception faite toutefois de la lettre *à Mersenne* du 20 novembre 1629 (I, 76-82) et des quelques annotations relatives au langage dans les lettres suivantes (I, 103 et 112).

4. Les fragments de jeunesses (*Cogitationes Privatae*), attestent cependant que le premier Descartes appartient pleinement à cette culture de la Renaissance tardive et en partage le symbolisme. Cf. en particulier, les *Olympiques* (X, 218). Les historiens se sont surtout intéressés aux rapports du jeune Descartes avec le mouvement rosicrucien (cf. J. Sirven, *Les Années d'apprentissage de Descartes*, Albi, 1928). Il est un fait que Descartes dédie un projet d'ouvrage « aux Frères Rose-Croix ». le *Trésor mathématique de Polybe le Cosmopolite*. Et ce pseudonyme sonne en effet très Rose Croix. H. Gouhier juge ce texte ironique, *Les*

b. Il ne va pas non plus de soi que la conception du langage ainsi présentée comme évidente par Descartes s'accorde avec la doctrine communément retenue par la science officielle, celle de l'orthodoxie scolastique. En effet, la définition scolastique du signe (« *aliquid stat pro aliquo* »), ne donne pas au langage et aux autres systèmes de signes humains la place centrale et paradigmatique que leur accorde Descartes. Pour Saint Thomas, « le mot est le signe d'une chose, et cette chose peut être le signe ou le symbole de quelque chose d'autre ». Cette doctrine du signe fait partie intégrante de la doctrine thomiste de l'analogie. Toutes les créatures se rapportent les unes aux autres, et sont les signes les unes des autres, pour autant qu'elles se rapportent toutes à Dieu. Or Descartes, comme l'a montré Jean-Luc Marion, méconnaît profondément l'analogie thomiste qui lui apparaît filtrée par son hérédité suarézienne, laquelle, sur le sillage du nominalisme, tend à l'univocité[1]. C'est cette version du thomisme qu'il critique dans ses lettres de 1630 sur la libre création des vérités éternelles, dont le *Monde* ne fait d'une certaine façon que développer les implications épistémologiques, au premier rang desquelles figure la doctrine sémiologique de la perception.

c. Enfin, la conception cartésienne du langage ne s'accorde pas non plus avec le conventionnalisme, d'origine nominaliste, répandu chez les partisans de la nouvelle science, qui affirme bien la dissemblance entre les mots et les choses mais tend à assimiler la pensée au discours, en faisant des universaux des « signes », renvoyant non pas aux choses, mais bien plutôt aux mots eux-mêmes : « noms de noms ». Cette doctrine provoquera le scandale de Descartes dans sa discussion avec Hobbes, celui-ci écrivant dans ses *Objections* que « le raisonnement n'est rien autre chose qu'un assemblage et enchaînement de noms par ce mot *est* ». D'où il suit que « par raison nous ne concluons rien du tout touchant la nature des choses, mais seulement touchant leurs appellations »[2].

Premières pensées de Descartes, Paris 1958. Mais plus récemment plusieurs historiens ont montré que le jeune Descartes a effectivement manifesté un grand intérêt pour la Rose-Croix, comme du reste les fragments des *Cogitationes Privatae* le laissent penser. Cf. W. R. Shea, « Descartes and the Rosicrucians », *Annali dell'Istituto e Museo di storia della Scienza di Firenze*, Firenze, 1979 ; A. Bortolotti, « Uno scritto perduto della giovinezza di Descartes », in *op. cit.*, p. 5-85 ; H. Tanaka, « Le Voyage de Descartes en Allemagne », in *Revue de Métaphysique et de Morale*, n° 1, 1987, p. 89-101.

1. Cf. J.-L. Marion, *op. cit.*, p. 106-109.

2. *Troisièmes Objections* (IX-I, 138) et *Réponse* de Descartes (*ibid.*). Sur l'oscillation de la pensée de Hobbes sur le langage entre nominalisme et conceptualisme, cf. E. Cassirer, *Das Erkenntnisproblem in die Philosophie und Wissenschaft der neueren Zeit*, II, Berlin, 1907 ; Paul-Marie Maurin, in Hobbes,

Dès lors, ce «vous savez bien» introductif, apparaît plutôt comme un coup de force. Le consensus, sur lequel croit pouvoir compter Descartes, repose sur l'apparente banalité de la constatation d'une absence de «ressemblance» entre les mots et les choses. Car il faut le souligner: Descartes écrit que les paroles sont d'abord les signes des «choses» et c'est à ce titre qu'elles nous les font «concevoir» (XI, 4). Ce point doit être relevé, car la plupart des commentateurs se sont trop hâtés d'affirmer que la doctrine de Descartes était déjà celle de Saussure[1]. Jean-Luc Marion cependant, note «une difficulté»: à la différence de Saussure, Descartes situe d'abord l'arbitraire entre le «signe» et la «signification», c'est-à-dire, en termes saussuriens, entre le signe et son référent. Mais cet auteur ajoute aussitôt que, par «signification», Descartes entend «le signifié du signe et non son référent»[2]. Il est vrai que la doctrine cartésienne du langage suppose une relation arbitraire entre le signe vocal et son sens: le langage est «institué», inventé par l'homme, et sa fonction est d'abord de «déclarer» ou «d'exprimer» les pensées[3]. Les mots, «qui sont des choses matérielles», écrira-t-il en 1647, ne sauraient ressembler aux «significations qui sont des pensées»[4]. Les textes où Descartes semble énoncer ce qui deviendra la doctrine saussurienne sont nombreux[5]. Remarquons cependant que l'arbitraire, dans tous ces textes, passe entre la pensée et le langage, entre les mots («ces choses matérielles») et les concepts: la distinction ne peut être identifiée à la distinction saussurienne, interne au signe. Mais surtout, dans tous ces textes, l'arbitraire sépare à la fois le mot du concept et de la chose, la fracture passe d'une part entre le langage et la pensée, d'autre part entre le langage et le réel. Or, dans le texte que nous étudions, il nous paraît incontestable que Descartes met en avant la *fonction référentielle du signe linguistique* et que, à la différence de Saussure, c'est d'abord celle-ci qu'il pense en terme d'arbitraire. La chose avec laquelle la parole diffère est bien le référent, dont la pensée se fait, dans la

De Homine, Paris, 1974, p. 147-148 et G. Rossini, «La théorie linguistique de Hobbes» in *l'Art du possible*, sous la direction d'Athanasios Moulakis, Firenze, 1988, p. 227-232.

1. Lefèvre, *Le criticisme de Descartes*, p. 157 et Sylvie Romanovski, *L'illusion chez Descartes*, Paris, 1974, p. 69 sq.

2. *Sur la Théologie blanche...*, *op. cit.*, p. 255, n. 21.

3. *A Mersenne*, 20 novembre 1629 (I, 81); *Discours de la méthode*, cinquième partie (VI, 57).

4. *A Chanut*, le 1er février 1647, IV, 604. Cf. également l'*Entretien avec Burman*, V, 150, trad. J.-M. Beyssade, *op. cit.*, p. 30.

5. Outre les textes cités ci-dessus, cf. *A Mersenne*, 18 décembre 1629, I, 103; *Dioptrique*, VI, 112; *Troisièmes Réponses*, IX, 139; *Principes* I, art. 74 et IV, art. 197, IX-II, 316; *Passions de l'âme*, art. 50, XI, 369.

dissemblance, une «idée». C'est ainsi que l'on peut d'ailleurs comprendre l'analogie établie entre les deux types d'expérience que sont la perception lumineuse et l'usage de la parole: Descartes veut nous montrer que l'idée de la lumière (la donnée sensible telle que nous nous en formons une «idée», «en notre pensée») entretient le même type de rapport avec ce qui «dans les choses» la provoque, que le mot avec «la chose» hors de l'esprit, en tant qu'il nous la fait «concevoir». On perçoit par l'entremise des yeux comme l'on conçoit par le moyen du langage: malgré la dissemblance. La relation d'arbitraire est ainsi double, le mot ne ressemble ni au concept, ni à la chose, le langage diffère du réel en direction duquel il fait signe et de l'esprit pour lequel il signifie. Il faut donc distinguer le Descartes du *Monde* et le Saussure du *Cours de Linguistique Générale*. Le langage n'est pour Descartes le support de nos conceptions que dans la mesure où il renvoie aux choses.

Mais il y a plus; le «signe» cartésien est en fait, selon la terminologie saussurienne, le seul signifiant. Il ne faut pas voir là une simple différence de nomenclature, mais bien de statut accordé au langage. Loin d'être un système autonome, une totalité close sur elle-même, le langage pour Descartes ne possède qu'une fonction instrumentale. D'une part il se rapporte à une réalité extérieure et de l'autre le sens ne lui est pas à proprement parler inhérent: la signification n'est pas contenue *dans* les signes, mais seulement dans l'esprit qui les manipule et qui reste donc foncièrement indépendant de la fonction linguistique[1]. En fait la doctrine de Descartes, si elle prépare bien la linguistique moderne en distinguant très nettement le concept de son support sonore, s'avère à la fois trop soucieuse des prérogatives du réel et de la raison pour en être la simple préfiguration, comme en témoigne l'importance qu'y jouent la fonction référentielle, et le postulat jamais remis en cause de la nature non-discursive de la pensée. Le discours ne saurait être qu'un véhicule de la pensée et, comme tel, il

1. Cf. *A Mersenne*, juillet 1641, III, 393. Cette lettre est très importante, où Descartes répond à un interlocuteur anonyme (III, 375-377) qui, «pour marquer la distinction qui est entre les idées qui sont dans la fantaisie, et celles qui sont dans l'esprit, (...) dit que celles-là s'expriment par des noms, et celles-ci par des propositions» (III, 395). A cette tentative de distinguer l'imagination de l'esprit pur en distinguant le mot de la proposition, et de penser leur rapport dans la discursivité, Descartes oppose une fin de non recevoir: car, que les idées «s'expriment par des noms, et celles-ci par des propositions, ce n'est pas cela qui fait qu'elles appartiennent à l'esprit ou à l'imagination; les unes et les autres se peuvent exprimer de ces deux manières, mais c'est la manière de les concevoir qui en fait la différence; en sorte que tout ce que nous concevons sans image est une idée du pur esprit, et que tout ce que nous concevons avec image en est une de l'imagination» (*ibid.*).

lui demeure substantiellement étranger. Le langage reste du côté du corps, même si Descartes en fait la marque indubitable de la présence de l'âme, le signe extérieur qui permet de distinguer un homme d'un animal ou (ce qui pour l'épistémologie cartésienne revient au même) d'un automate[1]. La nature du langage doit être recherchée « hors langage », dans l'intériorité pure de la pensée qu'il sert à exprimer et à communiquer. Par la même, la parole est vouée à l'extériorité. Codage phonique de la pensée, elle fait partie de la « machine ».

C'est pourquoi le langage, tel que Descartes en fait la théorie, est d'abord ce médium neutre par lequel la pensée se communique et se rapporte au monde, même si, comme nous essaierons de le montrer, la justification du recours à la rhétorique, remet fondamentalement en cause cette neutralité[2]. D'ailleurs Descartes n'écrit-il pas en ce début du *Monde*, « qu'il peut arriver qu'après avoir ouï » un discours, dont nous aurons fort bien compris le sens, nous ne pourrons pas dire en quelle langue il aura été prononcé » (XI, 4)[3] ? En percevant le sens d'un discours, il est possible de faire abstraction de la langue, de même qu'à l'opposé, on peut très bien ne pas tenir compte du sens pour ne considérer que le son des paroles (XI, 5) : le langage n'est que du sens lorsqu'on en oublie la présence et il n'est que du son lorsqu'on n'en saisit pas le sens. Transparence intelligible et opacité sensible du signe cartésien.

Mais il faut comprendre l'importance accordée dans le *Monde* à la fonction référentielle du langage par rapport à l'analyse de l'expérience sensible dont l'expérience linguistique est, il ne faut pas l'oublier, une illustration privilégiée. Or le langage, cette « institution des hommes », sert de modèle à la sensation considérée comme une institution de la nature, ceci à la faveur d'un déplacement et d'une inversion dont dépend le statut de la nouvelle science. « Pourquoi, demande Descartes, la Nature ne pourra-t-elle pas aussi avoir établi certain signe, qui nous fasse avoir le sentiment de la lumière, bien que ce signe n'ait rien en soi qui soit semblable à ce sentiment ? » (XI, 4). A l'origine de notre sentiment de la lumière, rien de visible donc, rien de sensible, mais un « certain signe ». *La réalité physique* (que Descartes

1. *A Morus*, le 5 février 1649, V, 278 ; *Discours de la Méthode*, VI, 56 ; *A Reneri pour Pollot*, avril ou mai 1638, FA II, 55-56 (II, 39-41) ; *Au marquis de Newscastle*, le 23 novembre 1646, IV, 573-576 (voir *infra*, VI, 1).

2. Voir *infra*, chap. IV.

3. Cf. *Passions de l'âme*, art. 50, XI, 369.

définira comme une action de la matière subtile contre notre œil), *est pensée comme signe*. La nature institue ses signes comme les mots, dans la dissemblance, pour transmettre une information, et c'est ce sens que nous saisissons sous la forme d'une idée, d'un sentiment : l'idée de la lumière. Pour montrer la pertinence de cette conception sémiotique de la sensation, Descartes recourt au langage naturel : « n'est-ce pas ainsi qu'elle (la nature) a établie les ris et les larmes, pour nous faire lire la joie et la tristesse sur le visage des hommes ? » (*ibid.*). De la même façon que la nature inscrit des signes sur nos visages pour que nous puissions exprimer et communiquer nos sensations et passions, elle a établi « dans les choses » un signe pour nous faire avoir le sentiment de la lumière. Cet exemple fournit une excellente transition rhétorique entre le langage institué par l'homme et le langage naturel des choses. Mais on peut douter de la rigueur théorique de l'argumentation. En effet le rire et les larmes sont les signes visibles de réalités psychologiques invisibles (des passions de l'âme que sont la joie et la tristesse), alors que la réalité physique qui provoque la sensation lumineuse est le signe invisible de l'idée de lumière qui se forme dans l'imagination par l'entremise de la vue. Descartes opère ici, en douce, un renversement dans l'application du modèle qui va permettre à la science de la nature de se développer comme discours vrai[1]. Alquié a relevé cette inversion dans ses notes sur texte, en empruntant le vocabulaire saussurien : « ce que l'on considère habituellement comme le signifié (l'action physique) devient ici le signifiant »[2]. Dans le vocabulaire de Descartes, « ce qui dans les choses » produit en nous l'idée de lumière, est un signe. Mais, étant donné l'arbitraire qui unit un signe à sa signification, ce signe est l'origine en nous d'une signification qui n'est pas conforme à son support, lequel en l'occurrence *se trouve être aussi son référent*. Car,

1. Sur le langage naturel, que nous partageons dans une certaine mesure avec les animaux, cf. *A Mersenne*, 18 décembre 1629, I, 103. L'exemple du rire et des pleurs est repris dans les *Principes* IV, art. 197 (VII-II, 316).

2. FA I, 316. Cette inversion est pour F. Alquié révélatrice du fait que, dans ce texte, Descartes va « du dehors au dedans » et « pense en pur physicien » (*ibid.*). Cependant, dans le *Monde*, comme partout ailleurs, Descartes ne considère le « dehors » qu'à partir du « dedans », c'est-à-dire de la façon dont l'esprit a rapport aux choses à travers le langage. Et l'on ne peut dire qu'il raisonne en « pur physicien », alors qu'il s'emploie à faire dériver toute sa physique d'une théorie de la perception qui suppose l'irréductibilité du sujet de la perception à l'objet perçu. D'ailleurs, une physique pure (à plus forte raison une physique pure cartésienne), est-elle seulement concevable ? La même objection peut être adressée à G. Rodis-Lewis lorsqu'elle écrit : « les comparaisons du *Monde* et de la *Dioptrique* préparent une interprétation purement *physique...* », *Descartes, textes et débats*, Paris, 1986, p. 457.

pour l'esprit qui la forme, l'idée de la lumière apparaît elle-même comme un signe, dont l'interprétation (la lecture, le décodage) pose problème puisque nous supposons spontanément de la ressemblance là où il n'y en a pas, et manquons ainsi la véritable nature de la lumière.

Nous sommes confrontés à une sémiotique générale de la perception, complexe et problématique, malgré l'apparente simplicité de l'argumentation. Les principaux caractères de cette sémiotique peuvent être arrêtés comme suit :

1. Ce signe qui, dans les choses, nous fait avoir l'idée de la lumière, est à la fois le référent d'une seconde opération de signification, non plus naturelle mais spécifiquement humaine. Autrement dit, dans la sensation, le monde nous advient sous la forme d'un code dont le déchiffrage correct présente de graves difficultés qu'il appartient à la science de résoudre[1].

2. Ce référent visé comme signe ne saurait être, comme tel, le référent ultime, il présuppose une *réalité* première dont il est le signe et une instance qui opère le codage : la « nature », nous dit Descartes, en tant qu'elle est créée par Dieu et obéit à sa volonté.

3. Le sentiment, l'idée sensible, avant même que l'esprit intervienne, est donc l'aboutissement d'un processus de signification, mais qui prête à confusion, puisqu'il induit à penser que l'esprit reçoit par les sens la vraie image des choses.

4. Il apparaît ainsi que ce processus de signification en requiert un second, qui revient sur le premier afin de restituer la vraie nature du référent. L'idée sensible vaut alors comme un signe renvoyant dans la nature à ce signe référentiel qui est à l'origine de la sensation. En fait, nous voyons immédiatement que ce second processus ne peut pas être séparé du premier, car il n'est possible de considérer la sensation comme un signe qu'abstraction faite de la pensée. Or la sensation est toujours en même temps une « représentation » (exceptées quelques rares expériences de « distraction » totale, qui peuvent nous faire comprendre comment sentent les animaux[2]), et de ce fait la pensée intervient toujours en quelque manière. De même que « notre esprit » nous « représente » ce que « signifient » les paroles et « la contenance de celui qui rit ou qui pleure », il « nous représente l'idée de lumière toutes les fois que l'action qui la signifie touche notre œil » (XI, 4-5).

1. Nous empruntons le concept de « code » à Jean-Luc Marion, qui l'utilise pour penser le rapport unissant la théorie de la perception à la doctrine de la création des vérités éternelles, *Sur la théologie blanche...*, *op. cit.*, p. 232 sq.

2. Cf. *Règle XII*, X, 415 ; *A Plempius pour Fromondus*, le 3 octobre 1637, FA I, 786 (I, 413-414) ; *A Newcastle*, le 23 novembre 1646, IV, 573.

5. La science de la nature sera ce processus par lequel l'esprit se forme une représentation correcte de ces signes naturels qui, dans la dissemblance, produisent le sensible.

4. Le chiffre du monde

Les sens ne nous donnent pas la possibilité immédiate d'appréhender correctement le monde extérieur: ils en présentent une transcription fallacieuse, ou plus exactement induisent notre esprit à mésinterpréter les données qu'ils lui transmettent, l'inclinent à prendre la dissemblance pour de la ressemblance, à regarder les images-signes comme des images-copies. Le sensible se donne pour ce qu'il n'est pas: un miroir, une exacte représentation du monde. Cette équivoque, constitutive de la sensibilité, doit être comprise à partir de son statut sémiotique, qui s'avère tout à fait particulier si l'on prête attention à l'analyse qu'en fait Descartes. Le «sentiment» est à la fois le résultat d'un codage, une signification naturelle (un «signifié» saussurien, si l'on veut) et un signe (un «signifiant») qui exige une opération de décodage. La sensation se présente comme le signe obvie et intérieur d'un autre signe, extérieur et inapparent: c'est cependant à la restitution de ce premier signe que travaille spontanément l'esprit. Du «dehors», dans la dissemblance inhérente à toute transmission de sens – mais ici, il faut le noter, redoublée –, nous advient un message qui, en tant que tel, c'est-à-dire avant que l'esprit n'intervienne, ne fait pas sens. L'analogie linguistique repose cependant sur le postulat qu'un sens a été introduit dans la nature, qui se falsifie dans la sensibilité et qu'il revient à la science de restituer. Mais il faut en convenir, dès qu'il entreprend de décoder le message, l'esprit commence toujours par se laisser abuser, par être la victime (consentante, comme nous le verrons) de l'illusion sensible. Ainsi le sensible doit-il être compris comme un discours qui prête à confusion, suscite l'erreur. En cela la comparaison avec le langage usuel s'avère insuffisante. En effet, la différence par laquelle celui-ci fait sens, d'une part n'est pas dissimulée (il est évident que le mot ne ressemble en rien à la chose), et d'autre part permet, dans les conditions normales de communication, un accès immédiat à la signification: «bien souvent nous ne prenons pas garde au son des mots», note Descartes, et «il peut arriver» que nous comprenions parfaitement un discours sans même prendre conscience de la langue dans laquelle il est prononcé (XI, 4). Par contre, nous n'appréhendons pas d'emblée la différence, ni la signification des énoncés de la sensibilité.

Encore nous faut-il, pour être précis, distinguer la fonction de ce langage naturel, suivant qu'il se rapporte au corps seul ou bien à l'esprit qui s'en saisit. En tant qu'il s'adresse au corps, le discours des sens est parfaitement fluide: il suffit à permettre la régulation de la «machine». Comme Descartes le montre dans la partie de son ouvrage consacrée à la physiologie, l'utilité du message, ce que l'on pourrait appeler sa vérité pragmatique, est incontestable. Cependant, on ne peut parler ici qu'improprement de langage. Il n'y a pas en effet à ce niveau de réception d'un «sens», ni donc véritablement de décodage. Les données des sens provoquent des réactions automatiques. Il s'agit plutôt d'un transfert immédiat d'informations d'un code à l'autre: au code qui enregistre une trop forte intensité de chaleur répond celui qui commande de s'éloigner de la source de chaleur[1]. En tant qu'elle reste un simple résultat physique d'un encodage naturel, et par là un simple moment de la sémiose universelle (en termes cartésiens, une communication de mouvement au sein de la machine du monde), la sensibilité «parle» toujours vrai, mais cette vérité est purement opérationnelle. On comprend pourquoi il ne faut pas accuser les sens de tromperie, c'est-à-dire situer la source de l'erreur au niveau du sensible; le

1. Cf. XI, 141-142. Nous décrivons en termes sémiotiques ce que Descartes formule dans *l'Homme* en termes purement mécaniques, usant de l'analogie d'une corde faisant sonner une cloche (pour décrire l'action du feu sur la peau et le mouvement du nerf qui s'en suit), qui s'ajoute à celle d'un souffle d'air passant dans un tuyau (pour expliquer la façon dont les esprits animaux se répandent dans le corps et contractent les muscles, faisant s'éloigner, dans ce cas, le pied du feu). C'est seulement par rapport à l'esprit que le mouvement du nerf devient à proprement parler un signe, et seulement pour l'esprit que la brûlure provoque un «sentiment» de «douleur». Ainsi, dans la *Sixième Méditation*, où est traité l'exemple similaire d'une blessure au pied, le mouvement des nerfs fait une «impression à l'esprit» – mais le latin dit: «menti *signum* dat» (VII, 88) – selon une institution de la nature, afin de «faire sentir de la douleur comme étant dans le pied, par laquelle l'esprit est averti et excité à faire son possible pour en chasser la cause, comme très dangereuse et nuisible au pied» (IX-I, 70). La nature a institué des signes de l'utile et du nuisible, mais pour l'homme seul. Non pas que les animaux, confrontés aux mêmes situations physiques, ne réagissent pas comme l'homme: l'animal fuira le feu de la même façon, mais il n'y a pas pour lui de signes, au sens linguistique, et pas de sentiment. C'est pourquoi on ne peut parler non plus de «douleur» animale (cf. *A Mersenne*, le 11 juin 1640, III, 85 et sur l'absence de connaissance animale de l'utile et du nuisible, *Primae cogitationes*, XI, 520). L'animal, qui ne parle pas, à beau crier: il ne sent pas non plus. «... je fais voir (...) que mon opinion n'est pas que les bêtes voient comme nous lorsque nous sentons que nous voyons», *A Plempius pour Fromondus*, le 3 octobre 1637, I, 413. Le monde est bien un langage, mais l'homme en est le seul destinataire: ce langage ne se comprend pas lui-même, le sens lui demeure extérieur.

sensible comme tel est incapable d'erreur, il fonctionne[1]. De ce point de vue le langage du monde est parfait: trop parfait, comme l'écrit Descartes à propos des actions des animaux. Cette perfection est ici le signe d'un manque, d'une imperfection de l'animal par rapport à l'homme[2]. Tant que l'esprit n'intervient pas, et avec lui l'arbitraire (l'arbitre, et le «libre» arbitre), on ne peut véritablement parler de langage, sinon pour renvoyer à une origine du sens, hors de l'homme et de la machine de l'univers (le livre-machine du monde), comme le fait explicitement Descartes.

En revanche le discours des sens devient problématique dès qu'on le considère par rapport à l'esprit: son arbitraire, et par là son sens, ne sont pas de prime abord apparents. C'est pourquoi le modèle de la signification simple s'avère inadéquat: le sensible ne se résorbe pas immédiatement dans le sens dont il est le véhicule, comme il en va pour le langage courant considéré dans une situation de communication optimale. Nos premiers jugements sur le monde sont toujours erronés. Et cela parce que, comme nous l'avons vu, le sensible ne renvoie pas immédiatement l'esprit à une réalité hors langage, ou plutôt hors signe, mais ramène à un autre système de signes, établi dans le monde extérieur. Plus exactement, la pensée, pour Descartes, ne semble pouvoir se rapporter au réel qu'à travers un processus de signification. L'image sensible est un signe de signe; elle est le résultat d'une signification redoublée. Le sensible, dans ce schéma cartésien, ressemble plus alors à un message chiffré qu'à la communication linguistique ordinaire à laquelle Descartes le compare. La prose des sens se laisse mieux comprendre comme un «chiffre» que comme un discours simple. Il s'agit bien en effet pour le physicien de retrouver le texte de la nature, dissimulé, chiffré dans le message des sens. Le message sensible est comme le cryptogramme de la nature. Enfin, étant donné le caractère persuasif de ce message second (son apparence de vérité), l'analogie du cryptogramme peut être complétée à bon escient par celle du discours de figure: la nature ne se donne pas dans sa littéralité, la sensibilité est métaphore, transport, représentation figurée du monde naturel.

1. Ainsi les «erreurs» sensibles que Descartes recense dans le traité (XI, 160-163), même les plus apparemment irréfléchies, sont toujours des erreurs de «l'esprit», en tant qu'il est uni à la machine. Certaines sont même inévitables («l'âme (...) ne manquera pas pour lors de se tromper», XI, 161), mais peuvent être corrigées.

2. *Olympiques*, X, 219; *Discours de la méthode*, VI, 56-57 (voir *infra*, VI, 1).

Bien que, pour rendre compte de la perception sensible, soit seule convoquée dans le *Monde* l'analogie de la langue simple, l'introduction du langage d'institution naturelle, précédant et rendant possible la perception, nous amène à adopter un modèle plus complexe, capable d'exprimer le double procès de signification mis en jeu dans la sensibilité. Mais surtout, certains passages des *Regulae*, œuvre qui précède le *Monde* et lui sert de cadre méthodologique, ainsi qu'un article des *Principes* (IV, art. 205), qui engage une idée déjà centrale dans le traité de physique, nous semble autoriser le recours aux modèles du cryptogramme et du discours de figure.

Dans les *Regulae*, Descartes puise dans la culture du «chiffre», très en vogue à son époque[1], plusieurs exemples destinés à illustrer et éprouver sa méthode. La constitution d'une anagramme, le décryptage d'une «écriture déguisée sous des caractères inconnus» (*legere scripturam ignotis characteribus velatam*), la résolution des énigmes sont présentés comme autant d'activités «futiles» en elles-mêmes, mais extrêmement utiles pour l'apprentissage et même la découverte de la méthode[2]. Tous ces exemples faisant intervenir un processus de chiffrage ou de déchiffrage linguistique sont présentés comme des exercices préparatoires ou des essais de la science universelle, et comme tels sont étroitement associés à des questions de mathématique, de mécanique et de physique. La science elle-même, visant à la découverte et à l'invention d'un ordre, est conçue dans ces textes comme une entreprise de décomposition et de composition d'éléments primitifs (natures simples), qui peut très bien être interprétée en terme de décodage et d'encodage, de déchiffrage et de chiffrage, comme le montrent abondamment les exemples précités. Cette conception de la science implique que tout objet de connaissance possible se laisse penser sur le mode d'un signe ou d'un ensemble de signes. Le problème de la connaissance sera celui du rétablissement du sens occulté,

1. Nous donnons quelques grands jalons de la littérature moderne consacrée au chiffre, car Descartes les a peut-être connu : Joannes Trithemius, *Polygraphia*, Haselberg de Aia, 1518; *Polygraphie et universelle escriture cabalistique de Jean Tritheme*, trad. Gabriel de Collange, Paris, 1561 ; Jean Baptiste Porta, *De occultis litterarum notis*, 1563, rééd. Strasbourg, 1606; Blaise de Vigenère, *Traité des Chiffres, ou manières d'escrire*, Paris, 1587; Francis Bacon, qui consacre aux chiffres une partie de son sixième livre du *De Dignitate et augmentis scientiarum*, *Works* I, p. 658-662, et enfin Antonio Maria Cospi, *L'interprétation des chiffres ou reigle pour bien entendre et expliquer toute sorte de chiffre simple*, trad. Jean-François Niceron, Paris, 1641. Descartes propose à Elisabeth, dans sa lettre consacrée au *Prince* de Machiavel, un chiffre, que l'on a perdu. Elisabeth le juge dans sa réponse; il est «fort bon», mais «trop prolixe» (IV, 493 et 524)...

2. Respectivement *Règle VII*, X, 391 , *Règle X*, X, 404-405 ; *Règle XIII*, X, 433-435.

inapparent ou brouillé d'un message. L'exemple du cryptogramme, exposé en *Règle X*, peut valoir à la fois comme un paradigme de l'activité scientifique et du statut de l'objet qu'elle requiert. Le déchiffrage d'une «écriture voilée» est cité comme l'un de ces exercices, dont toute la difficulté réside dans l'invention d'un ordre et qui accoutume l'esprit «à pénétrer toujours (...) et comme par jeu, jusqu'à la vérité intime des choses» (X, 405). Il faut exercer son esprit au déchiffrage, pour qu'il arrive «jusqu'à la vérité». Ainsi en physique. On retrouve en effet le cryptogramme à la fin des *Principes*. Descartes consacre une page à comparer son travail de physicien au décodage d'un chiffre, non plus rédigé en caractères inconnus, mais avec «des lettres ordinaires» (*latinis quidem litteris*), substituées les unes aux autres (*et non in vera significatione positis*, IV, art. 205). Celui qui, devant un chiffre, parvient à produire un sens parfaitement cohérent, par exemple en substituant «en la place de chaque lettre celle qui la suit en l'ordre de l'alphabet», peut être «moralement certain» d'avoir retrouvé la vraie signification du message, bien qu'«il se pourrait faire que celui qui l'a écrit y en ait mis un autre tout différent». De même, Descartes, considérant «toutes les diverses propriétés (...) de toutes les (...) choses qui sont au monde (...), très évidemment déduites d'un petit nombre de principes», estime pouvoir prétendre à la «certitude morale» que la nature est comme il a démontré qu'elle pouvait être (*ibid.*). Nous reviendrons sur cette certitude qui n'est plus, en physique, dans les *Principes* comme déjà dans le *Monde*, garante de «l'intime vérité des choses»[1]. Contentons-nous de relever ici que le monde, pour Descartes, au terme de sa somme philosophique, peut être comparé à un immense texte chiffré[2]. Cette comparaison de la nature à un cryptogramme prend toute son importance lorsqu'on la confronte à la doctrine de la perception élaborée dans le *Monde*, intégrée aux

1. Voir *infra*, VI, 2.

2. Le chiffre est l'une de ces notions transversales qui permettent de pénétrer dans les replis de la mentalité baroque. La fonction du chiffre est d'abord étroitement pragmatique; il s'agit de dissimuler des informations, comme le souligne Bacon, et les politiques y ont abondamment recours (*De Dignitate*, *ibid.*). Les hommes de science également, pour protéger leurs découvertes du plagiat (cf. A Knetch, «Le fonctionnement de la science baroque: le rationnel et le merveilleux», *Le discours scientifique du baroque, Baroques*, Montauban, 1987). Mais le chiffre conservera longtemps son acception magique; au XVIIe siècle, il reste pour les cabalistes et tous les adeptes de l'occultisme un moyen de connaître le monde et surtout d'agir sur lui. Le chiffre du monde apparaît ainsi, entre la Renaissance et l'âge baroque, comme une variante du thème du livre du monde. Nous citerons un

Méditations et reprise dans les *Principes*[1]. La sensation, nous l'avons vu, est signe en nous d'un signe du dehors, résultat d'un codage qui défigure le discours du monde extérieur. Car c'est dans la sensation que la nature se donne ainsi comme un chiffre, comme un texte codé dont il s'agit de (re)trouver le sens. L'entendement, en constituant le sentiment, se livre spontanément à une lecture du texte de la nature, mais n'en aperçoit pas immédiatement le statut cryptographique. Les *Principes* parlent de «lettres ordinaires»; le discours du monde, tel que nous le transmet quotidiennement les sens, ne paraît de prime abord rien contenir d'étrange, d'étranger. Il semble venir familièrement des choses à notre rencontre, sans changement, sans déperdition ni déformation; discours vrai émanant du réel, sa très exacte et très ressemblante représentation: l'erreur la plus commune. Le cryptogramme des *Principes* est encore de ce point de vue une analogie inadéquate, parce que la substitution des lettres les unes aux autres ne peut produire qu'un texte au premier abord incohérent, illisible, incompréhensible: pour cela sa nature de chiffre ne peut faire aucun doute. A plus forte raison celui des *Regulae*, composé de «caractères inconnus». Il y a une (fausse) évidence, une naïveté, plus exactement une trivialité du sensible qui empêche d'en apercevoir la nature cryptographique (et énigmatique). Le monde sensible se donne à lire à première vue, se laisse voir à première lecture; il semble possible d'en saisir d'emblée le vrai sens.

passage de Claude Duret: «entièrement toute la nature n'est qu'un chiffre, et secrette escriture du grand nom et essence de Dieu et de ses merveilles...», *Thrésor de l'histoire des langues de cet univers*, ch. VI, Cologne, 1612, p. 29. Mais le thème se sécularise et se «démystifie». C'est ainsi que, dépouillé de toute connotation magique et de sa portée ontologique, il devient chez Descartes une métaphore épistémologique. Ce qui ne l'empêche pas de supposer une ontologie, et même de l'exiger: le chiffre du monde ne saurait tenir lieu de métaphysique.

1. Ici encore, du *Monde* aux *Principes*, là où F. Alquié (FA I, 316 n.2) et G. Rodis-Lewis (*Descartes Textes et Débats*, p. 514) voient une rupture et un renversement de perspective, nous semble prévaloir la continuité. Dans les *Méditations* (IX, 69) comme dans le *Monde* (XI, 4), la nature apparaît bien comme l'institutrice des signes produisant les sentiments dans la dissemblance, et dans les deux cas, le sentiment requiert la *lecture* de l'esprit. Les sens «signifient» plus souvent «le vrai que le faux» en ce qui regarde les commodités du corps, disent les *Méditations* (IX, 71), et cet acte de signification est aussi une représentation (*ibid.*). Mais il n'y a représentation et signification que par rapport à l'esprit. Dans les *Méditations*, comme déjà dans le *Monde*, le langage des sens, dont la vérité pragmatique ne peut être généralement mise en doute en ce qui concerne sa valeur représentative, doit être suspecté, puis rectifié. La nature, dans les deux textes, advient bien dans la sensation sous la forme d'un chiffre, d'un signe de signe, présupposant une double institution de nature: celle d'un texte, inaccessible de prime abord, et de son codage dans la sensation.

En fait le modèle le plus approprié proposé par Descartes est plutôt celui d'un discours figuré, qui prête à confusion en ce qu'il est possible et tentant de le prendre au sens propre. Devant les données des sens, dès que nous relâchons notre attention intellectuelle, nous sommes comme ces enfants auxquels on raconte une fable. Nous sommes toujours tentés de croire à la *vérité littérale de la fable des sens*. On trouve justement la métaphore de la fable dans les *Regulae*, en un contexte où les données sensibles sont mises sur le même plan que les opinions rapportées, en tant qu'elles font toutes l'objet d'une expérience impliquant un rapport d'extériorité entre l'entendement et sa source d'information. Il ne faut pas, écrit Descartes, que l'entendement juge « que les sens se fassent les porteurs de la vraie figure des choses, ni que les choses externes soient toujours telles qu'elles apparaissent, car en tout ceci nous sommes sujets à l'erreur (*in his enim omnibus errori sumus obnoxii*) : ainsi lorsqu'on nous raconte une fable (*fabulam*) et que nous croyons que c'est une histoire vraie (*res gestam*) » (X, 423). Les sens ne nous rapportent pas la geste des choses, ils ne sont pas des messagers fiables. L'erreur cardinale et générale consiste à croire qu'ils nous montrent « la vraie figure des choses », le discours littéral de la nature, alors qu'ils nous en présentent une transposition rhétorique. Il y a redoublement de la figure : la vraie figure des choses supposée par la science géométrique et mécaniste se défigure en une figure seconde, la qualité sensible[1]. C'est cette rhétorique naturelle du sensible qui nous incline à voir de la lumière et des couleurs dans les choses, à projeter de la douleur dans les objets, comme le font l'enfant et le mage, bref, à faire du monde qui paraît la vérité du monde extérieur. Celui-là, le monde de l'immanence sensible, mérite que lui soit appliqué le *motto* du portrait : il est une fable dont l'esprit doit commencer par se défier.

Le langage, parce qu'il permet, en vertu d'une différence constituante, à la fois l'expression et l'occultation d'un sens, sa communication et son travestissement, apparaît comme le modèle du sensible. Etant donné l'équivocité foncière du discours des sens (équivocité dont nous avons vu qu'elle relève de la double fonction du signe sensible suivant qu'il est, dans le corps, le résultat d'une signification et, pour l'esprit, une donnée à interpréter renvoyant dans la nature à un autre signe), les analogies du cryptogramme et du discours de figure semblent plus aptes à décrire le sensible que la comparaison, retenue dans le *Monde*, avec l'expérience linguistique la

1. Cf. Jean-Luc Marion, *Sur la théologie blanche...*, *op. cit.*, p. 231-263.

plus commune. Cependant une brève étude du langage courant, non plus considéré comme une analogie mais pour lui-même, suffit tout aussi bien à rendre compte de l'erreur sensible. En effet, le langage, tel qu'il est utilisé le plus communément, s'avère une source d'erreur inépuisable et un moyen redoutable de tromperie. Le chiffre et le discours de figures ne consistent qu'en l'exploitation systématique de traits constitutifs du langage usuel qui agissent le plus souvent à l'insu du locuteur. On peut alors observer que, loin d'être deux causes indépendantes de l'erreur, le langage et les sens concourent à sa production. Et il apparaît clairement, pour cette raison, que le langage humain, sous toutes les modalités que nous avons envisagées, n'est pas une simple comparaison ayant pour seule fonction d'illustrer la théorie cartésienne de la perception sensible. On ne peut reconnaître pleinement cette promotion du langage au statut de modèle épistémologique fixant les conditions a priori de l'entreprise scientifique, si l'on ne prend aussi acte de son irréductible appartenance, comme phénomène sensible, à la sémiose générale du monde physique. Autrement dit, le langage, sans lequel le sensible ne peut faire l'objet d'une quelconque science, est lui-même affecté par ce qui, dans le sensible, fait obstacle à la perception de la vérité et au déploiement d'un discours vrai. En effet, si l'équivocité linguistique (le fait que le langage soit structuré par la différence) offre le moyen de rendre compte de la dissemblance sensible, il faut constater en retour que celle-ci structure le langage, qu'il soit parole, écriture ou gestuelle. C'est pourquoi, si nous voulons comprendre comment se forment les discours erronés sur le monde et comment la vérité, pour Descartes, peut être malgré tout atteinte et dite, si nous désirons enfin savoir pourquoi le discours vrai (la science) est paradoxalement amené à épouser la modalité de la fiction (la fable), nous ne pouvons nous soustraire à une analyse de l'interaction du langage et de la sensibilité dans la production et la reproduction de l'erreur.

5. *Les discours de l'erreur*

Il n'est nullement fortuit qu'en *Règle XII*, l'exemple de la fable intervienne dans un contexte où se trouvent associées ces deux formes d'expérience que sont la perception sensible et l'écoute du discours d'autrui, en tant que l'une et l'autre sont susceptibles de nous induire en erreur (X, 422). C'est que les sens et le langage ont pour Descartes partie liée. Non seulement parce que le sensible est conçu sur le modèle linguistique, mais aussi parce que le langage, pour maîtrisé qu'il soit par la pensée, appartient irréductiblement au sensible. Depuis notre plus jeune âge, les sens et les savoirs rapportés conspirent pour nous entretenir dans l'illusion, nous accoutumer à la formation de faux jugements. L'enfant naît et grandit sous l'empire de la fable des sens. Et la première erreur de l'enfance n'est autre que l'attribution des qualités sensibles aux choses (*Principes* I, art. 71). Viennent les «nourrices impertinentes» qui inculquent à l'enfant toutes les fables de l'opinion, viennent ensuite les précepteurs et leurs livres anciens eux aussi pleins de «fables» mensongères[1]. «Nous avons été enfants avant que d'être hommes et (...) il nous a fallu longtemps être gouvernés par nos appétits et nos précepteurs» (*Discours*, VI, 13); et les «conseils» des uns comme des autres sont loin d'avoir tous été de bonnes leçons. Conseillers, précepteurs, maîtres: les sens sont désignés par Descartes à l'aide d'une métaphorique didactique, connotée négativement, et ils sont surtout associés dans l'argumentation au travail à la fois nécessaire et délétère de tous ceux qui ont pris soin de notre éducation. Tout ce qui nous advient du monde extérieur, au double sens, soigneusement entretenu, de la communauté de parole et d'opinion (monde du peuple et surtout monde des élites, ce «monde» dont Descartes cherche toujours l'assentiment tout en s'acharnant à le fuir) et du spectacle changeant que nous présentent les sens, pour l'auteur du traité du *Monde*, tout ce qui accède à la conscience à travers le corps (car la communication linguistique se fait bien ainsi) est suspect par définition.

Descartes s'avère bien en ceci le digne fils de son temps, mais son originalité réside dans la radicalité du doute par lequel il inaugure sa physique, et ensuite sa métaphysique. Aux yeux de Descartes, les deux mondes des sens et de la tradition n'en font qu'un : c'est le vieux monde qu'il abandonne au chapitre VI de son traité. Et il entame bien en effet sa démarche philosophique par le double refus, qu'il faut comprendre comme un seul, de s'en remettre aux sens et à la parole d'autrui: les multiples discours des peuples et des doctes. Car pour multiples et contradictoires qu'ils soient – et Descartes ne se fait jamais faute de relever leur variété comme une preuve suffisante de leur fausseté commune – tous ces discours s'accordent justement pour faire des sens la base, sinon le seul appui, de toute connaissance possible. Et tous les courants philosophiques auxquels s'oppose Descartes sont atteints en leur fondement par cette critique. Car l'adage péripaté-

1. *Recherche de la vérité*, X, 507; *Discours*, VI, 6 et 13.

ticien, « *nihil in intellectu est quod prius non fuerit in sensu* », qui peut passer pour l'expression doctrinale de cette erreur commune dont il faut commencer par se défaire, n'est sans doute pas remis en cause par l'empirisme sensualiste d'un Gassendi[1]. C'est d'ailleurs pourquoi, fondamentalement, Descartes, dans ses réponses aux objections, fera de Gassendi, à la fois l'homme de chair, dont la connaissance est offusquée par les sens (« *O Caro* ! »), et le rhéteur, le sophiste qui s'emploie à produire un discours sans égard pour la vérité, attaché aux seules « apparences » (FA II, 787-788, 793). Quant aux *novatores* néo-platoniciens qui attribuent une âme au monde tels que nous le percevons dans la sensibilité (partageant en ceci la croyance populaire et l'erreur de l'enfant qui projette ses sentiments dans la nature extérieure), ils reconnaissent bien au fond la même continuité, la même ressemblance et la même identité fallacieuse entre le sensible et l'intelligible. Le premier geste philosophique consiste pour Descartes à se libérer de la tyrannie des sens, de « l'impertinence des nourrices », des « mauvaises doctrines » professorales et de la « sophistique » des doctes[2]. L'analyse sémiotique de la perception par laquelle s'ouvre le *Monde* a très explicitement pour but de mettre en doute et de révoquer, d'un seul geste, les fausses évidences de l'opinion aussi bien que les subtilités déployées par les docteurs au sujet des qualités sensibles. En fait, s'il faut se défier du discours d'autrui, c'est qu'autrui est d'abord victime de la fable des sens.

Force est de relever la constante et complexe interaction du langage et des données sensibles dans la production de l'erreur. Le langage, cet artifice par lequel nous déclarons nos pensées, est d'abord un support de l'erreur, puisque nous commençons toujours par nous tromper en croyant à la vérité littérale de la fable des sens. Et l'enfant acquiert les « préjugés » de sa nourrice en même temps que l'usage de la parole. Le langage, institution arbitraire de l'homme, reçu par l'usage, est pétri d'erreur. Les éléments (les mots) et la structure (la grammaire) des langues vernaculaires ont été établies par des « ignorants » (I, 112). Les mots renvoient le plus souvent à des idées confuses[3]. Et les doctes sont eux-mêmes victimes de ces équivoques et de ces incohérences, de cette imperfection du langage, comme en

1. Cf., entre autres, *Exercitationes*, livre second, discours VI, 192b et *Institutio logica*, canon 2.

2. *Règle X*, X, 406 ; *Monde*, XI, 45 ; *Recherche*, X, 496 et 507.

3. *A Mersenne*, janvier 1630, I, 112 ; *Réponses aux cinquièmes objections*, FA II, 797.

témoignent les disputes sur les mots, auxquelles se résument pour Descartes presque tous les débats philosophiques[1]. Ainsi la dialectique aristotélicienne n'est-elle pas autre chose que «l'art de disputer» sur les mots. La critique de la dialectique, centrale dans les *Regulae*, affleure à maintes reprises dans le *Monde*. Descartes estime en effet qu'avec la dialectique, la raison est mise en vacance, au profit des seules formes syllogistiques de l'argumentation (*Règle X*, X, 406). C'est pourquoi la dialectique est «parfaitement inutile à ceux qui désirent explorer la vérité des choses», et surtout pernicieuse, dans la mesure où, bien loin de mettre à l'épreuve de la raison les fausses évidences de l'opinion, elle se contente de conclure à partir de celles-ci en «seule vertu de la forme», produisant ainsi des propositions qui peuvent être inédites, surprenantes, paradoxales, mais n'ont aucun égard pour la vérité (*ibid.*). La dialectique apparaît ainsi comme une méthode prisonnière du discours et qui, avec ses subtilités formelles, ne fait qu'agraver et accroître les obscurités et les imperfections inhérentes au langage. Elle est une méthode vouée à l'erreur: non pas «philosophie», mais «rhétorique»[2] et, plus exactement, sophistique. Une telle utilisation du langage est en effet purement rhétorique, elle sert à «enjoliver» les «doctrines illusoires» et à construire des «machines de guerre» adaptées aux «joutes oratoires» (X, 363). Cette rhétorique agonistique, en fin de compte, non seulement répercute l'erreur, mais obscurcit ce que «chacun connaît parfaitement» (X, 426). C'est le cas par exemple de la définition aristotélicienne du mouvement, donnée dans les *Regulae* comme un exemple particulièrement flagrant de ces errances méthodologiques liées à un usage exclusivement rhétorique du langage: «les lettrés» (*letterati*), ceux dont la culture est uniquement langagière (littéraire et discursive), «n'ont-ils pas l'air de prononcer des paroles magiques chargées d'une force occulte? (...) *Motus est actus entis in potentia, prout in potentia est*» (*ibid.*). Cette définition canonique du mouvement paraît tellement

1. *Règle XIII*, X, 433. Dans la controverse qui l'oppose à Gassendi par exemple, Descartes estime que c'est un contre-sens concernant la terminologie qui est à l'origine de la profonde incompréhension dont il accuse l'auteur des *Cinquièmes Objections*; cf. *Réponses aux cinquièmes objections*, FA II, 797 et *Lettre à Clerselier*, IX-I, 203.

2. Descartes assimile délibérément dialectique et rhétorique, que la scolastique a toujours distinguées (cf. Gilson, *Index scolastico cartésien*, *op. cit.*, p. 95) et exploite ainsi l'un des thèmes centraux de la littérature anti-scolastique. Cf. par exemple Agrippa, *Paradoxe sur l'incertitude des sciences*..., Paris, 1617, p. 74; Ramus, *Animadv. Arist.*, I, 6; Gassendi, *Exercitationes* liv. I ex. 1, 110b. Comme possible source directe, il faut citer F. Bacon, *Novum organum* I, aph. 43 et 59. Cf. C. Vasoli, *La Dialettica e la Retorica nell'Umanesimo*, Milan, 1968.

«obscure» à Descartes, qu'il hésite dans le *Monde* à la traduire du latin (XI, 39). Ainsi les hommes offusqués par les lettres et les disputes cherchent-ils, par un surcroît de paroles, à la fois à dissimuler leur ignorance et à se dresser les uns aux autres des pièges rhétoriques (VI, 70-71). Leur jargon est comparé aux énigmes inventées expressément pour dérouter et induire en erreur, et dont tous le secrets tiennent aux seules obscurités de l'expression (X, 433).

Mais les dialecticiens et autres amateurs de logomachies sont les premières victimes de leurs sophismes[1]. La pensée qui ne s'emploie en effet à rien d'autre qu'à tramer des pièges rhétoriques, utilise moins le langage qu'elle ne le sert, et se fourvoie complètement en prenant ses constructions (ses fictions logiques et rhétoriques) pour de vraies représentations du réel[2]. C'est pour cette raison que la pédagogie des Jésuites, basée sur la lecture des «livres anciens», de leurs «histoires» et de leurs «fables», est critiquée dans le *Discours de la méthode* (VI, 6-7). Tous ces livres, toutes ces fables, ne font que rendre le livre du monde inaccessible, en brouillent et travestissent le sens. La pensée qui raffine et subtilise sur les mots au détriment de la vérité des choses (la dialectique, la sophistique, quelque nom qu'on lui donne) trahit à la fois la raison et le réel. Mais ceci en se faisant l'écho redondant et hyperbolique des erreurs de l'enfance. Car la critique adressée dans le *Monde* à la doctrine des qualités réelles, concerne bien une telle mise en forme rhétorique et scolaire d'une erreur d'enfance. Le pédagogue est puéril, qui croit lui-même à la fable des sens. C'est cette fable qu'il s'emploie à mettre en forme linguistique et doctrinale pour «édifier» les jeunes esprits: il y a un cercle vicieux de l'erreur, activé par le langage et qui a sa source dans la mésinterprétation enfantine du sensible[3]. Les fables des maîtres d'école et des philosophes répètent et entérinent d'une certaine façon la fable de la nature.

Mais il faut bien voir que la méthode dialectique, et le discours philosophique qu'elle produit ne constituent qu'une forme, sans aucun doute la plus systématique et la plus outrée aux yeux de Descartes, de l'économie générale de l'erreur, où interfèrent les apparences sensibles, les fausses opinions et le langage dans lequel celles-ci sont rapportées. Le résultat de ces interférences est l'accoutumance à

1. Cf. *Règle X*, X, 406; *Monde*, XI, 45; *A Huygens*, 3 mars 1637, I, 624.

2. Cf. *Recherche de la vérité*, X, 517.

3. C'est par ce cercle que Descartes rend compte du *dogme* ptoléméen: «la terre est immobile et située au centre du monde». Les partisans du système de Ptolémée invoquent en effet à la fois l'autorité des «Anciens» et «le prétexte que nous croyons» à l'immobilité de la terre «depuis notre enfance», *Règle XIII*, X, 436.

l'erreur. Dans les *Principes*, Descartes analysera avec beaucoup de finesse ce qui apparaît déjà avec force dans le *Monde*: offusqués par nos sens, nous «avons reçu en notre créance», pendant notre enfance, «mille préjugés», faux pour la plupart, parce que formés avant que nous soyons «capable de bien juger» (*Principes* I, art. 71). Nous sommes toujours assaillis par de fausses préventions et les préjugés de l'enfance sont d'une certaine façon inoubliables: nous ne pouvons nous empêcher de voir et de croire encore les étoiles toutes petites, «tant a de pouvoir sur nous une opinion déjà reçue !»[1]. Dès que le philosophe relâche son attention, le voilà qui retombe fatalement dans ses premières erreurs, dans l'ancienne et douce illusion de l'évidence sensible et, indissociablement, dans le murmure rassurant de l'opinion, les mots de sa nourrice et les beaux discours de ses maîtres[2]. Le langage joue bien ainsi un rôle clé dans cette accoutumance à l'erreur. Nos pensées sont attachées à des mots, et nous «nous souvenons plutôt des paroles que des choses»: les hommes «donnent leur attention plus aux mots qu'à leur signification» (I, art. 74). Notre propension est de croire sur parole et non après réflexion. En répétant les mêmes mots nous acceptons la plupart du temps, sans autre réflexion, les mêmes préjugés et nous nous accoutumons aux erreurs. Les mots sont attachés aux pensées, de telle sorte qu'il est excessivement difficile, reconnaît Descartes, de séparer nos conceptions des paroles (*ibid.*). Ce qui est ici mis en avant, dans l'habitude langagière à l'erreur, c'est la dimension irréductiblement sensible et donc trompeuse du langage. Ce texte des *Principes* est tributaire de la doctrine de l'union de l'âme et du corps[3], dont Descartes n'est pas encore véritablement en possession dans le texte du *Monde* qui nous est resté[4]. Mais celle-ci requiert l'établissement préalable de la distinction, qui dans le *Monde* est d'abord pensée comme «différence» affectant la sensibilité et, indissociablement, le langage. Il est remarquable que, dans les *Principes*, pour rendre compte de la genèse des sensations, non seulement Descartes s'en remette au modèle linguistique, mais exploite plusieurs exemples et l'argumentation même du *Monde* (IV, art. 197). L'âme forme le «sentiment» comme elle saisit la signification des lettres, à partir de données sensibles qu'elle interprète. Si dans les deux textes le sentiment

1. *Principes* I, art. 72. Cf. également *Réponses aux sixièmes objections*, VII, 239.

2. Voir le thème de la douce rechute dans «le train de la vie ordinaire», *Première Méditation*, IX-I, 17 et 18.

3. *Principes* I, art. 73; II, art. 2; IV, art. 189-190.

4. Cf. aussi *A Chanut*, le 1er février 1647, IV, 602-603 et *Passions de l'âme*, art. 50.

est compris à partir de l'expérience linguistique, réciproquement, la dimension sensible du langage y est mise en avant: des sons «proférés» et leur transposition visuelle; un peu d'encre sur du papier. C'est en tant qu'il appartient à la sensibilité que, dans un autre contexte, le langage fait obstacle à l'exercice de la raison. Comme le montrent les mouvements réguliers communiqués par la main à la plume, le langage est l'agencement d'une série d'automatismes physiologiques (*ibid.*). Certes, ces automatismes ont bien l'esprit pour origine et n'ont de raison d'être que d'exprimer la pensée mais, à la limite, une fois acquis, ils peuvent être exécutés sans aucune intervention de la pensée. C'est au fond ce que Descartes reproche à la dialectique scolastique: elle consiste en l'acquisition de mécanismes logiques et linguistiques qui permettent de parler sans penser (à) ce que l'on dit[1]. Mais cette utilisation mécanique du langage humain en est tout aussi bien la négation.

Le langage «à proprement parler», la parole propre de l'homme, se situe à la croisée d'un double processus de signification: naturel (en tant qu'il est composé d'éléments sensibles) et artificiel (ses éléments sont des signes qui rapportent la pensée aux choses en fonction d'une «institution»). L'erreur procède ainsi des deux foyers du sens: le réel, qui dans la sensation ne se donne pas dans sa vérité, et l'esprit, dont l'attitude première consiste à interpréter comme vraie (correcte et ressemblante) la fausse image des choses. Cependant c'est par son inertie proprement sensible que le langage non seulement répercute mais amplifie l'erreur. Dans le langage, où elle se communique et se répète, l'erreur passe en habitude, se normalise. C'est pourquoi, dès les *Regulae*, Descartes déconseille la lecture «trop assidue» des textes anciens, de crainte que des «germes d'erreurs (...) s'accrochent à nous malgré que nous en ayons et nonobstant toutes nos précautions»[2]. La résistance du langage éprouvée par l'esprit désireux de se libérer de l'erreur est ainsi de la même nature que la résistance du sensible à toute entreprise d'abstraction. De ce point de vue, la recherche de la vérité est en même temps une lutte constante de la pensée contre les sens et pour déjouer les pièges du langage: «car encore que sans parler je

1. De même pour les techniques mnémoniques finalisées par la rhétorique, que Descartes associe d'ailleurs à la dialectique. C'est ainsi qu'il rapporte *à Beeckman* sa rencontre d'un homme qui se faisait fort, grâce à de telles techniques, de parler plusieurs heures durant sur n'importe quel sujet: «ses connaissances» étaient «sur le bout des lèvres, plus que dans le cerveau» (*cujus eruditio (...) in extremis labris potius quam in cerebro versabatur*), 29 avril 1619, X, 165. Dans le *Discours*, il compare la logique à l'art de Lulle, qui sert «à parler sans jugement» des choses «qu'on ignore», VI, 17.

2. *Règle III*, X, 366. Voir aussi *Règle IV*, X, 376.

considère tout cela en moi-même, les paroles toutefois m'arrêtent, et je suis presque trompé par les termes du langage ordinaire; car nous disons que nous voyons la même cire, si on nous la présente, et non que nous jugeons que c'est la même» (IX-I, 25). Tant que je ne parle pas, je peux considérer à part moi, avec clarté et distinction, que je reconnais la même cire par un jugement, une «inspection de l'esprit», mais les mots m'arrêtent, troublent la méditation, objectent au raisonnement leur fausse évidence, car je dis communément que «je vois la même cire»: défiance radicale à l'égard de l'expérience immédiate parce qu'elle s'avère immédiatement structurée par le langage: je crois «voir» la même cire parce que je suis accoutumé à le dire. L'empirisme ne peut ainsi être qu'une philosophie abusée par les mots.

L'erreur est exprimée et confirmée par le langage dans l'acte de nomination, comme il apparaît au début du *Monde* (XI, 4). De la lumière, en la nommant, nous faisons une qualité des choses dans le monde. Nous donnons des noms à ce dont nous n'avons aucune connaissance distincte, diront les *Principes*. A travers ces noms «nous pensons apercevoir clairement» ce qui ne saurait pourtant appartenir à «la nature» des choses (I, art. 70). Ces noms («goût, odeur, son, chaleur, froid, lumière, couleur...», *ibid.*), il faut le noter, nous ne les choisissons pas, la coutume nous les transmet et, même après avoir rectifié notre pensée, ils s'imposent encore à nous, toujours susceptibles, à la moindre inattention, de nous replonger dans nos premiers préjugés. Quand nous disons «lumière» nous projetons spontanément hors de nous, nous objectivons dans le monde, ce qui n'existe qu'en nous (l'impression lumineuse) et nous établissons une continuité, une ressemblance entre le dedans et le dehors, le sensible et le monde.

Face aux fausses évidences sensibles et linguistiques, la première attitude à adopter est le «doute», ce recul critique inauguré dans le *Monde* par une précaution oratoire: il s'agit de s'interroger, non pas naïvement (avec toute la fausse naïveté des sens et des mots) sur la lumière, mais sur «ce que nous appelons du nom de lumière» (Cf. XI, 25 et 98). Le nom, comme la qualité sensible qu'il désigne ne doivent pas nous abuser. «Lorsque nous disons à quelqu'un que nous apercevons des couleurs dans les objets, il est de même que si nous disions que nous apercevons en ces objets un je ne sais quoi»[1]. La recherche de la vérité de la nature commence par une prise de distance par rapport au sensible tel qu'il se dit dans le langage courant. Il nous faut reconnaître notre ignorance, là où le langage nous laisse croire

1. *Principes* I, art. 70, IX-II, 57; voir aussi, art. 68, *ibid.*, 56.

que nous savons parce que nous sentons. Autrement dit, nous devons d'abord refuser l'opinion : le consensus des sens et des signes. Certes je ne peux pas ne pas voir la couleur, ni ne pas la nommer, c'est-à-dire la prédiquer des objets « comme si » elle était en eux. Mais il faut multiplier les précautions : « *ce qu'on nomme* sentiments des couleurs » (*ibid.*), et qui donne à croire que nous apercevons « une certaine couleur dans un objet » (« *ce que nous appelons d'un tel nom* sans en avoir une connaissance distincte ») renvoie à « un je ne sais quoi » dans les objets (« c'est-à-dire, précise Descartes, dans les choses, quelles qu'elles soient », *ibid.*). La visée référentielle du langage, à travers la nomination des qualités sensibles, ne s'applique qu'à un « *aliquid* ». Le « je ne sais quoi » est une notion cruciale de la culture baroque, mais Descartes la détourne ici de sa signification usuelle. On invoque en effet d'abord le « je ne sais quoi » pour donner un nom à l'ineffable, au sublime, à tout ce dont l'excellence échappe au dire et qu'une rhétorique aux prétentions de représentation exhaustive doit pourtant nommer : la grandeur de Dieu, la majesté du monarque, la grâce d'une personne ou d'une œuvre d'art[1]. C'est ainsi que l'esprit humain, pour le Descartes des *Regulae*, possède un « je ne sais quoi de divin » (X, 373). Mais ici le « je ne sais quoi » désigne ce que tous pensent savoir et nomment sans hésiter, ce qui tombe sous le sens : la couleur, le goût, le son, le froid[2]. Non pas que ces qualités n'aient leur évidence ; le sentiment des couleurs est « fort clair et manifeste »[3]. Descartes ne nie pas l'évidence phénoménale du sensible, mais la qualité sensible est comme telle un phénomène purement psychologique. La sensibilité est une modalité de la pensée, comme la volonté et l'entendement[4]. Mais en nommant la qualité sensible nous disons presque toujours beaucoup plus ; nous la projetons dans le monde extérieur comme une réalité. La philosophie qui parle en terme de « qualité réelle » ne fait ainsi que

1. Cf. la synthèse que Bouhours fait des diverses acceptions du « je ne sais quoi » dans la culture européenne de son temps, *Entretiens d'Ariste et Eugène*, Paris, 1671, Cinquième Entretien.

2. *Principes* I, art. 71, VII-II, 58. La formule apparaît dans la traduction de Picot, mais cet usage du « je ne sais quoi » est spécifique de la rhétorique cartésienne. Il s'agit de faire naître le doute sur ce qui semble aller de soi, ce sur quoi le consensus est le plus large. Elle est une rhétorique dont le pouvoir persuasif repose sur une dissuasion préalable (voir infra V, 3).

3. *Principes* I, art. 70, VII-II, 57. Voir aussi, art. 68, *ibid.*, 56.

4. Cf. *Seconde Méditation*, IX-I, 23 et *Troisième Méditation*, IX-I, 27

donner ses lettres de noblesse à l'erreur la plus commune[1]. La couleur, par exemple, est en moi un absolu; mais dans les choses elle n'est d'abord, à proprement parler, qu'un «je ne sais quoi».

Cependant ce jugement négatif, consistant à reconnaître un inconnu là où tout un chacun croit apercevoir du réel, n'est nullement un constat d'échec, la marque d'une ignorance indépassable. Ce premier jugement, qui pose la différence, nous avons vu qu'il introduit une drastique séparation entre le senti, intériorisé, et la réalité extérieure qui le provoque[2]. Mais ce jugement qui nie toute dignité épistémologique aux qualités sensibles et interdit toute connaissance directe des choses mêmes, rejetées dans l'extériorité pure, s'avère en fait un préalable nécessaire à un second jugement, qui affirme cependant que quelque chose de su et de connu, de l'évident et de l'indubitable (pour la raison physicienne[3]), se donne pourtant dans l'expérience sensible et dans l'assomption linguistique de cette expérience. Et il faut bien souligner ici que ce «quelque chose» est un réquisit de toute l'entreprise. Car si rien d'évident n'apparaissait à l'esprit dans l'acte perceptif et si le langage ne se rapportait jamais au monde que par défaut, alors le modèle sémiotique, qui suppose le codage sensible d'un texte initial, serait impraticable, ou incontrôlable, faute d'une possibilité de décodage. La notion même de signe suppose un destinataire capable d'en saisir le sens. Il y va de la possibilité de la science: pour élaborer un discours vrai sur la nature, il faut bien que le langage, dans sa structure sensible même, permette la communication, grâce à la différence, grâce au clivage entre l'esprit et la lettre et non pas seulement malgré lui. La possibilité de lire le chiffre doit être inscrite dans le chiffre, quelle que soit la difficulté du déchiffrage, la fable doit se laisser interpréter correctement, même si elle ourdit

1. Cf. *A Elisabeth*, le 21 mai 1643, III, 667; *A Morin*, le 13 juillet 1638, II, 200-201; *A Mersenne*, le 26 avril 1643, III, 648-649; *Réponses aux sixièmes objections*, IX-I, 239 sq. Gilson remarque justement que dans ce texte la doctrine des formes substantielles «apparaît (...) comme une confusion comparable et même identique à celle de l'opinion», qui consiste à prendre le corps pour l'esprit, *Etudes du rôle de la pensée médiévale dans la philosophie de Descartes*, Paris, 1930, p. 168.

2. Remarquons bien que cette réalité n'est pas mise en question dans la physique. Voir l'objection de Morin, qui croit lire dans la *Dioptrique* «qu'il n'y aurait point de corps lumineux au monde, s'il n'y avait point d'animal au monde qui eût des yeux» (II, 293), et la réplique de Descartes (II, 365).

3. Rappelons que le doute de la physique ne doit pas être confondu avec le doute métaphysique, même s'il le prépare et s'il témoigne d'une inquiétude, d'un soupçon véritablement métaphysique, comme le montre le statut hypothétique de la physique, dans le *Monde* d'abord, mais aussi, et définitivement, après la fondation métaphysique, dans les *Principes*.

sans cesse de nouveaux pièges. Le postulat d'une sémiose universelle permet à la science de se déployer, et il est le postulat d'un double processus sémiotique: l'un allant du monde vers l'esprit, des vraies figures des choses aux images trompeuses de la sensibilité, l'autre allant de l'esprit vers le monde, venant corriger, rétablir par la construction de figures géométriques, les vraies figures occultées par la sensibilité.

III. L'ÉCRITURE DU MONDE

> ... nunc, dum scribo, intelligo eodem instanti quo singuli characteres in charta exprimuntur, non tantum inferiorem calami partem moveri, sed nullum in hac vel minimum motum esse posse, quin simul etiam in toto calamo recipiatur; atque illas omnes motuum diversitates etiam a superiori ejus parte in aere designari, etiamsi nihil reale ab uno extremo ad aliud transmigrare concipiam. (*Règle XII*, X, 414)

1. Le simple langage des natures

La reconnaissance, dans l'expérience sensible d'un «*quid*» permettant à la pensée de se rapporter aux choses, coïncide avec le commencement de l'exposé de physique proprement dit. La science cartésienne de la nature ne peut se développer qu'à partir de la saisie intuitive d'une ou de plusieurs évidences, qu'il est possible d'appréhender dans toute expérience mettant le corps en jeu. Cette ou ces évidences, à travers les mots qui les expriment, de simples mots usuels qui servent à désigner ce que l'entendement aperçoit intuitivement du monde, peuvent seules permettre l'élaboration du contre-chiffre de la nature, *id est* la production d'un discours vrai sur le vrai discours du monde. Dans le traité, l'exposé scientifique proprement dit débute par la description du feu: le «corps» dans lequel se trouve la lumière et qui est le plus proche de nos sens. La description est celle d'un objet de la nature dans ce qu'il a d'immédiatement perceptible: Descartes en appelle en effet à «ce que nous pouvons voir à l'œil», lorsque la flamme «brûle le bois» (XI, 7). Mais cette description évite cependant soigneusement de prendre en compte toutes les qualités et les formes sous lesquelles le feu nous apparaît. Elle est en fait une description «critique», aux deux sens du terme (étymologique et lexical): «par crainte de se tromper», Descartes s'emploie à séparer et à extraire ce qu'il «voit nécessairement» être dans le phénomène de la combustion, de tout ce qui semble seulement lui appartenir. Cette séparation l'amène en même temps à révoquer la doctrine (et la terminologie) scolastique qui attribue une valeur cognitive à tout ce que lui exclut de sa propre description: «qu'un autre imagine s'il le veut, en ce bois, la forme du feu, la qualité de la chaleur, et l'action qui le brûle» (*ibid.*). Voilà écartée, en un tournemain, la théorie aristotélicienne du mouvement (l'enseignement du collège) mais aussi, du même coup, tous les éléments qui constituent notre expérience immédiate du feu: tout ce que nous sentons à son contact, à tel point que le mot même de feu, qui enveloppe les idées de chaleur et de brûlure, paraît inadéquat. Du bois en train de se consumer, Descartes demande à son lecteur qu'il commence par en supprimer le feu: «ôtez en le feu, ôtez en la chaleur, empêchez qu'il ne brûle» (*ibid.*). Grâce à cette abstraction drastique, une juste description du phénomène devient possible: nous pouvons voir «à l'œil» que la flamme «remue les petites parties du bois et les sépare les unes de l'autre». Cette observation est alors une «vue nécessaire»: ôtée la chaleur, la brûlure, le feu même, il reste des particules en mouvement. «Ce que je vois nécessairement y devoir être», autrement dit, ce dont il est impossible de faire abstraction sans supprimer le phénomène: «le mouvement des parties du bois».

Le mouvement et les différents paramètres permettant de rendre compte des corps matériels que Descartes retient pour bâtir sa physique (l'extension, la grandeur, la figure, le nombre, etc.), sont les «natures simples corporelles» des *Regulae*[1]. Il les appellera plus tard idées ou notions simples, «qui sont en nous pour connaître les corps». Dans les textes des *Principes* que nous avons vus, celles-ci se trouvent opposées, en tant que «propriétés des corps» clairement et distinctement perçues, aux pseudo-propriétés des corps que sont les «sentiments» (I, art. 69, 70, 71). Si dans les corps ne répond aux sentiments qu'un «je ne sais quoi», en revanche «la grandeur, durée, nombre, situation» et d'abord «la figure» et le «mouvement» sont les

1. Bien que le terme n'apparaisse pas dans le *Monde*, nous le conservons ici, dans la mesure où la liste des «qualités corporelles» retenues pour constituer la physique est bien celle des *Regulae*. Son usage permet de montrer comment le cadre épistémologique et méthodologique du premier texte s'applique effectivement à la physique. Il faut tenir présente la définition que Descartes donne des natures simples en *Règle XII*, X, 418

propriétés, les notions propres des corps. Nul besoin de précautions en ce qui concerne les noms donnés à ces propriétés (*ibid.*, art. 70, 71), ni de définitions: se concevant bien elles s'énoncent clairement, et leur simplicité est telle que toute définition ne peut que les obscurcir (*Règle X*, X, 426). Ainsi, comme nous l'avons vu, de la définition aristotélicienne du mouvement, dont Descartes déplore l'incompréhensibilité[1]. Les philosophes se rendent incompréhensibles en définissant ce qui n'a pas besoin de l'être, ce qui se donne avec une évidence suffisante dans le langage courant[2]. Une notion simple trouve à s'exprimer de façon tout à fait satisfaisante en un seul mot: celui qui est reçu par le langage usuel. L'énonciation du mot constitue la meilleure définition de la notion: en ce sens le mot est le chiffre simple d'une idée simple, il est arbitraire, mais adéquat par sa simplicité même. Ce cadre gnoséologique une fois posé, il paraît tout à fait légitime de procéder à une description qui, tout en s'appuyant sur l'observation sensible, en écarte les «sentiments» (ces idées dont la fonction représentative reste irrémédiablement confuse) les noms que l'usage leur assigne (couleur, brûlure, chaleur, lumière...), et plus encore les termes dont les doctes se servent pour les définir (qualités réelles, formes substantielles, etc.). Le phénomène de la combustion pourra être ainsi observé et décrit en ne prenant en compte que le seul mouvement local, l'extension des parties, leur grandeur, etc. Cette description sélective (abstractive et critique) fondée sur les seules natures simples est bien «l'explication» du phénomène (XI, 7).

Dans le chiffre du monde sensible, l'esprit saisit des éléments, indissociablement sémiotiques et sémantiques, qu'il reconnaît comme siens: semences de vérité, essences à partir desquelles il va pouvoir se livrer au travail de décryptage de la nature, c'est-à-dire déployer le discours de la science. Car l'esprit est bien le foyer du sens, la source de toute interprétation des données sensibles et la science de la nature se fonde sur lui, ou plutôt sur ces «natures» qui sont en lui (nées avec lui: innées[3]), mais en tant qu'il est conjoint au corps et donc appliqué

1. Cf. *Règle X*, X, 426; *A Mersenne*, le 16 octobre 1639, II, 597; *Monde*, XI, 7, 11, 39-40; *Principes* I, art. 69.

2. Dès les *Regulae*, le principe de non-définition des «natures simples» et des «notions premières» est énoncé pour le «je pense» (celui-ci n'étant pas encore un principe métaphysique, mais l'un des objets de l'intuition), *Règle III*, X, 368. De même à propos de la notion de vérité, *à Mersenne*, le 16 octobre 1639, II, 597, et pour la physique, de la notion de «lieu», *Règle XII*, X, 426; *Règle XIII*, X, 433; *Monde*, XI, 35.

3. S'applique ainsi aux natures simples ce que Descartes dira plus tard des idées innées, *A Mersenne*, le 22 juillet 1641, III, 418.

au monde extérieur. Révolution copernicienne du procès cognitif: le monde ne peut être connu que dans la mesure où il se conforme à la pensée[1]. Les natures simples corporelles forment le cadre a priori de la perception sensible, non comme choses du monde, mais en tant qu'elles constituent le regard que nous portons sur le monde. Le grand livre du monde n'est lisible que parce que l'esprit en fournit les principes de lecture qui permettent d'en mettre à jour la grammaire et le glossaire. Mais ce renversement décisif introduit entre le lecteur et son livre un rapport qui s'avère d'emblée problématique. Le monde, en se présentant comme un texte codé, renvoie à une source de sens absolument première et hétérogène à l'esprit qui s'applique à en décrypter le chiffre. Le livre du monde, autrement dit, renvoie à son auteur: le physicien ne pourra surmonter l'arbitraire de son travail de lecture qu'en s'en remettant à l'arbitrage de l'Auteur[2].

Une brève attention à l'origine scolastique des diverses natures simples corporelles suffit à mesurer l'abîme introduit par Descartes entre son texte (son «*Monde*») et celui de ses maîtres. En son premier moment, la description cartésienne ne retient que les «sensibles communs» aristotéliciens et, parmi eux, seulement ceux qui paraissent immédiatement quantifiables (et promus pour cela à la dignité épistémologique de natures simples). Mais à la différence des sensibles communs scolastiques, qui résultaient d'une élaboration dans le sens commun des données de chacun des sens pris séparément, les natures simples cartésiennes se donnent immédiatement dans la sensation, et même avant, si l'on considère qu'elles ont leur source dans l'entendement[3]. Transformation fondamentale car, en faisant ainsi du «commun» un «simple», et du «sensible», en tant que quantifiable, un intelligible (une «nature»), Descartes produit, en effet, dans les *Regulae* les conditions de possibilité de la science de la nature développée dans le *Monde*.

Le premier problème rencontré par cette science des natures simples est celui du qualitatif pur, ce *brouillage* du code qui fait obstacle à l'appréhension du simple et dont il faut commencer par faire abstraction, «par crainte» des erreurs tout à la fois de jugement et d'expression. C'est ainsi qu'au cinquième chapitre du *Monde*,

1. Sur la révolution copernicienne de Descartes, ce qui la rattache au criticisme kantien et ce qui l'en sépare (le statut de l'intuition), cf. N. Grimaldi, l'*Expérience de la pensée*..., *op. cit.*, p. 89-95, 127-128, 231.

2. Voir *infra*, V, 5.

3. Sur la suppression des sensibles propres, cf J.-L. Marion, *Sur l'Ontologie grise*..., *op. cit.*, p. 123 et 127.

Descartes décrit les éléments naturels « à sa mode », en ne retenant que leurs mouvements, grosseurs et figures (XI, 24-27). Il écarte ainsi délibérément les « qualités qu'on nomme chaleur, froideur, humidité et sécheresse », par lesquelles les philosophes définissent comme antagonistes les rapports entre éléments et fixent les « lieux naturels » de chacun dans le monde[1]. Les qualités n'expliquent rien, parce qu'elles ont « elles-mêmes besoin d'explication » (XI, 26). Or, et c'est là le point décisif, « ces qualités, mais aussi toutes les autres (...) peuvent être expliquées, sans qu'il soit besoin de supposer pour cet effet aucune autre chose en leur matière que le mouvement, la grosseur, la figure, et l'arrangement des parties » (*ibid.*). Nous avons ici le second postulat épistémologique posé par Descartes : l'immédiatement clair et distinct peut et doit rendre compte de ce qui, dans la sensation, semble définitivement obscur et confus. La qualité doit être réduite à la quantité. Dans la description qu'il fait de la flamme, sur laquelle nous nous sommes déjà arrêtés, Descartes repousse les qualités mais pour proposer ensuite, comme une possibilité dont tout l'ouvrage va confirmer la validité, de tout ramener au mouvement : « si cela se trouve (...) nous pourrons dire que (...) ce mouvement seul (...) selon les différents effets qu'il produit, s'appelle tantôt chaleur et tantôt lumière » (XI, 9)[2]. Le sensible, dont il n'est d'abord retenu que le squelette intelligible – du mouvement, de la grandeur, de la figure – peut être tout entier expliqué par les natures simples matérielles. Il devient dès lors possible, avec les mots simples désignants les natures simples, de rendre compte des idées composées et confuses, des « sentiments », suscités en nous et pris dans le réseau d'une terminologie trompeuse, possible autrement dit d'établir entre les deux niveaux qui scindent la perception un rapport de causalité. Le mouvement (plus exactement une pression instantanée) des particules contre nos yeux, produira en nous ce que nous nommons « lumière », contre notre peau ce que nous appelons chaleur et, selon la plus ou moins grande quantité de mouvement, cette chaleur sera « douleur » (« brûlure ») ou « chatouillement ». Ainsi, tout ce que nous vivons en notre chair, dans l'hétérogénéité (la chaleur et la lumière) ou la contrariété (le plaisir et la

1. Cf. les textes des néo-scolastiques de Coimbra présentés par E. Gilson dans son *Index scolastico-cartésien*, *op. cit.*, textes 156-158. Dans le monde de Descartes, il n'y aura ni luttes intestines ni hiérarchie naturelle des éléments : tout antropomorphisme social, et par là tout hylémorphisme politique sont bannis a priori, par le rejet épistémologique initial des « sentiments » qui nourrissent l'imaginaire des peuples comme des doctes, et que l'on trouve au principe de toutes les cosmogonies.

2. Cf. également, XI, 8 et 10.

douleur, la « violence » et la « douceur »), tout peut être expliqué par un même mouvement, dont la quantité seule varie.

2. L'analogie géométrique

Le mouvement cartésien, parfaitement quantifiable, qui peut « expliquer » le phénomène de la combustion et la production des sentiments de chaleur et de lumière, est le mouvement conçu « *more geometrico* ». Plutôt, il est le mouvement requis par la géométrie pour établir ses propres principes, celui qui est engagé dans les définitions euclidiennes de la ligne et de la superficie, et qui est donc « plus simple » encore, et « plus intelligible » que l'une et l'autre : « Les géomètres ont expliqué la ligne par le mouvement d'un point et la superficie par celui d'une ligne » (XI, 39)[1]. La mécanique est ainsi impliquée dans les premiers principes de géométrie. Il devient tout à fait légitime d'appliquer les mathématiques à la nature. La géométrie est d'une certaine façon, en son fondement même, mécanique et physique[2], car elle suppose la seule forme de mouvement que l'entendement puisse concevoir clairement et distinctement dans la nature. Il s'agit, tout simplement, du mouvement local[3]. Il y a ainsi, pour Descartes, une parfaite adéquation entre le mouvement tel qu'il est entendu dans le langage usuel et tel que le comprend la géométrie.

1. Dans tout ce passage Descartes oppose les géomètres « qui, entre tous les hommes, se sont le plus étudiés à concevoir bien distinctement les choses qu'ils ont considérées », aux « philosophes », qui s'attachent à forger des définitions inintelligibles. Il oppose par là deux types de discours, le premier simple et cohérent (que tout un chacun peut comprendre) et l'autre « étrange », ténébreux, dont le sens semble échapper à ceux là mêmes qui le tiennent (XI, 39).

2. « la ligne dont il (le géomètre) conçoit que le mouvement engendre une surface, est un corps véritable... », *Règle XIV*, X, 446. La géométrie, pour Descartes, ne saurait s'affranchir de la réalité physique dont elle est une représentation en même temps qu'une abstraction : « je suppose que la quantité de la matière que j'ai décrite ne diffère non plus de sa substance que le nombre fait de la chose nombrée », XI, 36. Ce *physicisme* mathématique distingue radicalement Descartes de ceux qui prêtent aux nombres et aux figures une réalité à part entière. C'est ainsi qu'il dénonce dans ce même texte des *Regulae* l'ineptie de l'hypostase magique des objets mathématiques à laquelle se livre la Cabale allemande avec ses caractères cossiques.

3. Cf. XI, 40. Descartes opère la réduction des quatre formes de mouvement retenues par les aristotéliciens – altération, augmentation, diminution, mouvement local – à ce dernier seul. Cf. E. Gilson, *Index...*, *op. cit.*, textes 211 et 392 et F. Alquié, FA I, 320 321.

C'est que, dans la définition géométrique de la ligne comme dans la description mécaniste de la flamme, le langage exprime la même nature simple corporelle. La géométrie est bien le modèle de la physique mécaniste en ce qu'elle permet, dans la description du phénomène, de corriger le langage usuel (le discours de l'opinion), qui mêle le distinct et le confus, le clair et l'obscur, et donne « aux sentiments » la même pertinence épistémologique qu'aux natures simples. La géométrie n'admet dans ses définitions que le seul mouvement local et ne conserve du visible que la seule figure. C'est sur ce modèle sélectif de la géométrie que le physicien peut décrire la nature par figure et mouvement, abstraction faite, dans un premier temps, de toutes les données non immédiatement géométrisables. Une telle description peut fournir une explication satisfaisante du phénomène considéré, celui de la combustion par exemple. Reste le reste, les sentiments : la brûlure, la chaleur, la lumière... Hé bien, ce reste n'est pas perdu pour la science. Le physicien géomètre récupère la qualité en la transposant, en la transcrivant dans son propre langage, en la réduisant à la figure et au mouvement. Il apparaît ainsi clairement que le modèle de ce discours *épuré* de la physique est géométrique et, généralement parlant, mathématique : langage quantitatif et quantificateur. La géométrie, science de la figure, indissociable pour Descartes de l'arithmétique, science du nombre, offre un langage dans lequel il est possible de traduire toutes les données sensibles. Ce langage mathématique n'est autre que celui des natures simples corporelles, et en particulier de la figure et du nombre. Le langage des nombres et des figures contourne l'obstacle épistémologique que représente le lien indissoluble unissant le langage usuel aux erreurs communes sur le sensible, toujours susceptibles, comme le montre le langage pseudo-scientifique des philosophes, de contaminer l'expression des essences elles-mêmes. Il revient à ce langage de traduire efficacement et véridiquement le sensible : efficacement, parce qu'une telle traduction va permettre la mécanisation du monde (le déploiement de la technique), mais aussi véridiquement, en ceci que la traduction est restitution, rétablissement de la « vraie figure des choses », « défigurée » dans le sensible[1]. C'est pourquoi la géométrie donne au physicien, comme nous allons le voir, rien moins que la clé de lecture du cryptogramme du monde. Dans ce langage géométrique doivent être converties toutes les qualités ; en lui également doit pouvoir, en tout cas idéalement, se fondre le discours scientifique : une ou plusieurs figures transcriront quantitativement une diversité

1. Cf. J.-L. Marion, *Sur la Théologie blanche*, *op. cit.*, p. 231 sq.

qualitative, et le cas échéant remplaceront opportunément le discours. Comme l'ont montré récemment divers commentateurs, la notion de figure occupe une place centrale dans l'épistémologie cartésienne[1]. La figure cartésienne, pour résumer, se substitue à l'«*eidos*», l'essence aristotélicienne des choses de la nature. Substitution décisive: la promotion de la figure au statut d'essence des corps, en même temps qu'elle signe l'indexation de la physique sur la géométrie, fait de celle-ci le discours vrai du monde. Il revient aux figures géométriques de représenter véridiquement la réalité physique, précisément parce que celle-ci est pensée comme de la figure en mouvement. La figure est ainsi, dans la physique, le complément du mouvement et même, comme nous le verrons, sous un certain aspect, l'origine de notre représentation du mouvement (XI, 176). Mais elle permet d'abord d'établir le passage du «dehors» au «dedans», de l'étendue à la pensée: étant comprise comme l'élément de base de l'écriture du monde, elle sera l'aboutissement et le couronnement des efforts scientifiques visant à rétablir le sens occulté de la nature.

Pour envisager le rôle central dévolu à la figure et appréhender les problèmes soulevés par l'universalisation géométrique dont elle s'accompagne, il n'est pas inutile de partir de son application à la fois la plus simple et la plus déconcertante: la transcription schématique de qualités sensibles proposées dans les *Regulae*. Descartes montre en effet, dans sa *Règle XII*, comment il est possible de produire un équivalent géométrique des différences de couleurs au moyen de figures schématiques. Nous pouvons représenter «la différence qui sépare le blanc, le bleu, le rouge, etc., comme celle qui sépare les figures ci-dessous (...):

(X, 413)

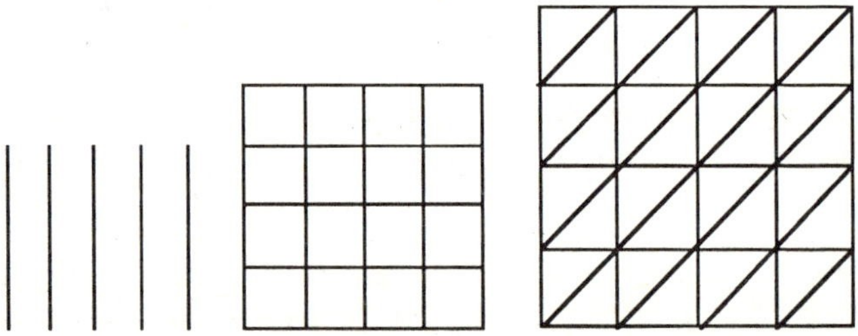

1. J.-L. Marion, *op. cit.*, et J.-M. Beyssade, «RSP ou le monogramme de Descartes», in Descartes, *L'entretien avec Burman*, édition, traduction, annotation, J.-M. Beyssade, Paris, 1981, p. 191-197.

Cet exemple semble satisfaire son auteur, puisqu'il n'hésite pas à ajouter que sont exprimables, selon le même principe, « toutes les différences des choses sensibles » (*ibid.*). Des figures simples, unies entre elles par un rapport arithmétique, permettent de mesurer, ou plutôt de représenter quantitativement, ce qui semble a priori irréductible à la quantification : la différence qualitative entre le blanc, le bleu et le rouge. Il revient aux figures d'exprimer, entre qualités, comme entre « toutes choses », des « différences de rapports ou de proportions » (*Règle XIV*, X, 450). La géométrie offre bien ainsi le langage dans lequel tout peut et doit être traduit, le langage qui relève, précise et substitue à bon escient les mots qui s'efforcent de dire les qualités et leurs différences :

> ... on a beau pouvoir dire (...) qu'une chose est plus ou moins blanche qu'une autre, qu'un son est plus ou moins aigu, on ne peut définir exactement si un écart de ce genre consiste en un rapport double ou triple, etc., sinon par une sorte d'analogie avec l'étendue d'un corps figuré. (X, 441)

Tout le traitement réservé au sensible par la théorie cartésienne est exposé en ces quelques mots. Au nom du langage usuel et des jugements qu'il induit, une objection pourrait être cependant formulée : dire qu'une chose est plus ou moins blanche, plus ou moins aiguë, n'est-ce pas porter un jugement comparatif certes, mais qui reste fondamentalement qualitatif ? Une telle objection, Descartes ne se la fait pas : seuls pour lui sont « comparables », comme il le déclare dans le même texte, le multiple et la grandeur (X, 450). Le langage commun, lorsqu'il compare des qualités compte et mesure de façon confuse et imprécise. Là où le langage exprime une comparaison de qualités, le géomètre voit un effort de mesure. Dire « le plus ou le moins » c'est accomplir une ébauche de quantification, balbutier de l'arithmétique et de la géométrie, indiquer un écart qu'un rapport de figures permettra de saisir avec exactitude comme double ou triple.

Ce rapport (arithmétique et géométrique) de rapport (qualitatif) est nommé analogie, « analogie avec l'étendue d'un corps figuré » (X, 441). Rapport de rapport, tel est bien le sens proprement aristotélicien de l'analogie[1], mais en la définissant comme un rapport arithmétique saisi par la figure, Descartes réduit l'analogie à une fonction de représentation géométrique des multiplicités et des grandeurs. Comme l'a montré Jean-Luc Marion, l'analogie ainsi entendue a perdu toute la

1. Cf. Piere Aubenque : *Le Problème de l'être chez Aristote*, Paris, 1962, 4e éd. 1977, p. 198-206 et J.-L. Marion, *Sur la Théologie blanche..., op. cit.*, p. 83 et 239.

pertinence théologique et ontologique qu'elle avait acquise avec Saint Thomas[1]. Réduction drastique de la fonction analogique mais aussi sa généralisation comme soumission de tout objet de science possible à la figure. Ce processus de transcription analogique n'est autre que le déploiement du discours de la science, qui ramène ainsi l'inconnu au connu : à la figure. Nature simple corporelle, la figure est clairement et distinctement perçue dans l'expérience sensible : elle fait partie des choses toujours déjà connues, des choses que l'esprit reconnaît dans le monde comme siennes (*Règle XIV*, X, 439). La figure, à l'instar des autres natures simples, « se fait connaître par une seule et même idée dans des sujets différents », elle est ce qui reste identique dans la différence, connu dans l'inconnu. Descartes prend l'exemple d'une couronne dont on forge la figure de façon identique, « qu'elle soit en argent ou en or ». Par « comparaison », cette « idée commune » est ainsi « transposable d'un sujet à l'autre ». La figure est l'« *analogon* » qui permet d'affirmer que la « chose cherchée est, sous tel rapport ou sous tel autre, semblable, identique ou égale à l'une de celles qui sont données » (*ibid.*). L'analogie cartésienne, à travers son processus de figuration, à la fois dégage le connu de l'inconnu (par extraction de la figure) et « réduit » l'inconnu au connu par la transposition figurée de rapports et de proportions (*ibid.*, 440) : « nous voulons seulement réduire les proportions, si enveloppées soient-elles, au point d'amener le terme inconnu à égalité avec quelque terme connu » (*ibid.*, 447). « Enveloppé » signifie ici inapparent de prime abord, dissimulé, comme le sont justement les proportions dans le sensible. Mais le modèle, là encore, est bien mathématique : l'établissement et la résolution (« préparation » et « réduction ») d'une équation (*ibid.*, 440). Comme l'écrit Nicolas Grimaldi, l'analogie cartésienne est « une greffe de *logos* »[2], par lequel l'entendement assimile ce qu'il ignore à ce qu'il connaît : transposition « logique » de figures à tout sujet et par là assujettissement de toute réalité au *logos* géométrique. Les *Regulae* élaborent une méthode de connaissance par composition des natures simples qui s'appuie sur les règles du raisonnement par analogie. Il s'agit de la construction d'un « *analogon* » complexe, d'« une structure artificielle qui puisse rendre compte le plus simplement et le plus complètement possible de tout ce que nous avons appris au sujet d'un phénomène particulier »[3]. Mais cette méthode analogique n'est pas

1. *Ibid.*, p. 239. Sur l'*analogia entis* thomiste, cf. B. Montagnes, *La doctrine de l'analogie de l'être d'après Saint Thomas*, Paris-Louvain, 1963.

2. *Expérience de la pensée...*, *op. cit.*, p. 23.

3. Jean Paul Weber, « La Méthode de Descartes d'après les *Regulae* », *Archives de la philosophie*, 1972, p. 57.

seulement ni d'abord expositive, puisque c'est à travers elle qu'est menée l'investigation des phénomènes et accomplie la résolution des problèmes.

Or ce processus analogique de géométrisation du monde se légitime par la «présence» universelle de la figure. Reste à déterminer précisément le statut de cette «présence», qui n'émane pas du monde mais de sa représentation»[1]. C'est ainsi que se trouvent épistémologiquement justifiées les figures qui, dans les *Regulae*, «règlent» les différences entre couleurs. Ces figures sont certes arbitraires, en tant que telles ou telles (elles pourraient être autres, précise Descartes), mais elles sont pleinement fondées comme figures, puisque «la notion de figure est si commune et si simple qu'elle est impliquée dans toute représentation sensible» (*Règle XII*, X, 413), à commencer par l'idée que nous avons de la couleur. Personne ne peut nier que la couleur «soit étendue, ni par conséquent qu'elle soit figurée». La couleur est considérée «abstraction faite de tout en elle, sauf de ce qui possède la nature d'une figure» (*ibid.*). La réduction de la qualité à la figure est légitimée par le fait que la figure peut être atteinte par abstraction dans toute qualité.

On objectera que l'on doit justement rendre compte de ce «tout» dont il est fait abstraction et qui nous permet de reconnaître et de distinguer le blanc du rouge et du bleu. Il s'agit de montrer ainsi, ce que ne sauraient faire les figures désinvoltes de la *Règle XII*, en quoi la différence de couleur correspond véritablement dans le réel (tel qu'il advient dans la représentation) à une quelconque différence de figure. Pour que la mise en figure de la couleur soit autre chose qu'un jeu mathématique, il faut établir que la figure est à l'origine de la sensation de couleur, comme l'affirme le même passage des *Regulae* (*ibid.*, 412). L'analyse physiologique de la perception doit légitimer la traduction géométrique de la qualité qui en retour illustre analogiquement (et telle est bien la fonction du graphe des couleurs) une physiologie et partant une physique de la figure. L'épistémologie des natures simples (et avec elle le modèle géométrique de la figure) fonde la physique, mais requiert en même temps le succès de cette physique pour être

1. Pour exprimer ce statut représentatif, peut-être faudrait-il dire l'universelle «re-présence» de la figure. La célèbre pensée de Pascal sur la figure de rhétorique peut tout à fait s'appliquer à la figure géométrique cartésienne: «figure porte présence et absence» (*Pensées*, fr. 265-677). Si elle nous représente le monde, c'est que celui-ci est absent, absenté par cette représentation même. Grâce à la géométrie, le sujet de la science *se figure* le monde en son absence, comme le fait contemporainement et parallèlement le rhéteur baroque, qui multiplie les figures pour mieux représenter un monde avec lequel tout lien ontologique est rompu.

validée. Il y a là une réciprocité théorique, féconde du point de vue de la science, mais qui, d'un autre point de vue (méta-scientifique, sinon méta-physique), peut être interprétée comme un cercle : cercle, inévitable, d'un savoir qui se présente comme une théorie générale de la représentation. Tout lien ontologique une fois rompu, la représentation, dans son fonctionnement intrinsèque, n'a d'autre soutien qu'elle-même : elle est hypothétique au sens fort, c'est-à-dire autopositionnelle, et c'est pourquoi elle est irréductiblement vouée à l'hypothèse. Pour prétendre à une vérité « plus que morale », la représentation géométrique requiert une fondation métaphysique nécessairement extérieure.

3. *Figures en mouvement : la sémiose universelle*

Cette théorie physiologique de la sensation par figure, annoncée comme une représentation nécessaire[1] et dessinée à grands traits en *Règle XII*, se trouve développée dans les textes postérieurs, la *Dioptrique* et le *Monde*, qui nous intéresse au premier chef. Dans ce dernier texte, la doctrine introductive de la perception par différence est vérifiée par la physiologie de la deuxième partie : l'anatomie vient entériner la cosmologie, en montrant comment notre corps transmet les informations à notre esprit et transforme les signes du monde. Cette physiologie de la sensation est analysée comme transport de figures, depuis les sens externes jusqu'au cerveau. Descartes décrit très précisément ce transport, cette translation instantanée de la figure, en s'attachant plus particulièrement à la vision, le traité du *Monde* restant de part en part organisé suivant le thème de la lumière. La figure s'imprime d'abord sur le fond de l'œil, puis gagne, par le nerf optique,

1. « *Concipendium est* », X, 412, 413, 414, 415. L'entendement ne peut en effet se représenter (concevoir) autrement le sensible qu'en le soumettant à la figure. C'est ainsi qu'il faut comprendre l'affirmation suivant laquelle la comparaison du cachet de cire n'est pas une « simple analogie » (*neque hoc per analogiam dici putandum est*, X, 412). Comme image du transport physiologique de la figure, elle est bien une comparaison nécessaire (ce n'est bien sûr pas l'image du cachet lui-même qui s'impose, mais la transmission mécanique qu'elle illustre). Ce caractère nécessaire n'empêche pas la représentation de rester hypothétique, comme il est dit (*ibid.*), hypothèse elle-même pensée sur le modèle géométrique. L'hypothèse de la figuration est une représentation nécessaire en tant qu'elle est la seule que l'entendement, étant donnée sa constitution, puisse proposer et qui satisfasse parfaitement son exigence de rationalité.

la « superficie intérieure du cerveau » et enfin, par le truchement des esprits animaux, se trace sur la « glande H » (la glande pinéale), « siège de l'imagination et du sens commun ». Ces dernières figures « doivent être prises pour les idées, c'est-à-dire les formes ou images que l'âme raisonnable considérera immédiatement » (XI, 177)[1]. Il faut surtout noter que la figure ne se transmet pas de l'œil jusqu'au cerveau suivant le modèle optique traditionnel qui admet un déplacement de l'image du monde jusqu'à l'esprit. C'est au contraire cette conception de l'idée-image que vise à ruiner la doctrine de la sensation par différence réglée, qui s'effectue pour la vision comme pour les autres sens selon un modèle strictement mécanique : au déplacement de l'idée-image se substitue le transport de la figure-signe. En effet, la figure qui s'inscrit sur le sens externe *n'entre* pas, et ne saurait d'ailleurs matériellement *passer* dans le nerf optique pour se refléter ainsi dans le cerveau[2]. Les nerfs ne sont pas des tubes optiques, mais certains « tuyaux » contenant de « petits filets » (des fils). La pression exercée sur le fond de l'œil (le premier état de la figure) « tire » les filets que contient le nerf optique et, ce faisant, provoque l'augmentation plus ou moins importante de l'ouverture du nerf, située dans la superficie intérieure du cerveau. Les « esprits animaux »[3] sortent alors de la glande pinéale pour entrer dans le nerf (les fils qu'il contient n'occupant pas tout l'espace) plus ou moins abondamment suivant son ouverture, provoquée par l'excitation sensorielle. Ce faisant les esprits inscrivent à leur tour la figure sur la glande (XI, 174).

On nous excusera ces précisions techniques, mais elles montrent que la figure (ici l'image visible, mais tout aussi bien les autres données sensorielles) ne se présente à l'esprit (en s'inscrivant sur la glande pinéale) qu'à travers un processus de transmission mécanique et que la figure advient bien comme un signe à interpréter, non comme une image à contempler, même si dans le cas de la vision, est admise une certaine ressemblance entre la figure inscrite dans le cerveau et celle des objets extérieurs dont l'image s'imprime sur le fond de l'œil (*Dioptrique*, VI, 128-130). Sans nous arrêter encore sur ce point

1. La figure, en son dernier stade, est une « idée », mais en un sens purement matériel (de même que l'imagination et le sens commun sont ici des parties du corps, facultés du « sens interne » et non de l'esprit). L'idée (forme ou image : figure) est la condition physique de l'idée mentale ; la représentation que l'esprit *se fait* des données physiologique (voir *supra* II, 1).

2. Cf. *Règle XII*, X, 414.

3. Les « esprits animaux », malgré l'apparente connotation psychique de l'expression, sont purement matériels, comme Descartes prend soin de le souligner. Cf. *Monde*, XI, 132 ; *Dioptrique*, VI, 110.

délicat de la théorie cartésienne, relevons que la figuration visuelle, ainsi pensée comme une sémiose mécanique, un transport d'informations, peut être généralisée sans difficulté à toutes les sensations et passions : c'est-à-dire à l'ensemble des données que l'âme reçoit de la glande pinéale. La figure, de schéma géométrique, devient par extension (et abstraction faite de ce qui reste de *visuel* dans ce schématisme), la source de toute représentation faisant intervenir le corps :

> Et notez que par ces figures (tracées sur la glande) je n'entends pas seulement ici les choses qui représentent en quelque sorte la position des lignes et des superficies des objets, mais aussi toutes celles qui (...) pourront donner l'occasion à l'âme de sentir le mouvement, la grandeur, la distance, les couleurs, les sons, les odeurs, et autres telles qualités ; et même celles qui lui pourront faire sentir le chatouillement, la douleur, la faim, la soif, la joie, la tristesse, et autres telles passions. (XI, 176)

La figure est ici considérée comme le médium unique de toute information venue « du dehors » (le corps auquel l'âme s'applique, étant compris dans cette extériorité), l'« occasion » de la perception, aussi bien des qualités sensibles (couleurs, odeurs…), que des natures simples corporelles (mouvements, grandeurs...), et des passions (joie, tristesse). L'extrême diversité et complexité des sentiments et des passions peuvent être ainsi ramenées à une seule fonction : la figuration. Le seul langage géométrique de la figure suffit à expliquer comment se produisent dans notre corps les conditions matérielles de tout ce que nous sentons et nommons : couleurs, douleur, tristesse... De ce point de vue le graphe des couleurs de la *Règle XII* paraît légitimé a posteriori par l'analyse physiologique du *Monde* : ce jeu de figures est une analogie correcte de ce qui se produit dans le corps lorsque nous percevons et distinguons les couleurs. Le rapport de figures, sur le papier, représente indirectement un autre rapport de figures, sur la glande : celui que l'esprit saisit comme un jeu de couleurs. L'incommensurabilité apparente de la sensation colorée avec la figure géométrique semble donc supprimée par la théorie physiologique de la figure.

Cependant quel rapport y a-t-il entre un jeu de figures présentant une proportion arithmétique et des échantillons de couleurs? Si l'on juxtapose ou superpose sur la feuille les trois couleurs et les trois figures, le rapport qui paraît est purement formel et ne dit rien des couleurs elles-mêmes (ni peut-être d'ailleurs de leurs différences). C'est pourquoi le schéma des couleurs est insuffisant, insatisfaisant. Descartes affirme que de la figure est engagée dans toute couleur, mais son graphe ne nous permet pas de nous représenter la transformation de la figure en sensation colorée. Certes, tel n'est pas l'objet de ces figures, puisqu'elles représentent non les couleurs mais leurs seules différences. En ce sens le graphe reste une analogie de géomètre, il ramène le différent au même sans réduire la différence en tant que telle. Mais aucune théorie scientifique ne peut échapper au diktat des sens. Le *retour au sensible*, médiatisé par l'imagination ou éprouvé directement, peut seul valider *in fine* les abstractions de la science. Le graphe des couleurs représente la différence entre les sensations, mais laisse hors représentation les sensations elles-mêmes. La genèse figurée de la couleur reste donc une hypothèse non confirmée, la figure ne rend pas «apparent» ce statut génétique que lui assigne la théorie.

Beaucoup plus satisfaisant pourrait sembler, dans la *Dioptrique*, l'exemple des gravures en taille-douce, qui a justement retenu l'attention des commentateurs[1]. Descartes l'utilise pour montrer que le *mécanisme* de la vision doit être compris à partir de la technique de représentation mise en œuvre par l'artiste «moderne». L'analyse succincte de cette technique montre à son tour que la figuration artistique consiste à organiser des signes, autrement dit qu'elle se sert d'un langage; celui, précisément, de la géométrie. L'artiste exploite géométriquement la figure pour produire l'illusion sensible de la ressemblance. Le travail du graveur montre qu'il ne se forme pas dans la vision de «petits tableaux (...) en notre tête», mais des figures-signes. L'exemple de la gravure est ainsi convoqué pour illustrer le modèle sémiotique et dévaloriser la doctrine traditionnelle de la perception par ressemblance, qui s'appuie sur le modèle pictural[2]. Les tailles-douces «nous représentent des forêts, des villes, des hommes et

1. *Dioptrique*, VI, 112-113. Ce passage correspond très précisément dans la *Dioptrique*, au premier chapitre du *Monde*, en tant qu'il contient l'exposition de la perception par différence sémiotique. Sur cet exemple des tailles-douces, cf. Merleau-Ponty, *l'Œil et l'Esprit*, *op. cit.*, p. 39-40; J.-L. Marion, *Sur la théologie blanche...*, p. 249-253; J.-M. Beyssade, «Rsp...», *op. cit.*, p. 197 sq.

2. Pour Descartes, ce n'est donc pas le signe qui doit être compris comme une image, mais bien d'abord l'image qu'il faut interpréter comme un signe. Du moins est-ce bien pour le montrer qu'est convoqué l'exemple des tailles-douces. C'est pourquoi nous ne suivons pas J.-M. Beyssade lorsque, après avoir relevé cette sémiologie de l'image, il affirme que, réciproquement, «le signe n'est plus un matériau à décrypter, mais une image à redresser», «Rsp...», *op. cit.*, p. 196. Il est cependant sûr que la doctrine de la perception ne parvient pas à éliminer entièrement la similitude, mais cette persistance d'un minimum de ressemblance, plutôt qu'elle ne participe à la rigueur de la théorie, la met plutôt en crise, comme nous le verrons plus avant.

même des batailles et des tempêtes». Par là, elles nous font «concevoir», dans tous ces «objets», une «infinité de diverses qualités». Ceci par le moyen de la «figure seule» (VI, 113). Seule en effet la figure «ressemble» mais, ajoute aussitôt Descartes, de façon «fort imparfaite». D'abord parce que la figure est plane; partant elle ne peut représenter les saillies et les renfoncements qu'en déformant systématiquement la figure des corps: systématiquement, c'est-à-dire «suivant les règles de la perspective». Ainsi, selon les cas, les cercles devront être représentés par des ovales et les carrés par des losanges[1]. D'où l'énoncé de cet apparent paradoxe: «souvent, pour (...) représenter mieux un objet», les figures «doivent ne lui pas ressembler» (*ibid.*). Dans les tailles-douces, il y a bien représentation (et donc, pour l'œil, ressemblance) par différence, mais cette différence est réglée par la «perspective», conçue comme la construction d'un espace géométrique. Les tailles-douces ne sont «qu'un peu d'encre posé ça et là sur le papier», dit Descartes, mais cette encre est en fait disposée géométriquement: paysages, combats, etc. sont représentés par des cercles, des ovales, des carrés et des losanges organisés suivant les lois de la perspective. Et si l'application des règles de la perspective permet une représentation efficace (c'est-à-dire ressemblante), c'est que l'image visuelle, elle aussi, nous advient par figure, comme Descartes s'emploie justement à le montrer en produisant l'exemple de la gravure. La taille-douce permet ainsi de comprendre comment la figure «donne l'occasion» à l'âme de sentir: c'est-à-dire comme un signe et non d'abord comme une image. Le graveur produit des apparences similaires à celles que présente le réel, parce que son art est comparable, sinon identique, à celui de la nature; ses figures

1. Baltrusaitis, commente ainsi ce texte: «les manuels d'artistes sont pleins de ces carrés avec des cercles souvent inscrits à l'intérieur, représentés par des losanges et des ovales. C'est la «*costruzione leggittima*» albertienne, la deuxième règle de Vignole, qui fournit la dernière preuve de la fausseté des apparences du monde physique. La perspective n'est pas un instrument des représentations exactes, mais un mensonge», *Anamorphoses*, *op. cit.*, p. 69. Baltrusaitis relève bien ici le scepticisme de la représentation baroque, mais il manque la véritable portée de l'exemple cartésien des tailles-douces, qui est de rendre compte par un modèle indissociablement géométrique et sémiotique de la perception sensible. La fonction de ce modèle dans le discours sur le sensible est bien d'indiquer la possibilité d'un dépassement du scepticisme perspectif. L'anamorphose cartésienne conduit bien «au triomphe de la rationalité», pour reprendre la formule par laquelle Catherine Chevalley conclut une brève mais très suggestive interprétation de la *Première Méditation* en clé anamorphotique (ce qui n'autorise pas pour autant à dire que le texte cartésien offre en retour un modèle théorique pour l'interprétation de l'anamorphose en général), «Rationalité de l'anamorphose», *XVIIe siècle*, n° 124, 1979, p. 289-296.

correspondent très exactement aux figures instituées par la nature lorsque nous voyons directement les objets imités par la gravure. Mais on peut tout aussi bien dire que la nature «imite l'art», suivant le *concetto* baroque qu'exploite Picot dans sa traduction des *Principes*, lorsqu'il écrit: «toutes les choses qui sont artificielles sont avec cela naturelles» (*Principes* IV, art. 203). Descartes ne parle pas de géométrie de la nature, mais avance la formule de géométrie naturelle, pour désigner cette «action de la pensée (...) qui ne laisse point d'envelopper en soi un raisonnement tout semblable à celui que font les arpenteurs» (*Dioptrique*, VI, 138), lorsque nous estimons, du premier coup d'œil (ce raisonnement n'en est pas véritablement un, puisqu'il tient en «une imagination simple») la distance, la grandeur et la figure des objets. Action de la pensée, la géométrie naturelle n'est certes pas géométrie de la nature, mais bien représentation spontanée, projection et calcul de natures simples. C'est pourquoi la distance, la grandeur, les figures des objets ne sont pas «vues», mais «imaginées» par une imagination qui est une intellection toute géométrique. Ainsi, la «figure se juge par la connaissance, ou l'opinion, qu'on a de la situation des diverses parties des objets, et non par la ressemblance des peintures qui sont dans l'œil»: la figure n'est pas atteinte par ressemblance mais par une géométrie naturelle, une géométrie qui mesure sans calculer, une mathématique instinctive, écrit Ferdinand Alquié[1]. De ce fait, nous opérons spontanément de la même façon que le graveur, mais à rebours; il dessine des ovales pour produire des cercles, et nous rétablissons des cercles là où notre œil ne nous offre que des ovales: «les peintures qui sont dans l'œil (...) ne contiennent ordinairement que des ovales et des losanges lorsqu'elles nous font voir des cercles et des carrés» (VI, 141)[2].

Dans l'exemple des tailles-douces, comme dans le graphe des *Regulae*, un rapport de figures artificielles exprime, dans la différence réglée, un rapport de figures naturelles: avec ceci de plus que la taille-douce, exactement comme la nature, produit dans l'esprit le spectacle

1. FA I, 429, n° 1. Alquié attire l'attention sur ce que peut bien avoir de problématique cette notion de géométrie naturelle, puisqu'elle est une géométrie sans calcul conscient et que d'autre part la notion de calcul inconscient n'aurait aucun sens pour Descartes, «reste donc à invoquer ce mystérieux effet naturel par lequel les dispositions corporelles font sentir et savoir à l'âme ce qu'elle doit sentir et savoir», *ibid.*

2. Ainsi se trouvent identifiées les figures non interprétées, tracées par la nature au fond de l'œil, et imprimées sur le papier par la plaque gravée. Entre la figuration naturelle et l'art de gravure, il n'y a donc pas à proprement parler analogie mais identité: la nature, telle que l'on doit se la représenter, et le graveur procédant exactement de la même façon.

des choses. Ainsi la finalité de l'argumentation est de montrer non comment les images, et partant « toutes les diverses qualités qui se forment dans le cerveau », ressemblent aux objets, mais pourquoi « elles n'ont pas besoin de leur ressembler » (VI, 141) : parce qu'elles sont des signes. Reconduisons encore l'examen de cette ressemblance révoquée, et pourtant concédée au même endroit, pour noter qu'intervient, en conclusion, la comparaison, du « regardant » avec l'« aveugle », déjà convoquée pour rendre compte de la sensation lumineuse : quand l'aveugle « touche quelques corps de son bâton », il appréhende toutes les qualités par les divers mouvements que ces corps transmettent à son bâton et aux « nerfs de sa main », jusque dans son cerveau (VI, 84). Les seuls mouvements lui font sentir les qualités. Mais il faut remarquer que l'aveugle, dont on peut dire qu'il voit « quasi des mains », n'est pas plus en contact avec la « vraie figure des choses » que le voyant : sa cécité, au contraire, nous fait comprendre comment les couleurs et la lumière, comme toutes les qualités, sont produites par un système de signes, ici une diversité de mouvements qui se transmettent du bâton jusqu'au cerveau[1]. Le bâton est cette prothèse sensible qui permet de nous représenter, de façon schématique, comment fonctionne le système nerveux.

Pour décrire cette « transmission », on notera que Descartes laisse la figure au profit du mouvement, non que l'aveugle ne sente pas les figures, mais au contraire, parce que le but de la comparaison est de nous montrer que la figure doit être *dévisualisée*, qu'il nous faut faire abstraction de la visibilité de la figure afin de la saisir pleinement pour ce qu'elle est : un signe du monde. La sémiose (aussi bien la figuration) devient un procès, c'est pourquoi elle requiert le mouvement, cette nature simple que le physicien découvre d'abord dans la flamme, au chapitre II du *Monde*. La figure, considérée en elle-même, est statique, immobile : elle est un signe pour autant qu'elle se transmet, se transporte ; en tant donc qu'elle est en mouvement. Figure et mouvement se complètent dans la physique et d'abord dans la géométrie cartésiennes. Nous avons vu que les définitions de la ligne et de la surface supposaient le mouvement local du point et de la ligne. La figure géométrique, qui schématise ces déplacements par le traçage des

1. Dans le *Monde*, l'aveugle est pris comme paradigme de l'évaluation des distances par la géométrie naturelle : deux bâtons touchant l'objet feront ainsi le même office que les yeux, puisque ce n'est pas la vue qui appréhende la distance mais l'esprit qui géométrise les angles formés par les axes optiques ou les bâtons. Ainsi la figure de l'aveugle (cf. *infra*, fig. 9 ; fig. 15 de l'édition Adam et Tannery) ou la figure des yeux qui la suit (fig. 10 ; 16) sont interchangeables, puisqu'elles décrivent le même phénomène de géométrie naturelle.

lignes et des contours de surface implique ainsi le mouvement. Mais on peut tout aussi bien dire, comme le texte de l'*Homme* mentionné ci-dessus, que le mouvement est tributaire de la figure, que son idée est perçue «à l'occasion» de la figure. Cette idée se forme en effet à partir d'une succession instantanée de figures. Dans son limpide commentaire du *Monde*, Alexandre Koyré a montré que le mouvement cartésien est paradoxalement «arrêté» et «étendu»; qu'il est abstrait de toute temporalité: mouvement sans vitesse, considéré dans l'instant[1], mouvement géométrisé, ramené à la figure, comme nous l'avons vu. Ce mouvement ainsi réductible à la figure est celui du mécanisme. Car la machine (ou l'automate), sur le modèle de laquelle est comprise la nature (et d'abord le corps), dans sa simplicité essentielle n'est autre que de la figure en mouvement, et c'est comme telle qu'elle s'avère apte à transmettre de l'information. Aussi le mouvement demeure-t-il essentiel à la physiologie et à toute la physique, comme translation de la figure, figuration d'abord non *figurative* (comme la peinture du même nom: au sens où la figure posséderait une ressemblance immédiate avec ce dont elle est la figure), mais sémiotique; transmission d'un sens dans la dissemblance. C'est en effet par le mouvement que la figure se différencie, s'altère, et de vraie figure des choses devient pour l'âme sensation, sentiment, passion. Comme il est dit dans la *Dioptrique*, nous n'avons pas «derechef d'autres yeux en notre cerveau» pour apercevoir la «peinture» des objets qui se transporte en nous: ce sont les «mouvements par lesquels elle (cette peinture) est composée qui, agissant immédiatement contre notre âme, (...) sont institués par la nature pour lui faire avoir de tels sentiments» (VI, 130). Nous retrouvons l'institution sémiotique du premier chapitre du *Monde*, ici spécifiée comme établissement de «mouvements» qui composent les images dans notre cerveau. La figuration sensitive, c'est cela: des «filets» et des «esprits» en mouvement (de la figure non ressemblante), qui tracent pourtant, sur la superficie interne du cerveau, puis sur la glande pinéale, une figure qui garde quelque ressemblance avec la figure initiale. Dans cette théorie de la communication par différence, à laquelle le langage sert de modèle, l'admission d'un minimum de «ressemblance» entre les figures initiales et finales pose bien sûr problème, les lettres, pas plus que les mots prononcés ne ressemblant, pour peu que ce soit, aux choses signifiées. Il faut déterminer en quelle mesure cette ressemblance minime peut être expliquée par la doctrine

1. A. Koyré, *Etudes Galiléennes*, 4e édition, Paris, 1986, p. 330.

mécanique de la figure ou, au contraire, lui résiste et interdit l'élaboration d'une science de la nature exclusivement géométrique.

La difficulté d'admettre une telle «ressemblance» vient d'abord de ce que la doctrine de la sensation par figure décrit un processus mécanique extrêmement concret (le stimulus se communique par des fils, des tuyaux, s'imprime dans le cerveau...), mais qui s'avère à la fois d'un grand degré d'abstraction, dans la mesure où sont ainsi transportés des signes à interpréter[1]. La figuration est communication mécanique d'informations. Le corps et, à travers lui, le monde entier, sont compris (interprétés) comme des figures-signes en mouvement, comme une machine à produire de l'information. Plus précisément, cette transmission mécanique est comparée aux techniques humaines de production de signes, toutes reconductibles à la figuration et saisies dans leur capacité non seulement de transmettre un sens mais aussi de donner à voir ou à imaginer, autrement dit de produire de la ressemblance: gravure, traçage de figures géométriques, impression d'un cachet de cire et surtout écriture. On aura en effet remarqué que Descartes donne de son modèle sémiotique appliqué au corps une définition essentiellement scripturale. Les signes sont des figures qui, par leur mouvement, s'impriment, se tracent, s'inscrivent d'abord sur les organes des sens et jusque dans le cerveau. On pense bien sûr aux figures tracées par les géomètres, mais dans le corps, les figures s'inscrivent mécaniquement, par pression. Nos «sens externes» sont comparés à la «cire qui reçoit du cachet sa configuration» (*Règle XII*, X, 412)[2]. Et il ne s'agit pas là d'une «simple analogie», car c'est

1. Au rebours de J.-M. Beyssade affirmant que chez Descartes le «signe est d'abord pensé à partir de la figure» (*op. cit.* 193), nous avançons que la figure cartésienne est plutôt pensée à partir du signe, comme le montrent les diverses comparaisons qui ramènent le modèle mimétique au modèle sémiotique. Le fait que la figure reste en effet une «manière d'image» (*ibid.* 194) nous semble consister plutôt en une concession, qui possède une indéniable nécessité théorique (sans le maintien d'une affinité, écrit justement J.-M. Beyssade, «l'entendement ne pourrait pas exercer sa fonction», *ibid.*), mais qui met à jour le problème crucial de la doctrine cartésienne de la représentation en tant qu'elle est une doctrine du procès cognitif qui forclôt l'expérience sensible immédiate. Car, en toute rigueur, cette exclusion ne peut être tenue, comme le montre l'acceptation d'une ressemblance, pour minime qu'elle soit, entre la marque corporelle et l'idée à laquelle elle est associée (voir infra, IV, 1).

2. Le statut de cette image du cachet, à laquelle Descartes recourt abondamment dans ce texte, change suivant son domaine d'application, et ce changement nous permet de situer cette comparaison «forte» par rapport à ce qui est entendu par «analogie» dans les *Regulae*. La comparaison est en effet requise en un premier temps pour représenter l'action mécanique du sens commun sur l'imagination ou fantaisie («véritable partie du corps»); cette image mécanique, destinée à

« exactement » de la même façon que l'on « doit concevoir » les modifications des « corps sentants » et de la « cire » (*ibid.*). La comparaison du cachet n'est plus à proprement parler une analogie, parce qu'elle va du même au même, elle représente une figuration mécanique inapparente par une figuration mécanique observable. L'identité n'est pas ici seulement de rapport, mais de chose : c'est par une même action que le cachet s'imprime dans la cire et que les objets marquent leurs figures sur les sens. L'analogie est saturée, la relation devient univoque. De la figure s'imprime en nous ; le livre du monde s'écrit mécaniquement, jusque sur la page de notre cerveau, où il lui faut encore être lu.

Dans ce même texte, Descartes propose la saisissante image de sa propre plume en train d'écrire, pour expliquer la façon dont la figure transite du sens externe au sens commun, « en un instant » et sans « passage réel d'aucun être d'un endroit à l'autre » (*Règle XII*, X, 414). Autre comparaison « simple » et « exacte », autre analogie

rendre compte de la mécanique du corps, est simple et exacte. Elle possède donc la même efficacité que Descartes revendique pour son l'analogie de figure. Par contre, dès qu'il y va de l'esprit, elle redevient une simple « analogie », une analogie au sens faible : « cette force cognitive est tantôt passive, tantôt active, et c'est parfois le cachet, parfois la cire qu'elle imite ; mais il ne faut prendre cette fois l'image que par analogie... » (*quod tamen per analogiam tantum hic est sumendum*, X, 415). Mais cette analogie faible ne peut pas être identifiée à l'analogie telle qu'elle se trouve définie plus avant (X, 441), et dont le graphe des couleurs (X, 413) nous a paru un bon exemple : c'est-à-dire une analogie à la fois arithmétique et géométrique, permettant de ramener à la seule figure toutes les « grandeurs » (par grandeur étant entendu « l'étendue réelle du corps, abstraction faite de tout, sauf du fait qu'elle soit figurée »). La figure, par laquelle l'analogie est opérée, se trouvant engagée dans toute qualité, le processus n'excède pas le domaine du figurable (et du figuré). En ce sens cette analogie n'est pas autant éloignée de la comparaison de la figure reçue des objets par les sens (externes et internes) à la figure imprimée par le cachet sur la cire (l'analogie saturée qui explique une action physique – un transport de figures – par une autre action physique), que de la comparaison de la « force cognitive » à un cachet ou à une cire, puisque dans ce cas les rapports réglés par l'analogie sont absolument hétérogènes. C'est seulement par une analogie faible qu'il est possible de dire que l'imagination (corporelle) est à la force cognitive, ou la force cognitive à l'imagination, ce que le cachet est à la cire. Ceci en vertu d'une distinction qu'il faut bien d'ores et déjà qualifier de métaphysique, entre les domaines mis en relation. Par contre il est possible de dire que la comparaison du cachet est la saturation de l'analogie de figure. Celle-ci explique le différent par le même ; celle-là explique le même par le même. Le rapport de figures exprime par exemple un rapport de couleurs, mais en vertu de la présence de la figure dans la couleur. Ce qui empêche de réduire la différence à l'identité, c'est que le rapport de figures, sur le papier, ne peut être identifié au rapport de figures qui est, dans le cerveau, l'occasion de l'aperception des couleurs et de leurs différences.

saturée pour expliquer le mouvement de la figure, *id est* la production sémiotique de l'image sensible :

> C'est exactement ainsi que maintenant même, en écrivant, je comprends qu'au même instant où les lettres s'inscrivent l'une après l'autre sur le papier, non seulement la partie inférieure de ma plume est en mouvement, mais encore il ne peut y avoir aucun mouvement en elle, si petit qu'il soit, qui ne se transmette en même temps à la plume tout entière ; et que toute cette variété de mouvements est également décrite dans l'air par sa partie supérieure, bien que je ne me représente rien de réel qui passerait d'une extrémité à l'autre. (*ibid.*)

Texte crucial, qui nous fait comprendre comment Descartes conçoit, sur le modèle scriptural, la sémiose du sensible. Les objets viennent s'inscrire en notre corps et y dessiner leurs figures, de la même façon que nous inscrivons « maintenant même » des lettres sur le papier, par le seul mouvement que nous donnons à la plume. La figure se transmet, comme se meut la plume tout entière, à la moindre impulsion, et sans qu'il y ait « rien de réel qui passe d'une extrémité à l'autre ». Si l'écriture est bien, comme simple technique, l'exécution manuelle d'une série d'automatismes en vue de produire des figures ayant valeur de signes, il est exact, par analogie saturée (une analogie qui n'en est plus une), de parler d'une écriture automatique du monde en nous, d'une transmission scripturale d'informations depuis « le dehors » jusqu'au centre de notre cerveau, en *intimité*, si l'on peut dire, avec notre esprit.

Mais la comparaison de la plume permet surtout de rendre compte de la différence réglée qui lie la figure initiale à son état final, et par là de la différence qui sépare l'idée-signe dans le cerveau de son référent extérieur, pensé lui-même comme signe. Car il est visible que la « plume dans son ensemble (...) ne se meut pas comme sa partie inférieure ; bien au contraire, elle semble animée d'un mouvement tout à fait inverse et contraire » (*ibid.*). Ces différences, ces inversions, peuvent être quantifiées, décrites mathématiquement et représentées très exactement par des figures. De même le physicien pourra-t-il étudier avec précision les déformations et transformations de la figure en nous : en quoi elle peut garder *in fine* une certaine ressemblance. Une image inversée, ou déformée systématiquement, conserve ainsi dans les lentilles ou les miroirs paraboliques une « façon de ressemblance », c'est-à-dire d'abord un rapport géométrique, par la connaissance duquel il est possible de concevoir les moyens techniques de sa rectification et restitution. Les déformations anamorphotiques, qui fascinaient tant les hommes du XVIIe siècle, considérées du point de vue cartésien, s'avèrent d'excellents exemples de la vocation mécaniste de la science cartésienne[1]: produire une représentation géométrique du réel et en rendre ainsi possible la manipulation technique. L'image scripturale donne une exacte représentation de la genèse sémiotique et tout à la fois mécanique des qualités sensibles. Comme Descartes l'écrira à la fin des *Principes*, retrouvant les idées et les mots des *Regulae* et de la *Dioptrique*:

> Sur un même papier, avec la même plume, et la même encre, en remuant tant soit peu le bout de la plume en certaine façon, vous tracez des lettres qui font imaginer des combats, des tempêtes, ou des furies, à ceux qui les lisent, et qu'ils rendent indignés ou tristes; au lieu que, si vous remuez la plume d'une autre façon presque semblable, la seule différence qui sera en ce peu de mouvement leur peut donner des pensées toutes contraires, de paix, de repos, de douceur, et exciter en eux des passions d'amour et de joie. (IV, art. 197)

Comme la gravure de la *Dioptrique* qui, avec «un peu d'encre ça et là», nous faisait voir «des paysages, des villes, des hommes, et même des batailles et des tempêtes», le texte des *Principes* fait imaginer des combats, des tempêtes, des furies, déchaîne les passions, et cela grâce à la «seule différence qui sera en ce peu de mouvement» de la plume[2]. Ce que le mouvement produit ici, dans le cadre d'une

1. Cf. le «*commodum instrumentum ad picturas omnes transferendas*» des *Cogitationes privatae*, X, 241. Comme le remarque J.-L. Marion, ce procédé permet de faire «la théorie de la déformation réglée d'une figure en une autre», *op. cit.*, 251. Cette théorie est celle de l'anamorphose, cf. Baltrusaitis, *op. cit.* et surtout C. Chevalley, *art. cit.*

2. Dans les deux cas Descartes évoque la représentation (iconique ou écrite) de la «bataille» et de la «tempête». Ce sont là les sujets traditionnellement considérés comme les plus difficiles à peindre. Apelle, suivant Pline, en représentant la foudre, le tonnerre, l'orage, peignait ce qui ne se pouvait peindre. Et l'on songe à cette lettre de Poussin écrivant en 1651 à Jacques Stella: «j'ai essayé de représenter une tempête sur terre...» (Félibien, *Entretiens*, IV, p. 127). Louis Marin montre à ce propos que «la tempête est le sublime en peinture» («La description du tableau et le sublime en peinture», *Communications* n° 34, 1981, p. 63). C'est bien à ce pouvoir de la représentation picturale et descriptive que Descartes se réfère, en reprenant, à des années d'intervalles, les mêmes termes, les mêmes exemples et la même argumentation. Il cherche ainsi à mettre surtout en avant l'idée de la production d'un effet maximum de représentation par un minimum de moyens sémiotiques: un peu d'encre, un peu de mouvement suffisent, pour qui sait dessiner et écrire, à donner l'illusion de grands spectacles, agités d'une grande quantité de mouvements et qui génèrent de grandes émotions. Il faut se rappeler que cette comparaison est convoquée pour exhiber le rapport différentiel «entre les seuls mouvements qui se font dans le corps» et «ces pensées confuses qui

technique de représentation (le maniement d'un langage d'institution humaine), le seul mouvement (plus exactement, la seule figure en mouvement) l'exécute aussi dans le corps selon une institution de nature : la production de figures donnant à l'âme l'occasion de sentir et de pâtir, d'apercevoir les couleurs, de sentir le chatouillement, la douleur, d'éprouver de la joie, de la tristesse...

Comme la plume en mouvement trace des signes sur le papier, le corps machine transmet les signes du monde, des sens externes jusqu'au cerveau. Il est possible de décrire très exactement, avec l'exactitude que permettent les nombres et les figures, ce transport et ces transformations physiologiques des figures-signes dans la machine. La grande dissemblance comme la ressemblance minime entre figures initiales et figures finales semblent donc pouvoir être mesurées ; la claire et distincte perception de la figure et du mouvement en toute sensation devrait le permettre. Le mécanisme sémiotique apparaît ainsi comme la seule science possible : une physiologie prise dans une physique générale et qui consiste en la restitution du texte initial de la nature, surcodé par la sensibilité. Le discours de la science, indexé sur la géométrie, retrouve la géométrie de la nature : le seul mouvement des particules dans la flamme et le seul mouvement des figures dans notre corps exposé à cette flamme ; double mouvement qui nous donne l'occasion de voir de la lumière et de sentir de la chaleur. En décryptant ainsi les phénomènes, le physicien se livre à un travail d'écriture qui corrige les discours de l'erreur dictés par les sens. Le philosophe reconduit la nature à sa vérité, dissimulée par le sensible. Il est tentant de dire, en se référant à la comparaison de la *Règle XII*, que le « sage » ou plutôt le « savant » (*sapiens,* X, 423), écrit sa science comme la nature écrit en lui : en ce sens le traité du *Monde*, non seulement contiendrait la vérité sur le monde, mais serait de la physique en acte, de la physique nue, ôté le voile des qualités. « *Dum scribo...* » disent les *Regulae* : pendant que j'écris sur la mécanique du corps, la machine est à l'œuvre, comme je peux le rendre apparent par l'analyse de l'acte même d'écriture[1].

Mais il y a là un piège rhétorique, dans lequel la théorie nous empêche de tomber. Il faut encore le répéter : la gnoséologie cartésienne, par la doctrine des natures simples corporelles, montre que la science ne peut excéder la sphère de la représentation. Le monde

s'appellent des sentiments », rapport qui paraît ainsi disproportionné, non par l'absence de proportion, mais par l'importance de la différence qu'elle règle.

1. Jean Luc Nancy a brillamment commenté ce texte : « Dum scribo », in *Ego Sum*, Paris, 1979, p. 41-60.

de la physique ne saurait être «Le» monde pur et simple, tel que le perçoit l'esprit omniscient de son créateur. Entre le monde tel qu'il est et la représentation que nous pouvons en avoir passe une différence ontologique. Mais surtout, cette différence traverse la représentation elle-même; comme nous l'avons vu, elle ouvre le traité du *Monde* et travaille toute l'œuvre cartésienne, des *Regulae* aux *Passions de l'âme* : elle passe entre le dehors et le dedans, le corps machine et l'esprit qui l'habite, le langage et la pensée, les figures-signes et les idées-images, le monde pensé comme sémiose mécanique et l'infinité des «sentiments» et des «passions». La doctrine des natures simples, l'analogie géométrique de la figure en mouvement – fiction d'une sémiose universelle – s'emploie à «régler» cette différence, en révoquant tout ce qui dans le sensible a été reconnu trompeur, pour le réduire ensuite aux seules quantités. Mais ce double procès d'abstraction et de réduction rationnelle, la doctrine et les textes cartésiens parviennent-ils à l'accomplir véritablement? Comme nous l'avons vu, dans le modèle sémiotique de la différence, à travers les images et les comparaisons choisies pour l'exprimer, est maintenue l'ombre problématique d'une «ressemblance»: celle qui lie les deux états de la figure, ou encore, dans les images qui en rendent compte, la ressemblance qui permet à un dessin ou à un texte de «représenter» un paysage, une bataille, etc. Ce recours à des comparaisons empruntées aux expériences du langage ou de la représentation picturale a pour fonction d'entériner la différence, mais sans éliminer pour autant toute ressemblance, puisque ces comparaisons font intervenir ce dont la différence doit rendre compte: le monde des qualités secondes. Nous allons maintenant essayer de montrer que cette présence problématique au cœur du modèle sémiotique, tel qu'il est exposé à travers les métaphores scripturales et tel qu'il se déploie dans le *Monde*, n'est pas étrangère à l'adoption d'un dispositif rhétorique pour présenter la nouvelle physique: celui, précisément, de la fable.

IV. LES IMAGES DU MONDE

... dans l'esprit de finesse, les principes sont dans l'usage commun et devant les yeux de tous [1].

1. Ressemblance et Performance

Le problème, laissé en suspens, du minimum de «ressemblance» maintenu par la figure dans la doctrine de la perception, s'avère très riche d'implications en ce qui concerne le statut de la science, et d'abord de la physique comme discours, comme texte renvoyant, par delà la fable des sens, au livre du monde. Il y va, autrement dit, du style adopté dans le traité du *Monde*.

Nous l'avons vu: alors même que la *Dioptrique* fait la théorie de la sensation par différence en ramenant à la représentation sémiotique par figure jusqu'au modèle pictural lui-même, un minimum de ressemblance est préservé entre les figures finales que l'esprit perçoit et celles qui s'inscrivent sur les sens externes. Cette ressemblance ne vaut que pour la figure seule et elle est «fort imparfaite». Descartes évoque alors, à travers l'exemple des tailles-douces, la possibilité de décrire géométriquement cette relative ressemblance de la figure: celle d'un losange et d'un carré, d'un ovale et d'un cercle. D'ailleurs, comme il le dit plus loin, nous rectifions spontanément, par une «géométrie naturelle», les ovales et les losanges dessinés au fond de l'œil par les objets ronds et carrés (VI, 141-142). C'est pourquoi l'artiste qui veut produire un équivalent de l'image vue, doit opérer par géométrie artificielle cette dissemblance afin que, par géométrie

1. Pascal, *Pensées*, éd. Brunschvicg, Paris, 1963, fr. 1.

naturelle, nous voyions des objets nantis de toutes leurs qualités. Mais alors il faut noter que, dans cet exemple de la gravure, une ressemblance se trouve requise, qui excède la seule figure. En effet, lorsque Descartes énonce le paradoxe suivant: «pour être plus parfaite en qualité d'images et représenter mieux un objet», les tailles-douces «doivent ne lui pas ressembler», il pose avec cette «perfection de l'image», comme allant de soi, un autre type de «ressemblance» qui concerne la figure et toutes les qualités que la figure seule a pour fonction de représenter dans la gravure: la ressemblance préalable entre deux images, une ressemblance qui suppose une expérience première, directe et complète des qualités, et qui offre ainsi la condition de possibilité même de la réduction géométrique. Il s'agit de la ressemblance entre l'image suscitée par le dessin chez le spectateur, une forêt par exemple, et l'image modèle, c'est-à-dire la forêt vue ou imaginée, la forêt telle qu'elle nous «apparaît», avec ses «mille qualités»[1]. Descartes ne s'interroge pas sur ce rapport, qui seul autorise à parler de ressemblance, pour ne traiter que du rapport unissant les figures géométriques – avec lesquelles la gravure est «écrite» puisque le modèle est bien ici scriptural –, à l'image que ces figures composent effectivement. En admettant qu'il s'agisse d'une image constituée à l'aide des seules figures géométriques, ce qui est en effet tout à fait possible, on ne saurait cependant montrer que cette composition représente un paysage sans se référer d'emblée à la vision directe et entière que l'on peut avoir d'un tel paysage. Car le dessinateur géomètre vise bien cette «ressemblance» lorsqu'il trace ses figures et les organise suivant les règles de la perspective. La perception des «mille qualités», dont il s'agit d'expliquer l'origine sémiotique et géométrique, est ainsi supposée par le langage géométrique du graveur: loin de n'être que le résultat, l'aboutissement du travail de la représentation, c'est elle qui rend possible la représentation. Sinon, jamais gravure ne ressemblerait à quoi que ce soit. De même qu'un traité de perspective suppose l'expérience vécue dont il permet la simulation visuelle (et il faut rappeler que la perspective moderne n'est qu'un moyen parmi d'autres, historiquement et culturellement déterminé, pour représenter le visible[2]), la physique cartésienne suppose, au niveau de la constitution de son modèle géométrique et sémiotique de réduction du sensible, l'expérience effective du monde dans ce qu'elle a précisément d'irréductible au modèle.

1. Voir Merleau Ponty, *L'Œil et l'esprit*, *op. cit.*, p. 43.
2. Cf. E. Panofsky, *La perspective comme forme symbolique*, Paris, 1975

La réduction à la figure et la différence sémiotique qu'elle implique entre son propre statut de signe et les «sentiments» ou «idées» sont donc compromises par l'insistance, dans le recours à l'exemple de la gravure, d'une ressemblance première, relevant de l'expérience des qualités, de toutes les qualités sans distinction géométrique. Mais il ne faut pas croire que cette faille dans la doctrine, par laquelle pénètrent toutes les qualités éconduites, ait pour cause un exemple mal choisi. Car elle traverse aussi toute la description physiologique. C'est une image «assez parfaite» et même «fort naïve» qui s'imprime dans le fond de l'œil, comme le montrent à l'évidence les expériences de la chambre noire et de l'œil du cadavre[1]. «Assez parfaite» veut dire que l'image contient non pas seulement des figures mais, *grosso modo*, tout ce que l'on voit... à l'œil nu. Le plaisir et l'«admiration» que provoque cette représentation «en perspective» viennent de ce que nous y voyons toutes les qualités que possèdent une image ou une peinture. Il faut s'empresser de remarquer que, suivant la doctrine exposée, ces qualités, bien que perçues, ne se trouvent pas dans l'œil: elles procèdent du regard et l'œil mort ne saurait les contenir lui-même. En toute rigueur Descartes ne devrait donc pas parler en terme d'image et de peinture. Pourtant, du fond de l'œil, c'est bien encore une «image» qui est transportée «jusqu'en la superficie du cerveau», et Descartes évoque une «peinture (...) assez semblable aux objets» (VI, 129). Entre «assez parfait» et «assez semblable», de la similitude s'est manifestement perdue et l'indétermination n'a fait que croître. C'est que les premières images sont trop parfaites, où l'on voit des qualités qui n'y sont pas, quant aux secondes elles ne sont au contraire même pas visibles, car «il n'y a pas d'autres yeux en notre cerveau», comme l'écrit Descartes (VI, 130), et l'anatomiste n'y peut rien trouver non plus qui «ressemble» à une image. Mais Descartes donne cependant comme une représentation nécessaire le transport de la figure, et celle-ci, en bout de course, ressemble encore un tant soit peu. Il devrait donc

1. VI, 114-115, cf. fig. in VI, 118 (voir infra, fig. 6). La chambre noire est comme un œil, mais un œil de cadavre («d'un homme fraîchement mort»). Elle nous montre comment l'œil est fait, mais non ce qui, du dehors, s'imprime au fond de l'œil, car l'image que nous voyons, nous la composons, puisque notre œil ne reçoit qu'une pression des objets extérieurs. Ce que nous voyons, n'est «à proprement parler» ni dans la chambre, ni dans la nature, ni dans l'œil. C'est pourquoi le modèle technique de la chambre noire renvoie à une autre clôture: l'intériorité du sujet de la perception qui, avec les signes reçus du dehors, constitue le spectacle du monde. Mais l'utilisation du modèle de la chambre est en fait très ambiguë, car pour penser cette constitution de l'image, Descartes est amené à supposer, comme une donnée initiale, dans l'œil-chambre noire, l'image «naïve» et ressemblante, l'image qualifiée, dont il s'agit précisément d'expliquer la formation.

être théoriquement possible, ce dont Descartes ne parle pas, de fabriquer une chambre noire qui montrerait « au vif » les figures contenues dans le cerveau et sur la glande pinéale. Elle supposerait une machine qui ne retiendrait des images que la figure seule, puisque la figure en mouvement génère le visible. En fait Descartes présente le corps comme une telle machine qui traite l'image picturale en la codant par des figures, bien qu'il affirme contemporainement que de la figure seule se donne dans le contact des sens avec le monde extérieur. On ne peut comprendre le processus qu'il décrit sans supposer l'image complète, l'image « naïve », à l'origine de la figuration : en effet, il y a d'abord au fond de la chambre noire, au fond de l'œil, cette image ressemblante des choses, et c'est elle qui est ensuite codée et dont tout se perd sauf la figure, encore un peu semblable. Mais on le voit ; la ressemblance est supposée au départ, et excède la figure. Aussi bien est-ce reculer pour mieux sauter, car en son dernier stade physique, la figure n'est qu'un pur signe qu'il n'appartient pas à « d'autres yeux » de voir, mais à l'âme seule de lire, en tant qu'elle est « unie » à la glande pinéale (VI, 130). En ce point Descartes est bien contraint d'affirmer la radicale dissemblance : le mouvement seul produit les qualités, la lumière, la couleur... et la figure même. Entre la figure et l'idée, plus rien de visible, un pur mouvement, et encore ce mouvement, entre la glande et l'âme, n'est-il ainsi nommable que métaphoriquement. A moins de remettre en cause la différence elle-même, il est impossible d'identifier la figure physiologique en son dernier état, cette trace et marque dans le cerveau, avec l'image qu'elle occasionne en notre pensée. Mais, qu'est-ce qui nous permet de juger que cet ovale que nous voyons ou imaginons reflète une inscription cérébrale, qui elle-même correspond, à l'origine de la sensation, à un cercle plutôt qu'à toute autre figure ? [1] Nos images restent extérieures aux figures

1. Jean-Marie Beyssade remarque à juste titre que Descartes « contourne » l'objection de « l'ami de la ressemblance » : « l'écart immense du signifiant au signifié suppose, loin de l'exclure, une première ressemblance ». Cette objection, Descartes la contourne en montrant que « là même où cette continuité existe, elle finit par reconduire à un second moment, à l'écart absolu entre signifiant et signifié incommensurables que seul un entendement peut franchir... », *op. cit.*, p. 195. Ce contournement est en effet un « aveu », une « concession » comme l'écrit Jean-Marie Beyssade, mais qui, à notre avis, met en péril, menace la cohérence de la théorie, parce qu'elle n'apporte aucune réponse satisfaisante à l'objection soulevée, comme essaie de le montrer au contraire Jean-Marie Beyssade, en tirant Descartes du côté de l'ami de la ressemblance, nommément Leibniz (*ibid.*)

physiques qui leur sont attribuées comme cause: entre les unes et les autres passe la différence, que l'esprit ne peut franchir[1].

Il y a dans l'explication une béance impossible à combler, et qui est celle-là même de la différence entre la figure sur la glande, ou le mouvement, et la pensée qui entend, imagine et sent, comme diront les *Méditations* (IX-I, 22). La machine et le monde intérieur de la pensée sont séparés par un (non)lieu impensable, inimaginable, insensible qui fragilise toute la démonstration, la condamne au statut d'hypothèse, la contraint à maintenir de toute force, le plus longtemps et le plus loin possible, une improbable et improuvable ressemblance. Pour juger de la ressemblance, il nous faudrait une seconde vue qui embrasse la différence. En toute rigueur, la doctrine cartésienne interdit la connaissance du processus supposé entre les états du corps et les images de l'âme. Ce que le projet du *Monde* pense déjà, contemporainement à la *Dioptrique*, comme «union», est une donnée, une expérience irréfutable: elle seule permet d'établir des comparaisons entre les figures, de parler de ressemblance et de dissemblance. Mais si cette expérience est bien vécue, elle ne peut cependant faire l'objet d'aucun savoir véritable. Force nous est alors, comme le fait subrepticement Descartes, de nous en remettre à l'expérience commune, à l'expérience indissociablement sensible et culturelle, tributaire des mots et du sens que leur attribue l'opinion; et cette expérience nous apprend que les objets circulaires ou les cercles dessinés dans l'espace, sous un certain angle, paraissent ovales. La géométrie naturelle nous permet de rectifier comme cercles les ovales imprimés au fond de l'œil, et cette rectification, précise Descartes, ne se base pas sur la ressemblance, mais sur la seule perception du rapport entre «la situation des objets» et des «peintures dans l'œil» (VI, 140-141). Cependant la géométrie naturelle n'est concevable que «sur fond» de ressemblance; la mesure de

1. L'esprit reconnaît pourtant, comme une vérité de l'expérience, l'immédiateté voire l'adéquation de la pensée au corps dans la formation des images. L'union, dans la partie du corps où se forme les images est donnée, dans un étrange fragment de *Cartesius*, comme «parfaite», à tel point que si l'union possédait dans tout le corps cette même perfection, l'esprit pourrait rendre ce corps «pénétrant, invisible ou diaphane, impassible et capable de tout ce que l'on attribue aux corps glorieux» (XI, 648). Mais cette adéquation de l'âme au corps, dont l'extension ferait de nous des anges, nous en faisons, dans l'usage de notre imagination, une expérience aussi certaine qu'indémontrable. Lorsque l'entendement s'emploie à penser cette parfaite union entre les images dans le corps et la pensée qui les reçoit ou les figure, il ne rencontre que la différence. Descartes affirme ainsi à la fois l'unité et l'immédiateté phénoménologique de l'image, en vertu de l'union, et son statut sémiotique, structuré par la différence, suivant la distinction. Sur les fragments de *Cartesius*, cf. G. Rodis-Lewis, *L'œuvre de Descartes*, 2 vol., Paris, 1971, vol. I, p. 105 sq.

la différence n'est possible que dans la mesure où nous percevons dans la «peinture» sa similitude avec la chose dont elle est la peinture, laquelle nous supposons appartenir à notre champ d'expérience possible. L'artiste se règle sur cette expérience pour construire sa perspective, une expérience où la vision s'avère toujours déjà prise dans un langage (car la perspective moderne, indexée sur la géométrie, est bien un langage qui structure le voir), et le langage toujours déjà pris dans la vision.

Une théorie générale de la représentation ne peut échapper au problème de la ressemblance. Dans la ressemblance, la culture baroque s'emploie à déceler les faux-semblants. La ressemblance est jeu d'apparences, elle ne possède aucune pertinence ontologique. Immanquablement, la réflexion baroque sur la ressemblance conduit à une conclusion sceptique: dans la ressemblance, c'est l'être qui se dérobe. Et pourtant, les ressemblances et les dissemblances, pour l'empiriste sceptique, sont les seules données à partir desquelles il est possible de constituer un savoir, une science, limitée aux semblants, mais qui possède une indéniable utilité, puisqu'elle permet une exploitation et une manipulation techniques des phénomènes du monde. Faute d'être vraies, les ressemblances possèdent leur vraisemblance.

Descartes refuse la logique de la vraisemblance[1]. La science, pour mériter son nom, pour être savoir et non ignorance déguisée, doit être «vraie». La vérité que les phénomènes du monde nous refusent, dérivera de la pensée. Dans cette optique, Descartes affronte le problème de la ressemblance en s'efforçant de démontrer que notre représentation du monde, loin de se fonder sur une ressemblance entre les images sensibles et leurs modèles physiques, doit être pensée comme le produit d'une différence réglée à laquelle il est possible de ramener tout ce que l'on entend communément et confusément par ressemblance. Mais de cette démonstration, Descartes ne peut pourtant évacuer la ressemblance même, car elle s'avère impliquée dans le modèle sémiotique et géométrique adopté pour régler la différence: la figure, pour signifier, doit ressembler; la texture géométrique de la taille-douce ne dessine un paysage que selon une ressemblance constitutive engagée, dans toutes les étapes de la *rédaction* et de la *lecture*, entre l'image artificielle et ce dont elle est l'image. L'exemple des

1. Cf. *Discours de la méthode*, VI, 8. Descartes prend la question là où la laisse la critique sceptique la plus radicale (dirigée contre tout dogmatisme, y compris le dogmatisme négatif des Académiciens), telle qu'on peut la trouver chez Montaigne, cf. *Essais*, II, 12, *éd. cit.*, t. 2, p. 309-312 et 333-334, cf. Jean-Paul Dumont, *Le scepticisme et le phénomène*, Paris, 1972, éd. 1985, p. 41-49.

tailles-douces illustre, à première vue de façon très convaincante, la doctrine de la translation de la figure par différence réglée, parce qu'il «montre» comment le modèle abstrait s'accorde avec l'expérience de la vision. Car il s'agit là non d'une démonstration rigoureuse mais plutôt d'une «monstration», puisque l'argumentation repose sur l'invocation d'une «ressemblance», cette ressemblance même qu'il faut expliquer. Autrement dit, dans l'économie du texte scientifique, un tel «exemple» possède d'abord une fonction rhétorique. L'argument de la ressemblance n'est en effet qu'un retour rhétorique à la rhétorique des sens, au langage des qualités, indissociable des fausses évidences de l'opinion commune. La doctrine de la perception sensible comme sémiose tire donc toute sa crédibilité de ce recours à l'image, dans ce que celle-ci peut avoir de précritique, de spontané, donc, en toute rigueur géométrique, de fallacieux.

Une analyse similaire peut être faite de la comparaison du procès sémiotique de figuration à une plume en mouvement, une plume et une main en train d'écrire un texte qui suscite dans l'esprit du lecteur des images, des sentiments et des passions. Pourtant cette comparaison, empruntée directement au domaine linguistique, semble a priori éviter l'écueil théorique de la ressemblance. Le texte des *Principes* insiste sur ce point: «les seuls mouvements qui se font dans les corps sont suffisants pour lui faire avoir toutes sortes de pensées, sans qu'il soit besoin qu'il y ait en eux aucune chose qui ressemble à ce qu'ils lui font concevoir; et particulièrement, qu'ils peuvent exciter en elle ces pensées confuses qui s'appellent des sentiments (*sensus, sive sensationes*)» (IV, art. 197). En effet, la métaphore de l'écriture fait bien paraître l'absence de ressemblance entre les mouvements de la plume et les émotions de l'âme qu'ils suscitent, entre les «figures» d'écriture (les lettres) et les images qu'elles font naître. Mais le problème de la ressemblance n'est que reporté et approfondi: il devient celui du pouvoir de représentation du langage et engage par là même le statut (et le style) du discours scientifique qui produit cet exemple. La «littérature» possède en effet cet étrange pouvoir de provoquer chez le lecteur des sensations, des émotions, des passions, alors que notre vue ne nous offre rien d'autre qu'une suite de signes d'écriture[1]. D'une

1. Descartes semble penser ici à un roman de chevalerie: il y a des batailles et de l'amour. Une lettre de Huygens atteste le goût que Descartes partage avec ses contemporains pour ce genre et évoque la lecture d'*Amadis des Gaules*, roman fleuve extrêmement populaire (lettre de *Huygens à Descartes* du 18 septembre 1637, I, 643). Il pourrait également s'agir du poème dramatique de l'Arioste, auquel les «furies» font penser, le *Roland furieux* (*Orlando furioso*) qu'il arrive à

part nous sommes confrontés à la différence dans toute sa radicalité entre signe et signification, suivant laquelle est pensée la différence figure physiologique-sensation. Mais d'autre part, ici encore, de la «ressemblance» est en fait supposée: la «tempête» décrite dans les romans est identifiable comme telle parce qu'elle évoque l'image de ce phénomène naturel, de ce météore auquel nous donnons le nom de tempête. Dans cet exemple de dissemblance, de la ressemblance est encore impliquée: les lettres font image, comme les figures géométriques de la gravure, parce qu'un acte de comparaison préside au travail de l'écrivain-peintre comme à celui du lecteur-spectateur. L'amateur de peinture ou de roman rapporte d'emblée les images produites artificiellement à l'expérience possible dont ces images sont le simulacre.

Mais il y a plus encore dans cette image de la genèse sémiotique des images, car les images suscitées chez le lecteur par l'écriture supposent celles de l'écriture même, de la main en train d'écrire. Comme le cachet de cire, la plume, saisie dans son opération de traçage, est une comparaison adéquate pour décrire le processus naturel de figuration: la plume montre avec simplicité et exactitude comment s'effectue la sémiose du monde. Mais la force de cette image est tout autant rhétorique: elle tient à l'éloquence d'une expérience simple et commune permettant de ramener le modèle théorique au sensible. Quoi de plus simple qu'une plume en train d'écrire, pour montrer la transmission mécanique des figures-signes[1]? Mais il faut bien insister sur le fait que cette simplicité et cette évidence ne sont pas d'ordre démonstratif: l'expérience convoquée n'est pas «déduite» du modèle euclidien (et d'abord comment une expérience sensible pourrait-elle être déduite de la géométrie, alors qu'elle l'excède de toute part, et en fait la précède nécessairement?), mais elle confère plutôt au modèle, du dehors, la caution de la sensibilité dont celui-ci a besoin, à la fois pour être rhétoriquement crédible et scientifiquement opérant. Quoi de plus persuasif en effet que l'introduction, dans une démonstration particulièrement abstraite (et destinée à abstraire) qu'un appel à ce que chacun peut voir et expérimenter?[2] Descartes enlève surtout l'assentiment de

Descartes de citer (*A Fermat*, le 27 juillet 1638, II, 280-281; *A Chanut*, le 1er février 1647, IV, 615).

1. Voir *supra*, III, 3.

2. Dans le même texte de la *Règle XII*, il est possible de faire la même remarque au sujet de la figure: «on la touche et on la voit»: c'est pourquoi il «faut se représenter» ainsi toutes les qualités. Descartes prend l'exemple de la couleur: on ne peut pas «nier» qu'elle soit figurée. Mais le voit-on, comme le prétend Descartes? Il est certes impossible de concevoir une couleur sans figure.

son lecteur par l'érection de la ressemblance en performance, par la convocation de l'expérience non comme une simple image mais comme une action en train de se faire. Et c'est d'abord le caractère performatif d'une telle comparaison qui l'empêche d'être une « simple analogie ». « Pendant que j'écris, je comprends... ». Descartes, pour convaincre, et peut-être se convaincre d'abord lui-même, en appelle à ce qu'il est en train de faire : tracer des figures sur le papier ; inscrire les signes avec lesquels il fait entrer dans l'argumentation sa propre activité d'écriture : « *Dum scribo, intelligo* ». Cette réflexion performative, d'un point de vue formel, anticipe sur l'invention du *cogito* : celle-ci est en effet étroitement liée à une rhétorique de la pensée actuelle, dominante dans la plupart des textes cartésiens, assumée à la première personne et ménageant de nombreuses adresses aux lecteurs[1]. Mais la performance rhétorique n'est pas ici un acte métaphysique, elle apporte plutôt au modèle sémiotique de la perception par différence la garantie d'une expérience du philosophe à l'écritoire, son acte même d'écriture. Cette théâtralisation de l'écriture ne saurait en tout cas être expliquée par le modèle qu'elle sert à illustrer : son efficace est celle de l'image, de la « quasi vision » que Descartes suscite chez son lecteur, de sa main en train d'écrire les *Regulae*[2].

2. La rhétorique de l'expérience

Même dans les *Regulae*, ce texte « tranchant et sobre »[3], où l'analyse géométrique et sa transposition méthodologique est partout à l'œuvre, la comparaison et l'image viennent assurer un lien rhétorique entre la doctrine et le monde en son paraître. Ces procédés deviennent

Mais cela ne veut pas dire que la couleur puisse être ramenée à la figure : une même couleur peut remplir une infinité de figures et une figure encadrer une infinité de couleurs. Abstraire tout de la couleur pour n'en conserver que la figure revient forcément à supprimer purement et simplement la couleur. Et d'ailleurs les figures qui suivent dans le texte des *Regulae* ne représentent que les différences entre couleurs et non les couleurs elles-mêmes. L'appel à l'expérience pour affirmer l'universalité de la figure est donc indéniablement sophistique.

1. A propos de la fable du monde, Fernand Hallyn écrit justement : « le discours de Descartes est effectivement un discours du faire, de la philosophie comme acte performatif », « Sur deux passages de Pascal et de Descartes », *XVIIe Siècle*, n° 153, 1986, p. 251.

2. Cf. J.-L. Nancy, *op. cit.*, p. 43.

3. M. Heidegger, *Die Frage nach dem Ding*, Tübingen, 1962, p. 78.

systématiques dans les textes de physique, où il s'agit d'appliquer la grille géométrique à la nature, de rendre compte des phénomènes et d'abord de leurs conditions physiologiques d'apparition, c'est-à-dire de la formation des qualités sensibles. Le *Monde* se présente ainsi comme une entreprise de géométrisation de la nature certes, comme la constitution systématique d'une physique mécaniste, mais à travers un tissu extrêmement serré d'images et d'exemples empruntés à la vie quotidienne, appelés par Descartes des «expériences». Dans cette œuvre, il n'est pas donné au terme «expérience» le sens que lui attribuera la science «expérimentale», notion dont Descartes ne fait que s'approcher dans les célèbres pages du *Discours de la Méthode*[1]. En rédigeant le *Monde*, écrit-il à Mersenne, il ne veut «traiter» que de «ce que tout le monde peut expérimenter»[2]: il semble entendre par là les phénomènes réguliers de la nature, lumineux et autres. Mais les «expériences», à travers lesquelles se fera l'explication scientifique, devront également pouvoir être faites par tous. Ainsi, au début du traité, toute l'argumentation conduisant au rejet de la ressemblance au profit de la différence, s'effectue à travers une série de telles «expériences»: celles de la parole, de la chatouille et de la courroie. C'est bien parce que le lecteur peut ramener le texte à son environnement immédiat, parce que l'image donnée par Descartes de l'expérience sensible lui paraît conforme, «ressemblante», qu'il est susceptible, paradoxalement, d'adhérer à la doctrine cartésienne de la différence. Dans tous ces exemples Descartes manie l'hypotypose avec une très grande dextérité; avec un naturel et une urbanité qui couvrent la dimension rhétorique du texte: «un homme ouvre la bouche, remue la langue, pousse son haleine, je ne vois rien (...) qui soit fort différent

1. La sixième partie du *Discours de la méthode* présente en effet une conception plus «expérimentale», en ceci que les expériences dont Descartes montre l'importance, et pour lesquelles il cherche un financement, sont «construites» : elles nécessitent un appareillage, l'assistance d'artisans et sont bien destinées à tester la théorie. Seule une telle expérience permet de choisir, pour expliquer un phénomène, entre deux déductions possibles (VI, 65). Mais même dans ce texte, il n'est pas reconnu à l'expérience un rôle scientifique véritablement moteur: l'expérience est d'abord construite pour confirmer l'hypothèse scientifique et non pour la falsifier. Sur la fonction de l'expérience dans la science cartésienne, cf. A. Milhaud, *Descartes savant*, Paris, 1921, p. 199-210; L. Liard, *Descartes*, Paris, 1882, II, ch. IV. E. Gilson met justement en avant le rôle constatatif de l'expérience cartésienne, «constatation de l'accord qui s'établit entre l'observation des phénomènes et les moments de la déduction», *Discours de la méthode*, *op. cit.*, p. 451. Plus récemment, D. Clarke, *Descartes philosophy of science*, Manchester, 1982, ch. III.

2. *A Mersenne*, le 18 décembre 1629, I, 85. Cf. également *Discours de la Méthode*, VI, 63

de l'idée de son...» (XI, 5). Nous avons déjà évoqué l'ambiguïté de ce voir et sa fonction rhétorique dans le dispositif descriptif, très habilement construit, par lequel les sens se destituent réciproquement[1]. Nous devons maintenant observer que cette remise en cause de la pertinence gnoséologique des sens ne peut se faire sans un appel insistant à l'expérience sensible:

«On passe doucement une plume sur les lèvres d'un enfant...»

«Un gendarme revient d'une mêlée (...): on appelle un chirurgien, on ôte ses armes, on le visite...» (XI, 6).

L'expérience est décrite, ou plutôt racontée, au présent et au style direct: le narrateur parle «comme si» le spectacle se déroulait devant lui et «comme si», par le pouvoir de l'écriture, il y faisait participer son lecteur. Il faut prendre au sérieux cette simulation: Descartes ne dit-il pas que les mots tracés sur une feuille, «font imaginer» avec une force telle que la «passion» s'ajoute à l'image? Ces «expériences», il y «jette les yeux» (XI, 10 et 14), et le lecteur avec lui, qu'aucune d'entre elles n'arrache à l'univers familier des sens, des habitudes et de l'opinion. Le cas échéant, l'usage de l'impératif impose au lecteur d'accomplir l'acte représentatif et de devenir spectateur: «voyez nager des poissons dans le bassin d'une fontaine...». La physique du plein et des tourbillons est toute entière enveloppée dans ce spectacle ordinaire des poissons qui tournent dans les bassins des jardins à la française. «cette expérience suffit pour montrer combien ces mouvements circulaires sont aisés et familiers à la Nature» (XI, 9 et 10). A la nature? L'aisance n'est-elle pas plutôt celle du discours et la familiarité celle de l'«expérience», telle que l'exhibe le locuteur, en exigeant de son auditeur qu'il «voie»? Les expériences de ce type abondent dans le *Monde* et tissent un dense réseau rhétorique à travers lequel Descartes parvient à rendre crédible sa représentation mécaniste de l'univers, où tout peut être expliqué par figure et mouvement, où tout est quantifiable; une représentation qui dénie à l'expérience une quelconque dignité épistémologique, paradoxalement, puisque c'est pourtant l'expérience qui est convoquée pour entériner ce déni. Autrement dit, ces expériences sont absolument nécessaires à l'argumentation, mais ne peuvent avoir, à proprement parler, de valeur démonstrative. Descartes le reconnaît d'ailleurs, à propos de cet exemple de la fontaine et de celui, traditionnel, du tonneau percé en son fond dont le vin ne s'écoule pas: «les expériences dont j'ai parlé ne sont point suffisantes pour (...) prouver (qu'il n'y a pas de vide), quoiqu'elles le soient assez pour persuader que les espaces où nous ne

1. Voir *supra*, II, 1.

sentons rien sont remplis de la même matière...» (XI, 20-21). L'expérience persuade, elle ne prouve pas. Il faudra tirer toutes les conséquences de ce statut rhétorique reconnu à l'expérience, qui pour cela même ne saurait se substituer à la démonstration.

Le problème de la ressemblance fait ainsi paraître l'impossibilité pure et simple de constituer un discours scientifique qui s'abstraie radicalement et définitivement des qualités sensibles et de leur expression linguistique pour les réduire à un jeu de figures et de mouvements parfaitement quantifiables. Nous pouvons au contraire constater que le modèle géométrique, pour s'imposer, a besoin de s'en remettre au monde coloré de l'expérience sensible et linguistique; ce monde qui brille de sa propre évidence, mais en même temps qui impose à la science son irréductible indétermination. La géométrie a besoin de la rhétorique, d'un discours persuasif qui joue sur l'expérience commune des qualités, perçues directement par les sens ou mises en image par des procédés sémiotiques et iconiques; discours oral, texte, gravure ou tableau.

Il ne faut pourtant pas se hâter d'interpréter simplement comme un échec de la théorie cartésienne ce recours à l'expérience, grâce auquel une ressemblance est établie, malgré la différence entre le monde géométriquement construit de la physique mécaniste et le monde dans lequel nous vivons. Cet appel à l'expérience naïve, comme nous l'a montré le jeu des substitutions visant dans le premier chapitre à remettre en cause la fiabilité du sensible, n'est absolument pas naïf : il appartient à une stratégie rhétorique qui vise à utiliser telle expérience vécue contre telle autre, pour nous dissuader ou persuader, mais en tout cas dans le but de montrer la pertinence du modèle et non d'abord pour en dissimuler l'éventuelle faiblesse. Nous ne voyons rien dans l'air qui nous entoure; ne pensons point pour cela qu'il soit vide : l'expérience de l'eau qui monte dans les pompes (vieil argument scolastique récupéré par Descartes) peut nous persuader que le vide n'existe pas. Celle des poissons dans le bassin nous montre que les mouvements de l'air sont vraisemblablement circulaires. Ces expériences viennent apporter une caution d'abord rhétorique (celle des sens et de la parole) au modèle mécaniste d'un monde plein, dans lequel les mouvements ne peuvent être que circulaires, ou plus exactement tourbillonnaires. Cette caution est nécessaire parce que le monde de la science cartésienne est radicalement «différent»: il est situé dans la représentation, de l'autre côté de l'abîme ouvert initialement par l'affirmation de la différence. Là où nous croyons voir de la lumière, des couleurs, là où nous sentons de la chaleur, de la douleur; dans l'immédiateté, rejetée au dehors, il nous faut nous représenter, selon un diktat de l'esprit, en tant que celui-ci est appliqué et uni à ce dehors sans «y être», de l'étendue aveugle, de la figure et du mouvement, insensibles. Ce monde, conforme aux exigences de l'esprit, est autre; il est l'autre monde, le «nouveau monde» de la nouvelle science, absolument différent de ce monde-ci, «l'ancien», comme le nomme Descartes. L'auteur du *Monde* prend acte de cette altérité, s'attache à la penser et s'efforce de la surmonter en faisant de son monde mécaniste une fable. Mais la fable est en même temps le stratagème rhétorique par lequel les deux bords de la différence sont sinon suturés, du moins rapprochés. Elle est le «biais» grâce auquel l'altérité du nouveau monde est pacifiée et surtout rabattue sur l'ancien, car la fable fait se «ressembler» ces mondes jusqu'à rendre la différence imperceptible, indiscernable.

C'est pourquoi, la fable comme revendication et tentative d'effacement de l'altérité commence, en quelque sorte, avec le traité. Pour l'honnête homme, auquel Descartes s'adresse manifestement en priorité, en adoptant le français et un style colloquial affranchi de la dialectique et du jargon scolastiques, ce monde ne peut manquer de paraître «nouveau», et c'est bien d'ailleurs ce que recherche l'honnête homme lorsqu'il jette un œil sur un ouvrage à caractère scientifique : la «nouveauté», la «surprise»[1]. Mais ce monde, plus encore, risque bien de sembler au lecteur étrange, «extravagant», il ne peut en tout cas le trouver que radicalement différent malgré toutes les précautions oratoires de l'auteur. A la place du feu, de sa chaleur et de sa lumière, il ne faut voir qu'un mouvement extrêmement vif de particules de matière (chapitre II). Le seul mouvement local tient lieu de tous les changements, altérations et métamorphoses dont le monde baroque est «naturellement» affecté. Les concepts de dureté et de liquidité reçoivent une définition strictement mécaniste qui exclut l'approche qualitative et symbolique traditionnelle des éléments (chapitre III). Dans ce monde sans vide les airs sont pleins de matière tournoyante (chapitre IV). Les trois éléments qui composent ce monde ne se distinguent que par la grosseur et la figure de leurs parties (chapitre V). De la matière en mouvement dont la seule diversité réside dans la taille et la figure des parties: un univers géométrique, absurde, incolore, inodore et sans saveur[2]... D'une simplicité déconcertante et d'une grisaille infinie... Somme toute assez décevant pour l'amateur de «merveilles»! Mais il est aussi un univers qui, à travers nos sens, et

1. Voir supra, V, 3.
2. Cf. le *Voyage du Monde de Descartes* du Père Daniel, Paris, 1690, p. 3.

suivant un chiffrage dont la géométrie permet la résolution, produit l'illusion d'un monde... semblable au nôtre. Cette idée ne manquera pas d'éveiller en revanche l'intérêt du curieux, de flatter son goût pour les chiffres et les trompe-l'œil. Un constant recours à l'expérience, comme nous venons de le voir, permet dans une certaine mesure de rendre vraisemblable ce scénario de monde, en montrant comment la chair peut venir en couvrir le squelette géométrique. Mais dans une certaine mesure seulement, parce que monstration n'est pas démonstration : la convocation de l'expérience est sans doute persuasive, elle n'entraîne pas pour autant nécessairement la stricte réduction du monde tel que nous le voyons au schéma proposé. Loin d'assurer une véritable légitimité au modèle, loin d'offrir un terrain stable sur lequel celui-ci pourrait s'appuyer et se déployer, ce recours en fait au contraire paraître la faiblesse, la gratuité, puisque sa pertinence tient finalement à ce rappel de l'expérience, destituée par la différence. Nous le verrons, toute cette première partie du *Monde* est en attente de fondements, de légitimation, comme le montre une succession d'hésitations et de reports. Il reviendra précisément à la fable de répondre à cette attente.

Nous pouvons cependant d'ores et déjà avancer que la fable « déclarée » se présente comme la reconnaissance de cette altérité et, tout à la fois, comme un dispositif rhétorique visant à réduire l'étrangeté, voire à la supprimer en rendant ce monde nouveau assimilable au monde de la vie. En effet, le souci constant de Descartes, une fois « son » monde créé dans « les espaces imaginaires » du texte, est de montrer que celui-ci « ressemble » à « notre » monde, le monde immédiat que l'auteur partage avec son lecteur : « la face du Ciel de ce nouveau monde doit paraître à ses habitants toute semblable à celle du nôtre » (XI, 104), « les hommes de ce nouveau *Monde* seront de telle nature que, lorsque leurs yeux seront poussés en cette façon, ils en auront un sentiment tout semblable à celui que nous avons de la Lumière... » (XI, 97). Ce sont « des hommes qui nous ressemblent » en tout point, jusqu'à être composés, « comme nous, d'une Ame et d'un Corps » (XI, 119). Nous pourrions multiplier les citations... En partant de la reconnaissance d'un écart absolu, la fable doit parvenir à faire que se ressemblent le nouveau et l'ancien monde[1]. Les expériences ponctuelles ne peuvent produire qu'une ressemblance fragmentaire et surtout déplacée, lorsqu'elles s'avèrent n'être autre chose que des « comparaisons » : l'air, apparemment vide, peut être

1. Ces effets de ressemblance sont également mis en avant dans le résumé du *Monde* contenu dans le *Discours de la Méthode* ; VI, 43-47.

« comparé » à une fontaine agitée par des mouvements circulaires. La ressemblance est déplacée en ceci que le ciel ne ressemble plus à lui-même, mais à une fontaine ou à de grandes rivières emportant des navires[1]. Cette métaphorisation de l'expérience immédiate, comme Pierre-Alain Cahné l'a remarquablement montré[2], donne au texte une dimension indéniablement poétique. Le concept géométrique est relevé par l'image métaphorique : la froide fiction mécaniste se fait seconder par les « rêveries » du poète[3]. La comparaison, simultanément, génère de la ressemblance et maintient la dissemblance : elle ramène au sensible, mais seulement par métaphore. Ni le ciel où tournoient des particules, ni l'eau des rivières ne ressemblent vraiment à notre ciel.

C'est la fable de tout un monde créé ex nihilo qui assure, malgré les dissemblances métaphoriques d'une part et géométriques de l'autre, une ressemblance globale : « la face du Ciel de ce nouveau *Monde* » paraît « tout semblable à celle du nôtre ». Mais surtout, le travail de ressemblance est poursuivi dans la fable jusqu'à rendre les deux mondes indiscernables, jusqu'à faire basculer la fiction dans le réel et du même coup le réel dans la fiction. Car la fable cartésienne doit être aussi prise au sens théâtral du terme : elle est jouée et se joue dans le texte. La simulation au théâtre est performance, la ressemblance est agie. Avec la fable, le nouveau monde de la physique moderne investit le vieux monde des qualités, le transforme en grande mécanique, le peuple d'automates : la fable, par la puissance rhétorique qui lui est conférée, affecte notre perception, nous « persuade » que ce monde créé dans les espaces imaginaires par un Dieu de fable n'est autre que notre monde, et que ce corps, fictionné sur le modèle du nôtre, est bien effectivement le nôtre : corps étranger, dans un monde altéré. « Le corps n'est autre chose qu'une statue ou machine de terre, que Dieu forme tout exprès pour la rendre plus semblable à nous qu'il est possible » ; semblable à tel point que nous en venons à percevoir, et non sans malaise, notre corps *comme* s'il était devenu cette machine, avec « au dedans, toutes les pièces qui sont requises pour faire qu'elle marche, qu'elle mange, qu'elle respire... » (XI, 120).

1. XI, 19 ; 58-62 ; 67-69 (voir *infra*, IV, 3, c).
2. *Un autre Descartes*, *op. cit.*, Ch. III : « Poétique », p. 67-117. Cf. également T. Spoerri, « La puissance métaphorique de Descartes », *Cahiers de Royaumont*, Paris, 1957.
3. *A Balzac*, le 5 mai 1631, I, 204 ; *A Huygens*, le 6 juin 1639, II, 682.

3. Ambivalence de l'imagination scientifique

Le problème de la ressemblance renvoie, comme nous l'avons vu, au problème plus originel de la différence ouverte entre la représentation et le réel, différence qui se répercute au sein même de la représentation comme schize séparant l'expérience sensible du monde de ses conditions physiques de possibilité, telles que peut les poser une science indexée sur les mathématiques. Le minimum de ressemblance admise dans la représentation scientifique du processus physiologique de la sensation (avec toutes les difficultés que soulève une telle admission) et le maximum de ressemblance impliquée par le recours à des comparaisons « fortes » et des exemples performés dans le texte, ont pour fonction de régler, mais alors par la rhétorique et non par la géométrie, la différence qui affecte la représentation : l'appel à l'expérience immédiate en dissimule l'irréductibilité tout en permettant au discours scientifique d'aller de l'avant, de se déployer et de soumettre à sa rationalité l'infinie diversité des phénomènes. C'est pourquoi nous croyons pouvoir avancer que la science cartésienne est structurée par une ambivalence principielle, se traduisant par la tension et la complémentarité de ces deux dimensions du discours que fait apparaître une réflexion sur le problème de la ressemblance : d'une part l'exigence d'une rigueur géométrique qui réduit le monde sensible à une sémiose mécanique, et d'autre part la nécessité d'un constant recours à la rhétorique, afin de ramener et d'appliquer le modèle intellectuel aux apparences. Il s'agit ainsi de rendre le modèle opératoire et tout à la fois crédible aux yeux du public. Cette tension interne, dissimulée et entretenue à la fois par l'imperturbable cohérence méthodologique, l'absence de toute dérive rhétorique échappant au strict contrôle de la raison géométrique et une extraordinaire finesse linguistique, cette tension apparaît cependant si l'on accepte de se livrer à l'étude attentive de tous les éléments du discours qui échappent à l'impératif géométrique : comparaisons, images, tropes, sans oublier les illustrations scientifiques qui scandent le texte.

Cette ambivalence entre l'esprit géométrique et l'esprit de finesse, pour reprendre la célèbre distinction pascalienne[1], affecte en premier lieu, au centre de la théorie de la connaissance et donc au principe de la

1. *Pensées*, éd. Brunschvicg, fr. 1-4 ; *De l'esprit géométrique*, *ibid.*, p. 164-195. Voir aussi Méré, *Discours des agréments*, in *Œuvres*, t.I, p.19.

science, la faculté dont la fonction est de permettre à l'entendement de composer des représentations qui lui soient entièrement subordonnées et soumises. Cette faculté est l'imagination. Par l'imagination géométrique, le physicien peut se représenter le monde à l'aide des seules natures simples corporelles, et d'abord de la figure. Mais l'imagination est aussi cette faculté grâce à laquelle les gravures et les fables des livres donnent à l'esprit l'occasion de se représenter un monde coloré et vivant, un monde paré de ses mille qualités: celui de l'expérience révoquée[1]. De ces deux usages de l'imagination, l'idéal géométrique de la science ne retient que le premier, mais de fait le second est toujours sollicité: pour que les ovales et les losanges dessinent des paysages, pour que la sémiose universelle produise les qualités et les passions de l'âme, pour que les mots nous fassent «comme voir» courir la plume sur le papier et s'enfoncer le cachet dans la cire: pour que la science soit celle du monde et non simplement le seul jeu d'un géomètre.

Il nous faut étudier comment ces deux régimes de l'imagination se soutiennent mutuellement et interfèrent dans ce texte qui projette dans les «espaces imaginaires» le nouveau monde de la physique mécaniste. La fable, annoncée comme un fruit de la «fantaisie» et tout à la fois comme le moyen par lequel l'imagination scientifique de l'auteur s'exerce dans toute sa rigueur, est bien sûr l'expression la plus achevée de cette ambivalence; elle en offre d'une certaine façon la reconnaissance et surtout se déploie comme une tentative systématique pour surmonter la crise dont elle est la marque. L'étude de l'ambivalence de l'imagination pose le problème de l'écriture du traité où se trouvent ainsi conjointes la figuration géométrique et les figures de rhétorique. Ce problème n'est autre que celui de la légitimation du discours scientifique dans son entreprise de destitution des discours de l'erreur au profit de la vérité.

a. Figures nues et images scientifiques

Pour bien envisager quelle est la fonction remplie par l'imagination dans le traité et comprendre ainsi comment s'écrit la fable du monde moderne, il faut partir du statut épistémologique assigné à cette faculté dans les *Regulae*.

L'imagination joue en effet un rôle clé dans l'épistémologie cartésienne, en tant qu'elle offre une aide précieuse et absolument nécessaire à l'entendement: précieuse parce qu'en transcrivant au moyen de figures les questions traitées, elle accroît la distinction et la netteté de l'esprit, nécessaire, parce que seule l'imagination permet à l'homme de

1. Cf. *Principes* IV, art. 197.

science de se forger une représentation correcte du monde extérieur. L'imagination est ainsi au centre de la pratique des mathématiques comme de la physique, tout en restant étroitement soumise au contrôle de l'entendement. Le *Monde*, de ce point de vue, est la mise en œuvre de l'imagination distincte dont les *Regulae* montrent l'importance méthodologique. C'est ainsi que Descartes affirme ne rien supposer dans son nouveau monde qui ne puisse être « distinctement imaginé » (XI, 36). L'imagination qui préside à la fiction du nouveau monde comme à sa propédeutique mécaniste, semble bien être celle qui est étroitement associée à la pratique et au langage de la géométrie, une imagination génératrice de figures et non d'images. Ainsi, cette imagination distincte, qui forme des figures sous la direction de l'entendement, suppose une sévère restriction de l'activité imaginative. Pour comprendre en quoi consiste cette réduction, il nous faut commencer par considérer la faculté de l'âme en général et la partie du corps qui, dans les texte de Descartes, répondent toutes deux au nom d'imagination.

Le plus frappant en effet est cette nature double, duplice, de l'imagination, le fait qu'elle appartienne à l'âme mais qu'elle soit aussi une chose du corps. Il faut décrire brièvement ce clivage ontologique, à l'origine de cette ambivalence qui caractérise le fonctionnement effectif de l'imagination dans le texte cartésien.

Dans les *Regulae*, systématiquement développées sur ce point par l'*Homme* (le second volet du *Monde*), l'imagination est d'abord une « véritable partie du corps »[1]. Le Descartes de l'*Homme* la situe dans la glande pinéale et sa fonction est avant tout de recevoir, par l'intermédiaire du sens commun, les images ou figures qui s'impriment sur les sens externes (XI, 176). Afin de décrire l'imagination physiologique de l'homme de son nouveau monde, Descartes anatomise d'ailleurs des cerveaux d'animaux (I, 263).

Mais l'imagination est aussi cette faculté par laquelle l'esprit « aperçoit » les images contenues dans la partie du cerveau homonyme, et grâce à laquelle « l'âme raisonnable » peut former ses propres images[2]. En ce sens, comme le diront les *Méditations*, « imaginer n'est autre chose que contempler la figure ou l'image d'une chose corporelle » (IX-I, 22). Cette contemplation peut être active ou passive. Elle est tout à fait passive dans le rêve éveillé et dans les songes, dont l'*Homme* s'attache à rendre compte : la raison n'y intervient pas, et la fantaisie « erre çà et là », composant automatiquement, avec des fragments d'images issues de l'expérience sensible, tracées dans le

1. *Règle XII*, X, 414 (voir *supra*, II, 1). Cf. aussi *Règle XIV*, X, 441.
2. *Règle XII*, X, 416.

cerveau (mémorisées) de nouvelles images, des représentations «fantaisistes»: «chimères», «hippogriffes» et autres assemblages mécaniques du rêve. Elle est active lorsque l'esprit considère ce qu'il crée lui-même et consiste alors en la fiction d'une image, d'une figure (XI, 184 et 649), «par la faculté qui connaît», appliquée «au corps qui lui est intimement présent» (IX-I, 57). Commentant ce texte, *l'Entretien avec Burman* définira cette imagination active de la manière suivante: les images sont inventées et formées dans le cerveau «sans les objets extérieurs et pour ainsi dire fenêtres fermées» (V, 163). En disant cela, Descartes a précisément en vue l'imagination géométrique, le traçage aisé d'un triangle et celui, beaucoup plus difficile, d'un chiliogone (*ibid.*). Car il s'agit d'un véritable traçage des figures dans le cerveau[1]. En exposant à Burman cette doctrine de l'imagination indexée sur la pratique de la géométrie, Descartes répète en 1648 ce qu'il a établi plus de vingt ans auparavant dans les *Regulae*[2].

Les problèmes que posent cette figuration du corps par l'esprit ne sont pas minces. Nous retrouvons les apories soulevées par la doctrine de la perception sensible, mais considérées ici du point de vue de la fabrication des images, non de leur réception. Ils relèvent de l'impossible articulation théorique de la différence des substances avec leur union. L'esprit trace véritablement des figures sur la glande pinéale, comme fait le géomètre sur sa feuille. Le tracé doit être compris comme effectif, selon l'une de ces analogies saturées dont les *Regulae* font la théorie. Pourtant, comme on l'a vu, l'action de la «force cognitive» sur la glande n'est comparable à une plume ou à un cachet que selon une analogie «faible»[3]. Ces deux régimes de l'analogie semblent s'exclure et cependant se recouvrent. Il est impossible d'échapper au paradoxe. Et remarquons aussi que le statut des qualités, considéré sous l'angle de l'imagination figurative, ne fait que devenir plus problématique et paradoxal: comment le traçage de la seule figure sur la glande peut-il nous faire apercevoir les images? Comment nos rêveries ou la lecture d'un roman (la figure des lettres tracées sur une page) nous font donc imaginer les couleurs de l'hippogriffe ou de la tempête, si les «figures» seules sont réactivées ou forgées dans le corps? Comme pourtant dans le sommeil, sans aucune activité volontaire de l'esprit, ces couleurs nous apparaissent,

1. Descartes utilise les verbes «*depingere*», «*ducere*» et «*formare*». Si la représentation du chiliogone est presque impossible, il semble que cela soit d'abord dû à un problème d'espace: il y a trop de traits à inscrire sur la page (la glande) et le dessin ne peut qu'être confus! (V, 163).

2. *Règle XII*, X, 414; *Règle XIV*, X, 440-441.

3. Voir *supra*, III, 3.

faut-il donc dire qu'elles sont contenues dans l'imagination corporelle, aux côtés des figures ?

Telles sont les questions laissées ouvertes par la doctrine, ou plutôt occultées dans l'opération de réduction du sensible et de l'imaginable à la seule figure. Mais ces difficultés reviennent hanter le discours de physique lorsque le physicien doit montrer que le modèle théorique construit, figuré par la raison géométrique – cette création de l'imagination pure –, correspond effectivement au monde visible.

La méthode des *Regulae* privilégie et promeut la figure, l'imagination figurative pensée géométriquement. Descartes parvient ainsi à établir une merveilleuse adéquation entre sa physiologie de la figure et son imagination par figure, une adéquation qui peut être expérimentée dans la pratique de la géométrie ou dans les autres activités de traçage, comme l'écriture, lorsque coïncident dans l'imagination corporelle la figure (un triangle, une lettre) perçue par l'œil sur le papier et, simultanément, celle que projette l'esprit. Afin d'accroître la distinction et la netteté de l'esprit, Descartes préconise le double usage de l'imagination et des sens, placés sous le haut contrôle de l'entendement. Il propose alors une véritable géométrie universelle : par « le seul secours des figures », il est possible de « se former des idées de toutes choses »[1]. Il entend par là des idées « corporelles », des figures forgées par l'imagination qui permettent à l'esprit de se représenter analogiquement (« *per analogiam quandam ad extensionem corporis figurati* ») tous les problèmes traités (X, 441). A commencer par celui que pose la production d'une représentation claire et distincte des « choses sensibles ». Nous lisons sous le graphe de la *Règle XII* : « la diversité infinie des figures suffit à exprimer toutes les différences des choses sensibles » (X, 413). Si ces figures sont en nombre infini, elles ne constituent pourtant qu'une infime partie des figures possibles. L'imagination géométrique est en effet éminemment réductrice : dans « le nombre indéfini de leurs espèces diverses », seules sont retenues celles qui « expriment le plus facilement toutes les différences de rapports ou de proportions » (*Règle XIV*, X, 450). Ce sont les figures analogiques que nous avons analysées plus haut[2], « *figurae nudae* », figures schématiques, traduit-on communément, mais il faut dire « nues », dépouillées de toute irrégularité, confusion, obscurité, figures simples, claires et distinctes sous le regard de l'esprit, figures-signes et non images. L'imagination géométrique forge des « figures nues » de « toutes choses », ou plutôt de tous les rapports ou proportions, car les

1. *Règle XIV*, X, 450. Voir également, *ibid.*, 440-441.
2. Voir *supra*, III, 2.

« choses », telles que nous les percevons par les sens, semblent se soustraire à cette représentation. Projections géométriques de rapports arithmétiques, les figures schématiques n'ont pas leur source dans le sensible et échouent à se soumettre le sensible comme tel. Nous l'avons vu : quelle pourrait bien être la figure nue de la couleur bleue ? Nous avons également pu constater que les *Regulae* faisaient appel aux images et aux comparaisons, c'est-à-dire à une imagination produisant bien autre chose que des figures nues.

Lorsqu'on passe de la méthodologie à son application physique, c'est-à-dire au *Monde*, ces infractions au modèle géométrique, deviennent visibles, au plein sens du terme. En effet, si nous feuilletons l'ouvrage à la recherche des figures nues de l'imagination restreinte, il est facile de constater que les figures qui s'y trouvent ne remplissent leur fonction scientifique qu'en échappant pour la plupart au statut assigné à la figuration par la doctrine. Certes l'ouvrage ne fut publié qu'après la mort de l'auteur, en deux parties séparées. Les figures originales tracées par Descartes ont été perdues, et l'auteur du traité n'a pas désigné ses illustrateurs[1]. Ces gravures répondent cependant toutes aux exigences du texte et aux très précises indications qu'il donne. C'est pourquoi, à l'aide du texte et par comparaison avec les gravures qui illustrent les ouvrages publiés sous les auspices de Descartes lui-même[2], il nous semble légitime de prendre ces figures comme point de départ pour notre réflexion sur l'imagination scientifique à l'œuvre dans *Monde*.

On est d'abord frappé par la grande diversité des genres de figures sollicitées dans le texte. Certaines de ces illustrations sont franchement géométriques ou du moins schématiques, comme celle qui rend compte du mouvement de la fronde, ou celle qui présente, par des boules numérotées, les conditions physiques de la formation des couleurs (XI, 46 et 92-93). D'autres effectuent la géométrisation de phénomènes cosmologiques, comme les comètes, ou physiologiques, comme la vision oculaire, qui fait l'objet dans l'*Homme* de descriptions très

1. Il s'agit de Florent Schuyl, traducteur et éditeur de la première édition de l'*Homme*, de Girard Van Gutschoven et de Louis de La Forge, qui ont travaillé séparément à l'édition française sur la demande de l'éditeur Clerselier. Girard Van Gutschoven a travaillé au service de Descartes. Il est à noter que ces illustrateurs n'étaient pas des artistes professionnels mais des hommes de science, tous trois experts en anatomie. Cf. Jacques Isolle : « Un disciple de Descartes, Louis de La Forge », *XVIIe siècle*, n° 92, 1971, p. 99-131.

2. Cf., pour les illustrations du *Discours de la Méthode*, *à Huygens*, 15-25 avril 1635, I, 586 ; *Huygens à Descartes*, le 28 octobre 1635, I 589 et le 15 juin 1636, I, 607 ; *Descartes à Huygens*, le 13 juillet 1636, I, 611, et le 30 octobre 1636, I, 614.

détaillées[1]. Ces dernières, malgré leur schématisme, présentent des indices permettant de reconnaître l'objet, des signes de ressemblance: le panache de la comète, la forme de l'œil, etc. D'autres encore, la plupart des gravures de l'*Homme*, n'ont rien de véritablement géométrique, mais sont des représentations de parties et de fonctions du corps humain où les apparences anatomiques se conjoignent à la mécanisation du vivant. Ces illustrations visualisent pour une part le modèle mécanique, on peut ainsi voir les «tuyaux» et les «fils» dont parle le texte. Beaucoup de ces figures font une grande place au dessin proprement anatomique des organes, mais s'attachent aussi à rendre les apparences extérieures du corps, en respectant les conventions artistiques de l'époque. La plus ou moins grande ornementation de ces figures dépend certes des choix de chacun des dessinateurs, mais dans la plupart des cas, sinon dans tous, le texte exige que les illustrations «ressemblent» aux objets tels qu'ils apparaissent et impliquent donc une représentation dérogeant à l'idéal géométrique de «nudité». D'autres enfin, elles aussi prescrites par l'auteur, sont des images *métaphoriques* ne possédant, en tout cas à *première vue*, aucun caractère géométrique, et qui rendent des comparaisons développées dans le texte, comme l'image cosmologique des «deux rivières» ou bien la toile percée qui, dans l'*Homme*, figure la mémoire (XI, 59 et fig. 30; voir *infra*, fig. 7 et 8).

Ramenées au texte, il apparaît que ces figures, malgré leur diversité, ont bien toutes pour fonction, soit directement, soit indirectement, de géométriser ou du moins de mécaniser les objets qu'elles représentent, y compris les images métaphoriques du dernier type. Les poinçons dans la toile, par exemple, «figurent» une action mécanique, a priori parfaitement quantifiable (fig. 30): avec cette dernière image, nous sommes d'ailleurs très proche des analogies fortes dont les *Regulae* font la théorie (comme la comparaison du cachet, étudiée plus haut[2]). Cependant il est facile de constater que l'imagination mise en jeu par une telle figure, à la fois dessinée et décrite, malgré sa simplicité, ne peut pas être réduite à l'imagination restreinte de la géométrie ou de la figuration schématique préconisée dans les *Regulae*.

Il suffit donc de feuilleter rapidement les premières éditions du traité pour se rendre compte *de visu* que la plupart des figures ne sont pas des «figures nues», et qu'elles diffèrent radicalement des exemples de ce type de figuration donnés par les *Regulae*. Il faut bien sûr en chercher les raisons dans la différence de statut des deux textes.

1. Respectivement, XI, 113 et figures 11, 12, 14, 21 et 22.
2. Voir *supra*, III, 3.

Les *Regulae* montrent comment l'homme de science doit utiliser son imagination, quel que soit l'objet de sa représentation. Le physicien du *Traité de la Lumière* doit expliquer le monde apparent, et son imagination, loin de ne consister qu'en une projection schématique des problèmes, doit à tout moment établir les liens, inventer les médiations qui font du schème géométrique la structure explicative du monde des phénomènes, du monde tel que nous le voyons, et indissolublement tel que le présente l'imagination culturelle.

Ce rapide regard porté sur les figures du traité nous ramène au texte et c'est dans le texte, dans le rapport circonstancié du texte aux figures, qu'il faut étudier le travail ambivalent de l'imagination.

b. Figuration de la figuration

Nous limiterons cette étude de la figure scientifique au texte de l'*Homme* dans lequel est énoncée la théorie physiologique de la figuration. Passage étonnant d'un point de vue lexical, parce que «figure» y signifie deux choses: ce dont on parle et l'illustration qu'on en donne. L'analyse de la transmission des figures corporelles s'effectue à travers la présentation et la description de figures d'anatomie. Dans ce texte, «figure» est l'élément sémiotique de la perception sensible et tout à la fois la représentation graphique permettant à l'esprit de concevoir le processus physiologique étudié. Ce qu'il dit de la figure, de sa formation et de son transport dans le corps, Descartes appelle à le «voir», à le «regarder» sur le papier (XI, 174). Mais ce que le lecteur-spectateur doit «voir» dans la figure scientifique, ce sont des mouvements et des actions, bref ce que la figure n'exhibe pas et qu'il y faut imaginer: le flux des esprits animaux, la dilatation du cerveau, la tension des filets nerveux:

> Vous pouvez voir, en la figure marquée M (Fig. 27), que les esprits qui sortent de la glande H, ayant dilaté la partie du cerveau marquée A, et entrouvert tous ses pores, coulent de là vers B, puis vers C, et enfin vers D, d'où ils se répandent dans tous ses nerfs... (XI, 174 ; voir *infra*, fig. 12)

C'est toute une série d'actions qu'il faut «voir», et il y a tout un cheminement à accomplir sur la figure même, de lettre en lettre, pour observer le cours des esprits. La figure est en fait un support visible pour l'imagination, une imagination constructive qui feint d'observer, suivant les indications du texte, le fonctionnement de la machine. La description est en effet construite à partir des signes qui renvoient du texte aux figures. Plus encore: l'explication est menée à travers la figure. Descartes compose manifestement son texte en même temps qu'il trace au moins l'esquisse des illustrations, puisqu'il les détaille et les chiffre; il raisonne à l'aide de la figure, simule sur le papier les fonctions du corps et se construit ainsi une image à la fois ressemblante et conforme aux principes de son mécanisme. On ne peut que rapprocher cette figuration artificielle de la figuration naturelle qu'elle sert à décrire. Descartes dit en effet dans ce même texte que les figures naturelles sont non seulement «les choses qui représentent (...) la position des lignes et des superficies des objets, mais aussi toutes celles qui (...) pourront donner occasion à l'âme de sentir le mouvement, la grandeur, la distance, les couleurs...» (XI, 176). De même, les figures artificielles, inséparables du texte, ont pour fonction de nourrir l'imagination scientifique, de permettre une claire représentation de la figuration naturelle. Ces figures sont donc des reconstructions, mais qui doivent se rapporter à l'observation anatomique. Le résultat, visible dans les illustrations publiées par Clerselier, et qui sont en effet fidèles à l'esprit du texte, est un moyen terme entre la planche anatomique proprement dite et le diagramme, la coupe géométrisée d'une machine[1]. Ces représentations, pourrait-on dire, se tiennent à mi-chemin entre l'idéal de nudité géométrique et la stricte fidélité aux apparences. Ce compromis entre le diagramme et l'image tirée au naturel, s'il permet bien d'assurer une certaine crédibilité au modèle mécaniste, suscite cependant une certaine gêne: Descartes trouve de sérieuses difficultés pour éliminer l'impression de gratuité et d'arbitraire qui se dégage de ce déploiement de l'imagination mécaniste, destiné à réduire le cerveau et le corps tout entier à une machine transportant de la figure, ce corps qui, sous le scalpel, ressemble si peu à une machine et que l'on ne voit bien sûr pas «fonctionner» sur la table de dissection. Cette gêne apparaît dans la description, au terme du

1. De ce point de vue, les magnifiques gravures de Florent Schuyl font problème. Les éditeurs qui se sont succédé, depuis Clerselier jusqu'à Adam et Alquié, ont tous choisi de ne pas les reproduire. Pourquoi ? Ils sont unanimes pour répéter après Clerselier «qu'elles l'emportent» sur celles de La Forge et de Gutschoven «si l'on a simplement égard à la gravure et à l'impression», mais qu'elles sont «moins intelligibles» (Préface de Clerselier à l'édition de 1664, XI, p. XI; cf. Adam, XI, p. II; etc.). Pour tout dire, les éditeurs de Descartes ont jugé que les gravures de Schuyl n'étaient pas assez «cartésiennes». Cependant ces figures ne sont d'abord pas aussi inexactes et imprécises que le veulent les gardiens de la mémoire cartésienne, et surtout elles rendent merveilleusement bien celles des images de Descartes que l'on pourrait en effet trouver les moins cartésiennes, comme par exemple la comparaison du cerveau à une «voile» gonflée par les esprits animaux. Certes elles ne tiennent pas compte du caractère schématique et simplificateur que Descartes donne à ses descriptions, mais il n'est pas si sûr que l'auteur aurait préféré les figures plus austères de La Forge et Gutschoven (voir *infra*, fig. 21 et 22).

long et sinueux parcours imaginaire. Nous avons laissé tout à l'heure Descartes nous enjoindre de regarder les esprits se répandre dans les «nerfs». Il poursuit ainsi:

> (les esprits animaux) tiennent par ce moyen tous les petits filets, dont ces nerfs et le cerveau sont composés, tellement tendus, que les actions qui ont tant soit peu la force de les mouvoir, se communiquent facilement de l'une de leurs extrémités jusques à l'autre, sans que les détours des chemins par où ils passent, les en empêchent. (XI, 174)

Il y a là un aveu, car les «détours des chemins» qu'empruntent les esprits, sont aussi ceux qui rendent la figure difficile à lire et la description cartésienne malaisée à suivre: le corps ne se réduit pas si facilement à une machine automatique, surtout lorsqu'il revient à une figure d'en sauver les apparences. Le corps est plein de replis et de courbures, plein de fibres entrelacées dont la description mécaniste doit respecter un tant soit peu les «détours», au risque de faire obstacle à la clarté de la représentation[1]. Le jeu linguistique sur ces «détours», détours des esprits animaux dans le corps et tout à la fois détours de la description figurée, peut être lu dans le texte, qui se poursuit ainsi: «Mais afin que ces détours ne vous empêchent pas aussi de voir clairement, comment cela sert à former les idées des objets qui frappent les sens, regardez en la figure ci-jointe...» (XI, 174, et fig. 29 ; voir *infra*, fig. 11). Cette figure jointe «montre» comment la figure naturelle, tracée dans le fond de l'œil par les rayons venant d'un «objet A, B, C», se «trace» ensuite en «la superficie du cerveau», puis enfin sur la «glande H» (XI, 175). La figure artificielle doit faire «voir clairement» comment se forment «les idées des objets qui frappent les sens»: ce traçage automatique de la figure est présenté comme une «évidence» (*ibid.*). Cette «évidence» peut être en effet concédée si l'on suit, sur la figure dessinée, les lignes et les chiffres qui géométrisent ce parcours de la figure, des objets jusqu'à la glande. Mais ce qui n'apparaît pas, et reste invisible dans la représentation, c'est cela qui rend possible la vision dans la doctrine, à savoir la figure corporelle elle-même, dont le trajet seul est signifié. Et pour cause ! Il faudrait figurer la défiguration, il faudrait exhiber la dissemblance/ressemblance, montrer ce que devient matériellement la figure de la pomme, par exemple, dans le cerveau (XI, 191 et fig. 36 ; voir *infra*, fig. 13). Tout cela cependant, Descartes l'exprime par le jeu du chiffrage: l'objet A, B, C, est présenté, sur la glande pinéale... par les

1. Cf. XI, 201 et l'art. 34 des *Passions de l'âme*. Sur ce dernier texte, voir P.-A. Cahné, «Autour de la phrase de Descartes», *Europe*, 1978, n° 594, p. 65.

points a, b, c. Les mêmes lettres signifient la ressemblance conservée entre la figure initiale et la figure finale; le passage des majuscules aux minuscules symbolise les transformations et les pertes subies par la figure.

Du moins est-ce ainsi que le lecteur, spontanément, peut interpréter, dans le cadre de la doctrine cartésienne, ce jeu de lettres. L'auteur n'en dit rien. Toute l'efficacité rhétorique du procédé tient à cette simple (et fausse) évidence du chiffrage: représentation ingénieuse du transport de la figure-signe à l'aide d'une analogie sémiotique inspirée du langage géométrique. Cependant, à l'aide de ce subterfuge, Descartes parvient malgré tout à susciter une «vision claire», «une image distincte» du transport de figure et donc de la genèse des sensations. Il va de soi, conformément à ce que nous avons vu, qu'un tel procédé escamote le problème de la ressemblance plutôt qu'il ne le résout. Cela dans l'illustration elle-même, où le chiffrage accomplit sa fonction représentative parce qu'il est disposé sur une image qui reproduit les apparences anatomiques du cerveau. Il importe enfin que la description chiffrée et mécanique de la genèse physiologique des sensations corresponde à l'image extérieure et commune du corps. Ainsi, La Forge inscrit la représentation du processus de la perception visuelle dans un profil finement dessiné, en accord avec les conventions esthétiques de son temps (fig. 35; voir *infra*, fig. 14). L'imagination distincte ne suffit donc pas. A tout moment est sollicitée une autre forme d'imagination qui rapporte les figures de science aux figures de l'expérience: «Imaginez-vous par exemple – écrit Descartes au même endroit – que la différence qui est entre les deux figures M et N (fig. 27 et 28; voir *infra*, fig. 15 et 16) est la même qui est entre le cerveau d'un homme qui veille, et celui d'un homme qui dort, et qui rêve en dormant» (XI, 173-174). Ces figures parlent en effet à l'imagination et elles sont bien d'abord le fruit d'une imagination qui fait appel à l'expérience du sommeil et des songes. Dans le sommeil cartésien, les fibres du cerveau sont molles et emmêlées, «lâches et pressées», «humectées par le sang» qui se renouvelle et se purifie durant le repos. Les esprits animaux, suivant les mouvements de l'imagination corporelle livrée à elle-même, ou aux quelques stimuli nerveux qui parviennent encore jusqu'au cerveau, gonflent ces tissus comme «les voiles mouillées d'un navire» (XI, 197-198). Avec ces images, nous sommes très loin du schématisme géométrique des *Regulae*. Il reste cependant sous-jacent, dans cette explication onirique du sommeil et du rêve: Descartes ne trahit nulle part son modèle mécaniste et n'abandonne ni ses «tuyaux 2,4,6,» ni ses «pores a,b,c,» (XI, 198). Pour l'auteur des *Regulae*, ne l'oublions pas, l'état de rêve n'affecte pas la perception des vérités mathématiques; les figures des chimères et des hippogriffes y voisinent avec les nombres et les figures géométriques: «car, que je veille ou que je dorme, deux et trois joints ensemble formeront toujours le nombre de cinq, et le carré n'aura jamais plus de quatre côtés...» (IX-I, 16). On comprend pourquoi Descartes peut écrire à Balzac, le 5 mai 1631, qu'il l'attend à Amsterdam avec «un petit recueil de rêveries»: sans doute le manuscrit en chantier du *Monde* (I, 204).

c. *Une comparaison filée: Cieux/Rivières*

Le cerveau du dormeur est «comme» la voile mouillée d'un navire: la comparaison joue un rôle déterminant dans l'écriture et d'abord l'invention de la physique cartésienne. La comparaison est l'acte par excellence de l'imagination considérée dans son ambivalence, de l'imagination qui se tourne vers l'expérience immédiate et la manipule afin de rendre applicable le modèle mécaniste. Parmi ces comparaisons, celles qui ont trait à l'univers maritime et à l'élément liquide en général occupent une place importante. Nous verrons que Descartes partage et exploite le goût et même, faut-il dire, la fascination de ses contemporains pour les eaux courantes qui manifestent la fluidité et la mutabilité de toute chose[1]. Qu'il nous soit permis une nouvelle incursion dans le monde de la fable, où la rhétorique de l'expérience, assurée de l'impunité littéraire, peut se déployer librement.

La majeure partie des deux chapitres consacrés au cours des planètes et des comètes du nouveau monde (chapitres IX et X) est menée à travers la comparaison de ces corps célestes avec les corps emportés par l'eau des rivières. Il revient à l'observation banale, quotidienne, de corps flottants sur des cours d'eau, de rendre compte des phénomènes astronomiques les plus complexes: «nous voyons tous les jours que les bateaux, et les divers corps qui flottent dans l'eau, aussi bien les plus grands et les plus massifs que ceux qui le sont moins, suivent le cours de l'eau dans laquelle ils sont, quand il n'y a rien d'ailleurs qui les en empêche» (XI, 57-58). Dans son univers rendu homogène par les lois mécaniques, Descartes peut certes, sans contradiction majeure, étudier les déplacements des corps célestes à partir des mouvements observables sur terre. La comparaison semble d'autant plus légitime qu'en ce point du traité il a depuis longtemps établi que les planètes et les comètes sont les seuls corps «durs» de l'univers (formés de «Terre» élémentaire), tous les autres étant composés de «Feu» et d'«Air», éléments «liquides». Dès lors, c'est *tout*

1. Voir *infra*, IV, 3, e.

naturellement que se présente à l'esprit l'image de planètes emportées par les cieux comme des corps flottant dans une eau courante. Ce sont les concepts de liquidité et de dureté, communs aux deux domaines confrontés, qui permettent à la comparaison de s'exercer. Il faut cependant remarquer que cette liquidité, au nom de laquelle les tourbillons célestes peuvent être expliqués par les rivières, n'est autre que la « qualité » traditionnellement attribuée en propre à l'eau, la qualité considérée dans sa fausse évidence sensible, alors que la liquidité, telle que Descartes la définit dans le cadre de son analyse des éléments, est une caractéristique purement mécanique, reconnue d'abord au feu et à l'air, et qui est déterminée par la petitesse et l'agitation des particules composant ces deux éléments (XI, 13). Cette liquidité n'est donc pas la qualité que nous attribuons spontanément aux corps dont la fluidité est visible et palpable. La pertinence rhétorique de la comparaison repose pourtant sur cette expérience qualifiée, et c'est bien cette expérience qui, pour une part non négligeable, guide l'homme de science dans son travail d'explication. Il est en effet indéniable que le comparant informe ici le comparé[1] : Descartes étudie les cieux penché sur le cours d'un fleuve. Du moins est-ce la posture imaginaire qu'il adopte pour mener une explication complexe des phénomènes célestes. Couché sur la rive, il semble se laisser aller aux suggestions des eaux courantes. Mais il nous faut voir les décisions théoriques que dissimule cet apparent abandon aux charmes du comparant. Citons quelques moments du long déploiement de la comparaison :

– il est normal que les corps célestes « durs », soient devenus à peu près tous ronds, « ainsi que font les grains de sable et les cailloux, lorsqu'ils roulent avec l'eau d'une rivière » (XI, 51) ;

– les comètes qui passent d'un ciel à l'autre sont comme « les bateaux » : « principalement les plus grands et les plus chargés ont toujours beaucoup plus de force (que l'eau) à continuer leur mouvement, encore même que ce soit d'elle seule qu'ils l'aient reçue » (XI, 58) ;

– ces gros navires doivent être distingués des corps « fort légers, tels que peuvent être ces amas d'écume blanche qu'on voit flotter le long des rivages en temps de tempête », et qui se meuvent plus lentement que l'eau qui les porte[2]. Ces corps légers, « feuilles d'arbre », « plumes », « fétus » montrent comment se forment et se déplacent les planètes, qui tournoient dans le même ciel sans en sortir : « ces corps légers, mais aussi (...) d'autres, plus pesants et plus massifs, se peuvent joindre en se rencontrant, et (...) tournoyant alors avec l'eau qui les

1. Cf., P.-A. Cahné, *op. cit.*, p. 81.

2. Descartes utilisera la même comparaison pour expliquer l'épuration du sang, *A Mersenne*, le 24 décembre 1640, III, 264.

entraîne, ils peuvent plusieurs ensemble composer de grosses boules (...) composées de parties plus ou moins grosses et massives» (XI, 58-60).

Le but de cette exploitation systématique de la comparaison étant de montrer – de donner à voir – le fonctionnement du système solaire:

> D'où vous voyez comment diverses Planètes peuvent être suspendues au dedans du cercle K, à diverses distances du Soleil; et comment ce ne sont pas simplement celles qui paraissent à l'extérieur les plus grosses, mais celles qui en leur intérieur sont les plus solides et les plus massives, qui en doivent être les plus éloignées (XI, 68).

Cette monstration est la conclusion d'une description du comparant, elle-même annoncée comme «une confirmation de l'expérience»:

> ... poussant une grosse boule composée de plusieurs branches d'arbres, confusément jointes et entassées l'une sur l'autre, ainsi qu'*il faut imaginer* (n. s.) que sont les parties de la Matière, dont les Planètes sont composées: *il est certain* qu'elle ne pourra pas continuer si loin son mouvement, quand bien même elle serait poussée par une force entièrement proportionnée à sa grosseur, comme serait une autre boule beaucoup plus petite et composée du même bois, mais qui serait toute massive; *il est certain* aussi tout au contraire qu'on pourrait faire une autre boule du même bois et toute massive, mais qui serait si extrêmement petite, qu'elle aurait beaucoup moins de force à continuer son mouvement que la première; enfin *il est certain* que cette première peut avoir plus ou moins de force à continuer son mouvement, selon que les branches qui la composent, sont plus ou moins grosses et pressées (XI, 67-68).

La considération de l'expérience, son effectuation et sa diversification, permettent de déduire une suite de certitudes concernant le comparant. Cette certitude est fondée sur l'accord rencontré entre l'expérience et les lois du mouvement. Mais la certitude est transférée sur le champ au comparé, et ce transfert s'autorise de la seule imagination: «il faut imaginer (...) les parties de la Matière dont les planètes sont composées» semblables aux «branches d'arbre confusément jointes». Cette «nécessité», c'est-à-dire l'affirmation de la convenance du comparant, est bien en fait un coup de force, une décision arbitraire de l'homme de science. Ce transfert de certitude du comparant au comparé est donc d'ordre rhétorique: «d'où vous voyez comment diverses Planètes peuvent être suspendues au dedans du cercle K, à diverses distances du Soleil...». Il est à la fois sollicité du lecteur qu'il constate la correspondance du comparant et du comparé sur une figure (« au dedans du cercle K ») et qu'il approuve le transfert de certitude, comme si ce transfert était la dernière étape déductive d'une démonstration (« d'où vous voyez... »). Mais aucun lien logique n'autorise cette conclusion, le saut du comparant au comparé repose en fait sur la force rhétorique de l'expérience, telle qu'elle est « imaginée » : à la fois décrite et construite en fonction des problèmes posés par le comparé. L'apparence démonstrative de l'argumentation dissimule cette part d'arbitraire inhérente à l'exploitation de l'imagination, dans le choix de l'image comparative et de sa description *filée* en fonction de l'explication des phénomènes comparés. Car il est évident que, dans le filage de la comparaison, Descartes a bien en vue, au moins de façon massive, la conclusion qu'il souhaite donner à sa démarche sur le plan du comparé.

Il nous faut donc préciser et rectifier nos premières remarques. Il est vrai que l'expérience comparante oriente l'explication, la canalise et la limite : ne sera dit du cours des planètes et des comètes que ce qui pourrait l'être des corps flottants. Il semble, à première lecture, que la description du comparant fournit, comme d'elle-même, l'explication du comparé[1]. Mais il ne faut pourtant pas s'y tromper : ces réponses découlent de l'expérience comparante parce que celle-ci est manipulée, machinée en fonction de solutions nécessairement anticipées, au moins en partie. La spontanéité descriptive de la comparaison, la dérive de l'image à travers laquelle est traitée une série de questions, n'est donc qu'apparente. Descartes ne se laisse pas plus dicter les réponses par l'expérience qu'il ne s'abandonne simplement à ses « rêveries ». L'imagination extravagante ou poétique du physicien n'est pas raisonnée après coup, mais d'entrée de jeu[2]. L'imagination déployée effectivement dans l'adoption et le traitement du comparant obéit de part en part à une tactique, une stratégie de la raison scientifique. L'imagination, par la fiction, le simulacre d'une ou plusieurs expériences

1. C'est ainsi que les diverses considérations sur la densité des navires et des boules de bois permettent d'expliquer pourquoi des planètes de petite circonférence peuvent être plus éloignées du soleil que d'autres, dont la circonférence est pourtant majeure, XI, 67-68.

2. Sur le spectacle des eaux comme incitation irrésistible à la « rêverie », et surtout sur la dimension essentiellement « discursive » de la « rêverie » baroque, voir J. Rousset, *la Littérature de l'âge baroque...*, *op. cit.*, p. 150, sq. La lettre de Descartes *à Balzac* du 5 mai 1631 en est une bonne illustration (I, 203). Sur le thème du rêve à l'âge baroque, voir aussi *Rêver en France au 17e siècle, Revue des sciences humaines*, 1988-3, n° 211, avec, entre autres, G. Simon, « Descartes, le rêve et la philosophie au XVIIe siècle », p. 133-151 et P.-A. Cahné, « Rêve et songe, lexique et idéologie », p. 193-198.

médiatrices, permet de rabattre un ou plusieurs phénomènes problématiques sous les lois et les principes fermement établis de la science.

Si Descartes ramène effectivement les phénomènes célestes au monde des eaux courantes, il accommode réciproquement les eaux aux cieux, et soumet sa mécanique des fluides à l'hypothèse astronomique qu'il est en train d'établir et dont il cherche à confirmer la validité. Ainsi, pour expliquer le phénomène des comètes, demande-t-il au lecteur d'«imaginer», une expérience très ingénieuse, mais aussi, du point de vue de la possibilité de sa réalisation, très improbable:

> ... si vous imaginez deux Rivières qui se joignent en quelque endroit l'une à l'autre, et qui se séparent derechef un peu après, avant que leurs eaux, qu'il faut supposer fort calmes et d'une force assez égale, mais avec cela fort rapides, aient le loisir de se mêler, les bateaux ou autres corps assez massifs et pesants, qui seront emportez par le cours de l'une, pourront facilement passer en l'autre... (XI, 58)

Belle mais fragile expérience hypothétique de deux rivières se rencontrant et se séparant aussitôt sans mêler leurs eaux: les gros navires qui les descendent passent alors de l'une en l'autre. Il en va ainsi des comètes dans les cieux... On comprend alors pourquoi il faut imaginer que les rivières se rencontrent sans unir leurs eaux: les «tourbillons», en nombre indéfini dans le nouveau monde cartésien, se touchent sans se confondre. Descartes va plus loin encore dans la manipulation de cette expérience imaginaire: il en fait un «exemple» chiffré, appelant une figure: si deux rivières «ABF et CDG», venant de «deux côtés différents, se rencontrent vers E, puis de là se détournent, AB vers F, et CD vers G: il est certain...», en vertu d'une certitude non pas d'abord déduite de l'exemple lui-même, mais bien proclamée en fonction du phénomène dont il s'agit de rendre compte, «il est certain que le bateau H, suivant le cours de la Rivière AB, doit passer par E vers G, et réciproquement le bateau I, vers F, si ce n'est qu'ils se rencontrent tous deux au passage en même temps, auquel cas le plus grand et le plus fort brisera l'autre...» (XI, 58-59; voir *infra*, fig. 19 et 20). Cette précision est très importante car elle permet d'expliquer le peu de comètes comparativement au nombre de planètes: «il doit y en avoir peu (...) Car quand bien même il y en aurait eu beaucoup au commencement, elles auraient dû par succession de temps, en passant au travers de divers Cieux, se heurter et se briser presque toutes les unes les autres, ainsi que j'ai dit que font les bateaux quand ils se rencontrent...» (XI, 61). Mais il est surtout à noter que cet exemple chiffré et figuré prépare la description d'une autre figure représentant précisément la trajectoire d'une comète dans les cieux cartésiens: «comme vous voyez ici que la comète qui prend son cours suivant la ligne CDQR...» (*ibid.*). «Ici» est la figure, la représentation de ce nouveau monde: de grands ensembles, serrés les uns contre les autres, formés de cercles concentriques qui font penser à une série de ronds dans l'eau[1]. L'exemple et la figure des deux rivières facilitent la lecture de la partie supérieure de cette figuration du nouveau monde, où se trouve tracé le cours d'une comète, et surtout en domestique en quelque sorte l'étrangeté. Ce monde ouvert à l'infini[2], dont on a du mal aujourd'hui à imaginer quelle étrangeté il présentait pour le lecteur du XVIIe siècle parce qu'au fond il est devenu le nôtre, ce monde, par le secours d'une comparaison, est ramené au visible. Même si l'image forgée *ad hoc* ne coïncide véritablement ni avec le visible (qui a vu de telles eaux se rencontrer sans se mêler?), ni avec la représentation du nouveau monde, son impact rhétorique reste important, surtout si l'on se rappelle qu'elle est profondément ancrée dans l'imaginaire baroque qui, non content de se pencher avec délectation sur le miroir des eaux, se plaît à y contempler les cieux et tout un monde en mouvement[3].

Prise entre l'expérience quotidienne des eaux courantes et le schéma mécaniste de l'univers, la comparaison exemplaire des rivières roulant des navires et de l'écume, telle qu'elle est décrite et formalisée dans le texte, est bien d'abord un produit de l'imagination scientifique considérée dans cette ambivalence que nous lui avons reconnue[4]. Ce n'est qu'en prenant beaucoup de précautions qu'il est possible de déceler dans ces lignes un usage naïf de l'expérience. Au contraire, c'est l'expérience naïve qui sort totalement discréditée de cette manœuvre de l'imagination: les cieux ne sont pas «comme» nous les voyons. Quant à la comparaison, elle ne consiste pas en un simple placage d'un phénomène simple et connu, car elle est construite en

1. La structure de chaque ciel étant circulaire et aucun espace ne les séparant, leur jonction (c'est-à-dire la figuration du «firmament (...) cette superficie sans épaisseur qui sépare tous ces Cieux les uns des autres», XI, 54), dans la représentation, pose un problème de géométrie. L'illustrateur a choisi d'enserrer chacun de ces cieux à l'intérieur de polygones irréguliers, qui bien sûr brisent leur circularité (fig. *in* XI, 55). L'image des ronds dans l'eau, que nous semble évoquer la gravure cartésienne, appartient à l'univers poétique de l'époque, voir par ex. Le Moyne, in Rousset, *Anthologie...*, *op. cit.*, t. I, p. 251 et Saint-Amant, *L'Arion*, in *Œuvres*, éd. Livet, Paris, 1855, t. I, p. 81.

2. «il y a autant de divers Cieux, comme il y a d'Etoiles, et comme leur nombre est indéfini, celui des Cieux l'est de même...», XI, 53.

3. Cf. Saint-Amant, *Moyse sauvé*, 6e partie, ed. Livet, t. II, p. 238. Cf. G. Genette, «*L'univers réversible*», *Figures I*, Paris 1966, p. 9-20. Sur la «réversibilité des grands spectacles de l'eau», cf. G. Bachelard, *L'eau et les Rêves*.

4. Cf. P.-A. Cahné, *op. cit.*, p. 70.

fonction du comparé et dans le but de le ramener, non au comparant, au spectacle des eaux, mais en toute rigueur géométrique aux règles de la mécanique qui s'appliquent au cours des eaux comme des cieux.

Il ne faut cependant pas oublier que ce spectacle sert de toile de fond et de référent ultime à ce modèle du nouveau monde et, jusque dans ses conclusions rigoureusement mécanistes, la cosmologie reste attachée à cette expérience des eaux turbulentes et aux «rêveries» qu'elle nourrit. Plus tard seulement, Descartes adoptera le terme de «tourbillon» pour désigner ces mondes[1]. Mais dans le choix de ce mot (alors que dans les *Principes* la métaphore aquatique occupe une place plus modeste), est impliqué tout le jeu des comparaisons aquatiques à travers lesquelles Descartes élabore dans le traité la représentation de son nouveau monde. L'étude de la comparaison des corps flottants fait ainsi paraître les deux versants du travail de l'imagination scientifique: produire une explication rationnelle de la nature, mais à travers la convocation et le montage de l'expérience familière. Pour comprendre le sens de cette comparaison filée, il faut avoir en mémoire ce que Descartes affirme des «deux ou trois comparaisons» qui lui servent à traiter de la lumière dans la *Dioptrique*, et que l'on retrouve d'ailleurs dans le *Monde*[2]: elles aident à «concevoir» la lumière «en la façon (...) la plus commode, pour expliquer toutes celles de ses propriétés que l'expérience nous fait connaître, et pour déduire ensuite toutes les autres qui ne peuvent pas si aisément être remarquées...» (VI, 83). C'est bien ce rôle que jouent les rivières du *Monde*. Mais nous avons vu que cette «déduction» est en fait simulée plutôt que réalisée effectivement. Descartes ajoute dans le même texte de la *Dioptrique*, qu'il imite «en ceci les astronomes, qui, bien que leurs suppositions soient presque toutes fausses ou incertaines, toutefois, à cause qu'elles se rapportent à diverses observations qu'ils ont faites, ne laissent pas d'en tirer plusieurs conséquences très vraies et très assurées» (*ibid.*). La comparaison est une forme d'hypothèse dont la fausseté ou l'incertitude n'empêchent pas que des conséquences «très

1. Le mot «tourbillon» (latin *vortex*) apparaît dans les *Principes* III, art. 46.

2. Il s'agit des comparaisons du bâton, de la cuve et de la balle de jeu de paume. De la *Dioptrique*, le *Monde* (ch. XIV) conserve la comparaison du bâton et de la balle (XI, 99 et 103), auxquelles il ajoute d'autres «expériences» mécaniques (cordes et poulie, XI, 101 ; tubes, XI, 102). Ce n'est donc pas seulement parce que Descartes, dans la *Dioptrique*, renonce à exposer «au vrai quelle est la nature de la lumière», qu'il recourt aux comparaisons, puisque celles-ci figurent dans le *Monde*, où cette «nature» est par contre mise à jour. Il y a en fait tout lieu d'affirmer que Descartes ne peut exposer les propriétés du phénomène lumineux sans le support, indissolublement heuristique et rhétorique, d'une série de comparaisons mécaniques.

vraies et très assurées» en soient tirées[1]. Descartes fait référence aux «supposition des astronomes», comme ces «cercles imaginaires» (les épicycles), dont il parle dans les *Regulae*[2]. Mais son «imitation» comporte une différence importante: ses comparaisons ne sont pas de pures constructions mathématiques, puisqu'elles sont empruntées à l'expérience familière, et leur impact rhétorique repose sur cette familiarité de l'expérience. Il est vrai, comme l'écrit Jean-Luc Marion, que «le bâton que Descartes demande à son lecteur de considérer (...) n'est pas de bois, et n'exerce aucune pression, que la cuve n'est pas à remplir, ni le raisin à fouler, la balle à lancer ou le mur à frapper (...) ces phénomènes restent physiques mais ils jouent abstraitement sans considération de leur statut physique, pour ainsi interpréter rationnellement un phénomène qui, lui, garde son statut physique»[3]. Ceci est d'ailleurs confirmé par Descartes: «je n'ai pas dit que la lumière fût étendue comme un bâton, mais comme les actions ou les mouvements qui sont transmis par un bâton (...) je n'ai pas dit aussi que la lumière fût comme le moût de la cuve, mais comme l'action dont les plus hautes parties de ce moût tendent en bas»[4]. Mais Jean-Luc Marion cherche à montrer qu'au moyen de ces «comparaisons», Descartes opère en physique la réduction par figuration dont les *Regulae* font la théorie[5]. Cependant les comparaisons, quelle que soit leur fonction abstractive, ne sont pas les figures nues des *Regulae*, parce qu'elles font intervenir l'expérience qualifiée proscrite par la figuration géométrique. C'est que la science effective de la nature ne saurait respecter rigoureusement les prescriptions méthodologiques établies a priori. Le passage à la physique, qui est la science de ce qui paraît dans l'expérience, est le passage obligé par l'expérience, pour simulée, détournée et contrôlée qu'elle soit, le passage par la comparaison et l'image. Ce passage consiste en la mobilisation heuristique et rhétorique tout à la fois de l'expérience consensuelle («familière») et de l'imaginaire communautaire à travers lequel celle-ci accède à la représentation. Dans l'investigation de la nature, l'imagination est le viatique du sujet de la connaissance.

1. Voir *infra*, VI, 4.
2. Cf. *Règle XII*, X, 417 et *Réponses aux cinquièmes objections*, VII, 350. Un bon résumé de la théorie des épicycles est donné par F. Alquié, FA I, 143, n. 1.
3. *Sur la Théologie blanche...*, *op. cit.*, p. 246. Cf. également P.-A. Cahné, *op. cit.*, p. 67-70.
4. *A Reneri pour Pollot*, avril ou mai 1638, FA II, 57 (II, 42). Il se réfère au début de la *Dioptrique*, VI, 88. Cf. également, dans la même lettre (FA II, 58; II, 53), sur la comparaison des parties de l'eau à de «petites anguilles» (*Météores*, VI, 233).
5. *Op. cit.*, p. 246-247.

d. Entre rhétorique et géométrie : la mécanisation de la flamme

Nous distinguons deux formes d'imagination, apparemment antagonistes, et simultanément à l'œuvre dans le *Monde*. L'une ramène la confusion et l'obscurité à la clarté et à la distinction, réduit le complexe au simple, les qualités aux quantités, les images aux figures. L'autre ombrage et confond les figures, tire la complexité sensible de la simplicité géométrique, ramène le quantitatif pur à l'expérience des qualités, transforme les figures en images. La première récuse la fable au profit du simple langage des natures corporelles, la seconde parle aux sens, élabore un discours où les « figures » ne sont pas celles de la géométrie mais de la rhétorique. Et l'on peut en effet qualifier la première de géométrique, l'autre de rhétorique. Il nous faut voir comment elles jouent, s'articulent, interfèrent, voire, sur un certain plan, se confondent. Il nous faut voir comment, à leur conjonction et disjonction, une représentation mécanique de la nature est produite, qui proscrit et destitue un autre usage épistémique de l'imagination, fort de la plus ancienne des traditions. Nous voulons parler du rejet de cette imagination qui s'efforce de saisir les liens unissant les êtres du monde, par le jeu des similitudes et des analogies, et prend le vivant comme paradigme. La question est donc double : comment cette ambivalence travaille-t-elle pour édifier ainsi la nouvelle science et détruire l'ancienne, pour construire la représentation mécaniste du monde et révoquer l'image *animiste* du cosmos?

Le traité s'ouvre par une radicale remise en cause de la fiabilité du sensible : il revient dès lors à l'imagination géométrique de forger, « fenêtres fermées », une représentation distincte du monde extérieur. L'imagination distincte ramène les phénomènes de la nature à la figure et aux autres natures simples, elle les réduit au rang d'« objets », susceptibles de tomber sous une intuition purement rationnelle. L'objet physique n'est pour la science rien d'autre que l'image distincte, c'est-à-dire la représentation absolument intelligible du phénomène naturel. La « nature », l'essence des choses du monde, ne se donne pas du tout dans le phénomène lui-même, mais dans la représentation que s'en fait l'entendement par le biais de l'imagination. Or l'objectif déclaré du *Monde* est la connaissance, l'objectivation du phénomène lumineux, ce que le texte nommera précisément la mise au jour de la « nature » de la lumière. Il s'agit de donner de la lumière une image parfaitement intelligible. Et il s'avère que l'élaboration de cette image nécessite la constitution d'une représentation générale du monde, c'est-à-dire le déploiement de tout un corps de physique. Ce n'est que dans un monde entièrement reconstruit par l'imagination scientifique qu'il deviendra possible de connaître la nature de l'objet lumière : voilà pourquoi la *Dioptrique* avertit qu'elle n'est pas en mesure d'apporter la connaissance de la « nature » de la lumière, mais seulement de ses « propriétés ».

Le premier acte, nous l'avons vu, consiste en la révocation, ou du moins en la fiction d'une révocation des données sensibles, des images que constituent l'esprit, « fenêtres ouvertes »[1]. Il revient à l'imagination géométrique de se substituer à l'expérience sensible dans cette entreprise d'explication générale de la nature par dégagement ou plutôt établissement de nouveaux principes physiques. Cependant l'imagination géométrique ne peut se déployer que dans un constant recours aux images qu'elle révoque. Nous avons également vu que l'investigation analytique de la lumière commençait par une description « critique » du feu, qui supprime délibérément de la représentation, la « chaleur », la « brûlure », le feu même, jusqu'à ne conserver que l'image la plus simple et la plus distincte qui puisse en être formée : celle d'un mouvement de particules de matière (XI, 7-8). L'imagination ne géométrise qu'en accomplissant la réduction d'une image qualifiée qu'elle se forme au préalable, ou plus exactement qu'elle conforme au fil de l'écriture, dans la « description », de façon à ce que la réduction paraisse crédible et pertinente. L'expérience du feu a beau n'être ni une comparaison, ni une analogie (une simple image servant à expliquer autre chose), mais le phénomène même dont il s'agit de rendre compte, elle n'en est pas moins, dans le texte, une image construite. Et d'abord le choix même de la flamme pour traiter de la lumière et du monde n'est nullement fortuit; car de l'image anodine d'un feu de bois, Descartes entend tirer une première esquisse de son entière cosmologie.

Descartes justifie ce choix par la proximité de l'objet : le feu est un phénomène aisément observable, c'est pourquoi il est plus facile de le soumettre à l'imagination géométrique que d'y réduire d'emblée les astres lointains (XI, 7). Ce choix n'entraîne pourtant pas la revalorisation épistémologique des sens considérés dans leurs conditions optimales d'exercice. Cette préférence pour les objets les plus proches des sens comme point de départ de l'investigation doit plutôt être expliquée par la volonté cartésienne d'exclure toute médiation symbolique et de couper court à cette imagination qui se plaît à projeter dans la nature des emblèmes, des signatures et des arcanes, pour parler le langage de l'hermétisme honni par Descartes, ou des qualités réelles et des formes

1. Voir *supra*, III, 1.

substantielles, pour user des mots de la scolastique. La nature n'est pas «quelque Déesse» (XI, 37)[1]: les apparences n'ont la charge d'aucun «secret» digne d'admiration, elles ne recouvrent, ici comme partout ailleurs, dans ce feu de bois comme dans les astres, que de la matière en mouvement[2]. Isis, la Terre nourricière, la mère Nature qui hante l'imaginaire de la Renaissance[3], cède la place chez Descartes à la «Matière même», telle que l'imagination distincte peut la représenter (XI, 37)[4]. Alors même que le feu est encore dans la physiologie cartésienne le principe de la vie – comme chez les scolastiques, comme chez Kepler le cœur est un «foyer» –, Descartes refuse, en construisant l'image d'un corps composé de particules agitées d'un mouvement extrêmement vif, de prendre en considération la dimension symbolique traditionnellement attribuée à l'élément igné[5]. Pas plus que la flamme, sur terre ou dans le cœur des êtres vivants, ne témoigne de l'universelle présence d'une âme matérielle, comme Kepler le soutient encore, les astres ne conservent chez Descartes le moindre reliquat d'âme et de pouvoirs occultes[6]. L'imagination animiste est, du point de vue cartésien, l'expression d'une pensée qui confond les substances; ses images, qui associent arbitrairement le sensible au spirituel – la flamme à l'âme – se soustraient à l'intuition et égarent l'esprit. Mais il faut bien souligner que l'animisme commence par l'attribution aux choses mêmes de «sentiments» et de qualités secondes: dire que la chaleur est une «qualité du feu», c'est déjà lui prêter une part de notre âme. L'imagination mécaniste forge des

1. Descartes a peut-être à l'esprit l'ouvrage de Jules César Vanini, *De Admirandis naturae deaque mortalium arcanis*, Paris, 1616 (traduit par X. Rousselot, in Vanini, *Œuvres Philosophiques*, Paris, 1842), dont le titre résume à lui seul tout ce naturalisme que Descartes rejette en élaborant sa physique.

2. Le père Daniel, dans son *Voyage du Monde de Descartes*, fait dire à celui-ci: «ce Soleil, dont vous avez tant de fois admiré la splendeur et la beauté dans Votre Monde, n'est point en effet autre chose, qu'un amas de cette poussière», *op. cit.*, p. 307.

3. Cf. Baltrusaitis, *La Ricerca di Iside*, Milano, 1985 et D. P. Walker, *The Ancient Theology studies in Christian Platonism, from the fifteenth to the eighteenth century*, Londres, 1972. Sur les sources antiques et médiévales du topos de la Déesse nature, cf. E. R. Curtius, *op. cit.*, t. II, p. 187-219.

4. Voir infra, V, 4.

5. Cf. XI, 123 sq. et 202. Dans ces textes Descartes mécanise les conceptions scolastiques (cf. Gilson, *Commentaire...*, *op. cit.*, p. 401), alchimiques (il évoque lui-même dans l'*Homme*, «la chaleur de certaines lampes fermées dont se servent les alchimistes», *ibid.*, 169) et keplérienne (cf. G. Simon, *op. cit.*, p. 196).

6. *Harmonie du Monde*, *op. cit.*, ch. VII, t. 6, p. 271-278. G. Simon fait justement remarquer que l'âme dont Descartes rejette l'image dans la *Deuxième Méditation* (*plane flamma quaedam*, IX-I, 20), correspond tout à fait à celle de Kepler, *op. cit.*, p. 196.

explications qui refusent au phénomène de telles qualités, et à la nature en général une quelconque «puissance imaginaire» (XI, 37); les explications mécanistes récusent à la fois l'image d'une puissance physique relevant de l'esprit et la représentation d'une force spirituelle de la nature. Ainsi, lorsque nous voyons «tendre vers le haut» presque toutes les parties de la flamme, il faut seulement imaginer que «les autres corps qui les touchent se trouvent presque toujours disposés à leur faire plus de résistance de tous les autres côtés» (XI, 9), et non y chercher la manifestation physique du désir qu'aurait le feu de regagner son «lieu naturel». «Qu'un autre imagine (...) la forme du feu, la qualité de la chaleur...». Le cartésien, pour construire son image du feu, n'a besoin que du «mouvement de ses parties» (XI, 7). Descartes le dit plus loin, alors qu'il s'agit de montrer que l'impression lumineuse est produite par la «*tendance*» des corps célestes à s'éloigner «des centres des cercles qu'ils décrivent»: «lorsque je dis qu'un corps tend vers quelque côté, je ne veux pas pour cela qu'on s'imagine qu'il ait en soi une pensée ou une volonté qui l'y porte, mais seulement qu'il est disposé à se mouvoir vers là» (XI, 84). La mécanisation du phénomène qui requiert l'exploitation d'une imagination foncièrement ambivalente, tournée d'une part vers la nudité géométrique et d'autre part vers l'immédiateté sensible, a pour fonction de générer des images claires et distinctes; elle proscrit donc la confusion symbolique[1]. D'où la décision de construire une description mécanique du «feu commun» et de ramener à ce feu-machine la clarté lointaine des astres qui depuis la nuit des temps nourrit la confusion des peuples et des doctes.

Pour accomplir la réduction mécaniste de la lumière aux astres, la stratégie théorique et à la fois rhétorique de Descartes consiste à opérer d'abord la description d'un feu de bois de telle façon que tous les principes de la nouvelle physique y soient engagés. La fiction descriptive du phénomène de la combustion, comme agitation et séparation des parties du combustible par la flamme, offre la possibilité et l'amorce d'une universalisation du mécanisme, parce que cette image construite, donnée non sans ambiguïté comme «visible», engage tout à la fois les notions de mouvement local et de composition corpusculaire, ainsi que la triade des éléments dont Descartes va faire son monde: le feu, l'air et la terre (XI, 11).

1. Sur le rejet cartésien du symbolisme, cf. F. Alquié, «Conscience et signes dans la philosophie moderne et le cartésianisme», in *Polarité du symbole*, *Les études carmélitaines*, 1960, et H. Gouhier, «Le refus du symbolisme dans l'humanisme cartésien», *Umanesimo e simbolismo, atti del IV convegno internazionale di studi umanistici*, Padova, 1958.

Nous voyons dans ce traitement de la flamme comment interagissent et se complètent les deux types d'imagination que nous avons d'abord séparés : par un mouvement de pensée qui construit une image s'accordant avec les sens et concordant avec les exigences de la géométrie, l'imagination cartésienne disqualifie l'imagination animiste et inaugure le mécanisme. Dans ces conditions, l'imagination rhétorique, qui construit ce qu'elle «feint» de décrire, reste serve de l'imagination restreinte : par le recours à l'image qualifiée, il s'agit toujours de permettre une réduction du phénomène à l'imaginable pur. Mais réciproquement, la réduction n'est possible qu'à travers l'exploitation systématique de cette ambivalence fondamentale de l'imagination scientifique, et donc grâce au maintien d'une conformité, d'une ressemblance avec le paraître tel qu'il se donne dans l'expérience sensible. La restriction, puissamment à l'œuvre dans l'explication de la flamme («je me contente d'y concevoir le mouvement...») procède de la décision de ne supposer que le minimum nécessaire à la pleine intelligibilité du phénomène. Cependant cette supposition restreinte nécessite, pour affirmer sa validité, un élargissement de l'imagination en direction du sensible : la représentation, à partir de ce seul mouvement, de toutes les altérations et les transformations possibles du feu. «Cela seul pourra faire en lui tous les mêmes changements qu'on expérimente quand il brûle» (XI, 8).

La description de la flamme par supposition montre du même coup la dimension irréductiblement hypothétique de la physique cartésienne, qui repose ainsi sur le travail de l'imagination. L'explication est hypothétique, même si, et parce qu'elle présente une «vue nécessaire» (XI, 7), une «vision» de l'entendement appliqué à l'imagination distincte. Le statut hypothétique est impliqué par l'ambivalence : l'imagination ramène le paraître (l'image sensible) aux natures simples corporelles, par la construction d'images intermédiaires qui se rapportent au visible tout en étant géométrisables. Entre la figure et l'apparence, l'imagination forge, «machine» une médiation. L'imagination scientifique, dans son ambivalence, est en fait «mécaniste» au plein sens du terme, en tant qu'elle élabore les simulacres mécaniques des apparences pour en permettre l'intelligibilité. L'imagination mécaniste feint la description du phénomène, parce qu'elle s'en construit une maquette, un modèle réduit (réducteur et réductible), parfaitement intelligible. La description mécaniste de la flamme est au feu ce que l'automate sera au corps humain dans la physiologie : une image destinée à soumettre le paraître à la science. La fiction du nouveau monde (qui contiendra ce feu et cet homme-machine), sera la construction globale et surtout génétique, *ex nihilo*, d'une telle maquette de l'univers. C'est pourquoi le foisonnement, dans le *Monde*, des comparaisons, analogies et métaphores ne doit pas abuser : l'imagination restreinte règne impérativement sur la fabrique du texte, du moins suivant le vœu de l'auteur... Toutes ces images sont autant de médiations machinées par le discours afin de permettre à la science d'investir le monde. L'ambivalence de l'imagination ne doit donc pas être arrêtée selon une opposition rigide : il y a une rhétorique de la géométrie et une véritable géométrie de la rhétorique, dans cet écrit où s'invente une nouvelle physique.

La rhétorique de la géométrie, souvent usée par Descartes, notamment dans le *Monde*, est essentiellement dénégatrice. Rhétorique de la dénégation parce qu'en s'en remettant explicitement au modèle euclidien, le philosophe offre la (fausse) garantie de l'insignifiance, du caractère purement secondaire, ornemental, accidentel, de la rhétorique dans son discours : si tout est démontré *more geometrico*, rien n'y est laissé à l'attrait des mots ou à l'art des figures de style. Il faut d'ailleurs noter que Descartes n'est que l'un des nombreux auteurs qui revendiquent, à son époque, l'usage en tous les domaines du savoir, de démonstrations géométriques ou de type géométrique[1] : il s'agit d'échapper ainsi à la dialectique aristotélicienne et à la rhétorique sophistique qui lui est souvent associée. Cette adoption du modèle géométrique signe d'abord l'exigence, que Descartes porte à son plein accomplissement, d'une refonte générale du savoir. Mais l'exécution de ce projet est inséparable d'une assomption rhétorique de cette revendication du style géométrique : la dénégation géométrique, ou plutôt géométrisante, de la rhétorique est bien toujours aussi une forme de rhétorique. Descartes n'est pas l'ennemi de l'éloquence, puisqu'il en revendique indirectement l'usage, notamment dans sa

1. On se reportera d'abord à l'apologie de la géométrie par Clavius, très rhétorique mais pour cela même très significative des nouvelles prétentions de la discipline : « elle a soumis à notre entendement la fabrique admirable, l'administration des hommes... », extrait des *Prolégomènes aux disciplines mathématiques*, trad. Michèle Beyssade, in *Le Discours et sa méthode*, *op. cit.*, p. 211. L'importance du modèle géométrique euclidien, pour les partisans de la nouvelle science, n'est pas à démontrer. Pour rester près de Descartes, notons le jugement de Mersenne sur le *De Cive* de Hobbes : c'est « une noble philosophie démontrée aussi évidemment que les éléments d'Euclide... », *A Sorbière*, le 25 avril 1646. Voir également les deux auteurs anglais dont Descartes a apprécié les ouvrages : Kenelm Digby, et son ami Thomas White. Le premier écrit *à Mersenne* que l'on devra lire son *Discours sur l'immortalité de l'âme*, dans l'ordre, « comme les éléments d'Euclide » (Lettre du 15 mars 1640, citée par J. Jacquot, in Hobbes, *Critique du De Mundo*, Paris, 1973, p. 29). Quant à White, il fait significativement suivre son *Euclides physicus* d'un *Euclides metaphysicus*.

présentation de la fable, comme nous le verrons plus bas[1]. Mais encore faut-il relever qu'il use rhétoriquement de la géométrie : dans le *Monde* il juxtapose ainsi le parler sophistique et obscur des «philosophes» (laissé dans son latin) et les définitions euclidiennes dont, par un contraste tout rhétorique, il fait valoir la simplicité et l'intelligibilité (XI, 39). Tout le traité est traversé par la sollicitation de «l'esprit géométrique», pour le dire avec Pascal, et par la revendication toujours réitérée de la plus grande simplicité, clarté, intelligibilité «imaginable», c'est-à-dire précisément géométrique, jusque dans l'exposition des images les plus *fabuleuses*. C'est pourquoi, sans contester l'inspiration géométrique de la physique cartésienne, il est possible de parler d'une rhétorique de la géométrie.

Quant à l'affirmation réciproque, la présence d'une géométrie de la rhétorique, elle se justifie par l'ordre et la subordination des images qui visent à assurer le triomphe de la géométrie en physique. La rhétorique cartésienne, qui semble échapper radicalement à la rigueur géométrique, et qui en tant que telle lui demeure irréductible, y ramène cependant. Il en va ainsi de toutes les «expériences», de toutes les comparaisons et images qui, en produisant de la ressemblance, permettent la réduction mécaniste du phénomène. La fonction des images forgées par cette imagination apparemment affranchie de la représentation géométrique est bien de soumettre l'expérience vécue au modèle scientifique. L'ambivalence de l'imagination semble donc rester sous l'étroite domination de l'entendement: l'esprit de finesse, chez Descartes, reste soumis à l'esprit géométrique.

Ce jeu maîtrisé de l'ambivalence entre géométrisme et rhétorique, culmine et surtout se révèle pleinement dans le texte avec la fable du nouveau monde, à laquelle il revient de produire les lois de la physique et leurs «raisons» métaphysiques. Mais la fable, au sens cartésien d'un récit auquel est confiée l'expression de la vérité, est bien à l'œuvre d'entrée de jeu, dans la rhétorique de l'image scientifique. Il faut s'empresser d'ajouter que l'aveu et l'assomption de la fable opèrent un tournant décisif dans le texte; la fiction changeant radicalement de plan en passant de la description analytique à la reconstruction génétique du monde qui, par l'énonciation des lois physiques et de leur garantie métaphysique, peut seule fonder la vérité de l'analyse.

1. Voir *infra*, V, 3.

e. Eléments purs et corps mêlés : appropriation cartésienne de l'imaginaire baroque

La fable d'avant la fable se révèle de multiples façons à une lecture attentive des premiers chapitres du *Monde*. Il suffit de suivre le fil de l'imagination mécaniste, indissociablement rhétorique et géométrique. Ce fil conduit de la description d'un phénomène particulier (la lumière d'un feu de bois) jusqu'à la formulation d'une théorie générale de la composition élémentaire de tous les corps. En passant ainsi du particulier au général, du phénoménal au corpusculaire, le travail de l'ambivalence, loin de disparaître, ne fait que s'accentuer, tout progrès dans l'abstraction supposant sa contrepartie d'images qualifiées. Cette théorie des éléments est successivement préparée par la réduction de la flamme au seul « mouvement des parties » (chapitre II) et de tous les mouvements au seul mouvement local (chapitre III), puis par la révocation du vide (chapitre IV), chacune de ses étapes mobilisant, comme nous l'avons vu, les secours de la rhétorique de l'expérience[1].

« Il faut que je vous les décrive à ma mode » (XI, 21). La désinvolture du ton peut être interprétée comme le demi-aveu de l'arbitraire dont le philosophe fait preuve dans l'établissement du nombre et des particularités de ces éléments forgés par l'imagination du géomètre-mécanicien[2], en l'absence des causes et des « raisons » dont l'exposition est remise. Cette « description » des éléments est en fait la « fiction »,

1. Voir *supra*, IV, 2.

2. Il faut bien parler d'arbitraire dans la mesure où aucune justification n'est d'abord donnée de cette tripartition élémentaire. En fait la « raison » existe bien et elle est indirectement confessée quelques pages plus loin : il s'agit de la distinction, entièrement dépendante de l'expérience visuelle, que l'on peut faire entre les corps qui produisent la lumière, ceux qui la transmettent et ceux qui la reflètent, XI, 29. Un texte des *Principes* le montre très clairement (III, art. 52), qui concorde parfaitement avec le résumé du *Monde* contenu dans le *Discours*, VI, 41-42. Bien que les *Principes* donnent le recours à l'expérience visuelle comme une confirmation de ce qui a été obtenu par une longue chaîne de « raisons », il y a tout lieu de penser que c'est pourtant la triple expérience de la luminosité, de la transparence et de l'opacité qui dicte en quelque sorte cette théorie des éléments, établie dans le *Monde*, ne l'oublions pas, pour rendre compte en dernier lieu de la nature de la lumière. Mais après avoir posé la différence entre l'expérience lumineuse (l'idée) et ses conditions physiques de possibilité, Descartes ne pouvait certes pas déclarer la véritable origine de cette tripartition. C'est pourquoi il présente d'abord sa doctrine en laissant ses « raisons » indéterminées (c'est la description à la « mode » cartésienne) pour ensuite, dans sa reconstruction a priori du monde *in fabula*, la faire dériver de ses considérations sur la matière et le mouvement, et d'abord sur la décision divine de produire un monde où le mouvement est diversifié dès l'origine, XI, 34. L'analyse propédeutique comme la genèse fabuleuse occultent le rôle génétique joué par l'expérience sensible de la lumière dans l'invention de la théorie.

la forge des matériaux de base dont Descartes a besoin pour construire, échafauder son nouveau monde, non encore tiré du néant de la fable.

Cette description à la « mode » cartésienne, possède une double caractéristique : elle finit de consommer le divorce de la science et du monde qualifié des apparences, tout en maintenant un étroit rapport avec l'imaginaire *moyen* de la culture baroque, l'imaginaire qui bénéficie à l'époque de Descartes du plus large consensus. La « description » est ici invention, œuvre scientifique, poétique technicienne, ingénieusement détournée des motifs et thèmes majeurs de la poésie, des lettres et des arts du premier XVIIe siècle. Nous venons de voir que Descartes rompt explicitement et sans équivoque possible avec l'imagination symbolique, telle qu'on la trouve à l'œuvre dans le naturalisme de la Renaissance et dans la tradition aristotélicienne. A l'imagination vitaliste Descartes substitue la fabrique, la grande machine du monde. Plus complexe apparaît le rapport de la physique avec cette imagination, que l'on peut qualifier de baroque, laquelle intègre ce patrimoine symbolique, mais en le vidant de son contenu le plus propre, en l'utilisant comme cadre général d'une vision essentiellement sceptique de la réalité. Le symbole perd son contenu en même temps que la chose auquel il appartient perd son âme : il devient pure métaphore, et continue de fonctionner dans le discours, mais en vertu de sa seule forme. Il ne sert plus alors qu'à exprimer le désenchantement et la faillite du monde dont il ouvrait les arcanes et montrait la plénitude du sens. Ce n'est pas ici le lieu de reprendre cette analyse[1]. Il nous suffira d'évoquer le destin rhétorique des quatre éléments : alors qu'un doute toujours plus grand affecte la croyance à leur valeur explicative et à leur existence pure et simple (du moins sous leur forme traditionnelle), le feu, l'air, la terre et l'eau restent une source inépuisable de *concetti* poétiques, moraux ou apologétiques. Descartes appartient pleinement à cette culture du désenchantement et de la représentation, mais il en exploite les données avec une très grande liberté et pour en combattre le scepticisme latent. La recherche cartésienne, dans le traité, vise à la construction d'une *vraie* représentation du monde. Du scepticisme, la démarche conserve cette radicale défiance pour le paraître que l'on trouve à la base de l'analyse de la perception par différence. Il faut noter en effet la solidarité des deux caractéristiques de la fantaisie descriptive que nous venons de relever. La récupération critique de l'imaginaire baroque est inséparable d'un refus d'accorder une confiance quelconque au sensible qualifié et

1. Voir *supra*, II, 3.

comme tel associé à l'imagination récusée: celle qui, à travers les qualités et les sentiments, projette de l'âme dans la nature.

La poétique cartésienne des éléments soumet l'imaginaire baroque, en deuil du symbolisme (et fasciné pour cela même par la métamorphose et l'évanescence des phénomènes), à l'abstraction géométrique. Il faut relever rapidement les décisions de cette poétique démiurgique, assumée à la première personne par l'imagination mécaniste. Car la «fiction» cartésienne des éléments procède d'un *je*, dont le statut métaphysique n'est pas explicité, mais qui d'ores et déjà se pose en démiurge, décrypteur, poète du monde, d'un «nouveau» monde[1]. Par la seule imagination, mais une imagination qui soumet le réel à la pensée et simule les travaux du créateur biblique, le *je* s'affirme comme sujet de la science. D'emblée, il «conçoit», «se persuade», «imagine» tout ce qui, au nom des injonctions de la pensée géométrique, mais par le biais de la fable, sera affirmé comme vrai, indubitable, appuyé sur des lois et des principes eux-mêmes garantis par un Dieu appelé «*ex fabula*» à la rescousse de la science.

«*Je conçois* le premier, qu'on peut nommer l'élément du Feu, comme une liqueur, la plus subtile et la plus pénétrante qui soit au monde» (XI, 24)[2]. On peut l'appeler le feu, et on pourrait en fait le nommer autrement, tant sa description et sa définition comme «liqueur» est éloignée du feu observable et du rôle qu'il tient comme «élément» dans l'imaginaire de la tradition. Car le feu, dont les attributs sont la chaleur et la sécheresse, s'oppose traditionnellement à l'eau, froide et humide. C'est pourquoi, dans la poétique baroque et ses transpositions techniques, le feu et l'eau sont antithétiques: leur mariage forcé, dans le poème ou, par l'association de l'hydraulique et de la pyrotechnie, lors de la fête curiale, relève de la merveille, du paradoxe. Or Descartes fait du feu un liquide, qui possède la propriété de liquéfier «la plupart des autres corps» (XI, 14). Dès lors le nom de feu, pour désigner l'élément le plus liquide, devient fortuit, tout en restant nécessaire parce qu'il maintient un lien, pour ténu qu'il soit, avec l'expérience, telle qu'elle se trouve mise en forme par la culture baroque.

1. Voir *infra*, conclusions, 2.

2. F. Hallyn rapproche cette phrase, exemplaire du recours cartésien à ce «style narratif» auquel appartient la fable (cette «récréation réglée de ce qui donne à voir»), d'une formule d'Alberti («j'établis un point (...) je l'appelle le point principal»), pour montrer le «statut perspectiviste» du discours de Descartes, en tant que la récréation narrative «s'effectue à travers un système de signes à la fois arbitraire et entièrement dominé par le sujet de l'énonciation», *art. cit.*, p. 231.

«*Je m'imagine* que ses parties sont beaucoup plus petites et se remuent beaucoup plus vite qu'aucune de celles des autres corps». Supposition, imagination de ce qui ne peut être vu, mais que requiert le postulat de la négation du vide. Pour que le monde soit plein, «il faut» que les parties du feu n'aient «aucune grosseur ni figure déterminée». De telles particules ne sont pas si aisées à «concevoir», mais pour éviter l'écueil du vide, on doit pourtant «s'en persuader»: «*je me persuade* que l'impétuosité de son mouvement est suffisante pour faire qu'il soit divisé en toutes façons et en tous sens (...) et que ses parties changent de figure à tous les moments...» (XI, 24).

«Pour le second, qu'on peut prendre pour l'élément de l'Air, *je le conçois* bien aussi comme une liqueur très subtile...» (*ibid.*). Au chapitre III, il est déjà dit qu'«après la flamme, il n'y a rien de plus liquide que l'air» (XI, 14). Deux des trois éléments cartésiens sont «liquides»: et dans la cosmologie des tourbillons, comme nous l'avons vu, les seuls corps «durs», les planètes et les comètes, sont emportés comme des navires ou d'autres corps flottants dans de grandes rivières (XI, 57-59)[1].

L'imagination cartésienne rencontre et exploite ici un thème-clé de l'imaginaire baroque: celui de la liquidité, fluidité et fluxion universelle[2]. Tout ce qui paraît, change, passe et se perd, l'homme et le monde, tout coule, les moments d'une vie, la rhapsodie des phénomènes. L'homme baroque est un Héraclite sceptique[3]. Dans sa physique, Descartes part de la constatation de cet écoulement et de ce mouvement universel, mais pour en arrêter les lois et saisir les principes. Les premières lignes du troisième chapitre offrent d'ailleurs un morceau de bravoure rhétorique qui paraphrase et synthétise cette thématique baroque du «branle» et de la «mutabilité universelle», pour ensuite en opérer la réduction mécaniste à la seule notion de mouvement local:

> Je considère qu'il y a une infinité de divers mouvements qui durent perpétuellement dans le Monde. Et après avoir remarqué les plus grands qui font les jours, les mois et les années, je prends garde que les vapeurs de la Terre ne cessent point de monter vers les nuées et

1. Voir *supra*, IV, 3, d.

2. Descartes en fournit lui-même un extraordinaire exemple dans la dédicace latine de sa licence en Droit, découverte récemment (*Dédicace du placard de licence en droit* soutenue par Descartes le 21 décembre 1616 à Poitiers, texte original et traduction française, par Jean-Robert Armogathe et Vincent Carraud, in *Bulletin cartésien XV*, *Archives de la Philosophie* 50, 1987, cahier 1, p. 1-4).

3. Cf. par exemple le traité de Pierre Du Moulin, théologien protestant: *Héraclite, de la vanité et misère de la vie humaine*, Rouen, 1615. Mais d'abord Montaigne, *Essais*, II, 12, *éd. citée*, t. 2, p. 367.

> d'en descendre, que l'air est toujours agité par les vents, que la mer n'est jamais en repos, que les fontaines et les rivières coulent sans cesse, que les plus fermes bâtiments tombent en décadence, que les plantes et les animaux ne font que croître ou se corrompre, bref qu'il n'y a rien, en aucun lieu, qui ne se change. (XI, 10-11)

Dans ce texte, les commentateurs se contentent généralement de voir un rappel des quatre genres de mouvements reçus par les aristotéliciens. Mais il est évident que Descartes excède ici la seule culture universitaire pour embrasser dans sa revue une série de lieux communs qui composent le thème du change universel, inlassablement répété par les prêcheurs et les moralistes de son temps[1]. Ce début de chapitre possède une indéniable force rhétorique, qui consiste d'abord en une *captatio benevolentiae*, par l'utilisation d'un imaginaire consensuel. Mais le véritable but est l'introduction du principe mécaniste de la conservation du mouvement. Tout en refusant de livrer « ses raisons », Descartes affirme au même endroit que « tous les changements qui arrivent dans le Monde (...) et toutes les variétés qui paraissent sur la Terre » peuvent être expliqués par ce seul principe (XI, 12). Dans l'inconstance universelle, seul le mouvement est constant. L'imagination géométrique dépouille ainsi les images poétiques de toutes leurs qualités : de l'infini et vertigineux chatoiement des choses transitoires et muables, le géomètre ne retient rien que la permanence du mouvement. C'est pourquoi la liquidité du feu et de l'air, la perpétuité du mouvement et la structure tourbillonnaire de l'univers peuvent à juste titre être considérées comme la transposition cartésienne de la fluidité et de la mutabilité baroques, mais en tant qu'elles en constituent l'araisonnement et la réduction mécanistes. Au terme de cette entreprise entièrement dominée par l'imagination restreinte, la variété des phénomènes devient indifférente et le mouvement perpétuel, nombrable et quantifiable, ne conserve plus aucun lien, du moins avoué, avec le vertige, l'angoisse, la conscience de crise auxquels cette fluxion perpétuelle, pour toute une culture, sert de support métaphorique, mais aussi sensible, dans l'expérience toujours renouvelée, indissolublement discursive et phénoménale, des eaux courantes, de l'air « agité par les vents », de la « décadence » des « plus fermes bâtiments » et de la « corruption » de tout ce qui vit (XI, 10-11).

Dans le *Monde*, la liquidité n'est plus cette qualité qui revenait en propre à l'élément aquatique. Elle n'est d'ailleurs plus du tout une qualité : « je ne trouve point d'autre différence entre les corps durs et

1. On peut par exemple mettre ce texte en parallèle avec le *Traité de la Constance* de Guillaume Du Vair, in *Œuvres politiques, morales et meslées*, Genève, 1621, p. 932.

les corps liquides sinon que les parties des uns peuvent être séparées d'ensemble beaucoup plus aisément que celles des autres» (XI, 13). La liquéfaction n'est que la séparation et l'agitation provoquée par les chocs des particules de corps en contact les uns avec les autres. C'est ainsi que Descartes peut assimiler la combustion et la dissolution à la liquéfaction (*ibid.*). Cette suppression de la dimension qualitative de la notion de liquidité lui permet surtout d'étendre celle-ci à l'air et au feu, tout en refusant parallèlement le statut d'élément à l'eau, l'élément baroque par excellence[1]. Dans l'air et dans le feu, l'imagination restreinte parvient ainsi à penser la liquidité sans avoir besoin de maintenir une quelconque liaison avec l'«humidité», et donc avec l'eau. L'eau vive, fuyante, insaisissable, image de l'échec toujours reconduit de la pensée à se saisir d'elle-même et du monde[2], l'eau chez Descartes n'est plus *élémentaire*, elle devient un «corps mêlé» qui, suivant les critères mécanistes, s'avère moins liquide que l'air et le feu; ses parties étant plus grosses et moins agitées (XI, 22-23)[3].

Enfin, après avoir «imaginé» les deux éléments liquides, le démiurge cartésien conçoit l'élément «dur»: «après ces deux éléments, *je n'en reçois* plus qu'un troisième; à savoir celui de la Terre, duquel *je juge* que les parties sont d'autant plus grosses et se remuent d'autant moins vite, à comparaison de celles du second, que font celles-ci à comparaison de celles du premier. Et même *je crois* que c'est assez *de le concevoir* comme une ou plusieurs masses...» (XI, 25). Le rapport qui justifie la distinction des trois éléments cartésiens est donc pensé d'abord de façon arithmétique: il peut être calculé à partir de la relation inversement proportionnelle entre la grosseur et la vitesse de leurs parties respectives. L'imagination qui préside à la

1. L'eau chez Descartes entre dans la machine: elle sert d'abord à mouvoir les engins spectaculaires des jardins princiers, les automates décrits dans l'*Homme* (XI, 131), mais plus encore elle est elle-même réduite à la machine. L'écoulement universel du baroque devient ainsi la mécanique universelle. L'insaisissable durée de l'écoulement est ramenée dans l'instant à une série de chocs obéissant aux lois du mécanisme. Le mouvement des eaux, tourbillonnaire, turbulent, est à la fois universalisé et maîtrisé par la science. Comme l'affirme la troisième loi du mouvement (XI, 43-44), il faut admettre que tout mobile, dans l'instant, tend à se déplacer en ligne droite. C'est dans la durée qu'apparaît la courbure des choses, mais fondamentalement celle-ci n'est plus fondamentalement qu'une illusion: elle dissimule la tendance universelle au linéaire, dérivée de l'immutabilité divine, et qui permet la complète géométrisation de la nature, la mécanisation générale du flux universel chanté et souffert par l'héraclitéisme baroque.

2. Cf. par exemple, Montaigne, *Essais*, II, 12, *éd. citée*, t. 2, P. 367 et Fénelon, *Traité de l'Existence de Dieu*, deuxième partie, chap. 5.

3. La formation de l'eau est décrite dans les *Météores*: les parties de l'eau «sont longues, unies, glissantes», VI, 236-239.

fiction des éléments de physique est bien celle-là qui, dans les *Regulae* transcrit les différences de couleurs par un simple graphe.

Ainsi l'eau, destituée de sa dignité élémentaire et de sa fonction archétypique, le feu, l'air et la terre, privés de «chaleur, froideur, humidité et sécheresse» (XI, 25), sont ramenés par l'imagination mécaniste à une seule et même matière, formée de particules dont seules varient la grosseur, la figure et le mouvement (XI, 17).

Le refus des qualités réelles est justifié par leur obscurité: l'auteur ne veut «supposer» que les «qualités» parfaitement intelligibles dont il dresse la liste et où l'on reconnaît les natures simples corporelles des *Regulae* (XI, 26). De cette exclusion des qualités réelles, Descartes avertit qu'elle pourra paraître «étrange» au lecteur. Il est sûr que ces éléments disqualifiés composent un étrange monde, «étranger» au monde du lecteur du XVIIe siècle imbu de physique aristotélicienne et, plus largement, façonné par une culture où les références scolastiques, entre autres sources, alimentent un inépuisable réservoir d'images qualifiées, exploitées dans une optique généralement sceptique. Descartes évoque ce monde en perpétuelle fluxion, mutation et désagrégation, mais pour lui substituer des suppositions, des descriptions et explications «à sa mode» dont l'enjeu est bien le dépassement de cet héraclitéisme sceptique et le surmontement de la crise où disparaîtra la physique aristotélicienne et ses alternatives panpsychistes. A la complexe et fuyante image du monde baroque, Descartes s'efforce d'abord de superposer la représentation simple et élémentaire que l'imagination géométrique lui permet de composer. Mais ces deux imaginaires, celui qui préside à la fiction cartésienne des éléments et celui qui nourrit l'expérience baroque, semblent bien, du moins a priori, hétérogènes: leur jonction, qui s'impose pourtant au philosophe comme un impératif culturel, ne va pas sans présenter de graves difficultés.

S'il «ne se trompe», toutes les qualités prétendues réelles «peuvent être expliquées» en ne «supposant» que le mouvement, la figure, etc. Et par ses éléments aux seules qualifications géométriques, il lui faut rendre compte du composé visible. Pour ce faire, Descartes s'approprie la terminologie scolastique des «corps mixtes, ou mêlés et composés» (XI, 26). Ce sont en fait tous les corps que nous rencontrons dans l'expérience. Descartes demande alors au lecteur de déployer sa propre imagination de la façon la plus ample et, apparemment, la plus libre: «Examinez, *tant qu'il vous plaira*, toutes les formes que les divers mouvements, les diverses figures et grosseurs, et le différent arrangement des parties de la matière peuvent donner aux corps mêlés...» (XI, 27). Le lecteur devra alors constater que chacune de ces «formes» possède des «qualités» (celles dont la liste est dressée plus haut) qui « tendent à faire qu'elle se change et, en se changeant, qu'elle se réduise à quelqu'une de celles des éléments » (*ibid.*). Ce dont le lecteur doit, comme l'auteur, se persuader, c'est de la « tendance » de tous les corps mixtes à se réduire d'eux-mêmes aux éléments purs : encore une fois est proposée l'expérience de la flamme, qui « ne peut pas être longtemps sans se corrompre » (*ibid.*). Descartes exige de son lecteur qu'il assume l'imagination mécaniste, puisque son *regard* ne doit conserver que les seuls mouvements, figures, grosseurs, pour n'envisager, dans la combustion, qu'une réduction progressive des parties de la flamme aux trois éléments, une décomposition donnée, au futur, comme l'hypothétique reconstitution du phénomène (XI, 28). Mais alors le monde cartésien se trouve scindé en deux règnes disproportionnés : le domaine des corps mixtes, celui auquel appartient l'expérience sensible, et le domaine des éléments purs ; le premier n'occupant que les superficies des « grands corps » dont est composé le second. La flamme ou « feu commun » ne doit pas être confondu avec « l'élément du Feu » (*ibid.*). En revanche le soleil et les étoiles fixes sont composés du premier élément à l'état pur, les cieux du second, les planètes et les comètes du troisième (XI, 29). Et « les éléments de l'Air et de la Terre (...) ne sont point semblables non plus à cet air grossier que nous respirons, ni à cette terre sur laquelle nous marchons » (XI, 28). Descartes écrit alors cette phrase admirable où il retrouve tout à coup, avec les mots du moraliste, l'intuition centrale de la *weltanschaaung* baroque :

> nous n'apercevons point de corps mêlés en aucun autre lieu que sur la superficie de la Terre, et si nous considérons que tout l'espace qui les contient, savoir tout celui qui est depuis les nuées les plus hautes, jusques aux fosses les plus profondes que l'avarice des hommes ait jamais creusées pour en tirer les métaux, est extrêmement petit en comparaison de la Terre et des immenses étendues du Ciel, nous pourrons facilement nous imaginer que ces corps mêlés ne sont tous ensemble que comme une écorce qui s'est engendrée au-dessus de la Terre, par l'agitation et le mélange de la matière du Ciel qui l'environne. (XI, 30)

Cet imaginaire est celui-là même qui exprime le nouveau rapport institué avec l'avènement de la modernité entre l'homme et un univers ayant perdu ses limites. Nous sommes égarés dans les « immenses étendues du ciel », notre monde, celui des corps composés, n'est qu'une « écorce » à la surface de la terre, une « écume » produite à la jonction des éléments, notre corps mêlé n'est que rognure et poussière. Combien vaine paraît dès lors « l'avarice des hommes » qui, pour en extraire les métaux précieux, creuse des « fosses » que seules la présomption et l'ignorance font estimer profondes[1]. Descartes, à n'en pas douter, autorise cette interprétation, et l'imagination qu'il déploie semble coïncider, comme si souvent dans son œuvre, avec les images les plus fortes de son temps, celles qui accompagneront le triomphe de la modernité comme son ombre. Et l'on peut véritablement parler, à un certain niveau du texte, d'osmose, d'ailleurs explicitement recherchée, entre le philosophe et le monde dans lequel il évolue, c'est-à-dire d'abord l'époque, le moment d'histoire qui lui a été donné de partager. C'est ainsi que l'on trouve chez Descartes la plupart des lieux communs qui hantent l'imaginaire baroque, et il lui arrive de produire telle perle irrégulière digne du recueil de merveilles poétiques; cette phrase de physique par exemple, jetée comme une sonde dans l'in(dé)finité du monde moderne: du plus profond des mines aux plus hautes nuées, nous ne quittons jamais l'écorce de la terre, engendrée par l'agitation des cieux[2]. Mais ici le philosophe ne veut pas d'abord faire briller la pointe ou parler en moraliste: il cherche à convaincre – et persuader – le lecteur de la pertinence de sa science, et de l'efficacité de l'imagination mécaniste qui permet à cette science de se déployer.

En effet, les éléments décrits «à la mode cartésienne» ne sont pas seulement présentés comme de simples hypothèses heuristiques permettant de comprendre la composition des corps observés dans l'expérience: il découle du processus réductif de l'imagination restreinte que ces éléments purs, quel qu'ait été le chaos primordial, occupent effectivement presque tout l'univers (XI, 28). C'est dans cette

1. C'est de la même façon qu'il utilise le thème sceptique de la vanité humaine dans la première partie du *Discours de la Méthode*, VI, 3.

2. Il faut cependant souligner que, même dans l'évocation de ce thème commun, Descartes se montre profondément original, en ceci qu'il considère l'immensité du monde, malgré l'allusion morale, sans crainte et semble-t-il sans angoisse, à la différence de la plupart des auteurs de son temps, de Kepler à Pascal, effrayés, atterrés par le «silence» de ces espaces infinis. Descartes exploite ce thème de l'immensité, en en désamorçant soigneusement les effets passionnels. C'est en ceci qu'il s'approprie le discours baroque. Comme l'écrit Alain, «il n'y a point dans les *Principes*, où de tourbillon en tourbillon, cet univers est comme étalé, la moindre marque d'effroi, ou seulement d'étonnement», *Les passions et la sagesse*, éd. Pléiade, p. 935. C'est que le sujet cartésien, en vertu de sa propre différence et de l'infinité positive du libre arbitre qu'il reconnaît en Dieu et éprouve en lui-même comme expérience par excellence de la différence, est fondamentalement indifférent à l'indéfinité, c'est-à-dire à l'infinité par défaut de l'univers. Cette indifférence s'éprouve d'abord dans le procès de connaissance, en tant que l'esprit «construit» cette in(dé)finité en s'y appliquant: si le moi n'est pas affecté par l'immensité et le vertige des tourbillons, c'est que ceux-ci sont d'abord ses objets, des représentations fictionnées par la science pour rendre compte des phénomènes célestes. C'est pourquoi Alain a raison de déceler déjà chez Descartes l'idée hégélienne de la «fausse infinité» (*ibid.*).

prétention de refléter a priori la réalité supposée des choses par la seule spéculation imaginante, que se manifestent à notre avis le plus clairement les intentions démiurgiques du physicien-mécanicien. La réduction du complexe au simple, des corps mêlés aux éléments purs, est donnée à la fois pour l'explication et pour l'exacte représentation d'un processus physique. Les hypothèses sur la structure élémentaire de l'univers et sur sa tripartition, œuvre de l'imagination scientifique, revendiquent le statut de vraies représentations.

Telle qu'elle se présente, cette vérité n'est cependant pas garantie : au terme de son argumentation, Descartes ne peut parler de certitude absolue, mais seulement de « grande apparence » (XI, 29). Il affirme certes que l'univers doit se conformer à son imaginaire géométrique, qu'il doit être *cartésien*, c'est-à-dire effectivement occupé, dans la partie la plus grande de son étendue, par les éléments « purs » : il faut comprendre purement imaginables et donc parfaitement intelligibles. Mais alors chacun des deux états de la matière ainsi arrêtés fait difficulté. Le monde cartésien des éléments purs, inaccessible comme tel, reste hypothétique, et le monde immédiat des corps mêlés ne se laisse véritablement réduire à l'élémentaire que par l'imagination. A la limpidité et simplicité des immensités élémentaires, hors d'atteinte de l'homme *physique* – corps mêlé parmi les corps mêlés –, s'opposent l'opacité, la complexité et le désordre, au moins apparents, des « corps composés », dont les qualités « se contrarient » et se « nuisent », comme Descartes l'écrit en cédant aux métaphores agonistiques qui servent traditionnellement à désigner le mélange des éléments (XI, 26). La présence « nécessaire » des corps mêlés est certes reconnue et entre pleinement dans la logique de l'argumentation (XI, 29) : cependant le monde au contact duquel nous sommes, et auquel notre corps appartient, cette portion congrue de l'univers à la superficie « des grands corps » résiste à la réduction cartésienne. Le feu qui nous chauffe, l'air que nous respirons, la terre sur laquelle nous marchons, ne sont pas « simples », élémentaires, et le physicien doit rendre compte de la complexité des apparences. Armé de sa seule doctrine des éléments pour affronter la diversité et la complexité du monde mêlé, Descartes admet qu'il « reste ici encore beaucoup d'autres choses à expliquer » (XI, 31). Il écrit cela après avoir de nouveau produit une image, pour représenter la façon dont les trois éléments s'interpénètrent dans le monde sensible : « l'on peut se représenter tous ces corps ainsi que des éponges dans lesquelles encore qu'il y ait quantité de pores ou petits trous, qui sont toujours pleins d'air ou d'eau, ou de quelque autre semblable liqueur, on ne juge pas toutefois que ces liqueurs entrent dans la composition de l'éponge » (*ibid.*). Pour que le mélange des trois éléments, à la superficie des corps durs, suffise à expliquer la diversité des choses, la rhétorique de l'expérience n'est certes pas de trop. Mais elle s'avère elle-mêne insuffisante, dans la mesure où une fois de plus la comparaison, pour ingénieuse (simple et féconde) qu'elle soit, reste une représentation possible et non, absolument parlant, nécessaire. La comparaison est nécessaire comme représentation figurée (l'esprit ne peut pas ne pas recourir à la figure et même à l'image pour se représenter la nature), mais la représentation scientifique elle-même, l'explication qui utilise la comparaison, même si elle satisfait à la raison et à l'expérience, reste fondamentalement une représentation « possible ». Non seulement l'image de l'éponge pourrait être remplacée par une autre – ce qui est bien évident –, mais l'explication aussi reste irréductiblement hypothétique parce qu'elle se construit à travers l'image. C'est pourquoi le discours ne peut prétendre qu'à la vraisemblance : « je serai bien aise d'(...)ajouter quelques raisons pour rendre mes opinions plus vraisemblables » (*ibid.*). Descartes peut « ajouter des raisons », poursuivre l'argumentation afin de mener l'explication de toutes « les choses » qui restent : il ne fera jamais ainsi que rendre ses « opinions plus vraisemblables ».

La vraisemblance, en physique, comme Descartes sera amené à l'admettre de façon plus ou moins directe, demeure d'une certaine façon indépassable. Mais l'auteur du *Monde* ne renonce pas à fonder cette vraisemblance des explications particulières en physique sur la vérité même. Cette fondation est nécessaire pour que la vraisemblance soit maintenue, pour que les explications élaborées par l'imagination scientifique ne sombrent pas dans l'extravagance pure et simple. C'est d'abord croyons-nous une telle exigence qui justifie la rupture introduite dans le discours après l'aveu des difficultés éprouvées pour rendre compte dans son détail de ce monde mêlé dans lequel nous vivons. Il s'agit du saut dans la fable, saut hors de ce monde, passage de la vraisemblance de l'explication scientifique à la question de la vérité. La vraisemblance même est en fait doublement menacée : par l'indétermination des fondements que s'autorise l'imagination restreinte pour s'imposer et par l'absence de nécessité logique que comporte fatalement le recours à la rhétorique de l'expérience. Le problème qui hante le discours scientifique ainsi dominé par l'imagination est donc double : il porte à la fois sur le processus d'abstraction géométrique et sur les images qualifiées qui l'accompagnent. Ce problème affecte donc le travail ambivalent de l'imagination scientifique. D'une part les hypothèses explicatives, élaborées au fur et à mesure d'une déconstruction systématique de l'expérience, sont en attente de légitimité. Ainsi lorsque Descartes énonce ce qui deviendra, dans la fable, les lois de la continuation et de la conservation du mouvement, il en remet l'exposition complète et la production des «raisons» qui l'ont amené à l'adopter: «mes raisons, dis-je, me satisfont assez là-dessus; mais je n'ai pas encore occasion de vous les dire» (XI, 11). D'autre part les expériences ponctuelles, convoquées pour montrer la pertinence des hypothèses, sont certes persuasives, mais elles restent insuffisantes, comme Descartes l'admet de celles qu'il produit pour combattre le vide (XI, 21). Ainsi la doctrine des éléments s'applique-t-elle aux corps mêlés par le biais de la comparaison de l'éponge, mais l'explication n'en est pas moins doublement fragilisée: par ce qui peut paraître sa gratuité théorique et par le statut non contraignant de l'image[1]. L'abstraction est inquiétée parce qu'elle manque de fondation théorique. L'illustration ne répond que de façon parcellaire et finalement douteuse à la nécessité de faire coller les hypothèses aux apparences sensibles. Dans sa visée réductrice, l'imagination ne parvient pas à satisfaire pleinement les exigences de l'entendement. Dans sa présentation d'expériences déplacées, décontextualisées, elle ne saurait non plus correspondre à ce que les sens montrent du monde. Autrement dit, le discours destiné à soumettre les phénomènes aux exigences rationnelles de l'esprit, par la place centrale donnée à l'imagination dans son versant géométrique comme dans sa dimension rhétorique, ce discours de physique risque à tout moment de se transformer en une œuvre de fiction et de sombrer par là dans cet imaginaire d'où le philosophe extrait les matériaux dont il bâtit sa science. La déconstruction-reconstruction mécaniste des apparences, en tant que travail de l'imagination, manquant de garantie théorique et d'une véritable confirmation expérimentale, pourrait passer effectivement pour un jeu de figures et d'images, tout aussi gratuit qu'ingénieux; pour l'élaboration d'une «machine» à la fois rhétorique et spectaculaire[2], pleine d'artifice mais «inutile» et trompeuse, purement divertissante, comme celles que suscite l'imagination romanesque et théâtrale (mais aussi bien les spéculations philosophiques) ou qui peuplent «les jardins de nos Rois» (XI, 130). Ce risque majeur, pour un discours qui se propose de produire la vraie représentation du monde, de ne générer qu'une

1. On peut ici comparer le *Monde* aux *Météores*, et citer le jugement de Chapelain à leur sujet: «ses *Météores* sont problématiques et arbitraires, mais admirables», *Chapelain à Balzac*, le 23 décembre 1637, *Lettres de Chapelain*, t. I, Paris, 1880, p. 189. Ces quelques mots fournissent ainsi, dès la parution du *Discours de la Méthode* et des *Essais*, la critique et l'éloge du roman de la nature.

2. Nous entendons le terme de «machine» selon le double sens qu'il possède au XVIIe siècle: comme engin proprement dit et comme stratagème rhétorique (cf. dictionnaire de Furetière).

chimère littéraire, Descartes ne l'esquive pas : il le prévient et le devance, avec une audace extraordinaire, en adoptant la fable.

Dans un monde où la fiction abonde, son discours pourrait passer pour une fiction de plus : Descartes montrera par la fable que ce discours est celui de la vraie science. La représentation du monde qu'il construit dans le texte contredit radicalement la science officielle et ne coïncide pas non plus avec l'expérience sensible, telle qu'elle est structurée par l'imaginaire culturel de l'époque baroque. Le porte-à-faux, le malaise de cette imagination prise entre l'indétermination des fondements et une impossible adéquation au sensible, culmine avec la résistance des corps mêlés à la réduction aux trois éléments, telle que l'illustre l'image de l'éponge. Ce vieux monde des doctes, des poètes et des sens, ce monde altéré, mêlé, obscur, Descartes le quitte pour en construire un tout nouveau, où il pourra négliger tout à fait les doctes, piller sans vergogne les poètes et manier les expériences sans toujours avoir à se justifier devant l'opinion. Il demande au lecteur d'abandonner « pour un peu de temps » le « vrai monde ». Cet abandon du monde réel, considéré dans la fausse évidence qu'en donnent les représentations disparates des savoirs établis et de l'opinion commune, a pour but de ne pas renoncer à la vérité sur le monde. Continuer à faire la science du monde réel reviendrait à s'expliquer avec tous, à se justifier devant tous, et surtout à répondre clairement à la question, laissée ouverte, de la légitimité de la nouvelle science, en l'absence de philosophie première. S'écarter du monde réel revient à écarter aussi les représentations fausses ou douteuses, sans avoir à en mener la critique exhaustive, pour construire un objet adéquat au nouveau savoir, sans non plus avoir à déduire celui-ci de façon systématique d'une métaphysique constituée. Mais la fable, le « couvert » de la fable, permet tout autant à Descartes d'esquisser cette entreprise de fondation, en Dieu et, plus secrètement, dans le sujet dont procède le discours fabuleux. Dans ces conditions, le premier effet de la fable est de permettre le libre déploiement de l'imagination scientifique, en la délivrant, au moins « pour un peu de temps », de la double hypothèque que font peser sur elle d'une part l'absence de fondation rationnelle du système hypothétique et d'autre part le manque d'adéquation avec l'expérience commune des phénomènes (l'expérience immédiate, immédiatement saisie à travers le prisme culturel de la vision baroque du monde). Descartes peut donc ainsi exploiter librement l'imagination scientifique sans renoncer à sa fertile duplicité : viser à la nudité et à l'abstraction la plus grande de l'imaginaire (sans laquelle l'esprit ne saurait se saisir des principes de la science), tout en se donnant la pleine licence d'inventer les images et les comparaisons requises pour que les principes puissent s'appliquer à l'ensemble des phénomènes de l'univers, des plus généraux aux plus particuliers.

V. LA FABULATION DU *MONDE*

> Un univers façonné, forgé et machiné, ne saurait comme l'indique la simple réflexion sur le mot *fingere*, être qu'un monde feint: on sait que Descartes parla toujours en ce sens de la fable de son monde.[1]

1. Le voile des fables

En adoptant la fable et en allant ainsi au devant des dangers qui menacent la légitimité de la science, Descartes approfondit son rapport à l'imaginaire baroque: car la fable est sans doute la forme privilégiée de cet imaginaire. Il faut prendre ici le terme dans son sens le plus large, tel qu'on le trouve partout dans les textes du temps, à commencer par ceux de Descartes[2]: la fable désigne tout discours dans lequel

1. F. Alquié, *La Découverte métaphysique de l'homme...*, *op. cit.*, p. 113.

2. Deux occurrences du terme, chez Descartes, choisies hors de tout contexte théorique, dans des lettres de convenance où l'auteur du Monde imite la rhétorique épistolaire d'un Balzac, nous montrent quel est le sens moyen de la fable baroque. Au diplomate Brasset, le 23 avril 1649, après avoir évoqué «les îles enchantées de Calypso et de Circé», la terre promise des Hébreux et le «pays des ours» sur lequel règne une reine légendaire (il s'agit de la Suède et de Christine), il écrit: «vous direz que je ne vous rends ici que des imaginations et des fables...», V, 350. Le monde homérique, les contrées lointaines du Septentrion et même, constatation lourde d'implications, l'univers biblique appartiennent à la fable. Presque deux décennies plus tôt, le 15 avril 1631, Descartes fait part à Balzac, en des termes similaires, des rêves qui occupent sa vie désœuvrée (en vérité il est en train de travailler au *Monde*): «j'éprouve tous les plaisirs qui sont imaginés dans les Fables...», I, 199. Ce monde onirique des fables est ici celui des lettres et du théâtre, jardins et palais de Circé ou d'Armide, monde du plaisir, vécu sur le mode de la fiction, dans la grâce de l'illusion. Mais si la fable, référée aux divertissements

l'imagination joue un rôle moteur et qui, pris dans sa littéralité, ne saurait être pour cette raison même que fallacieux[1]. Pour cette culture, dont nous avons relevé le scepticisme radical, la fable, au-delà ou en-deçà des divers genres que le terme peut recouvrir au XVIIe siècle (mythographie, conte, apologue, poésie épique et dramatique, roman, comédie...) est ainsi le langage même, en tant qu'il s'avère une source inépuisable d'illusion et de tromperie. La fable ainsi considérée possède une triple dimension, narrative (la fable est un récit), rhétorique (la fabulation suppose l'exploitation des ressources de l'éloquence) et théâtrale : la fabulation est la performance et la simulation de la fable comme fable. Œuvre performée de l'imagination discursive, la fable baroque tend à se constituer en monde : monde fictif, feint, trompeur, monde de parole se substituant par la simulation à la réalité hors language. La fable baroque, qui reflète et accomplit le deuil de l'ontologie traditionnelle, est le lieu de cette crise générale à la faveur de laquelle s'invente la modernité[2]. Prise en son sens le plus radical, c'est-à-dire à la source des diverses fonctions assignées aux diverses espèces littéraires de fable – divertissement, enseignement, édification, etc. –, la fable est le régime même de la parole et de l'agir humains,

littéraires et théâtraux, évoque la douceur des songes, elle sert aussi à dénoncer les discours qui ne remplissent pas la visée de vérité à laquelle ils prétendent. Les doctrines jugées erronées sont taxées de fables ; ainsi Balzac écrit-il, à propos des stoïciens, dans une « dissertation » qu'il dédie à Descartes : « leurs opinions (...) étaient quelquefois plus étranges que les plus étranges fables de la Poésie », *Dissertations chrestiennes et morales*, in *Œuvres de Monsieur de Balzac*, Paris, 1665, 2 vols, t. II, p. 317. C'est une telle étrangeté, nous semble-t-il, qui menace les « opinions » de Descartes en matière de physique, et que celui-ci veut précisément prévenir en optant pour la fable, car les « rêveries » dont il entretient Balzac en dissimulent d'autres, rangées dans un « petit recueil », comme il l'apprend un peu plus tard à son correspondant, et qui en fait contient la première ébauche du Monde (*A Balzac*, 5 mai 1631, I, 204).

1. Au XVIIe siècle est généralement reprise et retravaillée l'ancienne distinction entre fable (*fabula*) et histoire (*res gestae*). Cf. P. Demats, *Fabula, trois études de mythographie antique et médiévale*, Genève, 1973. On se reportera aux discussions contenues dans le dialogue de Chapelain, *De la lecture des vieux romans*, écrit en 1647, et aux ouvrages de Desmarets de Saint Sorlin, *La vérité des fables ou l'histoire des dieux de l'antiquité* (Paris, 1648), de Charles Sorel, *Des histoires et des romans*... (Paris, 1661) et de Pierre Daniel Huet, *Traité de l'origine des romans* (Paris, 1670, préface de la Zayde de Mme de La Fayette, éd. F. Gigon, Paris, 1971).

2. Voir *supra*, chap. I.

voués par nature à l'erreur et à l'errance[1]. C'est pourquoi le choix cartésien de la fable comme forme du discours scientifique, s'il émane explicitement du désir de se conformer au goût et à l'esprit du public, nous semble constituer implicitement un véritable défi au scepticisme latent du siècle, pour lequel fabuler signifie tout naturellement ne pas parler vrai, soit délibérément (c'est la figure cornélienne du menteur mais aussi le modèle curial de la « dissimulation honnête »), soit plus radicalement, par une incapacité constitutive de la parole même.

Descartes adopte cependant un ton désinvolte, comme toujours lorsqu'il impose au lecteur ses décisions théoriques : « je serai (...) bien aise d'(...) ajouter quelques raisons pour rendre mes opinions plus vraisemblables. Mais afin que la longueur de ce discours vous soit moins ennuyeuse, j'en veux envelopper une partie dans l'invention d'une fable, au travers de laquelle j'espère que la vérité ne laissera pas de paraître suffisamment, et qu'elle ne sera pas moins agréable à voir que si je l'exposais toute nue » (XI, 31). Tout d'un trait, il ne s'agit plus de renforcer la vraisemblance, d'ajouter les raisons aux raisons, mais d'éviter que le lecteur ne « s'ennuie » et de lui présenter la science sous un jour « agréable ». L'« invention » d'une fable se substitue à l'« explication » pure et simple de la nature. Comme la fable raconte la création d'un nouveau monde, ce choix semble être celui de l'invraisemblance, de l'extravagance littéraire, contre le discours scientifique

1. Dans sa *Fable Mystique* (Paris, 1982), Michel De Certeau privilégie ce sens premier de la fable comme parole. Mais ce faisant il oppose de façon, à notre avis trop radicale, la culture orale à la culture scripturale qui, au XVIe siècle, avec la diffusion de l'imprimerie, achève d'imposer son autorité. Pour De Certeau, la fable et la « voix » des spirituels et des mystiques seraient ainsi, dans le texte, le « reste » de cette effusion de la parole, destinée à devenir l'objet du savoir scriptural. Cependant l'historien de la culture peut constater qu'au moment de son triomphe, et avant de se constituer définitivement en savoir positif, l'écriture, avec Montaigne par exemple (et il n'est que l'un des plus précieux moments de toute une saison littéraire qui nous semble comprendre aussi bien le scepticisme libertin que la spiritualité et le mysticisme étudiés par De Certeau), trouve dans « le corps aeree de la voix » son fonctionnement paradigmatique, et fait de ce corps aéré, de ce vent bavard, le lieu d'une expérience ; celle de l'échec à se saisir de la vérité par le langage (*Essais*, II, 6, éd. citée, p. 60). Comme si la parole devait encore se dire et se dédire par l'écriture et dans l'écriture avant de ne devenir qu'un objet d'investigation comme les autres pour la nouvelle science. « Joint qu'à l'adventure, écrit Montaigne, ay-je quelque obligation particuliere à ne dire qu'à demy, à dire confusément, à dire discordamment » (III, 9, éd. citée, t. 3, p. 272). D'où la décision de pas « enseigner », mais seulement de « raconter » (III, 2, éd. citée, t. 3, p. 20 sq.), de ne pas « former » l'homme, mais de le « réciter » à la première personne (*Au lecteur*, t. 1, p. 1-2), de présenter le livre comme « rapsodie » (I, 13). Aède, conteur, récitant et non écrivain, la différence que Montaigne trace entre le discours d'autorité et le sien propre est affaire de voix.

qui s'efforce à la vraisemblance. Mais il est simultanément déclaré que l'enjeu de cet invraisemblable saut hors du monde est de faire «paraître» la vérité. Ce qui revient à dire que la vérité ainsi «enveloppée» dans la fable, contrairement à ce que voudrait l'allégorie, ne sera pas «exposée toute nue». La fable est ainsi présentée comme l'ornement, mais aussi le voile de la vérité.

Descartes semble alors se rattacher à la tradition d'invention, d'exégèse et d'herméneutique des «fables» et paraboles, considérées comme dépositaires de vérités cachées; une tradition qui connaît son apogée à la Renaissance, mais qui se poursuit encore durant tout le XVIIe siècle[1]. Cette pensée joue simultanément de la transparence et de l'opacité des signes, la fable est «voile», et le voile cache et montre à la fois. Bacon, dans la préface de l'ouvrage qu'il consacre à l'interprétation philosophique (politique, morale et physique) des mythes antiques, affirme, après bien d'autres, que les fables et les paraboles «servent à couvrir et voiler, mais aussi à éclairer et illustrer»[2]. En écrivant ceci, Bacon fait écho à toute cette littérature pour laquelle les «fables», c'est-à-dire d'abord les mythes grecs, sont le réceptacle d'une sagesse primitive, enfouie et oblitérée par les textes qui nous les ont transmises[3]. Pour ce courant de pensée, la mythologie est, en son fond, l'expression d'une science et d'une théologie originelles, dont les hiéroglyphes égyptiens et bien sûr d'abord l'écriture sainte seraient d'autres formulations[4].

On ne peut douter que Descartes ne rompe radicalement et définitivement avec cette tradition qui, au cours du XVIIe siècle évolue et se perd, d'une part dans la surenchère rhétorique et mondaine, de l'autre dans la constitution d'une anthropologie positive des mythes[5]. La fable

1. Cf. Paulo Rossi: «Le favole antiche», in *Francesco Bacone..., op. cit.*, p. 130-220, et Marc Fumaroli: «Hiéroglyphes et lettres: la sagesse mystérieuse des anciens au XVIIe siècle», in *XVIIe siècle*, n° 158, janvier-mars 1988.

2. *De Sapientia Veterum*, in *Works*, op. cit., t. VI, p. 627, (nous traduisons).

3. *De Sapientia Veterum, op. cit.*, p. 619 et 625. Bacon s'est largement inspiré dans son ouvrage du vénitien Natalis Comes, *Mythologia sive explicationis fabularum libri decem*, Venise, 1567, dont le postulat est le suivant: «Quod omnia philosophorum dogmata sub fabulis continebantur» (p. 1026).

4. Cf. J. Seznec, *La Survivance des Dieux antiques*, Londres, 1940; D. P. Walker, *The Ancient theology, studies in christian platonism, from the fifteenth to the eighteenth century*, Londres, 1972; E. Iversen, *The Myth of Egypt and its hieroglyphs in European tradition*, Copenhagen, 1961.

5. Cette évolution mondaine de la mythographie, associée au goût pour les hiéroglyphes, les emblèmes et les devises, est surtout l'apanage des Jésuites; il faut citer le nom de Tesauro, l'auteur du célèbre *Cannocchiale aristotelico (op. cit.)* et en France, ceux de Desmarets, Le Moyne, Bouhours et Ménestrier (cf. M. Fumaroli, art. cit., p. 17). On peut également situer dans cette mouvance mondaine

humaniste est encore mythe, au sens fort de récit de l'origine, une fable herméneutique qui s'attache à relever dans la multitude des langues et des images les empreintes, les vestiges de la vérité perdue et s'emploie à restituer par fragments ce dit véridique. La fable cartésienne ne se joue pas dans ce théâtre de mémoire; si elle est convoquée sur la scène du *Monde* – et des mondanités littéraires – c'est comme masque, ou plutôt comme voile d'une science nouvelle, sans précédent historique ou mythique[1]. Quels que soient ses emprunts, déclarés ou non, aux poètes et à l'Ecriture Sainte, la fable du monde se détourne de l'histoire et du mythe pour se présenter comme une «invention» au sens moderne; c'est-à-dire comme instauration, non restauration de la science. Cette fable n'est en outre pas plus destinée à éloigner le profane des secrets de l'initiation qu'à «révéler», à mots couverts, les arcanes du savoir. Les termes de l'hermétisme ne permettent absolument pas de décrire correctement ce voile fabuleux qui enveloppe la vérité cartésienne et dont l'auteur fait d'abord valoir le rôle attractif et séducteur.

l'ouvrage savant de Huet, le *Traité de l'Origine des romans* (*op. cit.*), qui s'oppose au rationalisme des cartésiens, et l'entreprise de La Fontaine, ami de Huet, qui comme le relève justement Marc Fumaroli, «fait de ses fables, à l'exemple de Bacon, les véhicules de la prudence politique et d'une philosophie démocritéenne de la nature» (*art. cit.*, *ibid.*, cf. également du même auteur la préface de son édition des *Fables* de La Fontaine, Paris, 1985, 2 vol., t. 1). Mais avec La Fontaine nous sommes désormais bien loin de l'ambition philosophique (et politique) baconienne. Quant à l'analyse «positive» et illuministe des mythes, elle trouve son expression accomplie avec Fontenelle, *De l'Origine des fables,* 1724, Paris, 1932.

1. Dans les *Regulae*, Descartes parle de la mathématique des anciens en des termes qui ne sont pas très éloignés de ceux de Bacon (*Règle IV*, X, 376). Mais ses propos, à la différence du texte baconien, ne contiennent aucune tendance adamiste, ou bien faut-il parler d'un adamisme intemporel, celui de la raison, ce «*nescio quid divinum*», ce «je ne sais quoi de divin» qui est en l'esprit humain et contient «les premières semences des pensées utiles» (*ibid.*, X, 373). Descartes développe une argumentation similaire à propos de l'éloquence des anciens (*Apologie des Lettres de Balzac,* I, 7) et de leur musique (I, 102). La mathématique, la morale, l'éloquence et la musique des anciens étaient grandes, mais non pas en vertu de leur proximité de l'origine ou d'une providentielle intimité avec la sagesse divine, mais seulement parce que, n'étant pas «étouffées» par les sciences constituées, les semences de vérité dont nous sommes tous dépositaires produisaient en eux des «fruits spontanés» (*Règle IV,* X, 374). L'entreprise cartésienne ne vise donc pas du tout à retrouver le savoir des anciens, d'ailleurs extrêmement limité (X, 376 et 204): il ne s'agit pas de remonter le fil de la vérité dans le labyrinthe des langues, des fables et des sciences jusqu'à leur source, à l'aube des temps, mais au contraire de se défaire des préjugés et des erreurs accumulés pour mettre à jour les «premiers rudiments de la raison humaine» et découvrir la *mathesis universalis,* origine intemporelle de toutes les sciences possibles.

Descartes procède comme s'il pouvait, s'il le voulait, se passer de cette parure, ou l'ôter, et exhiber la vérité dans sa nudité. Cette confiance déclarée en la capacité théorique de produire la vérité sans fard, doublée comme elle l'est d'une décision d'opter pour un dispositif rhétorique de dissimulation, soulève un problème important. Force est de constater en effet que l'enjeu du discours devient le vrai au moment précis où la fable est convoquée. Pour comprendre la décision cartésienne, il n'est pas inutile de revenir à Bacon, lequel pense la fable non seulement dans une perspective de restauration de vérités oubliées, mais aussi (et peut-être surtout) d'« instauration » de vérités nouvelles[1]. A tel point qu'il revendique le bien fondé de son entreprise philosophique, même dans le cas où il faudrait concéder la vérité à ceux qui tiennent « les fables anciennes pour de simples extravagances inventées à seule fin de divertir » (*op. cit.*, 627). Car le recours aux fables et aux paraboles s'avère « extrêmement utile pour les sciences, voire même parfois indispensable », et d'abord afin de « rendre plus facilement accessibles à l'intelligence humaine de nouvelles inventions » (*ibid.*, 628). Le chancelier précise même que « de nos jours encore, celui qui veut répandre une lumière nouvelle dans les esprits des hommes sans rencontrer de difficultés ni d'obstacles doit emprunter la même voie... » (*ibid.*). La sagesse des modernes a donc elle aussi besoin du voile des fables[2]. Or Descartes se trouve très consciemment dans la situation du novateur, et il se pourrait que l'apparente désinvolture ne couvrît et ne désignât à la fois, – et ce serait bien là le premier effet de la fable – la véritable nécessité théorique de ce recours.

1. Il n'est d'ailleurs pas exclu que Descartes ait lu le *De Sapientia Veterum*, soit dans l'original, soit dans la traduction de Jean Baudoin, *La Sagesse mystérieuse des Anciens, ombragée du voile des Fables, appliquées moralement aux secrets de l'Etat et de la Nature*, Paris, 1619.

2. Dans le recours à la fable, pour Bacon, la prudence et le souci didactique ne sont ainsi pas séparables des nécessités théoriques inhérentes à la nouveauté et à la difficulté des questions philosophiques et scientifiques abordées. L'audace de la philosophie proposée explique ainsi en grande partie les violences interprétatives que Bacon fait subir aux mythes qu'il s'approprie. La fable cartésienne répond aux mêmes exigences, à la différence capitale près que Descartes « invente » sa fable de toute pièce et néglige de se donner une quelconque garantie historique.

2. L'art du clair-obscur

Descartes lui-même nous semble reconnaître cette nécessité exprimée par Bacon d'adopter le voile des fables pour «répandre les lumières» de sa philosophie et d'abord pour donner à ses pensées leur forme linguistique. Il suffit de se rapporter à ce texte du *Discours* qui résume l'argumentation du *Monde* et en explicite la visée épistémologique. Dans ce texte crucial pour l'interprétation de la fable du monde, Descartes développe la métaphore picturale présente dans le traité: celle du clair-obscur. Chose remarquable, le travail d'écriture du physicien, dans ce passage, est deux fois comparé à l'usage en peinture des techniques de représentation jouant sur le contraste ombre-lumière: d'abord pour expliciter le choix de présenter une physique générale en focalisant l'analyse sur un seul phénomène, et ensuite pour rendre compte du choix même de la fable, celle-ci venant ainsi ombrer un tableau déjà réalisé en clair-obscur[1].

Dans un premier temps le propos est de montrer pourquoi le *Monde* est d'abord un *Traité de La lumière*, ceci à partir de la constatation d'un décalage entre le projet scientifique et sa réalisation discursive: «j'ai eu dessein d'y comprendre tout ce que je pensais savoir, avant que de l'écrire, touchant la nature des choses matérielles» (VI, 41). Avant d'écrire, l'intention de l'auteur était d'exposer tout ce qu'il «pensait savoir», autrement dit de présenter une physique complète. Mais le passage à l'écriture impose l'adoption d'une technique d'exposition comparable au clair-obscur en peinture: «craignant de ne pouvoir mettre en mon discours tout ce que j'avais en la pensée, j'entrepris seulement d'y exposer bien amplement ce que je concevais de la lumière» (VI, 42). Lorsque je me mets à écrire, je me trouve confronté à l'impossibilité de dire tout ce que je pense ou crois penser. L'écart entre le projet et sa réalisation – le dessein du *Monde* et le *Traité de la Lumière* – est dû à l'inadéquation constatée dans l'écriture entre ce que l'on pense d'abord savoir et ce que l'on doit

1. L'ombrage est un procédé à la fois d'élision et de substitution métaphorique. Descartes écrit ainsi *à Vatier* qu'ayant traité «amplement» et «curieusement» de la lumière dans le *Monde*, il a voulu dans sa *Dioptrique* «seulement en présenter quelque idée par des comparaisons et des ombrages» (le 22 février 1638, I, 562). Notons cependant que la nature de la lumière est établie à l'ombre de la fable: les ombrages de la *Dioptrique* renvoient à ceux du *Monde*.

écrire pour communiquer, mais aussi bien constituer en grande partie le savoir. Certes Descartes ne dit-il pas qu'il a élaboré sa physique dans le travail même d'écriture du *Monde*[1]; il est bien trop soucieux de maintenir l'indépendance de la recherche purement intellectuelle par rapport aux contingences linguistiques et trop conscient des dangers d'égarement qui accompagnent la mise en forme langagière de la pensée. Cependant, à travers la métaphore du clair-obscur, il reconnaît les contraintes, les déplacements et les stratégies qu'implique toute entreprise de représentation, qu'elle soit linguistique ou picturale: «les peintres, ne pouvant également représenter dans un tableau plat toutes les diverses faces d'un corps solide, en choisissent une des principales qu'ils mettent seule vers le jour, et ombrageant les autres, ne les font paraître qu'en tant qu'on les peut voir en la regardant...» (VI, 41-42). La mise en lumière discursive d'un objet de pensée, comme la peinture d'un «corps solide» sur un «tableau plat», n'est jamais possible que sur un fond obscur ménagé par le travail de la représentation. Cette constatation ne revient pas *ipso facto* à reconnaître la présence irréductible de ce fond de ténèbres auquel la figure et le discours sont arrachés par l'acte de peinture ou d'écriture. Car cette ombre qui cerne la figure, en estompe les contours et constitue le fond sur lequel celle-ci peut se détacher comme la «face» éclairée d'un «corps solide», n'est pas ici pensée comme une béance de la représentation, mais comme le moyen de sa clôture et de son achèvement: l'ombre est le produit d'un artifice destiné à donner l'illusion d'une complétude de la représentation. Ombrager est un acte représentatif visant à rendre compte de manière exhaustive d'un objet (de peinture ou de science) par la mise en œuvre d'une technique appropriée (picturale ou linguistique), fondamentalement illusionniste: il s'agit de suggérer ce qui n'est pas montré ou ce qui n'est pas dit, de sorte que, simultanément, le montré ou le dit paraisse avec plus de clarté, de distinction et que le caché ou le tu bénéficie en retour, et comme par procuration, de cette focalisation de la lumière sur une seule face, un seul aspect. De la conjonction de l'ombre et de la lumière naît ainsi, en trompe-l'œil, la représentation de l'objet considéré dans son unité et sa complétude. Autrement dit, l'objet peut être représenté

1. Il distingue au contraire très souvent dans sa correspondance ce qu'il appelle son «instruction» personnelle de l'écriture du traité, destinée dès le commencement à la publication. Cf. par ex. *A Mersenne*, 15 avril 1630, I, 137; *au même*, 5 avril 1632, I, 243 etc. Cf. cependant la confidence fondamentale de la sixième partie du *Discours* : «souvent les choses qui m'ont semblé vraies lorsque j'ai commencé à les concevoir, m'ont paru fausses lorsque je les ai voulu mettre sur le papier», VI, 66.

à l'esprit dans sa totalité, par le traitement approprié d'un seul de ses aspects, d'une seule de ses «faces», de telle façon que celle-ci renvoie à toutes les autres, comme autant de points de vue sur un seul et même objet. Le médium représentatif, – la peinture, le langage – ne permet que la constitution d'une image incomplète et parcellaire; mais cette incomplétude peut être surmontée par l'artiste ou l'écrivain s'ils parviennent à produire l'illusion de l'achèvement. Comme le peintre *rend* sur un tableau plat la tridimensionalité d'un corps solide par la figuration d'une seule de ses faces, le physicien expose dans son traité un corps entier de physique à travers l'étude du seul phénomène lumineux.

Reste à considérer le statut de ces techniques par lesquelles le peintre représente ses solides et le physicien son monde. En parlant de «corps solide» dessiné sur un plan, une fois encore, Descartes renvoie la peinture à la géométrie: pour lui un tableau ne peut véritablement «représenter» que s'il est construit suivant les règles de la perspective albertienne. Mais la structure géométrique est prise dans le clair-obscur; l'ombre et la lumière, dont on peut dire qu'elles habillent cette structure, sont nécessaires pour achever l'illusion picturale. Il faut en dire autant de l'écrit de physique: l'auteur a choisi l'une des «principales faces» du monde: la lumière même. Tous les autres corps y sont aperçus et traités dans son ombre, «à son occasion» écrit Descartes, c'est-à-dire parce qu'ils sont source (comme le soleil), médium (comme le ciel), réflecteur (comme la terre) ou enfin spectateur (comme l'homme) de la lumière (VI, 42). Il est facile de constater que ce partage et cette distribution des corps en fonction de leur rapport à la lumière trouve son origine dans les qualités rencontrées dans l'expérience commune de la vision (luminosité, transparence, opacité) et dans le phénomène visuel lui-même en tant qu'il offre le spectacle des choses. Or le traité s'ouvre par le refus d'accorder une quelconque pertinence épistémologique à «l'idée» ou «sentiment» de la lumière pour en mener l'explication mécaniste, c'est-à-dire pour objectiver d'abord le phénomène lumineux – et «à son occasion» la plupart des phénomènes naturels –, puis le phénomène visuel lui-même – et, à partir de celui-ci, de toute la machine humaine. Mais on voit comment, en fait, l'expérience première accompagne comme son ombre l'entreprise scientifique; c'est sur elle que s'appuie l'étude du monde entier à partir de la seule lumière, et bien sûr de la métaphore à travers laquelle elle s'exprime et qui est précisément la métaphore de la lumière picturale. L'image mécaniste du monde se dessine en perspective à l'occasion de la lumière, à travers les jeux de l'ombre et de la clarté tels que les saisit l'expérience visuelle dont il ne faut pas oublier ce caractère trompeur qu'il revient en retour à la science de neutraliser. Le choix de la lumière pour représenter le monde en son ensemble apparaît ainsi comme un procédé indissociablement méthodologique et rhétorique, étant acquis que la rhétorique excède la seule persuasion pour jouer un rôle poiëtique dans la constitution de la science, un procédé qui loin de faire obstacle à la réduction mécaniste, en permet au contraire l'effectuation. La rhétorique, indirectement revendiquée à travers la métaphore picturale, trouve sa nécessité simultanément dans le passage à l'écriture, comme effort de surmonter l'incomplétude imposée par le langage, et dans le recours à l'expérience comme fil conducteur du discours, intégré à l'ordre des raisons, ombre savamment disposée, de telle manière que la lumière apparaisse comme la partie qui comprend le tout, ce que révèle suffisamment l'hésitation au sujet du titre: *Traité de la lumière* ou *Monde*[1]. La lumière est la synecdoque du monde.

Mais plus encore, la dimension rhétorique du discours scientifique est prise en compte une seconde fois, et alors de façon déclarée, avec la présentation de la fable comme une ombre nouvelle venant couvrir le clair-obscur du tableau de physique: «Même pour ombrager un peu toutes ces choses et pouvoir dire plus librement ce que j'en jugeais, sans être obligé de suivre ni de réfuter les opinions qui sont reçues entre les doctes, je me résolus de laisser tout ce monde-ci à leurs disputes, et de parler seulement de ce qui arriverait dans un nouveau...» (VI, 42). La déclaration de Bacon sur la nécessité pour le novateur d'exploiter ou de forger des fables trouve ainsi sa pleine confirmation dans le texte cartésien. Le chancelier, nous l'avons vu, ne sépare pas le souci d'éviter «difficultés» et «obstacles» dans la communication de la science, des contraintes inhérentes à son «invention». De même nous ne devons pas séparer la justification cartésienne par ce que nous pouvons appeler rapidement la prudence du novateur, des raisons plus profondes que l'analyse du clair-obscur nous a indiquées: nécessité de recourir dans l'écriture aux tropes et aux *machines* rhétoriques. Nous retrouvons le rôle primordial de l'imagination dont la fertile ambivalence nous paraît maintenant engager le statut du ou des langages auxquels la science s'en remet et qu'elle s'approprie à la fois pour se dire. Nous retrouvons aussi le vœu énoncé à demi-mot dans le *Monde*: fabuler pour laisser paraître la vérité. A demi-mot car, comme le *Discours* met en avant le souci de ne pas «réfuter» les doctes, le *Monde* fait passer au premier plan le désir de ne pas «ennuyer» le lecteur. Il nous faut montrer comment ces deux arguments, présents

1. Voir *supra*, I, 6.

dans le traité, sont en fait solidaires, et comment ils renvoient, plus profondément, aux problèmes théoriques qui amènent Descartes à adopter ce dispositif rhétorique.

3. *Prévenir l'ennui, l'étonnement, la controverse...*

Considérons l'argument qui semble a priori le plus futile et le plus étranger à la doctrine: celui de l'« agrément » du discours. Il faut le prendre pourtant au sérieux, car nous n'avons aucune raison de mettre en doute la sincérité de cette crainte « d'ennuyer » le lecteur (XI, 20)[1]. Ce souci est bien réel, envisagé de façon plus générale, il témoigne d'une volonté de se conformer aux règles de bienséance et d'urbanité intellectuelles reconnues par le public « moderne ». En choisissant le français pour exposer de la physique, en adoptant un style colloquial[2] et un ton dégagé, il est manifeste que Descartes s'adresse en priorité à ce type de lecteur qui se reconnaît dans la catégorie de « l'honnêteté »[3].

1. Cf. également, XI, 20. La correspondance nous apprend qu'il voulait d'abord faire court; écrire « un petit traité » lisible en « une après-dînée » (*A Mersenne*, le 15 avril 1630, I, 136), qui aurait pourtant contenu « toute la physique » (*Au même*, le 13 novembre 1629, I, 70). Mais le « bâtiment » ne va cesser de grandir, comme il le pressent déjà en avril 1630, alors même qu'il restreint son sujet à la lumière (I, 138). Cependant la brièveté et l'exhaustivité resteront toujours les deux impératifs de l'écriture cartésienne. La brièveté apparaît d'abord dans la taille des œuvres, volontairement réduite, dans le rejet de l'« amplificatio » (où excelle Balzac, cf. Cahné, *op. cit.*, p. 111) et dans certains raisonnements « étranglés », comme le remarque Chapelain (*A Balzac*, le 29 décembre 1639, in *Correspondance de Mersenne*, *op. cit.*, t. VI, p. 341), alors que la longue phrase cartésienne exprime plutôt le souci de n'omettre aucun point de l'argumentation, de « tout dire » (cf. E. Lojacono, art. à paraître), ce qui n'exclut nullement le déploiement simultané d'une stratégie de l'omission (cf. P.-A. Cahné, « Autour de la phrase de Descartes », in *Europe*, octobre 1978, n° 594, p. 59-72).

2. La première phrase du traité suffit à montrer que le ton choisi est celui de la conversation, de l'entretien: le « je » s'adresse au « vous », pour engager toutefois un « nous » consensuel (XI, 3). Enfin de nombreux passages simulent le dialogue et s'avèrent, par leur forme stylistique, très proches de *La Recherche de la Vérité* (XI, 6-7, etc.). Cf. les remarques similaires de Jean Lafond sur le *Discours*, « Discours et essai, ou de l'écriture philosophique de Montaigne à Descartes », in *Descartes, il Metodo e i Saggi*, éd. G. Belgioioso, t. 1, p. 63-76.

3. Lorsqu'il écrit en français, Descartes désire toucher un très large public. Il destine son *Discours de la méthode*, plutôt à « ceux qui se servent de leur raison naturelle toute pure », qu'à « ceux qui ne croient qu'aux livres anciens », VI, 77. Il l'adresse ainsi « à ceux mêmes qui n'ont point étudié » (premier titre proposé pour le *Discours*, *A Mersenne*, mars 1636, I, 339). Et, cela est notoire, il a voulu que les

Or l'honnête homme, même s'il est cultivé, affecte de n'avoir « qu'une médiocre teinture des plus agréables questions qui s'agitent quelques

« femmes mêmes (y) pussent entendre quelque chose » (*A Vatier*, le 22 février 1638, I, 560); les femmes qu'il prendra toujours pour des interlocutrices privilégiées. L'étude du sens, tactique et philosophique, que revêt pour Descartes cette recherche d'un auditoire féminin, reste encore à faire. Le dialogue incomplet de la *Recherche de la Vérité* est explicitement écrit pour l'honnête homme. Le titre dit : *La Recherche de la Vérité par la Lumière naturelle* (...) *détermine les opinions que doit avoir un honnête homme, touchant toutes les choses qui peuvent entrer dans sa pensée*... Ce dialogue est la mise en scène de la conversion cartésienne de l'honnête homme, Poliandre, « au cours de l'une de ces conversations honnêtes, où chacun découvre familièrement à ses amis ce qu'il a de meilleur en sa pensée », X, 498. H. Gouhier parle à ce propos d'une entreprise de « conquête du monde » (*La Pensée Religieuse*..., *op. cit.*, p. 145-150). Cf. E. Cassirer, « La place de la *Recherche de la Vérité*... dans l'œuvre de Descartes », *Revue philosophique* CXXVII, n° 5-6, mai-juin 1939, p. 268-272, et sur la rhétorique cartésienne de l'adresse à l'honnête homme dans le *Discours*, voir M. Fumaroli, « Ego scriptor. Rhétorique et philosophie dans le *Discours de la Méthode* », in *Problématique et réception du Discours de la Méthode et des Essais*, Paris, 1988, p. 31-46. Plus que tout autre philosophe et homme de science de son temps, Descartes a cherché à varier ses stratégies d'écriture en fonction de la diversité de ses publics. Il n'a négligé en fait personne : il destine le latin aux docteurs, par qui il veut être reconnu et surtout auprès de qui il n'a jamais cessé d'espérer supplanter Aristote. Il écrit le français pour toucher l'auditoire le plus large possible. Sur le « bilinguisme de cette philosophie » et la nécessité d'une « histoire des rapports de Descartes avec les divers publics auxquels il désirait communiquer sa philosophie », cf. H. Gouhier, « le philosophe et ses publics », in *La Pensée métaphysique*..., *op. cit.*, p. 76-84. Cette histoire est entreprise par ce même auteur dans *La Pensée religieuse*..., 1re partie, chap. III-V. Mais H. Gouhier ne nous semble pas faire paraître suffisamment la dimension protéiforme et à la fois les enjeux proprement philosophiques de l'entreprise cartésienne de divulgation de la pensée. La correspondance témoigne abondamment de toutes les voies que Descartes emprunte pour la diffusion de ses idées. A travers Mersenne, il est en contact avec tout ce que l'Europe compte de zélateurs et de protecteurs de la nouvelle science. Mais il cherche aussi à se ménager, avec des succès divers, l'appui institutionnel des représentants de l'orthodoxie des deux confessions. Chez les catholiques, il entretient des relations avec des personnalités appartenant aux ordres les plus puissants ou les plus représentatifs de la vie intellectuelle (Minimes, Jésuites, Oratoriens), et avec certains des promoteurs, comme Arnauld, de ce qui allait devenir le jansénisme. C'est également dans cette optique qu'il faudrait considérer, sans rien leur ôter de leur importance philosophique, les liens qu'il noue et entretient avec les grandes aristocrates éclairées que sont Elisabeth, la princesse palatine exilée en Hollande et Christine, reine de Suède. Sans oublier cet appui considérable d'un point de vue à la fois intellectuel et politique qu'il possède en Hollande, en la personne de son ami Constantin Huygens, secrétaire du Prince d'Orange. Pour avoir une bonne idée de l'ampleur du réseau épistolaire auquel Descartes appartient et de l'utilisation stratégique qu'il en fait, il faut se reporter à l'édition de la *Correspondance de Mersenne*, enrichie de l'immense appareil critique réuni par De Waard et ses successeurs (*op. cit.*).

fois dans les bonnes compagnies»[1]. Il partage la «curiosité» du savant, mais à cette différence fondamentale près que la curiosité participe pour lui d'une culture du divertissement et non d'abord du savoir, une culture où le «*delectare*» prévaut sur le «*docere*»[2]. Descartes distingue soigneusement les simples curieux des doctes, dans une lettre de 1639 adressée à Desargues qui lui soumet son projet du *Traité des sections coniques*[3]. «Vous pouvez avoir deux desseins, qui sont fort bons et fort louables, mais qui ne requièrent pas tous deux la même façon de procéder. L'un est d'écrire pour les doctes (...) et l'autre est d'écrire pour les curieux qui ne sont pas doctes...» (II, 554). Les doctes voudront apprendre de «nouvelles propriétés» des sections coniques. Les autres sont ceux qui lisent les ouvrages traitant des «armoiries, de la chasse, de l'Architecture, etc., sans vouloir être ni chasseurs, ni architectes, seulement pour en savoir parler en mots propres» (II, 555). Ce texte est une leçon de rhétorique et de stratégie éditoriale qui permet d'éclairer en retour certains choix linguistiques

1. Nicolas Faret, l'Honnête *Homme ou l'art de plaire à la Cour*, Paris, 1630, éd. Magendie, 1925, p. 26.

2. Cf. R. Bray, *La Formation de la doctrine classique en France*, Paris, 1951 et Morpurgo Tagliabue, «Aristotelismo e Barocco», *Atti del III Congresso internazionale di studi umanistici*, Venezia, 1954, Rome, 1955, p. 171 sq.

3. La façon dont il s'adresse à Desargues, chez lequel il a remarqué de la «franchise» et de la «grâce», est significative de la faculté qu'a Descartes de s'adapter au langage, et par là au statut social de ses interlocuteurs. C'est ici un cavalier qui parle à un autre cavalier (II, 554). Mais à bien y regarder, Descartes adopte la même attitude vis-à-vis de tous. Aucun commentateur, nous semble-t-il, n'a suffisamment mis en relief le caractère protéiforme et mimétique du style cartésien (cf. cependant les remarques de H. Gouhier, «(...) que son personnage soit l'ingénu, le docte ou le précieux...», *La pensée métaphysique de Descartes, op. cit.*, p. 87-88). Il y aurait en ce sens tout un travail comparatif à accomplir sur le lexique et la syntaxe, et dans lequel le recours aux méthodes quantitatives pourrait se révéler d'un grand secours. Ce travail pourrait fournir des outils d'interprétation non négligeables pour l'étude des stratégies de dissimulation et de véridicité élaborées par Descartes. On a souvent remarqué que les lettres à Balzac, où Descartes recherche l'amplification oratoire et l'équilibre formel de la période, sont du Balzac (cf. surtout H. Gouhier qui parle de «virtuose du pastiche», ibid., 88). De même, lorsqu'il écrit à Huygens, il en adopte la liberté de ton et l'esprit concettiste, à la fois précieux et volontiers licencieux. Avec Mersenne, la forme est plus négligée, sacrifiée au contenu informatif, encore une fois à l'image de la prose et des intérêts éclectiques de son correspondant. Mais ce mimétisme linguistique ne s'accompagne pas pour autant de concessions ou de compromis théoriques. Au contraire, le procédé peut devenir une arme dans la polémique, comme le montrent les *Réponses* aux *Objections* de Gassendi, où Descartes retourne contre son objecteur, en le caricaturant, des artifices rhétoriques qui lui semblent «indignes d'un philosophe» (dont cette «figure de rhétorique assez agréable qu'on nomme prosopopée»: «ô Anima!» disait Gassendi, «ô Caro», répond Descartes... VII, 352 et FA II, 793).

et stylistiques de Descartes. Qui veut être lu et compris par les doctes doit se plier à leurs habitudes langagières, même lorsqu'elles sont critiquables (II, 554). Qui s'adresse au curieux doit se rendre attrayant, et Desargues, qui propose l'usage de nouveaux termes «français, et dans l'invention desquels on remarque de l'esprit et de la grâce», semble avoir les qualités requises pour y parvenir (II, 554). Pour «ces Messieurs, qui n'étudient qu'en baillant», tout doit être expliqué «si amplement, si clairement et si distinctement» que rien dans le discours ne «leur semble plus malaisé à comprendre qu'est la description d'un palais enchanté dans un roman» (II, 555). L'honnête curieux aime les romans, et surtout il aime à retrouver partout les grâces stylistiques, l'aisance et la facilité d'imagination du roman. Dans le roman même, il recherche cependant de quoi entretenir sa curiosité, d'où le succès des allégories et des œuvres à clé. C'est pourquoi l'honnête homme prise particulièrement les «fables», considérées comme des exercices de dissimulation ludique. Et la fable cartésienne peut être lue ainsi, même s'il s'agit là d'une lecture éminemment réductrice. En revanche le lecteur honnête fuit les lourdes machines spéculatives qui sentent l'Ecole et les fables philosophiques des néoplatoniciens ou de Platon lui-même, «ce galimatias mystérieux et profond», comme l'écrira Perrault[1]. L'honnête homme nourrit une extrême aversion pour le «pédant», entendu par là l'auteur dont la conversation et les ouvrages se distinguent par l'accumulation d'érudition et l'obscurité du style[2]. Bref, le pédant est ennuyeux et, dans le cadre d'une culture du divertissement, c'est là le pire défaut.

Surtout, en toute occasion, Descartes adopte les termes de ses interlocuteurs et objecteurs, et les manipule pour communiquer sa propre pensée. Bien des difficultés relevées par les commentateurs dans les polémiques et les discussions disparaissent lorsqu'on les confronte directement aux textes des objecteurs auxquels répond Descartes. Car, s'il est possible de parler d'un style protéiforme, n'en va-t-il pas de même de la pensée. Là encore Descartes assume le baroque et le transgresse. Protée est la figure baroque par excellence; figure du change, de l'inconstance, de la métamorphose, de l'identité impossible (cf. J. Rousset, *La littérature de l'âge baroque, op. cit.*). Dans le monde des lettres la figure de Protée est revendiquée par l'écrivain mercenaire, celui qui écrit pour les princes et pour les grands, celui qui doit savoir jouer tous les personnages: le secrétaire. Descartes, au contraire, ne se masque et ne court au change que pour atteindre et cultiver l'identité d'une pensée souveraine.

1. *Parallèle des anciens et des modernes,* Paris, 1693, reprint Genève, 1979, 3e dialogue, p. 121.

2. La définition du dictionnaire de Richelet est particulièrement édifiante: le pédant est «un savant mal poli qui affecte d'étaler une science mal digérée...». Descartes lui-même conserve les lettres de sa «rupture» avec Isaac Beeckman, pour montrer, dans un hypothétique écrit de morale, «combien la sotte gloire d'un pédant est ridicule», *A Mersenne,* le 4 novembre 1630, I, 172.

Descartes cherche, par tous les moyens, à se distinguer des deux figures de pédants que sont le docteur aristotélicien et l'érudit humaniste. D'un point de vue strictement formel, son entreprise, à court et à moyen terme, sera d'ailleurs couronnée de succès; les «modernes», sortis vainqueurs de la querelle, croiront reconnaître l'un des leurs: Descartes sera lu et apprécié dans les salons par celles et ceux-là mêmes qui prodigueront leurs sarcasmes contre «l'impolitesse des philosophes» et qui chasseront Socrate de la Cour[1]. Les contemporains vantent avec Mersenne la «netteté», la «facilité» et, avec Huygens, la «grâce» et la «vivacité» de son style; plus tard, Perrault fera l'éloge de l'élégance et de la délicatesse cartésiennes[2]. De ce point de vue, les fables du *Monde* ou du *Discours* obéissent parfaitement aux impératifs d'honnêteté et de politesse. Mais Descartes n'en est pas pour autant le philosophe de l'honnêteté, laquelle trouve plutôt sa conceptualisation dans ce scepticisme mondain qui se détourne des spéculations abstraites[3], de la recherche des principes et des démonstrations au profit d'une saisie immédiate et intuitive des convenances, cet art des surfaces dont les écrits du Chevalier de Méré offrent peut-être la quintessence[4]. Il est d'ailleurs significatif que les salons aient surtout retenu de la philosophie cartésienne la fable, le «roman», et surtout qu'ils y aient trouvé, plus qu'un motif de raillerie, une raison positive pour distinguer Descartes des «cartésiens», lui reconnaissant le mérite d'avoir su maintenir une ironie subtile, une *sprezzatura* bienvenue à l'égard de ses inventions philosophiques. C'était là tirer malgré lui Descartes du côté de ce scepticisme honnête que l'auteur du *Discours* n'a jamais affecté que pour le mieux renverser et dépasser[5].

1. Cf. Jacqueline Lichtenstein, «Socrate à la Cour de Louis XIV», in *XVIIe Siècle*, 1986, n° 150, p. 3-17.

2. *Mersenne à Descartes*, au sujet du *Discours de la méthode*, 1er août 1638, II, 287; *Constantin Huygens à Descartes*, sur le *Discours* également: «c'est la pièce (...) più saporita que j'ai jamais vue», le 24 mars 1637, I, 626. Cf. également *Chapelain à Balzac*, toujours à propos de la même œuvre: Descartes est «le plus éloquent philosophe des derniers temps (...) n'y ayant que Cicéron qu'ils lui égalent», le 29 décembre 1639, *Correspondance de Mersenne*, t. VI, p. 341.

3. J. Lichtenstein parle très justement de «la volonté constamment affirmée de considérer le jugement de goût comme un jugement de connaissance», d'une «esthétisation de la raison» et «d'une ontologisation de l'apparence dont l'aboutissement est la dissolution des fondements mêmes de l'ontologie», *op. cit.*, p. 11 et n. 20, p. 17.

4. A. Gombaud, Chevalier de Méré, *Œuvres complètes*, Paris, 1930, 3 v.

5. Perrault loue précisément Descartes d'avoir donné «si agréablement et si sagement le nom de Roman philosophique à ses plus sublimes et profondes méditations» (1er Dialogue, éd. citée, p. 28). Il suppose que la «persuasion» de Descartes, en procédant ainsi, n'était qu'un pieux scepticisme (*Ibid.*).

Cette lecture manifeste bien sûr une profonde mécompréhension de la fable; en fait elle déjoue le piège rhétorique que Descartes tend précisément à l'honnête homme en lui soumettant une fable; car s'il joue le jeu de l'honnêteté, c'est bien pour amener son lecteur à accomplir pour lui-même la démarche philosophique qu'il lui propose. Cela est particulièrement évident dans *La Recherche de la Vérité*, mais on peut aussi le dire du *Discours* et du *Monde*[1]. Par la fable, en invitant son lecteur à le suivre dans les «espaces imaginaires», Descartes l'engage à effectuer, pour son propre compte, d'abord l'échappée critique hors du monde de l'opinion et des sens, puis la reconstruction mécaniste. Le lecteur est ainsi conduit à faire l'épreuve critique non seulement des opinions communes mais aussi de la doctrine cartésienne elle-même[2]. Il s'agit d'éveiller et d'entretenir la curiosité, non en produisant une merveille à contempler comme un spectacle, mais en détournant l'attention vers les raisons et les enjeux du dispositif: incitation à soulever le voile, à scruter les ombres. L'auteur ne peut – l'incomplétude est le lot de l'écriture –, ni ne veut tout dire, pour des raisons à la fois de bienséance intellectuelle, de prudence et de pédagogie qu'il est très difficile et en fait impossible de distinguer. D'où la métaphore du clair-obscur: dans un traité de physique, comme dans un tableau, il faut de l'ombre aussi bien que de la clarté pour ne pas ennuyer, c'est-à-dire d'abord pour ne pas «dégoûter» par trop de lumière, trop de «facilité», écrit Descartes:

> Je ne vous promets pas de mettre ici des démonstrations exactes de toutes les choses que je dirai; ce sera assez que je vous ouvre le chemin, par lequel vous les pourrez trouver de vous-même, quand vous prendrez la peine de les chercher. La plupart des esprits se dégoûtent, lorsqu'on leur rend les choses trop faciles. Et pour faire ici un tableau qui vous agrée, il est besoin que j'y emploie de l'ombre aussi bien que des couleurs claires. Si bien que je me contenterai de poursuivre la description que j'ai commencée, comme n'ayant autre dessein que de vous raconter une fable. (XI, 48)

C'est avec sa désinvolture habituelle que Descartes avertit le public d'éventuelles omissions, en donnant comme excuse le dégoût que l'honnête homme ne manquerait pas d'éprouver pour un exposé

1. Cf. *Recherche de la Vérité,* X, 496; *Discours de la méthode,* VI, 4.

2. Dès le premier chapitre, Descartes demande au lecteur d'«examiner» avec lui «ce qui en est» (XI, 6) et nous avons vu plus haut comment il convie son public à performer les images de la science. Mais la fable, annoncée comme une enveloppe de la vérité, conduit le lecteur à pousser son examen au-delà de ce qui est simplement dit, elle l'oblige en quelque sorte à se défier de l'auteur et à raisonner sans lui.

didactique et systématique, pour l'une de ces sommes scolaires où rien n'est laissé à penser, parce que tout est dit, ou plutôt parce qu'il est dit de tout. Ce faisant, il convie le lecteur à poursuivre pour lui-même la recherche, à établir les « démonstrations exactes » de toutes les choses avancées, car « ceux qui sauront suffisamment examiner les conséquences » des règles du mouvement et des vérités éternelles, « pourront (...) avoir des démonstrations a priori de tout ce qui peut être produit en ce nouveau *Monde* » (XI, 47). On ne peut nier qu'il n'entre dans cette gageure, consistant à laisser le soin au lecteur de pourvoir lui-même aux démonstrations qui manquent, une part de bluff, car Descartes écrit en effet beaucoup de choses dans sa cosmologie qui ne ressortent pas de la démonstration, mais bien plutôt de l'argumentation rhétorique, et de toute évidence, non d'abord par souci d'élégance ou par feinte négligence, mais faute de mieux. Cependant cette invitation à entrer dans le jeu n'en est pas moins d'une importance capitale. La fable est en effet donnée ici comme une sorte de jeu. Une fois admises certaines règles, il doit être possible au lecteur de simuler la reconstruction du monde, par un enchaînement de démonstrations déductives, sans qu'il ait besoin de l'aide de l'auteur. C'est le jeu du nouveau monde. La finalité assignée à ce dispositif ludique est de faire adopter cette discipline intellectuelle que Descartes affirme ailleurs avoir pratiquée dès sa jeunesse et dont il dit qu'elle lui a permis de découvrir la méthode : discipline ou jeu consistant à réinventer par ses « propres ressources » ce que d'autres ont déjà trouvé, afin de se rendre maître des processus intellectuels d'invention[1]. « chaque fois qu'un livre promettait par son titre quelque nouvelle découverte, je n'en poursuivais pas la lecture avant d'essayer si par hasard je ne pourrais aboutir à quelque résultat du même ordre grâce à la sagacité qui m'est propre, et je prenais grand soin de ne pas me gâcher par une lecture précipitée ce plaisir innocent »[2]. Descartes n'est au fond pas très loin de conseiller à son lecteur de fermer le livre et de n'y revenir qu'après avoir accompli pour lui-même la reconstruction a priori de son nouveau monde. On peut dire que la fable

1. Cf. *Règle X*, X, 403. Un bon exemple de ce procédé cartésien se trouve dans la lettre à Mersenne du 20 novembre 1619. Descartes répond à son interlocuteur qui lui a soumis un projet de langue universelle, dont on ne connaît pas l'auteur : « seulement vous ai-je voulu écrire tout ce que je pouvais conjecturer sur ces six propositions que vous m'avez envoyées, afin que, lorsque vous aurez vu l'invention, vous puissiez dire si je l'aurai bien déchiffrée », I, 80.

2. Règle X, X, 403 ; *Préambules*, X, 212.

participe de la «stratégie cartésienne de l'omission»[1], mais cette stratégie doit être d'abord comprise dans le cadre d'une démarche didactique tout à fait originale, consistant à amener le lecteur à se défier de ce qui est simplement dit pour l'amener à raisonner par lui-même et à faire siennes les vérités contenues dans le texte[2]. Ce réquisit essentiel se confond en fait avec le premier précepte de la méthode: «ne recevoir jamais aucune chose pour vraie» que je ne la connaisse évidemment être telle (VI, 18)[3]. Descartes convoque ainsi son lecteur dans la fable; celui-ci doit participer directement à la fabulation, il lui faut imaginer et raisonner ce nouveau monde: *lector in fabula*, mais comme *fabulator*, fabuliste lui-même, position active, créatrice, qui suppose une distance critique à l'égard du récit dans lequel il lui est proposé de jouer un rôle: celui en fait d'auteur à part entière. En construisant ce dispositif, apparemment anodin, de la fable, Descartes se propose de piéger l'honnête homme et de le convertir non à la philosophie qu'il présente, mais à sa propre raison, assoupie par les préjugés de la politesse, sa raison raisonnante, critique, calculatrice et imaginante. C'est aussi, bien sûr, faire courir à l'œuvre le risque de n'être lue que «comme un roman, pour se désennuyer» (IX-I, 107).

Cependant ce risque d'une lecture superficielle, dont la réception mondaine des textes cartésiens montre qu'il n'était que trop réel, reste d'une certaine façon un moindre mal. Car le souci de prévenir l'ennui et le dégoût recouvre d'autres impératifs, plus graves, qui nous sont révélés par la correspondance: ne pas «étonner» et ne pas «choquer» le public. Le 23 décembre 1630, Descartes écrit en effet à Mersenne: «j'ai mille choses diverses à considérer toutes ensemble, pour trouver un biais par le moyen duquel je puisse dire la vérité, sans étonner l'imagination de personne, ni choquer les opinions qui sont communément reçues» (I, 194). Cette lettre semble à peu près contemporaine de la rédaction des deux premiers chapitres de la fable, que concluent le passage commenté ci-dessus. La préoccupation de Descartes est ici clairement d'ordre rhétorique: il ne suffit pas de dire la vérité, encore

1. Expression de J.-P. Weber, «La méthode de Descartes», in *Archives de la philosophie*, janvier-mars 1972, t. 35, p. 52. On peut véritablement parler de stratégie, car Descartes ne subit pas simplement l'impossibilité de tout dire, il l'organise en choisissant ce qu'il dit et ce qu'il tait et en établissant un rapport dialectique entre l'ombre et la lumière.

2. Voir les remarques de G. Canziani in «Histoire autobiografica e fable del mondo tra Regulae e il Discours», in *Descartes : il Metodo e i Saggi*, Roma, 1990, p. 175 et sq.

3. L'expression la plus percutante de cette exigence méthodologique apparaît dans la dernière ligne des *Principes IV*, art. 207.

faut-il la persuader (I, 182). Or l'un des obstacles majeurs à la persuasion de la vérité est l'étonnement que peut entraîner sa nouveauté. Il faut lire l'expression «étonner l'imagination» en ayant à l'esprit le sens fort que le verbe «étonner» possède encore au XVIIe siècle: c'est-à-dire frapper comme le tonnerre, plonger dans la stupeur, provoquer une surprise telle que toute activité du corps comme de l'esprit soit suspendue. Beaucoup plus tard, dans les *Passions de l'âme*, Descartes définira l'étonnement comme «un excès d'admiration qui ne peut jamais être que mauvais» (art. 73). Ce texte fournit également, a posteriori, l'instrument critique permettant la confrontation de la lettre de 1630 à la métaphore du tableau par laquelle il est rendu compte du *Monde* en 1637: dans l'étonnement «on ne peut apercevoir de l'objet que la première face qui s'est présentée, ni par conséquent en acquérir une plus particulière connaissance» (*ibid.*). Autrement dit, l'étonnement, autant qu'il dure, rend impossible la connaissance, parce que celle-ci requiert la capacité intellectuelle et imaginative de faire varier les aspects de l'objet, d'en graver les diverses faces en l'imagination pour le soumettre au regard pur de l'entendement. L'étonnement interdit l'appréhension de ce qui ne se montre pas de prime abord et dont la connaissance requiert à la fois le recul de la réflexion et un usage actif de l'imagination. Une imagination étonnée est tout à fait passive, entièrement occupée, obsédée par une seule image qui s'impose brutalement[1]. Le souci de dire la vérité «sans étonner l'imagination de personne», lié à l'invention de la fable, est donc le souci de permettre une action continue de l'imagination du lecteur, sans laquelle les vérités de la physique

1. D'où la critique dans les *Passions de l'âme* de ceux qui font profession de «curieux», art. 78, XI, 386 (cf. également *Recherche de la Vérité*, X, 500). Mais Descartes écrit aussi pour eux, comme le montrent assez le premier titre proposé à Mersenne pour le *Discours de la méthode*, qui promet l'explication des «plus curieuses matières que l'auteur ait pu choisir» et celui de la *Recherche de la Vérité* où la «lumière naturelle (...) pénètre jusque dans les secrets des plus curieuses sciences», *A Mersenne*, mars 1636, I, 339 et *Recherche de la vérité*, X, 78; titres bien faits pour «louer la marchandise» comme Descartes le reproche à qui use et abuse du mot «arcanum» (*A Mersenne*, 20 novembre 1629, I, 78). C'est que Descartes veut prendre le curieux à son propre piège: dans ces livres promettant mille curiosités, il trouvera d'abord une critique radicale de la curiosité et découvrira peut être avec admiration ce qu'annonçait déjà leurs titres, «la science universelle», considérée en tant qu'elle peut «élever notre nature à son plus haut degré de perfection»; la vérité, à laquelle seule peut conduire «la lumière naturelle (...) toute pure», sans «emprunter le secours de la religion ni de la philosophie» (ibid.); le curieux découvrira autrement dit que l'acquisition de l'autonomie de sa pensée est le dévoilement du plus grand des arcanes.

cartésienne resteraient lettre morte[1]. Autrement dit, devant le tableau cartésien de la lumière, l'étonnement aurait pour effet d'empêcher la juste appréciation du clair-obscur et d'envisager comment en effet toute une physique, tout un monde s'organise et s'ordonne dans l'ombre autour de l'explication du phénomène lumineux. Comme l'admiration dont il n'est que l'excès, l'étonnement est provoqué par ce qui nous « paraît rare et extraordinaire », c'est-à-dire par ce qui est « différent des choses que nous avons sues » (art. 75) : or, nous l'avons vu, Descartes est parfaitement conscient de la « nouveauté » et de la « différence » de la représentation du monde qu'il propose par rapport aux représentations ordinaires. Ce souci de prévenir l'étonnement en instituant et composant la fable vient confirmer l'hypothèse que nous avons émise à ce sujet : l'adoption de la fable correspondrait à la reconnaissance de l'étrangeté de la nouvelle physique et à une volonté d'y remédier. Le recours à la forme fable nous apparaît maintenant comme l'adoption d'une convention littéraire prisée du lecteur « honnête », ceci en vue d'y couler, comme dans un moule, des vérités inédites, une philosophie nouvelle et potentiellement scandaleuse, et afin non pas seulement de rendre cette philosophie crédible, vraisemblable (comme doit l'être la « fable » d'un roman ou d'une comédie), mais pour la faire recevoir pour « vraie », en la donnant à performer sous une forme ludique au lecteur lui-même. Nos remarques précédentes sur la culture de l'honnêteté nous permettent ainsi de comprendre que ce qui nous « étonne » et nous « choque » le plus aujourd'hui dans la physique de Descartes, à savoir la fable, le roman – et qui dès la deuxième moitié du XVIIe siècle choqua les esprits formés par le cartésianisme –, n'est sans doute pas ce qui étonna le plus les contemporains non prévenus par sa philosophie. La fable est destinée à présenter la nouveauté sous une forme digne d'admiration, au sens où l'admiration est cette passion qui « nous dispose à l'acquisition des sciences », mais sans « excès » (art. 76), c'est-à-dire sans l'étonnement que ne manquerait pas de provoquer la production « littérale » (à supposer qu'une telle littéralité soit possible[2]).

1. Voir *supra*, IV, 3.

2. Cf. également articles 70 ; 71 ; 72 ; 75 ; 77. Voir les très belles pages que Ferdinand Alquié consacre à l'admiration cartésienne in *La Découverte métaphysique de l'homme chez Descartes*, Paris, 1960 (2), p. 38-55. La lettre du 22 février 1638, montre que Descartes craignait véritablement l'étonnement de son lecteur devant le *Monde*, et après même l'adoption de la fable (I, 381). Cf. aussi, *Recherche de la vérité*, X, 496.

L'impératif rhétorique et méthodologique est donc de ne pas étonner, ni choquer « les opinions qui sont communément reçues », pour reprendre les termes de la lettre de 1630. Il est évident que Descartes manifeste ainsi une prudence philosophique dictée par les temps, suivant en cela son tempérament, mais aussi, indissociablement, on ne l'a pas assez souligné, parce qu'il craint de ne pas être entendu ni compris. Il ne semble pas qu'il ait eu véritablement de fortes raisons de craindre pour sa sécurité personnelle, mais il est un fait qu'il fut toujours soucieux de sauvegarder « son repos », sa tranquillité d'esprit[1]. De cela témoigne d'ailleurs suffisamment l'ajournement de la publication du *Monde* après la condamnation de Galilée[2]. Preuve, s'il

1. Cf. *A Mersenne,* le 15 avril 1630, I, 136.

2. Descartes se déclare d'abord « fort étonné » par la condamnation. La raison qu'il donne de sa propre décision est son souci de repos : « je ne cherche que le repos et la tranquillité d'esprit... » (*A Mersenne,* février, 1634, I, 282) et il invoque la devise ovidienne, qu'il a faite sienne « bene vixit, bene qui latuit » (*Au même,* avril 1634, I, 286). S'il se soumet à l'« autorité » de l'église, ce n'est pas sans ambiguïté et sans discussion (voir les deux lettres citées ci-dessus). De plus le projet n'est que remis, puisqu'il publiera le *Discours* pour « sonder le gué », puis finira par publier indirectement le *Monde*, sous la forme des *Principes*, en escamotant avec une remarquable subtilité la raison de l'incrimination de Galilée : le mouvement de la terre. Rien dans ses paroles ne permet en tout cas, comme on l'a fait, d'invoquer une « grande peur » (Maxime Leroy, *Descartes le philosophe au masque*, t. I, livre 2, chap. III), une « inquiétude terrible » ou un « bouleversement intérieur » (A. Koyré, *Essai sur l'idée de Dieu,* Paris, 1922, p. 5). La critique la plus récente écarte généralement les deux thèses opposées de la terreur du libertin devant l'autorité inquisitoriale et du déchirement intérieur éprouvé par le philosophe chrétien. Voir les mises au point de Henri Gouhier (*La Pensée Religieuse de Descartes,* Paris, 1972, p. 81-88, 170-179, 316-324), qui montre notamment l'impossibilité de parler comme Blondel et Maritain de la pusillanimité de Descartes (M. Blondel, *Dialogues avec les philosophes,* p. 44 ; J. Maritain, *Le Songe de Descartes,* p. 50), tant sont grandes ses audaces et sa vivacité polémique à l'égard des autorités universitaires (*ibid.*, p. 170-179). Mais il nous semble que Gouhier a cependant tort de minimiser la prudence cartésienne. Quand Blondel, voit dans le Descartes qui cherche « des biais pour ne pas étonner les gens », un « habile tacticien » (in « Le christianisme de Descartes », *Revue de métaphysique et de morale,* 1896, p. 554), il est en effet difficile de lui donner tort. Mais alors le terrain de la discussion doit être déplacé de la psychologie du philosophe à la rhétorique de sa philosophie. Autrement dit, il importe d'étudier les stratégies rhétoriques en fonction de leur visée de vérité. C'est dans cette perspective qu'une « herméneutique de la dissimulation » trouve sa place dans les études cartésiennes, cf. Caton, *The Origin of Subjectivity. An Essay on Descartes,* New Haven-Londres, 1973, p. 12-20. Celle-ci pourrait en effet se révéler extrêmement fructueuse pour l'interprétation des problèmes clés de la philosophie cartésienne, à condition toutefois de replacer les stratégies rhétoriques de Descartes dans leur contexte culturel (celui de la dissimulation honnête, de l'ironie libertine etc.), afin de pouvoir montrer où et en quoi l'auteur des *Méditations* infléchit et transforme des dispositifs à l'œuvre partout ailleurs dans le but de produire des vérités et de les persuader à ses lecteurs.

en était besoin, de la conscience que Descartes pouvait avoir de l'hétérodoxie de sa philosophie et, du point de vue de la seule prudence, de l'insuffisance de la fable. Il nous paraît indéniable que celle-ci participe de la prudence, mais il est pourtant impossible de conclure avec Jacques Maritain que «tout cela ne concerne en somme que des moyens de politique»[1], car cette politique de l'écriture appartient pleinement à la démarche philosophique. Si Descartes ne veut ni choquer, ni étonner, c'est qu'il a en vue deux effets possibles de l'étonnement, excluant tout deux à peu près également l'approche critique que sa doctrine requiert de la part du lecteur. L'étonnement peut conduire soit à se détourner de l'objet, aussitôt passée l'impression de nouveauté – c'est la consommation mondaine des curiosités et raretés souvent dénoncée (*Passions de l'âme*, art. 78) –, soit à relever la disconvenance entre une opinion nouvelle et une opinion reçue et à porter sans plus de réflexion un jugement négatif sur le premier terme. C'est dans cette optique que la méthode commande avant toute chose d'éviter la «précipitation» et la «prévention» (VI, 15 et 18). Autrement dit, le risque est grand pour que la nouvelle doctrine soit rejetée, censurée ou critiquée sans que la vérité en ait été d'abord éprouvée, et ceci au nom des préjugés du sens commun et de la science officielle[2]. La fable devrait permettre, parce qu'elle met entre parenthèses au moins pour «un moment» le monde des idées reçues, d'éviter de la part du lecteur une réaction brutale de rejet. Ce moment, le moment de la lecture, de la narration de la fable est aménagé de telle sorte que, sans affrontement, le lecteur est amené à reconnaître la vérité de la science cartésienne. L'idéal serait d'ailleurs que le lecteur ne prenne véritablement conscience de l'anti-aristotélisme de la philosophie cartésienne qu'après avoir été gagné à la cause de celle-ci : «j'espère, écrit Descartes de ses *Méditations*, que ceux qui les liront, s'accoutumeront insensiblement à mes principes, et en reconnaîtront la vérité avant que de s'apercevoir qu'ils détruisent ceux d'Aristote» (III, 298). Le vœu du métaphysicien semble être aussi celui du physicien. La stratégie adoptée à l'égard de la science officielle est une stratégie d'esquive et de substitution. Descartes évite délibérément dans le *Monde* de développer une discussion et une critique frontale et systématique de la scolastique. Il écrit dans le *Discours de la méthode* qu'il ne désire pas se «brouiller» avec les doctes et, en recourant à la fable, souhaite

1. *Op. cit.*, p. 53.

2. Cf. par ex. la justification de l'ajournement de la publication du *Monde* donnée à *Mersenne*, février 1634, I, 282.

présenter sa physique «sans être obligé de suivre ni de réfuter les opinions qui sont reçues entre les doctes...» (VI, 42)[1]. D'où l'adoption d'une tactique de l'écart: le subterfuge de l'abandon du vrai monde aux «disputes» des doctes (*ibid.*). Dans la fable, la physique scolastique est cependant maintes fois évoquée et Descartes ne manque pas une occasion de montrer l'originalité, la différence de sa doctrine. Mais la fable lui permet d'affirmer tranquillement que les doctes ont sans doute raison eux aussi: *simplement*, ils ne parlent pas de la même chose; leur monde n'est pas le sien. C'est qu'ils traitent du monde réel, alors que lui n'a pas d'autre prétention que d'inventer une fiction: «mon dessein n'est pas d'expliquer, comme eux, les choses qui sont en effet dans le vrai monde, mais seulement d'en feindre un à plaisir» (XI, 36). La forme fable autorise la cohabitation apparemment pacifique de deux doctrines incompatibles, «vraies» toutes deux parce que portant sur des mondes différents. Ainsi par exemple, sur un point délicat entre tous; celui du mouvement de la terre: «les raisons dont se servent les philosophes pour réfuter le mouvement de la vraie Terre, n'ont point de force contre celui de la Terre que je vous décris» (XI, 80)[2]. Il est évident que Descartes pratique ici l'ironie, et avec grande audace, une ironie dont il faut tout de suite dire que les enjeux sont immenses, car des deux mondes mis côte à côte, l'un, celui de la scolastique, est réel mais inintelligible, tandis que l'autre, le sien propre, est parfaitement intelligible mais irréel. Cependant, avant d'en venir à cette conséquence fondamentale, et pour nous y acheminer

1. Voir aussi VI, 43 et 239. Descartes renverra expressément Regius à ce texte, comme un exemple de la stratégie qu'il aurait due adopter, janvier 1642 (?), III, 492. Cf. encore, au sujet du *Discours* et des *Essais*, *Au père Vatier*, le 22 février 1638, I, 563 et *A Fromondus*, le 3 octobre 1637, I, 415-416.

2. Ces raisons en effet ne sont admissibles que dans l'univers aristotélicien: les objections communes («si la Terre se mouvait, les corps pesants ne devraient pas descendre à plomb vers son centre, mais plutôt s'en écarter çà et là vers le Ciel» etc.) ne sont possibles «qu'en cas qu'on suppose qu'elle n'est pas emportée par le cours du Ciel qui l'environne, mais qu'elle est mue par quelque autre force, et en quelque autre sens que ce Ciel», *ibid.* Descartes savait qu'il était permis d'utiliser l'héliocentrisme comme «hypothèse», afin de faciliter les calculs et de sauver les phénomènes. Mais en 1634, il lit une patente sur la condamnation de Galilée, imprimée à Liège en 1633, interdisant jusqu'à l'usage hypothétique du copernicianisme «quamvis hypotheticae a se illam proponi simularet», *A Mersenne*, avril 1634, I, 288. Descartes s'en souviendra dans les Principes, où il soutiendra fort habilement l'immobilité relative de la Terre (emportée par son Ciel). Le préfacier de la première édition du Monde, signant D. R., semble s'en rappeler aussi, qui prend soin de justifier ainsi la fable: «il savait que, si quelque part on défendait de parler

correctement, il nous faut poursuivre la description de la stratégie adoptée dans ce qui est bien en fait un combat sans merci[1]. La fable désamorce la charge explosive des idées, ou plutôt conduit le lecteur lui-même à assumer la critique radicale de la scolastique, sans qu'une telle condamnation puisse être directement imputée à l'auteur. Encore une fois, il ne faut pas voir là simplement une preuve supplémentaire du machiavélisme rhétorique d'un digne élève des Jésuites ; l'intention de Descartes est bien de ruiner la scolastique et le premier impératif consiste à refuser de combattre sur le terrain de l'ennemi, c'est-à-dire d'adopter la dialectique de l'Ecole, conçue comme l'art de la dispute. Le *Discours de la méthode* l'explicitera longuement : la dialectique permet de rendre crédible n'importe quelle opinion, même la plus extravagante (VI, 6 et 69-70)[2]. Accepter le jeu de la dispute d'école revient à renoncer à la vérité au profit des vraisemblances, parce que la dialectique consiste dans le maniement de règles discursives indépendantes de la saisie directe, intuitive, du vrai. Plutôt que de chercher à rendre ses « opinions plus vraisemblables » (XI, 31), Descartes prend la décision ironique – mais il faudra bien donner sa juste valeur à cette ironie –, d'abandonner ce monde de la vraisemblance aux « disputes des doctes » (VI, 42). Cette ironie, avant même de révéler sa portée

du Système de Copernic comme d'une vérité, ou encore comme d'une hypothèse, on ne défendait pas d'en parler comme d'une Fable ». Mais il ajoute aussitôt, dans la bonne tradition exégétique : « c'est une Fable qui, non plus que les autres Apologues ou Profanes ou Sacrés, ne répugne pas aux choses, qui sont en effet », XI, p. IX. A propos de l'affirmation de l'immobilité de la terre dans les *Principes*, il est bon de se reporter à ce qu'en dit le contemporain le moins suspect de vouloir charger Descartes aux yeux de l'Eglise ; son hagiographe Baillet : « pour expliquer le système du monde il suit nettement l'hypothèse de Copernic, quelque raffinement qu'il y ait apporté, pour jeter de la poussière aux yeux des Inquisiteurs... », *Vie de Monsieur Des Cartes*, t. II, p. 223-224. Sur le copernicianisme de Descartes, cf. la mise au point de H. Caton, *op. cit.*, Appendix A, p. 203-205.

1. De nombreux textes de Descartes et de ses proches montrent suffisamment les intentions bellicistes du philosophe, cf. *Balzac à Descartes*, le 30 mars 1628, I, 570-571 ; *Huygens à Descartes*, le 5 janvier 1637, I, 344 ; *Discours de la méthode*, VI, 71 ; *Lettre préface* à l'édition française des *Principes*, IX-II, 18 ; *A Mersenne*, le 11 novembre 1640, III, 185 ; *Au père Charlet* (?), décembre 1640 (?), III, 270 ; *A Huygens*, le 26 avril 42, III, 783-784 ; *Lettre à Dinet*, VII, 563-603 ; *Lettre à Voet* (sur ces derniers écrits, voir Theo Verbeek, *La Querelle d'Utrecht*, *op. cit.*, p. 62-66). Si Descartes n'aborde jamais volontiers les questions politiques dans son œuvre (et là encore non par prudence mais pour des raisons doctrinales, cf. notre article, « Le politique révoqué... », *Diogène*, 1987), il développe par contre une riche réflexion autour des stratégies de communication et de diffusion des idées à adopter dans la République des lettres considérée alternativement comme un champ de bataille et un réseau de relations diplomatiques (sur les métaphores militaires dans le discours cartésien, cf. P.-A. Cahné, *op. cit.*, p. 149-150).

2. Voir *supra*, III, 5.

épistémologique et métaphysique, comme nous essaierons de le montrer, témoigne de toute la finesse rhétorique du philosophe ; car la dépréciation et l'abandon de la dispute au profit d'un mode plus civil, plus élégant de communication, participent de cette attention complaisante à l'égard de l'honnête homme, déjà signalée. Descartes souhaite persuader son lecteur en faisant l'économie d'une réfutation en règle de la scolastique et en laissant au bon entendeur le soin de tirer les conséquences qui s'imposent. Cela ne l'empêche pas de décocher ici ou là des pointes très acérées contre les philosophes, leur langage et leurs opinions[1]. Il affecte également, chemin faisant, des accords ponctuels, qui cachent pour la plupart, et avec beaucoup de perfidie, une argumentation critique[2]. On aurait cependant tort de croire que Descartes cède beaucoup de sa prudence et prend un sérieux risque d'offusquer le lecteur moyen auquel il s'adresse. Au contraire : l'honnêteté, nous l'avons vu, hait la pédanterie qui est avant tout, comme l'indique l'étymologie, le fait des professeurs. Le pédant est d'abord le maître sous la férule duquel il a fallu passer son enfance[3]. Il n'empêche que les opinions de l'honnête homme, bon gré mal gré, sont pour une bonne part le fruit de son éducation aristotélicienne. De cela Descartes est parfaitement conscient. En fait l'attitude commune de l'honnête homme face à la scolastique est très ambiguë», et Descartes exploite fort habilement cette ambiguïté. L'honnêteté, toujours respectueuse des pouvoirs établis, ne remet pas en cause l'autorité institutionnelle de ces professeurs dont l'enseignement a le plus souvent partie liée avec la théologie. Cependant, en règle générale, l'honnête homme ne reconnaît plus à la scolastique une véritable autorité intellectuelle, et développe à son égard une critique portant d'ailleurs beaucoup plus sur la forme du discours que sur le fond doctrinal : la scolastique, ce sont les

1. Cf. par exemple XI, 35 ; 39 ; 40 ; 45.

2. Ainsi Descartes renvoie-t-il « à l'opinion commune des philosophes » (XI, 22), sur des points où il se trouve en complet désaccord avec celle-ci. Les commentateurs n'ont pas toujours perçu ce travail de sape de l'ironie, prenant bien souvent pour des concessions, des obscurités ou des contradictions ce qui relève en fait de la polémique la plus insidieuse : accord sur les termes suivi aussitôt d'une rétraction doctrinale, critique interne des formules et des notions etc. Cf. XI, 11-12 ; 22 ; 26 ; 35-36.

3. La satire des régents de collège et de leur pédagogie est monnaie courante dans la littérature du premier XVIIe siècle, mais ne s'accompagne que fort rarement d'un esprit de réforme. On trouve une critique très acerbe de l'enseignement en vigueur dans le *Francion* de Sorel (« quelle vilennie de voir qu'il n'y a plus que des barbares dans les universités pour enseigner la jeunesse... », première édition, Paris, 1623, p. 378 sq.). Descartes est malgré tout beaucoup plus mesuré (cf. par exemple les conseils prodigués à Florimond Debeaune, le 12 septembre 1638, II, 377-379).

longues phrases latines mal digérées, les disputes fastidieuses, l'impolitesse, l'ennui... Descartes aurait paru «choquant» et «impoli» s'il avait engagé contre l'Ecole un combat frontal et systématique, alors qu'en adoptant l'ironie, pour malveillante qu'elle fût, il ne pouvait que «satisfaire» une grande partie, en fait la plus grande partie de son public. En procédant de la sorte, Descartes s'appuie sur ce qui est, à son époque, un véritable consensus idéologique pour conduire son lecteur, «insensiblement», à adopter sa propre philosophie et rejeter enfin, en pleine conscience, le fond, les principes mêmes de la scolastique. C'est ainsi, par exemple, qu'après avoir feint, au sujet des éléments, de «suivre l'opinion» des philosophes, il ajoute aussitôt qu'il ne veut pas pour autant «obliger» le lecteur à «croire» les doctes, et décide alors de présenter une doctrine «à sa mode» (XI, 24).

Surtout, il fait commencer sa fable par une boutade aux frais des philosophes et à la plus grande joie, bien sûr des *esprits forts*, mais aussi de tous les lecteurs honnêtes: «les philosophes nous disent que ces espaces sont infinis et ils doivent bien en être crus puisque ce sont eux-mêmes qui les ont faits» (XI, 31-32). En s'abritant derrière les docteurs dont il se moque ouvertement, Descartes avance l'une de ses notions les plus hétérodoxes, absolument incompatible en fait avec la représentation ptoléméenne du cosmos, une notion dont il a pourtant absolument besoin pour exposer sa physique: celle de l'infinité ou plutôt de l'indéfinité du monde.

Avant de montrer l'importance de cette appropriation cartésienne des espaces laissés libres par l'imagination scolastique, il faut relever que la subtilité rhétorique du philosophe, ne va pas sans une incroyable ingénuité, qui apparaît de façon éclatante lorsqu'il écrit à Mersenne, juste après avoir appris l'affaire Galilée : «il y a déjà tant d'opinions en Philosophie qui ont de l'apparence, et qui peuvent être soutenues en dispute, que si les miennes n'ont rien de plus certain et ne peuvent être approuvées sans controverse, je ne les veux jamais publier» (I, 271-272). Descartes avoue ainsi qu'en projetant et en écrivant le *Monde*, il est véritablement animé de l'espoir, dont il commence à comprendre, en méditant sur le sort de Galilée, tout ce qu'il peut avoir de déraisonnable, d'imposer sa physique «sans controverse», en douceur, par la seule force de la vérité associée à l'éloquence de la fable. Si le *Monde* est bien accueilli, alors il publiera sa métaphysique[1].

1. Nous nous opposons ici à l'interprétation de Ferdinand Alquié, selon laquelle la métaphysique, à l'époque du *Monde*, ne serait qu'à peine esquissée, ce qui est abondamment démenti par les textes (*Découverte métaphysique*..., *op. cit.*, p. 110 et 133 et FA I, 312, voir la mise au point de G. Rodis-Lewis, *L'œuvre de*

Car, et c'est là le point sur lequel il nous faut nous arrêter, le projet du *Monde* est associé à la fable dès l'origine, comme le montrent ces lignes d'une lettre à Mersenne datée du 13 novembre 1629, où se trouve consigné en quelque sorte l'acte de naissance du traité: «je me suis résolu d'expliquer tous les phénomènes de la nature, c'est-à-dire toute la Physique (...) je pense avoir trouvé un moyen pour exposer toutes mes pensées en sorte qu'elles satisferont quelques uns et que les autres n'auront pas occasion d'y contredire» (I, 70). Satisfaire les uns sans que les autres ne puissent contredire: tel est le rôle dévolu à «ce moyen» qu'il y a tout lieu d'interpréter comme la fable même. En effet, dans une lettre d'un mois postérieure, Descartes précise la nature des contradictions qu'il cherche à éviter en priorité : celles qui pourraient venir de la «théologie, laquelle on a tellement assujettie à Aristote qu'il est presque impossible d'expliquer une autre Philosophie sans qu'elle semble d'abord contre la Foi» (I, 85-86). Le simple fait de proposer une «autre» philosophie que celle d'Aristote revient à risquer les graves accusations d'impiété, sinon d'athéisme[1]. Descartes cependant tient son idée, car «à propos de ceci», il demande à Mersenne «s'il y a rien de déterminé touchant l'étendue des choses créées», et s'il y a des «corps créés et véritables», «en tous ces pays qu'on appelle les espaces imaginaires», non qu'il ait «envie de toucher cette question», mais parce qu'il se sait, de toute façon, «contraint de la prouver» (I, 86). Il nous paraît donc légitime d'affirmer que, d'emblée, avant même le début de la rédaction, Descartes est en possession de son fabuleux stratagème. Et s'il demande à Mersenne des précisions sur ce que dit «la religion» au sujet de l'étendue du monde et des espaces imaginaires, c'est sans aucun doute parce qu'il se propose déjà d'occuper ces espaces, manière plaisante et astucieuse d'affirmer que le monde n'est pas fini, du moins pas au sens où l'entend l'orthodoxie scolastique. En s'appropriant les espaces laissés vacants

Descartes, Paris, 1971, p. 485). Le 25 novembre 1630, Descartes parle d'un «petit traité de métaphysique» commencé en Frise (en 1629), et dont «les principaux points sont de prouver l'existence de Dieu, et celle de nos âmes, lorsqu'elles sont séparées du corps...», I, 182. Au même endroit, il manifeste son désir d'achever et de publier cet écrit, si toutefois la *Dioptrique* est bien reçue. Dans le *Discours de la méthode*, il brandit cette publication comme une menace pour la scolastique et sous une forme qui montre que son ambition d'imposer la vérité «sans discussion» est loin d'être lettre morte, cf. VI, 71.

1. Malgré toutes les précautions prises par Descartes à ce sujet, Martin Schoock ne manquera pas de traiter l'auteur du *Discours*, d'athée et de disciple de Vanini (philosophe naturaliste, disciple de Pomponazzi, condamné au bûcher pour athéisme, à Toulouse en 1619). Descartes ne se fait d'ailleurs pas faute de renvoyer la balle dans son *Epitre à Voetius*...

par l'imagination scolastique, Descartes pourra maintenir sa thèse de l'indéfinité du créé sur le plan de l'imaginaire et la soustraire ainsi à l'éventuelle censure des docteurs. Enfin, et surtout, le concept scolastique d'espace imaginaire, transformé en ce *concetto* de «pays» à la fois fictifs et libres pour une seconde création, lui permettra de justifier sa représentation indéfinitiste au nom des exigences mêmes de l'imagination, puisque l'on ne peut s'empêcher d'imaginer, au-delà des limites imposées à la création, encore de nouveaux espaces. L'enjeu est donc d'esquiver, d'éviter une condamnation de la part de la philosophie de l'Ecole et de la théologie dont elle est inséparable, en faisant valoir sous la forme innocente d'une simple licence de la fantaisie, une nécessité inhérente à l'imagination et à l'entendement, en d'autres mots, une nécessité qui relève des conditions de possibilité de la représentation.

Enfin, derrière la théologie, ne se tient évidemment pas seulement Aristote, mais aussi et surtout la *Bible*. A priori, la représentation cartésienne de l'univers, et d'abord la réduction de la lumière à une simple pression de la matière sur l'œil, ne s'accorde pas avec le récit de la Genèse, et Descartes ne souhaite manifestement pas se livrer dans le *Monde* à un fastidieux et toujours dangereux travail de concordance. Ce point, Descartes évite de le confesser au Père Mersenne, maître en concordisme[1]. Il se contente de s'en remettre, avec tous les galiléens, au verset du livre de la Sagesse: «Dieu même nous a enseigné qu'il avait disposé toutes choses en nombre, en poids et en mesure» (XI, 47; *Sapient.*, XI, 21). Il prétendra plus tard avoir découvert «avec émerveillement» que le «premier chapitre de la Genèse» pouvait s'expliquer beaucoup mieux par ses pensées que de toute autre façon[2]. Encore se montrera-t-il assez vite déçu par la lecture attentive de ce premier livre de la *Bible*[3]. Dans le traité, Descartes relate une seconde

1. Cf. les *Questiones celeberrimae in Genesim, cum accurata textus explicatione...*, Paris, chez Cramoisy, 1623. Sur le concordisme de Mersenne, cf. Lenoble, *op. cit.*, p. 234 sq.

2. Fragment d'une lettre latine (frg. 6, IV, 698; trad. Clerselier, FA I, 486).

3. Le 28 janvier 1641, Descartes fait part à Mersenne de son intention d'expliquer en sa physique «le premier chapitre de la Genèse», III, 295. Pour ce faire Descartes va jusqu'à apprendre l'hébreu, mais cette entreprise se solde par un échec complet. Cf. *Entretien avec Burman,* V, 169 et *à Chanut,* le 6 juin 1647, V, 54. Nous possédons un témoignage très intéressant de cette déception de Descartes, écrit de la main de Anna Maria Van Schuurman, cité in IV, 700-701. A travers les yeux de cette érudite convertie au calvinisme intransigeant de Voet, et qui deviendra plus tard une disciple du sectaire mystique Labadie (cf. L. Kolakowski, *Chrétiens sans église, la conscience religieuse et le lien confessionnel au XVIIe siècle*, Paris, 1969; *Correspondance du père Marin Mersenne, op.cit.*, t. VII, p. 213-219; H. Gouhier, *La Pensée religieuse..., op. cit.*, p. 332), Descartes apparaît comme

création, genèse mécaniste qui simule ou plutôt parodie la démarche générale de la Genèse biblique, sans lui correspondre point par point. Ce parallèle semble en effet suggérer, sans bien sûr le déclarer, que les premières pages de la *Bible* pourraient se laisser réinterpréter par la physique cartésienne. Mais le scandale, au moins en partie, est aussi prévenu à ce niveau, car en s'écartant du vrai monde, Descartes place la vraie histoire du monde, racontée dans la *Bible*, au dessus de tout soupçon. Du moins, ici encore, sauve-t-il les apparences tout en les dénonçant, car ce vieux monde, il l'abandonne, souvenons-nous, aux disputes nourries par les textes d'Aristote et de ses commentateurs, mais aussi, chose beaucoup plus troublante, par la *Bible* elle-même, avec laquelle la fable ne concorde pas, en tout cas à première vue.

Cependant nous pouvons comprendre maintenant pourquoi Descartes, dès la première formulation de son projet, première évocation du *Monde* et de sa fable, se montre autant enthousiaste «le dessein que j'ai me contente plus qu'aucun autre que j'ai jamais eu» (I, 70)[1]. Cet enthousiasme et cette autosatisfaction ne faibliront d'ailleurs pas[2], malgré toutes les difficultés rencontrées, durant le long travail d'écriture, et jusqu'à son terme : «la fable de mon monde me plaît trop pour manquer à la parachever», écrit-il à Mersenne, le 25 novembre 1630[3].

un esprit fort («l'homme de chair»), en fait un libertin. Les deux protagonistes se connaissaient bien, et nous ne croyons pas que cette page du journal de «la Damoiselle Schurman», comme l'appelle Descartes, soit à négliger.

1. *A Mersenne,* le 13 novembre 1629.

2. En 1648, Descartes confie encore à Burman, «qu'il a le plus grand plaisir à se rappeler ce peu de pensées qu'il a eues sur le monde, qu'il en fait grand cas, et qu'il ne voudrait les changer contre aucune autre...», *Entretien avec Burman,* V, 171, trad. J.-M. Beyssade, *op. cit.*, p. 116.

3. Henri Gouhier interprète cet enthousiasme en liaison non à l'invention de la fable («cet artifice à lui seul, aurait-il eu des conséquences aussi importantes et produit une aussi grande joie?»), mais à la découverte de la métaphysique: «ce passage du point de vue humain au point de vue divin; ce qu'il serait trop long de demander au monde; on le demande à Dieu (...) et il lit le plan de la nature dans les desseins de son auteur», La Pensée religieuse de Descartes, *op. cit.*, p. 78. Qu'il y ait une hubris cartésienne en cette seconde création, cela est certain. Mais Descartes ne s'en assied pas pour autant «à la droite du créateur», comme le dit H. Gouhier (ibid.). 1630 est l'année où il établit définitivement, avec sa doctrine de la libre création des vérités éternelles, que les desseins de Dieu, dans l'établissement de ses vérités, restent impénétrables. Ce n'est d'ailleurs pas «en Dieu» que Descartes perçoit les principes et les lois de son monde; il les tire bien plutôt de son propre fonds et en établit du point de vue de la raison humaine, non de celui de Dieu, les réquisits métaphysiques: et la fable de son nouveau monde est bien d'abord son «artifice», son œuvre («mon monde», dit-il); un stratagème permettant de dire la vérité, ce qui nous semble pouvoir expliquer l'enthousiasme si souvent manifesté à l'endroit de son invention.

Nous pouvons également prendre la juste mesure de la raison donnée à l'invention de cette fable dans le *Discours*: « dire plus librement ce que j'en jugeais, sans être obligé de suivre ni de réfuter les opinions qui sont reçues entre les doctes... » (VI, 42). Descartes pensait en effet avoir trouvé le moyen de présenter « agréablement » sa physique sans étonner ni choquer personne, sans lasser le public honnête, sans encourir les reproches et la censure des philosophes et des théologiens; le moyen de ménager la *Bible* et d'esquiver habilement toute discussion de fond avec la scolastique tout en se découvrant assez, l'ironie aidant, pour que le lecteur lui-même soit amené à précipiter la ruine de l'Ecole, et surtout pour que son monde imaginaire se révèle plus vrai que le vrai monde abandonné. Car ce n'est qu'à ce niveau ultime, qui requiert mais dépasse tous les autres, que la fable accomplit pleinement sa fonction, cette visée de vérité assignée à la reconstruction imaginaire du monde: car dans cette fiction sont engagés non seulement les nouveaux principes de la science de la nature, mais aussi leur assise métaphysique. La liberté que Descartes se donne ainsi, par la force et par la ruse, est la liberté de déployer l'imagination textuelle de façon à atteindre et formuler les principes et les lois du mécanisme, et d'en tirer ensuite l'image d'un monde conforme à celui qui nous apparaît dans l'expérience sensible.

4. Espaces Imaginaires et Imagination de l'Espace

L'examen de la correspondance avec Mersenne entre 1629 et 1630 permet d'établir que le projet d'écriture d'un corps entier de physique est destiné dès le départ à assumer la forme d'une fable, qui trouve sa source narrative et sa justification théorique dans l'utilisation équivoque d'une notion scolastique. Avant d'étudier la naissance, dans le texte, du nouveau monde cartésien, il nous faut tirer de cet acquis une conséquence importante touchant le statut des premiers chapitres, qui pourraient être lus, nous l'avons vu, comme un premier essai de rédaction en quelque sorte avorté ou du moins insuffisant. C'est un tel échec qui aurait conduit à cette rupture, à ce changement radical de plan que nous pouvons en effet constater. En fait, il faut lire tout le début comme une propédeutique: Descartes s'y achemine vers la fable de façon concertée. Autrement dit, la fable ne se surajoute pas à la physique, mais la physique est conçue d'emblée en fonction de la fable qu'elle va devenir. Il faut donc attribuer aux premiers chapitres une fonction rhétorique aussi importante qu'à la fable proprement dite. Il s'agit de préparer le lecteur à la fable, en lui montrant ce que le traité de physique cartésienne pourrait être et ce qu'il ne sera pas, par crainte d'ennuyer, de choquer et de provoquer le scandale, mais aussi ce qu'il ne peut devenir, au nom de nécessités internes qui restent à élucider. Art complexe du clair-obscur... Si ce début est parsemé de reports et de gênes, si les questions de fond (et de fondation) sont renvoyées, c'est certes dans le but d'éveiller la curiosité, d'intriguer, mais surtout de suggérer les réponses et les conséquences doctrinales que Descartes préfère éconduire ou reconduire dans la fable. Là, à la faveur d'une pénombre redoublée, l'auteur se dérobe encore, mais en dit aussi beaucoup plus, et répond en effet à la plupart des questions laissées ouvertes, au premier rang desquelles la question de la nature de la lumière, point de départ et d'arrivée de l'exposé de physique générale. Ce premier essai de physique, que l'analyse de la sensation lumineuse conduit jusqu'à la doctrine des éléments – c'est-à-dire fort avant dans l'entreprise de réduction de la représentation du monde, jusqu'au seuil de la matière nue –, cet essai de physique mécaniste est le prélude au nouveau monde.

Nous pouvons ainsi confirmer et préciser les acquis de notre lecture. Le premier chapitre, en instituant une différence radicale entre le monde tel qu'il apparaît et tel que le physicien géomètre cherche à en reconstruire l'image vraie, opère une déréalisation extrêmement puissante de l'immédiateté sensible, qui doit se traduire chez le lecteur par une mise en doute générale de l'expérience commune et des discours qui s'appuient sur son autorité (XI, 6). Ce doute sur la validité des représentations spontanées que nous avons du monde inaugure la science mécaniste, prépare la fable. En effet lorsque, à travers le modèle linguistique, Descartes affirme la différence radicale entre la sensation et sa cause physique, il projette l'élaboration d'un discours conforme au langage des natures simples que nous trouvons naturellement en nous, et capable pour cela de décrypter le chiffre du monde sensible. Descartes prémédite la reconstruction d'un monde logiquement possible, en accord avec les principes de la géométrie, et susceptible pourtant de «ressembler» parfaitement à ce monde-ci. La mise à jour de la différence et dissemblance sémiotique entre la sensation et son objet, ouvre la possibilité de la fable, entendue ici comme ce discours ambivalent de l'imagination scientifique qui se détourne du monde pour mieux y revenir; la fable comprise comme stratégie, dispositif rhétorique de la vraie science.

C'est dans cette perspective qu'il faut considérer les questions soulevées et laissées en suspens dans les chapitres suivants, et qui attendent leurs réponses «*in fabula*». En voici la liste non exhaustive: les raisons de la conservation du mouvement (XI, 11); la démonstration définitive de l'inexistence du vide (20); celle de la nécessité de la transformation d'un chaos hypothétique en un monde organisé (29); l'exposition des propriétés et de la nature de la lumière (23). Ces questions sont abordées et reconduites à travers un travail d'analyse qui régresse depuis un phénomène lumineux particulier (un feu de bois) jusqu'aux éléments supposés composer le monde entier. L'imagination scientifique, comme nous l'avons vu, joue le premier rôle dans ce travail de dépouillement progressif, et de façon duplice: elle opère l'abstraction géométrique de l'image sensible et développe en même temps une rhétorique de l'expérience qui exploite savamment l'imaginaire culturel dominant, tout en le purgeant de son fond d'aristotélisme; le but de cette imagination rhétorique étant de maintenir un lien étroit, pour factice qu'il soit, entre le paraître et sa réduction mécaniste[1]. Nous avons également vu quelles limites et quelles contraintes rencontre l'imagination dans sa double activité, en tant qu'elle porte sur le monde donné (le monde tel qu'il est structuré par les sens et les préjugés de l'opinion et de la fausse science des doctes). Ces barrières et ces contraintes empêchent qu'une réponse soit donnée aux questions engageant les principes et les lois de la nouvelle physique. Ceux-ci ne peuvent être atteints qu'à travers une radicalisation et une libération de l'imagination scientifique. Cette rupture salutaire est introduite par ruse: Descartes parasite l'imaginaire scolastique aux prises avec le problème de la clôture du monde en s'appropriant et en détournant la notion d'«espace imaginaire».

La formule d'espace imaginaire, ou plutôt de *locus imaginarius*, exprime une difficulté dans laquelle se débat l'aristotélisme, et recouvre en fait une longue discussion, qui mène de Guillaume d'Ockham à Nicolas de Cues, jusqu'à Mersenne. Ce dernier, dans une lettre hélas perdue, a sans aucun doute fourni à ce sujet les précisions doctrinales que Descartes lui demande en décembre 1629[2]. La

1. Voir *supra*, IV, 3, e.

2. Cf. la question de Descartes («s'il n'y a rien de déterminé en la Religion touchant l'étendue des choses créées...»), *A Mersenne*, le 18 décembre 1629, I, 86. Dans l'*Harmonie Universelle*, Mersenne appelle «espace imaginaire» celui où sont les choses quand on fait l'hypothèse de leur privation (ce qu'il appelle le vide universel), t. I (1636), Liv. I, prop. 4, p. 8. On en trouve l'expression dans une question posée à Descartes en 1638: «Pour la question de savoir s'il y aurait un

difficulté concerne « l'étendue des choses créées » et Descartes se souvient peut-être de cette réponse de Mersenne lorsqu'en 1647, à l'intention de Chanut et de Christine de Suède, il produit sur le plan théorique la critique, déjà formulée dans le *Monde* sur le mode ironique de la fable, de cette notion d'espace imaginaire : « Je me souviens que le Cardinal de Cusa et plusieurs autres docteurs ont supposé le monde infini, sans qu'ils aient jamais été repris de l'Eglise pour ce sujet ; au contraire, on croit que c'est honorer Dieu, que de faire concevoir ses œuvres fort grandes »[1]. Malgré l'argument, que l'on trouve dans le *Monde* (XI, 33), de la convenance d'une créature infinie à l'infinité de son créateur, d'ailleurs non contraignant d'un point de vue théologique (comme Descartes le montre mieux que nul autre, la grandeur de Dieu ne saurait de toute façon se mesurer à la quantité de ses œuvres[2]), l'interlocuteur de la reine de Suède sait évidemment que l'hypothèse de l'infinité du monde est loin de jouir dans l'Eglise d'une parfaite impunité. En prononçant la formule dans le *Monde*, Descartes exploite adroitement une équivoque à la fois linguistique et doctrinale, sans faire état des difficultés et des discussions extrêmement âpres auxquelles renvoie la notion mise en cause. Au delà de la sphère des fixes, pour une physique strictement aristotélicienne, il n'y a rien : « Il n'existe ni lieu, ni vide, ni temps en dehors du Ciel »[3]. Hors du monde, il n'y a pas même le vide[4]. Cependant cette physique distingue radicalement le lieu de la matière et partant, s'il est vrai qu'un tel lieu hors du monde ne saurait « être », il

espace réel ainsi que maintenant, en cas que Dieu n'eût rien créé... ». La réponse de Descartes est sans ambiguïté : « il n'y aurait alors point d'espace... », *A Mersenne,* 17 mai 1638, FA II 62 (II, 138). Sur la question de l'infinité du monde chez Mersenne, cf. Lenoble, *op. cit.*, p. 120.

1. *A Chanut,* le 6 juin 1647, V, 51. Nicolas de Cues ne soutient pas à proprement parler la thèse de l'infinité du monde, mais bien plutôt, en un sens voisin de Descartes, son indéfinité : « Bien que le monde ne soit pas infini, il ne peut cependant pas être conçu comme fini, puisqu'il lui manque les termes entre lesquels il serait enclos », *De Docta Ignorantia, Opera omnia,* Jussu et auctoritate Academiae litterarum Heidelbergensii ad codicum edita, vol I, Lipisiae, 1932, Lib. II, cap. ii. Cf. Pierre Duhem, *Le Système du Monde,* Paris, 1914-1959, t. X, p. 279 ; E. Gilson, *La Liberté chez Descartes..., op. cit.*, p. 110 ; A. Koyré, *From the closed world to the infinite universe,* Baltimore, 1957 ; trad. R. Tarr, *Du Monde Clos à l'univers infini,* Paris, 1973, p. 17-36.

2. Voir, à cet égard, les objections qu'il adresse à *Henri More,* le 15 avril 1649, V, 343-344.

3. Aristote, *Du Ciel,* I, 9, 279 a 12-15e ; trad. Tricot, Paris, 1949, p. 45.

4. Il n'y a pas de vide hors du monde parce que le vide est ce en quoi un corps peut être. L'école thomiste soutient en général ce strict aristotélisme : « Judicant spatium quod inane appellant nihil esse », Toletus, cité par E. Gilson, *Index Scolastico-Cartésien, op. cit.*, p. 96.

n'en demeure pas moins concevable; d'où cette autre distinction entre l'espace vrai (*locus verus*) et l'espace imaginaire (*locus imaginarius*). En toute rigueur, il s'agit là d'un espace absolument fictif, un lieu dont nous pouvons feindre l'existence, mais qui ne peut exister[1]. Il est pourtant extrêmement tentant de réifier la distinction et de faire de ce lieu imaginaire le contenant effectif du monde réel, et non la simple représentation d'un lieu sans «être» possible. La question se pose ainsi de savoir si les espaces imaginaires sont de simples espaces imaginés – rien ne leur répondant hors de l'imagination – ou si au contraire cette image possède une valeur objective, si, autrement dit, un espace vide s'étend réellement, à l'infini, hors du monde matériel. A la fin du XVIe siècle, cette promotion physique des espaces imaginaires semble largement répandue dans les écoles[2]. C'était là une grave concession, qui ne pouvait que préparer l'infinitisme moderne, comme le montre assez l'intervention subversive de Descartes. Il faut considérer en effet que la discussion autour de cet espace hypothétique engage le double problème de l'infinité de l'univers et de la pluralité des mondes, lié étroitement à la question théologique de l'omnipotence divine. Car ces espaces vides au-delà de la sphère des fixes, une fois acceptés, deviennent en quelque sorte la jachère de la création: ce sont des espaces dans lesquels Dieu pourrait, s'il le voulait, créer un ou plusieurs autres mondes[3], et en fait, il a très bien pu créer ainsi le monde, multiple et infini. Voilà que l'imaginaire ne demande qu'à se faire image du réel, et que le vide infini se remplit infiniment de matière. La notion en effet d'un espace imaginaire englobant le monde réel se révèle profondément aporétique. Supposé que l'on passe une main ou une épée à travers la superficie du ciel, qu'advient-il de ces

1. Toletus, *Physic.*, Lib. IV, cap. 5, tex. 49, qu. 10, cité par E. Gilson, *Index..., op. cit.*, texte 166, p. 97.

2. On trouve cette conception chez Suarez, les Conimbriens, Rubio, Eustache de Saint Paul, Abra de Raconis (Cf. C. De Waard, *Correspondance du Père Marin Mersenne*, op. cit., t. II, p. 357-358). C'est donc sans doute cette conception-là que ses maîtres ont enseignée à Descartes.

3. Cf. Michel Scot, cité par P. Duhem, *op. cit.*, t. IX, p. 365. Cette pluralité des mondes est soutenue par Guillaume d'Ockham (cf. P. Duhem, *Ibid.*, 390). Cf. également Nicolas Oresme: «La tierce maniere de mètre plusieurs mondes est que un soit du tout hors de l'autre en une espace ymaginée...», *Le Traité du Ciel et du Monde*, L. I, chap. XIX, cité par Duhem, *ibid.*, p. 404. Sur la question de la pluralité des mondes voir J. Dick, *Plurality of worlds, the origins of the extraterrestrial life debate from Democritus to Kant*, Cambridge, 1982; trad. française, Arles, 1989.

corps[1] ? Sont-ils néantifiés, ou subsistent-ils, montrant ainsi que les bornes du monde peuvent être repoussées, et sont donc fictives ? Et d'abord, comment le vide pourrait-il contenir le plein ? Cette dernière question tourmente Copernic après beaucoup d'autres. Il la résout par un ingénieux compromis : le monde fini est entouré de cieux infinis[2]. Ce cosmos, dont Copernic protège encore l'intégrité sphérique au cœur d'une infinité céleste, Giordano Bruno le dilate et pulvérise en une infinité dynamique de mondes divers, maintenus dans l'unité par l'infinie puissance dont ils procèdent[3]. Galilée aborde le problème, comme Descartes, à partir de la question de la représentabilité de l'univers[4] : l'impossibilité d'imaginer le monde « terminé » et plus encore « interminé », tout en étant « fini », l'incline à en admettre l'infinité, au sens où notre intellect, étant lui-même « terminé », échoue à comprendre la « raison infinie » qui préside à la création de l'univers[5].

Mais Descartes, dans le *Monde*, selon son habitude, se garde bien de renvoyer explicitement à ces longues et périlleuses discussions qui précèdent et préparent sa pensée. Il se contente d'investir ironiquement la formule scolastique, à la fois pour montrer l'inconsistance de la notion qu'elle recouvre et affirmer sa propre conception de l'espace. *Locus imaginarius* : l'expression appartient au jargon des doctes mais, en français et au pluriel, elle évoque irrésistiblement l'univers de la fiction romanesque. Les « espaces imaginaires » offrent ainsi le point de départ narratif de la fable en même temps qu'ils inaugurent la réflexion cartésienne sur les conditions et les principes de la physique. Une simple boutade tient lieu de critique : les philosophes prétendent

1. Arguments classiques du débat sur l'infinité, cf. A. Koyré, *Du Monde clos à l'univers infini, op. cit.*, p. 69. Henri More pose la question à Descartes (V, 312). Cf. la réponse de celui-ci (« vous concevez comme partie réelle du monde tout lieu que l'épée touche... », V, 345).

2. *De Revolutionibus orbium cœlestium,* Thorn, 1882, Liv. I, chap. 1 ; *Des révolutions des orbes célestes,* édition A. Koyré, Paris, 1934, p. 22.

3. *De l'Infinito Universo e Mondi,* Londres, 1584. Voir A. Koyré, *op. cit.*, p. 66-82. La plupart des *novatores* rejettent comme Bruno les espaces imaginaires (cf. C. De Waard, *Correspondance du père Marin Mersenne, op. cit.*, II, *ibid.*).

4. E. Cassirer a montré qu'il revient à Nicolas de Cues d'avoir opéré, à travers le concept polémique d'ignorance, le transfert du problème de l'infini de l'« objet » à « l'activité du connaître », préparant ainsi la voie à Galilée et à Descartes (*Das Erkenntnisproblem in der Philosophie und Wissenschaft der neueren Zeit,* t. I, Berlin, 1906).

5. *A Fortunio Liceti,* le 24 septembre 1639, *Opere, op. cit.*, vol XVIII, p. 106.

que les espaces imaginaires sont infinis ; il faut les croire « puisque ce sont eux-mêmes qui les ont faits » ! Descartes cultive ici une savante ambiguïté, en laissant entendre à la fois que la notion scolastique est une fiction pure et que les scolastiques eux-mêmes, *volens nolens*, admettent l'infinité de l'espace. D'un même geste il raille ainsi les autorités et feint de concéder une certaine vérité à leurs dires. Mais il s'avère aussitôt que cette part de vérité conduit à l'entière ruine de la cosmologie scolastique. Car l'infinité négative reconnue aux espaces extra-mondains, devient aux yeux de Descartes l'expression camouflée d'un impératif de l'imagination même, destiné à se retourner fatalement contre la cosmologie ptoléméenne. En effet, alors qu'ils soutiennent une conception strictement finitiste, les docteurs ne peuvent s'empêcher d'imaginer, au-delà des barrières qu'ils ont arbitrairement posées à l'univers, des espaces illimités. Cela, écrit Descartes, parce que « notre imagination semble se pouvoir étendre à l'infini » (XI, 33). Ce qui ne revient pas à affirmer que l'imagination puisse effectivement aller à l'infini, c'est-à-dire qu'il soit en son pouvoir de produire une représentation de l'infinité du monde. Notre imagination est au contraire incapable d'avoir une image de l'infini ; cela est vrai de l'idée de Dieu, accessible au seul entendement pur, mais vrai aussi de la représentation du monde, à cette différence près que l'infinité du monde est impossible à démontrer alors que celle de Dieu peut être clairement et distinctement connue, même si elle ne peut être comprise[1]. C'est pourquoi nous ne pouvons parler que de l'indéfinité du monde, parce que l'imagination, dans son domaine propre, celui des « créatures inanimées », ne rencontre aucune borne à son extension[2]. L'imagination excède indéfiniment les limites que l'on veut lui fixer, et l'on imagine le monde comme on étend sa vue en pleine mer ; il semble que notre regard aille à l'infini, mais il ne fait que se perdre, car il y a encore de l'eau au-delà des eaux visibles. La différence est que nous savons par raison et par expérience que la mer n'est pas infinie, alors que nous ne pouvons savoir, ni par raison ni par expérience, ce qu'il en est de l'étendue du monde : « bien que la mer ne soit pas infinie, ceux qui sont au milieu sur quelque vaisseau peuvent étendre leur vue, ce

1. Cf. *A Mersenne*, le 27 mai 1630 (?), I, 152 ; *Au même*, le 21 janvier 1641, III, 284 ; *Réponses aux premières objections*, IX-I, 90-91 et *Réponse aux instances de Gassendi*, IX,-I, 210.

2. *Réponses aux Premières objections*, IX-I, 89 ; *Principes I*, art. 26-27, IX-II, 36-37 ; *A Chanut*, le 6 juin 1647, V, 51-52 ; *Entretien avec Burman*, texte 39, V, 167 ; *A Morus*, le 5 février 1649, V, 274 ; *Au même*, le 15 avril 1649, V, 345.

semble, à l'infini; et toutefois il y a encore de l'eau au-delà de ce qu'ils voient» (XI, 33)[1]. Les limites imaginées par les scolastiques ne sauraient arrêter l'imagination: les docteurs qui imaginent un espace hors monde, et finissent par admettre la valeur objective de cette image, en font l'épreuve contre leur principe de clôture. Cependant, dans le cadre de l'aristotélisme, même réformé, l'admission d'un tel espace imaginaire ne revient pas à la reconnaissance de l'infinité du monde. Au contraire, cette mesure consiste plutôt à assurer l'unité et la finitude du cosmos en l'enfermant, le verrouillant en quelque sorte dans un espace sans matière, un vide infini. Mais cette objection se fonde sur une distinction que Descartes commence par récuser: celle de l'espace et de la matière. Pour l'auteur du *Monde*, il nous est impossible d'avoir une représentation claire et distincte d'un espace sans matière[2]. Et c'est parce que la claire représentation d'un espace immatériel est impossible, que l'hypothèse d'un monde fini entouré d'un tel espace est fausse. En 1647, Descartes donnera à Chanut un résumé saisissant de cette critique radicale du finitisme cosmologique menée à travers la notion d'espace imaginaire, c'est-à-dire au nom de l'espace tel que le perçoit l'imagination: «En supposant le monde fini, on imagine au-delà de ses bornes quelques espaces qui ont leurs trois dimensions, et ainsi qui ne sont pas purement imaginaires, comme les philosophes les nomment, mais qui contiennent en soi de la matière, laquelle, ne pouvant être ailleurs que dans le monde, fait voir que le monde s'étend au delà des bornes qu'on avait voulu lui attribuer» (V, 52)[3]. La notion scolastique est donc en toute rigueur inconcevable, et les espaces imaginaires, espaces sans matière, sont inimaginables, car nous ne pouvons imaginer qu'un espace tridimensionnel et partant matériel (*ibid.*). C'est pourquoi la fiction narrative d'un voyage dans les espaces imaginaires des philosophes est, d'un point de vue théorique, un passage à la limite, la traversée d'un intermonde qui n'est

1. La navigation hauturière, où la vue «semble s'étendre à l'infini», est une des images les plus propres à rendre compte de l'in(dé)finitisme de l'imagination moderne, comme il apparaît en premier lieu dans les recherches cosmologiques et les fictions de voyages de la nouvelle science. La navigation de haute mer a conduit à la découverte de nouvelles terres : Galilée ou Descartes seront ainsi considérés comme les découvreurs de nouveaux «mondes», à l'égal de Colomb, découvreur du «nouveau monde». Voir par exemple le mot de Nicolas Poisson: «par sa nouveauté», la philosophie de Descartes «mériterait de n'être enseignée que dans le nouveau monde», *Commentaire ou Remarque touchant la méthode de René Descartes,* Vendôme, 1670, p. 204.

2. C'est ainsi que, du même coup, le vide est exclu a priori de la physique cartésienne. Un espace vide est en somme une contradiction dans les termes (XI, 33).

3. Cf. aussi *Principes II*, art. 21, et *A Morus,* le 15 avril 1649, V, 345.

déjà plus aristotélicien («sortir» du monde, le «perdre de vue», s'arrêter, dans ces espaces, en «un lieu déterminé», tout cela n'a aucun sens dans le cadre de la représentation scolastique) et qui ne devient un espace cartésien qu'avec l'énonciation de la première supposition, celle du remplissage du *vacuum* imaginé: «supposons que Dieu crée de nouveau tout autour de nous tant de matière que, de quelque côté que notre imagination se puisse étendre, elle n'y aperçoive plus aucun lieu qui soit vide» (XI, 32). Cette supposition qui, notons-le, fait d'emblée intervenir Dieu dans la fable, rend seule possible l'exercice effectif de l'imagination. La fiction créatrice a donc pour objectif non simplement d'imaginer un monde mais surtout de permettre le fonctionnement même de l'imagination, en identifiant l'espace à la matière et en libérant ainsi l'imaginaire des bornes posées par l'aristotélisme.

Ce saut hors de la sphère des fixes correspond à une radicale intériorisation de la recherche: la genèse d'un nouveau monde commence par une investigation réflexive du sujet de la connaissance, dans le but de dégager les conditions a priori de toute représentation corporelle. La fable est ainsi, en un premier temps, une analytique de l'imagination. Nous avons vu quel rôle déterminant est dévolu à cette faculté dans le fonctionnement de la science, comme auxiliaire indispensable de l'entendement en physique, parce qu'elle permet d'accomplir la réduction géométrique du monde perçu et de ramener parallèlement le schématisme géométrique à l'expérience sensible[1]. La fable est la radicalisation de ce processus ambivalent qui commence par conduire le dépouillement et l'abstraction de l'imaginaire jusqu'à son point le plus extrême tout en ayant d'emblée en vue la coïncidence ultime de cette représentation du monde, construite à partir de ses conditions internes de possibilité, avec le monde visible mis entre parenthèses. Il faut analyser en détail l'entreprise, dont la forme narrative banalise l'extrême audace théorique.

De même qu'il invite son lecteur à ne pas chercher à atteindre le «bout» de l'infinité vide des scolastiques, Descartes lui propose, après le «*fiat*» qui vient remplir le vide de matière, de retenir son imagination dans «un espace déterminé, qui ne soit pas plus grand, par exemple, que la distance qui est depuis la Terre jusques aux principales étoiles du Firmament ...» (XI, 32). Par exemple ! Il s'agit comme par hasard de circonscrire un espace comparable à celui qu'occupe le *locus verus*, le monde réel des scolastiques, confondu avec le monde visible, l'espace qui s'étend depuis la terre jusqu'aux étoiles. C'est là le premier effet de ressemblance entre ce nouveau monde et l'ancien;

1. Voir *supra*, IV, 3.

cette imagination que nous avons qualifiée de rhétorique, et qui s'emploie par le travail des figures à couvrir l'écart initial séparant l'espace géométrique du monde visible, est donc d'emblée à l'œuvre dans la fable: alors même que la matière du nouveau monde n'est encore qu'une masse indifférenciée, la voici artificiellement délimitée en fonction du monde achevé, tel que nous le voyons s'étendre autour de nous. Il n'y a cependant là aucun remords, aucune esquisse d'un retour au monde borné des scolastiques, car cette délimitation artificielle s'accompagne expressément de la supposition «que la matière que Dieu aura créée s'étend bien loin au-delà de tous côtés, jusques à une distance indéfinie» (XI, 32-33)[1]. Notons d'ailleurs que les dimensions de cet espace sont provisoires, car le système du monde que Descartes va présenter dans sa fable, en faisant de chaque étoile non plus un corps fixe à la périphérie d'une sphère mais le centre d'un «Ciel», exige une extension «*ad infinitum*» de l'espace initialement circonscrit. Enfin, sans rien préjuger de l'immensité des «œuvres de Dieu» (XI, 33), et quel que soit l'effet rhétorique de ressemblance escompté, il est de toute façon beaucoup plus facile à notre imagination de s'exercer sur un espace limité que sur une étendue indéfinie. Cette délimitation s'avère ainsi méthodologiquement nécessaire; seul un corps déterminé et donc délimité peut être représenté avec clarté et distinction. On peut ici utiliser une analogie développée dans les *Réponses aux Premières Objections*: si «nous jetons les yeux sur la mer (...) lorsque nous ne (...) regardons que de loin, comme si nous la voulions toute embrasser avec les yeux, nous ne la voyons que confusément, comme aussi n'imaginons-nous que confusément un chiliogone (...); mais, lorsque notre vue s'arrête sur une partie de la mer seulement, cette vision alors peut être fort claire et fort distincte, comme aussi l'imagination d'un chiliogone, lorsqu'elle s'étend seulement sur un ou deux de ses côtés» (XI, 90)[2]. Ainsi, dans le traité, Descartes circonscrit et découpe, pour en faire son monde, une part de cet espace qui s'étend indéfiniment.

A l'exigence de distinction s'ajoute l'exigence de simplicité. Si l'on veut construire une image du monde parfaitement connaissable, il faut partir de ce que chacun connaît déjà parfaitement: «... attribuons-lui (à cette matière)... une nature en laquelle il n'y ait rien du tout que chacun ne puisse connaître aussi parfaitement qu'il est possible» (XI,

1. Cf. *Principes III*, art. 2 et 3 (et commentaire de E. Gilson, *La liberté et la théologie*..., *op. cit.*, 116 sq.); *A Elisabeth*, le 15 septembre 1645, IV, 292.

2. Par cette analogie, Descartes cherche à montrer que l'on peut connaître Dieu sans pour autant le comprendre. Mais il exprime ainsi une exigence méthodologique applicable à tous les domaines du savoir.

33). Il s'agit donc de dépouiller la matière de tout ce dont la connaissance n'est pas parfaite: suit la longue liste des formes et des qualités scolastiques, une liste qui inclut du même coup potentiellement la série de tout ce qui constitue l'expérience sensible du monde: « supposons expressément qu'elle n'a point la forme de la Terre, ni du Feu, ni de l'Air, ni aucune autre plus particulière comme du bois, d'une pierre ou d'un métal, non plus que les qualités d'être chaude ou froide, sèche ou humide, légère ou pesante, ou d'avoir quelque goût ou odeur ou son ou couleur ou lumière ou autre semblable, en la nature de laquelle on puisse dire qu'il y ait quelque chose qui ne soit pas évidemment connu de tout le monde» (*ibid.*). Sont ainsi révoqués d'un seul bloc tous les mots, sensations et images, toutes les représentations qui ne renferment pas une connaissance évidente pour tous. Nous avons déjà rencontré et décrit une démarche similaire, mais portant sur un phénomène particulier (la combustion d'une pièce de bois), tour à tour débarrassé de ses formes et qualités, jusqu'à l'obtention de la représentation physique la plus simple[1]. La fable, passage à l'imaginaire pur, est, du point de vue de la science, un passage à l'a priori; ce faisant elle permet la radicalisation d'une démarche qui, dans la première partie de l'ouvrage, par l'investigation a posteriori du monde, conduit jusqu'à la tripartition élémentaire de l'univers (Terre, Feu, Air), mais sans parvenir au niveau le plus simple: la considération de la matière elle-même. Ce dernier degré de l'abstraction, atteint dans la fable, exige le passage de la représentation du monde à sa représentabilité, de l'analyse mécaniste de la nature à ce qui est déjà une esquisse de l'analytique du sujet de la connaissance.

Descartes opère ce transfert de l'image à l'imagination en établissant et définissant sa matière. Au terme de la soustraction des formes et qualités, la question se pose de savoir s'il reste encore quelque chose d'imaginable dans cette matière primordiale de l'imaginaire. Descartes prévient l'objection en distinguant la matière de son monde de la « Matière première des Philosophes qu'on a si bien dépouillée de toutes ses formes et qualités qu'il n'y est rien demeuré de reste, qui puisse être clairement entendu » (*ibid.*). De même que les espaces imaginaires ne peuvent être véritablement imaginés parce que la matérialité leur est refusée, la matière première est extrêmement difficile à concevoir, car elle est séparée de toute propriété, et d'abord de la spatialité. Une matière sans espace est tout aussi peu concevable qu'un espace sans matière. « Toute la difficulté (...) ne vient que de ce qu'ils la veulent distinguer de sa propre quantité et de son étendue extérieure, c'est-à-

1. Voir supra, III, 1 et IV, 3, d.

dire de la propriété qu'elle a d'occuper de l'espace» (XI, 35). L'imagination qui forge des espaces vides et une matière non étendue est fausse parce qu'elle procède par défaut: en se livrant à l'impossible séparation de la matière et de l'étendue, elle ne peut produire que des images déficientes et l'entendement ne manipule ainsi que des concepts vides[1].

Ce défaut de représentation est contrebalancé et confirmé aussitôt par l'excès de représentation qui consiste à prêter à la «Nature» des «qualités» prétendues réelles mais qui appartiennent en fait au sujet de la perception. La «Nature» est ainsi considérée comme une instance psychologique capable d'avoir des «tendances», d'éprouver de la «répulsion». Quand on ne va pas jusqu'à lui réserver le titre de «Déesse»... Or, comme le montrera la métaphysique, l'imagination, à laquelle doit strictement se conformer toute représentation de la nature, n'est capable d'atteindre ni l'âme, ni le divin. L'âme et Dieu ne sont connus que par l'entendement seul[2]; ils sont au-delà de l'imaginable, de la même façon que l'espace sans matière ou la matière sans espace restent en deça du représentable, selon les critères de l'imagination distincte. La «Nature» cartésienne n'est pas une «Déesse» ou «quelque autre sorte de puissance imaginaire» (XI, 37). Elle est simplement un «mot» servant à signifier la matière, nantie de ses «qualités» géométriques; non pas la matière première, cette fausse abstraction, ce néant que recouvre le manteau bariolé des formes substantielles et des qualités réelles, mais la matière étendue: «Concevons-la comme un vrai corps parfaitement solide qui remplit également toutes les longueurs, largeurs et profondeurs de ce grand espace au milieu duquel nous avons arrêté notre pensée» (XI, 33).

Cette idée de matière, conçue par la pensée à travers la simulation d'un acte divin de création, mais qui s'avère le résultat d'une ascèse de l'imagination, cette idée se confond avec l'imaginable pur: «Il n'y a rien de plus simple, ni de plus facile à connaître dans les créatures inanimées; et son idée est tellement comprise en toutes celles que notre imagination peut former qu'il faut nécessairement que vous la conceviez ou que vous n'imaginiez jamais aucune chose» (XI, 35). L'idée de matière, en tant qu'elle contient celle d'espace (la tridimensionalité étant l'expression géométrique de cette unité de la matière et de l'espace) est la plus simple et la plus facile à connaître parmi toutes les idées des «créatures inanimées», parce qu'elle est la présence en

1. De même pour les mouvements sans changement de place (XI, 39).
2. *Discours de la méthode*, VI, 37; *Méditations* II et III.

toute représentation corporelle de sa condition même de possibilité[1]. Cette idée est donc engagée dans toute image et fait fond à toute image, en sorte que sa suppression entraîne toujours celle de l'image même. Imaginer revient en premier lieu à concevoir un espace matériel, tridimensionnel et «solide». Cet espace qui structure l'imaginaire est aussi la représentation la plus simple et la plus facile; celle par laquelle la science du monde doit donc commencer[2]. Le premier moment de la fiction du nouveau monde ne fait qu'un avec la claire et distincte perception de l'imagination par elle-même, comme «idée» d'une matière étendue ou, ce qui revient au même, d'un espace «solide». La physique mécaniste formule ainsi sa première notion, celle d'un espace matériel euclidien. Cette notion n'est pas du tout tirée de l'expérience

1. F. Alquié, dans son édition du *Monde*, renvoie justement à Kant: «Ceci revient à dire que l'espace est la condition a priori de toute représentation externe. L'affirmation cartésienne est fort voisine de celle de l'Esthétique transcendantale de Kant», FA I, 347, n. 2. Cependant F. Alquié ajoute: «mais alors que, pour Kant, l'espace, forme *a priori* de notre sensibilité, ne s'impose qu'aux objets de notre représentation, il demeure pour Descartes, l'essence même des «choses matérielles», et sa nécessité est le signe de sa réalité», (*ibid.*) Cette affirmation nous semble faire problème: il est vrai que l'existence d'une réalité extérieure n'est pas interrogée dans le Monde, cependant il n'est pas affirmé pour autant que la nécessité de l'espace soit «un signe de sa réalité» comme espace matériel «extérieur» au sujet. Car, dans ces lignes du traité, on ne sort pas de la représentation et de son analyse: nous sommes et restons dans la fable, et la matière ainsi conçue est celle d'un monde imaginaire. Descartes ne parle d'ailleurs pas de l'espace comme d'une idée d'abord inhérente à l'expérience sensible (et en ce sens il ne l'entend pas comme une forme de la sensibilité), mais d'une idée indissociable de l'activité de l'imagination. C'est pourquoi nous ne partageons pas la conclusion de F. Alquié: «l'analyse cartésienne (...) au lieu de chercher, comme le fera Kant, le fondement de la nécessité et de l'universalité de la science dans la structure du sujet connaissant, la cherche et la trouve (au moins à cette date) dans l'essence de l'objet extérieur», ibid., p. 349, n. 1. Il s'agit en effet de l'essence de l'objet, non en tant que cette essence dérive de l'extériorité même de l'objet, mais en tant qu'elle est une idée appartenant à la structure interne du sujet connaissant. L'espace n'est pas d'abord rencontré dans l'expérience sensible de l'extériorité, mais perçu comme le fond, la trame même de l'imaginaire. La conformité de cet imaginable pur à la structure matérielle et spatiale du monde est bien soutenue, mais à travers la spéculation métaphysique: Dieu a institué les mêmes vérités en l'homme et dans le monde. Le sujet cartésien, dans les *Méditations* comme déjà dans le *Monde*, ne saurait faire l'économie de ce passage en Dieu pour démontrer la pertinence effective de la représentation scientifique à rendre compte du monde extérieur. Comme l'écrit ailleurs F. Alquié: Descartes «n'a pas expliqué comment les idées étant modes du moi, peuvent représenter l'extériorité» («Une Lecture cartésienne de la *Critique de la Raison Pure* est-elle possible?», *Revue de Métaphysique et de Morale*, 1975, n° 2; repris dans F. Alquié, *Etudes cartésiennes*, Paris, 1982, p. 115).

2. Cf. la règle méthodologique énoncée dans les *Regulae*: il faut déduire les sciences de «principes faciles et fort à portée de la main...», *Règle IX*, X, 402.

du monde mais de l'imagination, dans sa projection d'un monde entièrement conforme aux exigences de l'esprit géométrique : l'espace matériel euclidien constitue le fond connu et représentable de toutes les représentations possibles des corps. La spatialité (« l'étendue ou propriété (...) d'occuper un espace ») est conçue comme la « vraie forme ou essence » de la matière (XI, 36), au nom d'une nécessité inhérente à la représentation et non suivant une exigence de la chose considérée hors représentation (la matière même dont le monde extérieur est composé). La représentation scientifique ne fonde pas sa vérité sur l'adéquation à ce qui est, mais sur l'adéquation à ce qu'elle est. Avec la fiction du monde, la différence, la béance ontologique ouverte entre la représentation et le monde réel est alors consommée.

Cependant il faut insister sur le fait que la spatialité n'est pas perçue comme une forme vide de la représentation. L'espace n'est pas conçu ni concevable en lui-même, mais comme l'« essence » de la « substance matérielle ». La notion d'espace, notion première de l'imagination, est inséparable de l'extériorité matérielle, de la matière dont le monde réel est composé. Autrement dit, la science prétend d'emblée s'appliquer au monde extérieur, mais en tant qu'elle en détermine a priori la représentabilité comme procédant de la structure du sujet de la connaissance. La représentation n'est une présentation autoréférente de l'imagination que dans la mesure où elle renvoie simultanément, comme représentation d'un espace matériel, à ce qui est dehors et à ce dehors lui-même, à l'extériorité dont elle est toujours aussi l'image. Il y a certes, pour la physique du *Monde*, une présomption d'existence, ininterrogée, de cela dont l'idée comme image se donne avec clarté et distinction mais, parce qu'il s'agit seulement d'une présomption et non d'une démonstration, cette existence reste tout à fait problématique. L'idée de matière est celle d'un « vrai corps », pourtant ce vrai corps n'est pas *d'abord*, significativement, celui du vrai monde, mais d'un monde feint par l'imagination. L'intention cartésienne est bien, à travers la fable, de faire coïncider ce vrai corps et le vrai monde mais, d'une certaine façon, il est déjà trop tard, car la doctrine de la perception a par avance entériné la séparation. La fable est à la fois le dispositif destiné à établir cette coïncidence – à rendre possible l'application de la vraie science au vrai monde –, et l'expression du problème crucial qui travaille la nouvelle philosophie : l'écart ouvert entre la vérité de la représentation et le corps réel, dont la vérité semble échapper désormais au savoir.

Pour envisager correctement le problème de la différence tel qu'il se trouve reporté et traité dans la fable, il suffit de considérer quels sont les critères de vérité énoncés par Descartes pour établir sa notion de matière, et pour mener à partir de celle-ci la reconstruction fictive du monde. Descartes invoque la facilité, la simplicité, la clarté et la distinction de sa représentation, opposées symétriquement à la difficulté, complexité, obscurité et confusion des notions scolastiques (XI, 33-36). Il prend ainsi la résolution de ne rien imaginer dans son monde «que les plus grossiers esprits ne soient capables de concevoir», exact contre-pied des idées de la physique scolastique, que les philosophes eux-mêmes, pourtant «si subtils», éprouvent le plus grand mal à se représenter et à formuler (XI, 35-36). C'est pourquoi toute représentation obscure, toute notion ne pouvant donner lieu à une image corporelle distincte doit être rejetée de la physique, science de l'étendue. De son monde imaginaire, dont il vient d'assumer dans la représentation la condition d'intelligibilité par la mise à jour du substrat spatial et matériel de la représentation corporelle, Descartes écrit: «si j'y mettais la moindre chose qui fût obscure, il se pourrait faire que parmi cette obscurité il y aurait quelque répugnance cachée dont je ne me serais pas aperçu, et ainsi que, sans y penser, je supposerais une chose impossible; au lieu que, pouvant distinctement imaginer tout ce que j'y mets, il est certain qu'encore qu'il n'y eût rien de tel dans l'ancien monde, Dieu le peut toutefois créer dans un nouveau...» (XI, 36). Déclaration déterminante: l'image obscure est toujours susceptible de renfermer de la «répugnance», c'est-à-dire de la contradiction. Ainsi le premier impératif du discours scientifique est-il de s'assurer de l'évidence ou non-contradiction de ses représentations, en tant que la non-contradiction implique l'existence possible de la chose visée par la représentation. L'imagination cartésienne apparaît ainsi soumise structurellement aux impératifs logiques de la rationalité mathématique, en même temps que lui est attribuée la fonction de déterminer a priori l'existence possible du monde matériel. La non-contradiction suffit à garantir la possibilité des fictions de l'imagination. En revanche, la contradiction que recèlent les idées obscures et confuses implique l'impossibilité de la chose même[1]. L'imagination, de ce point de vue, est en accord avec elle-même dans la seule production d'images qui font l'objet d'une perception claire et distincte ne contenant donc aucune contradiction logique, et qui sont du même coup des représentations de corps possibles. Ces images distinctes,

1. Cf. *Réponses aux Deuxièmes Objections*, IX-I, 119; et commentaire de ce passage dans l'*Entretien avec Burman*, V, 161. Sur la distinction entre le possible réel et le possible logique, récusée par Leibniz et retrouvée par Kant, cf. Y. Belaval, *op. cit.*, 372-374 et J. Bouveresse, «La théorie du possible chez Descartes», *Revue internationale de philosophie*, n° 146, 1983, p. 293-310.

articulées à partir de la plus simple et de la plus universelle d'entre elles suivant un strict processus déductif, composent le scénario d'un monde possible. La fable est ce scénario d'un nouveau monde affranchi de toutes les contraintes de l'ancien. C'est pourquoi Descartes, en vue de la construction d'un monde possible, peut revendiquer la liberté de feindre tout en exigeant la soumission de sa fiction aux impératifs de la rationalité géométrique. Il n'y a là rien de contradictoire, car la fiction est le produit d'une imagination dont la liberté, telle qu'elle est théorisée, consiste dans le refus des contraintes imposées par l'expérience du vrai monde, au profit de la description méthodique d'un monde imaginaire, «possible» parce que parfaitement rationnel. Aucune contradiction donc entre liberté et rationalité dans l'exercice de l'imagination, du moins suivant ce que la doctrine établit avec fermeté. Car il reste à déterminer si, dans le texte, la feinte est entièrement fidèle à ces impératifs logiques et si la fable peut véritablement se fondre sans reste dans la science dont elle permet l'avènement.

Mais à s'en tenir à la doctrine énoncée, le corollaire de la liberté de l'imagination distincte est la possibilité. Au contraire, une idée contenant une contradiction, comme celle d'une matière sans étendue ou celle d'un espace sans matière, implique l'impossibilité. Sur ce point Descartes ne variera pas: une idée ne saurait représenter quelque chose hors de l'esprit si elle est contradictoire. En revanche, une «chimère», qui peut faire l'objet d'une imagination distincte, est un être possible. Mais alors il faut se garder de conclure qu'il existe au monde une telle chimère[1]. Il y a ainsi des chimères «impossibles»[2], parce qu'en elles-mêmes contradictoires, et des chimères «possibles»: celles-ci peuvent exister et existent peut-être. En ce sens le nouveau monde, distinctement imaginé, est parfaitement possible, sans qu'il soit permis *ipso facto* d'en affirmer l'existence[3]. Cette conséquence est d'une extrême importance pour l'interprétation de la fable: en effet, le nouveau monde de la science cartésienne est l'invention d'une chimère, voulue parfaitement imaginable et logiquement irréprochable, mais dont on ne peut conclure pour autant qu'elle existe hors de l'esprit qui la conçoit. Ainsi Descartes peut-il déclarer avec

1. *Discours de la méthode,* VI, 40; *Entretien avec Burman,* sur la *Cinquième Méditation,* V, 160.

2. Cf. Cinquièmes Réponses, VII, 380.

3. «j'ai tâché de trouver en général les principes, ou premières causes, de tout ce qui est, ou qui peut être...», *Discours de la méthode,* VI, 63-64 (Il s'agit bien ici du Monde, et comme le note F. Alquié: «La formule de Descartes: de tout ce qui est ou qui peut être indique assez que la déduction a priori qui sera opérée à partir des principes aboutira à la reconstruction d'un monde possible, plus qu'à la description explicative du monde réel», FA I, 636, n. 1).

une très grande audace que si sa fiction se révélait ne correspondre en rien à l'« ancien monde », elle demeurerait tout de même la fiction d'un monde possible (XI, 36).

Mais alors, comment ne pas se demander quelle serait la fonction et l'utilité d'une représentation seulement possible, d'une chimère sans existence ? Cette question doit ici rester ouverte, dans la mesure où Descartes assume effectivement dans sa physique des hypothèses « fausses » eu égard au réel, et il se pourrait que sa seconde création soit en effet une chimère de ce type. La fable contribue ainsi à l'émergence, dans la science cartésienne, d'un problème extrêmement grave, qui ne peut en aucun cas être résolu sur le seul terrain de l'épistémologie : même si le discours scientifique produit une représentation parfaitement intelligible du monde, obéissant sans restriction aux principes de la rationalité mathématique, il ne peut cependant prétendre fournir la vraie science du monde réel sans enfreindre du même coup la rationalité dont il tire son autorité. La fable raconte la genèse et l'histoire d'un monde imaginaire, et sa rationalité ne lui permet pas de se substituer à la « vraie » histoire du monde, qui se trouve consignée sous forme métaphorique dans le premier livre de la *Bible*. Suffit-il dès lors, pour confirmer la vérité de la science, de confronter le nouveau monde à l'ancien, abandonné au seuil de la fable ? Descartes ne nie pas la nécessité du recours à l'expérience pour confirmer et orienter la déduction. Plus encore, bien qu'il s'en défende, il ne peut s'empêcher de conduire sa déduction du monde, dès le départ et à chacune de ses étapes, en fonction du monde vécu, celui-là seul qu'il s'agit d'expliquer[1]. Mais ce recours, dans une science qui se défie du sensible, et en tant qu'il n'intervient pas seulement a posteriori pour confirmer les hypothèses, mais a priori, dans leur constitution et leur développement logique, ce recours demeure problématique, même si sa valeur heuristique peut être constatée. En fait, la simple confrontation du monde imaginaire au « vrai » monde mis à l'écart par la fable ne peut par principe conduire à l'affirmation de l'existence du premier, c'est-à-dire à l'identification dans l'être des deux mondes, et il en irait ainsi quand bien même le vieux monde se révélerait intégralement explicable au moyen du nouveau. En effet, l'ancien monde ne nous est directement accessible qu'à travers les images de l'expérience sensible, qui ne possèdent en elles-mêmes aucune clarté ni distinction et fournissent l'occasion au sens commun et à la culture philosophique d'élaborer tant d'idées qui s'avèrent, au regard de la raison, contradictoires et donc fausses, *id est* impossibles.

1. Voir *supra*, IV, 2.

C'est pourquoi la simple considération de l'ancien monde ne peut en aucun cas apporter la preuve de l'existence ou de l'inexistence du nouveau. Au contraire, à la lumière de ce monde possible et de ses principes d'intelligibilité, c'est la possibilité même de l'ancien qui se trouve mise en cause. Cette conséquence de la scission inaugurale de la nouvelle science induit une question extrêmement embarrassante: si la représentation du vieux monde est uniquement constituée par l'expérience sensible, cette dissémination d'images obscures et confuses, par les préjugés des peuples et les subtilités des doctes, ce monde, pourtant nommé le « vrai » monde, est-il seulement possible?

Cette question n'est pas formulée dans le traité de physique : les démonstrations de la vérité des essences des choses matérielles, puis de l'existence des choses matérielles elles-mêmes, feront l'objet des deux dernières *Méditations Métaphysiques*; et elles supposent acquis le *cogito*, l'existence de Dieu et sa véracité. Dans le *Monde* Descartes n'expose pas sa métaphysique. Il se réfère pourtant à une métaphysique déjà en partie constituée, mais en prenant les plus grandes précautions. S'il entre explicitement dans des « considérations métaphysiques », c'est pour tout aussitôt exprimer son refus de s'« engager plus avant » sur ce terrain. La doctrine de la libre création des vérités éternelles, exposée contemporainement en des lettres privées adressées à Mersenne, n'y est même pas véritablement énoncée. A n'en pas douter, la fable, la mise entre parenthèses du vrai monde, permet d'éviter l'exposition systématique, jugée inopportune, de la métaphysique. Mais la fable est tout autant un moyen pour suggérer, en son ombre, une métaphysique déjà largement constituée[1]. Car une métaphysique est bien engagée dans la fable et, quelle que soit sa dissimulation, elle joue pleinement le rôle fondateur qui lui revient dans la philosophie cartésienne. Cette métaphysique déclarée et celée à la fois se rapporte à l'instance qui est aussi le personnage principal de la fable : Dieu, convoqué à chaque étape, à chaque moment décisif de la construction a priori du nouveau monde. La fiction cosmogonique s'appuie en clair-obscur sur une métaphysique dont le statut est fatalement problématique, dans la mesure où elle est une métaphysique prise dans une fable. Car la fondation et la garantie divine de la vérité de la science sont indissociables du rôle que l'imagination assigne à Dieu comme créateur du nouveau monde: il est impossible autrement dit de séparer dans le *Monde* fable et métaphysique. Cette action de Dieu est requise à deux niveaux qui interfèrent dans la fable : elle concerne d'une part le

1. Cf. *A Mersenne*, le 15 avril 1630, I, 144.

monde imaginaire et d'autre part l'imagination dont ce monde procède. Dieu crée d'abord la matière étendue du nouveau monde, la divise et la met en mouvement, en établit les «lois ordinaires», la conserve enfin «en la façon qu'il l'a créée». A en demeurer à la lettre de la fable, il s'agit là d'actes imaginaires, soumis à la fiction, présentés comme des suppositions de l'imagination claire et distincte. Mais d'autre part Dieu, sur un plan qui excède nécessairement la fable, fonde la véridicité des œuvres de l'imagination. Ainsi Dieu est-il convoqué pour garantir la «possibilité» des représentations claires et distinctes de l'imagination physicienne, pour fonder la «vérité» des lois de la nature qu'il édicte «*in fabula*», pour assurer enfin la pertinence des «vérités éternelles» sur lesquelles les mathématiciens, et le physicien dans sa fable, appuient leurs démonstrations (XI, 36; 43 et 47). Dieu, dans le récit fabuleux, exauce en effet les vœux de l'imagination scientifique en créant les objets qu'elle forge, mais il lui revient aussi de garantir les principes de l'imagination distincte et la pertinence épistémologique de ses artefacts. L'analyse fait dès lors apparaître une seconde instance fondatrice, mais à laquelle il n'est donné aucun statut théorique; comme l'autre, cependant, elle est impliquée dans la fable et l'excède forcément: il s'agit de l'«esprit» qui, contre la lettre de la *Bible* et les dogmes de l'Ecole, prend «la liberté de feindre» un nouveau monde destiné à rendre compte a priori du monde visible. Comme le Créateur, il se tient tout à la fois dans la fable et hors d'elle: il est «fabulé» comme voyageur et spectateur du nouveau monde, mais il est avant tout le fabuliste même, le fabulateur qui conduit le récit et forge les images de son monde. Comme le montre la domination du sujet à la première personne du pluriel, cet esprit fabulateur est tout autant celui de l'auteur que celui du lecteur appelé à performer la fable dans les espaces de l'imaginaire. Le statut secrètement métaphysique de l'esprit apparaît dans la liberté prise de convoquer Dieu pour assister le fabuliste dans la fable, et surtout pour fonder la fable même comme vraie science du monde.

On voit que la question du soubassement métaphysique du *Monde* doit être étudiée dans les rapports que la feinte de l'esprit entretient d'une part avec la divinité, appelée à la fois à remplir la fonction créatrice dans la cosmogonie fabuleuse et à en assurer la vérité, d'autre part avec le monde, dédoublé entre une fiction scientifique et la fable douteuse de l'expérience et de la tradition, dont cette fiction doit fournir l'explication. Du même coup, par l'analyse de la feinte, et parce que cette analyse implique l'investigation du fonds métaphysique de la doctrine, nous pourrons traiter la question que la considération de l'imagination distincte et de ses œuvres nous a amené à poser:

question de la relation entre la nouvelle représentation du monde, dont est démontrée la possibilité mais non l'existence, et l'ancien monde qui n'est pas explicitement atteint dans son existence, mais dont la représentation, selon les nouveaux critères d'une science dérivant non plus du réel mais des exigences de l'esprit, semble contenir l'impossibilité. Nous avons tenté de montrer ci-dessus qu'à travers la question du possible l'imagination distincte gagnait sa pertinence épistémologique. Dans la mesure où Dieu est le créateur du possible en tant que tel, cette question doit être abordée d'un point de vue métaphysique en ce qu'elle fait intervenir la feinte: elle met en présence le fabuliste et son Dieu, l'auteur de la fable d'un monde possible et l'Auteur de tous les mondes et de tous les possibles.

La feinte, par laquelle un physicien ourdit le récit de la genèse d'un monde factice où il y va du vrai monde, grâce à l'assistance de son Dieu – un Dieu de fable mais qui rend toutes les fables possibles –, la feinte nous permet de mettre à jour le fondement, dissimulé dans la doctrine, qui préside à cette singulière décision philosophique.

5. *La Feinte Métaphysique*

La fable du nouveau monde, qui présente la vraie science sous le couvert d'une fiction mondaine, procède d'une ruse de la pensée, d'une *feinte*. L'analyse de cette feinte, qui à la fois se déclare et se dissimule dans le texte, permet de scruter les ombres dont s'entoure la science et de tenter une élucidation des raisons les plus profondes de la fable.

En parlant de feinte nous érigeons en concept ce qui se présente dans le traité comme l'activité de l'esprit qui déploie la fable[1]. Dans la fable il s'agit de «feindre». L'initiative en revient bien sûr à l'auteur («mon dessein n'est pas d'expliquer (...) les choses qui sont en effet dans le vrai monde, mais d'en feindre un à plaisir», XI, 36), mais elle doit être acceptée et assumée collectivement: «nous prenons la liberté de feindre cette matière» (XI, 33), la matière primordiale du nouveau monde, composée de «parties» dont la taille et la figure varient suivant ce qu'il «nous plaira de feindre» (XI, 34). La feinte requiert ainsi la participation active du lecteur; il lui est d'emblée demandé, nous l'avons vu, d'imaginer, concevoir, poser, supposer avec l'auteur tout ce qui doit l'être pour composer un monde parfaitement

1. Il revient à J.-L. Nancy d'avoir montré la dimension métaphysique de la «feinte» chez Descartes, *Ego sum, op. cit.*, p. 61-94 et *passim*.

connaissable. De ce point de vue, la feinte est adressée au public dans une visée de vérité: le but n'est pas d'abuser le lecteur mondain comme il lui plaît de l'être, c'est-à-dire d'instaurer un consensus de la fiction fondé sur la recherche d'une illusion partagée[1], mais de proposer une fiction dont le statut est déclaré et comme dénoncé. Loin de feindre un monde en simulant sa réalité, il s'agit de désigner et de maintenir un écart actif entre la fiction – le monde reconstruit de l'imagination scientifique – et le réel, considéré massivement comme le monde qui *est* et qui *paraît* (*ce* monde dont l'existence dans le traité n'est pas ouvertement mise en doute). A cet égard, la fable du *Monde* se distingue radicalement des fictions théâtrales et littéraires, parce qu'elle tient et pense l'écart que l'illusion comique ou romanesque doit faire oublier. Par le choix de la fable, il est dit que la science est une fiction rationnelle et que ses objets ne sauraient donc se confondre avec le réel : c'est tout l'art de la feinte cartésienne dont on soupçonne ainsi d'emblée qu'elle témoigne d'un souci métaphysique.

Pourtant, à un premier niveau, il est certain que la feinte doit être comprise en un sens positif: elle se confond avec la fiction rationnelle du nouveau monde, en tant que cette fiction est construction, fabrication imaginaire d'un monde. La feinte est ainsi la fiction du nouveau monde, ce travail d'une imagination qui se libère de toutes les contraintes extérieures et qui, à partir de ses propres conditions de représentation et de rationalité, élabore la machine d'un univers susceptible de ressembler au nôtre. Comme l'écrit Ferdinand Alquié,

1. Nous nous référons ici à l'esthétique du divertissement élaborée à l'époque de Descartes par les théoriciens du théâtre et de la littérature. Celle-ci repose sur la recherche collective de la tromperie. Rien ne l'illustre mieux que le célèbre fragment de Gorgias cité par Scudéry: «Celui qui trompe est plus juste que celui qui ne trompe point, et celui qui est trompé plus habile que celui qui ne l'est pas», *Apologie du théâtre,* Paris, 1639, p. 97, cité également par Balzac, *Du charactère et de l'Instruction de la Comédie,* Dissertation I, *Œuvres de Monsieur de Balzac,* 2 vol., Paris, 1665, t. II, p. 518. Et l'on ne peut que songer au nouveau monde de Descartes, lorsque D'Aubignac écrit que «l'ingénieuse magie (du théâtre) nous met en vue un nouveau ciel, une nouvelle terre, et une infinité de merveilles que nous croyons avoir présentes, dans le temps même que nous sommes bien assurés qu'on nous trompe» (*Pratique du théâtre,* Paris, 1657, «Des spectacles, machines et décorations de théâtre»). Mais la différence est en fait radicale: l'illusion comique, pour D'Aubignac, vise à la «vraisemblance», qui doit envelopper le «merveilleux»: «Le vrai n'est pas le sujet du théâtre», ni le «possible» (*ibid.*, ch. 2). Le possible et la vérité sont par contre les sujets de la fable philosophique de Descartes qui, on le voit, s'approprie le dispositif de l'illusion concertée, mais pour en interroger les fondements et échapper au piège du scepticisme, tout en partageant l'hédonisme proposé par cette esthétique de la tromperie.

en rappelant l'étymologie de feindre, le nouveau monde est «feint», parce que «façonné, forgé, machiné»[1]. La feinte est l'usinage ingénieux, la construction progressive et méthodique, à partir de l'imaginable pur – ce fond de toute image constitué par la représentation de l'espace-matière –, d'un monde complet, semblable au monde visible, mais entièrement soumis à la rationalité géométrique. Nous avons vu quels problèmes pose cette exigence incontournable de similitude[2]. La technique cartésienne est simulation du visible: l'automate du monde n'est scientifiquement pertinent que s'il possède, une fois achevé, tous les traits extérieurs du monde sensible. Il appartient à la feinte technicienne de manipuler et s'il le faut de bricoler le modèle géométrique en fonction de l'expérience d'abord écartée, car la reconstruction mécaniste ne saurait se passer d'une simulation des apparences. Laissons pour l'instant cette autre dimension de la feinte technicienne, que nous avons déjà essayé de décrire comme une opération de l'imagination rhétorique. Dans la mesure où cet aspect fondamental de la feinte transgresse les principes et les règles de la rationalité géométrique seule fondée dans la fable, son investigation promet de se révéler lourde d'implications qui excèdent le champ de la science positive pour atteindre le niveau le plus obscur et le plus profond de la doctrine cartésienne. Mais nous en différons l'étude pour rejoindre les soubassements de la science en suivant la voie lumineuse de l'imagination distincte et de la feinte rationnelle. Si, chemin faisant, nous venions à rencontrer quelque zone d'ombre, nous pouvons être sûrs qu'elle renverrait à cette doublure problématique dont la science est inséparable.

Dans la fable, l'imagination scientifique se taille un monde à sa mesure. La feinte, de ce point de vue, est la fiction d'un monde conforme aux réquisits de l'imagination distincte, c'est-à-dire de l'entendement considéré dans son application aux représentations matérielles. Mais alors il apparaît que la feinte ne se limite pas à la fabrique, à la forge du nouveau monde : elle est aussi tournée vers les principes de sa propre activité. La feinte n'est pas seulement le projet d'un ingénieur-géomètre, elle est aussi la démarche d'un philosophe qui explore les conditions de possibilité de cette activité de projection. Loin de n'être que le prudent et plaisant exposé d'une physique mécaniste par le biais d'une fable, la feinte est l'entreprise même de fondation du mécanisme: entreprise à la fois gnoséologique, par la

1. *La découverte métaphysique...*, *op. cit.*, p. 113. Cf. également J.-L. Nancy, *op. cit.*, p. 103.
2. Voir *supra*, III et IV.

mise à jour des principes de la connaissance de la nature, et métaphysique, par l'ancrage de ces principes dans l'infinité divine. Ainsi la feinte qui construit et forge un monde est bien l'exploitation positive de l'imagination distincte, mais elle est aussi ce mouvement de la pensée scientifique qui creuse et fouille ses représentations pour en dégager le fond. Il s'agit d'atteindre, nous l'avons vu, le plus simple et le plus parfaitement connu, par une mise à l'écart systématique de toutes les connaissances dans lesquelles nous percevons quelque obscurité. Ce dépouillement, ce rejet provisoire, qui se traduit par l'abandon momentané du vrai monde, il revient à la feinte de l'accomplir. En ce sens, la feinte est cette démarche intellectuelle qui consiste à examiner les connaissances et à conserver seulement celles dont il est impossible de simuler l'ignorance. En métaphysique elle conduit la radicalisation du doute jusqu'à la découverte du *cogito*[1]. Appliqué à la physique, ce procédé est celui-là même que nous avons décrit en termes de réduction et de dépouillement de la représentation commune du monde[2]. La nouvelle représentation, nous dit Descartes, ne doit contenir « aucune chose qui ne vous soit si parfaitement connue que vous ne sauriez pas même feindre de l'ignorer » (XI,35)[3]. Le physicien doit commencer par mettre à jour ses connaissances a priori sur le monde, car ce que nous connaissons le mieux du monde n'en dérive pas. La feinte est ici le stratagème par lequel la pensée dégage ses propres conditions de possibilité : la ruse consiste à faire *comme si* nous pouvions rejeter hors du champ de nos représentations corporelles toutes les images douteuses (c'est-à-dire dans lesquelles il est possible d'imaginer quelque obscurité et confusion), pour ne conserver que celles-là seules dont la suppression équivaudrait à la suppression de notre pouvoir même de représentation du monde. C'est ainsi que peut être dégagée l'« idée » de la matière étendue : renoncer à elle revient, comme on l'a vu, à ne plus rien imaginer (XI, 35)[4]. La feinte, en résumé, permet d'échapper à l'emprise de la représentation immédiate et communément admise du monde pour atteindre les principes innés de la connaissance que nous pouvons avoir de la réalité matérielle.

En soumettant toutes les connaissances à l'épreuve de la feinte, l'esprit distingue deux types de représentations : celles qu'il est possible et celles qu'il est impossible de tenir pour fausses. L'examen de la feinte nous amène ainsi à reprendre la question du possible. En tenant pour impossible toute représentation douteuse, c'est-à-dire

1. *Discours de la méthode*, VI, 32-33 ; *Première méditation*, IX-I, 17.
2. Voir *supra*, III, 1.
3. Cf. *Discours de la méthode*, VI, 43.
4. Voir *supra*, V, 4.

susceptible de contenir quelque obscurité ou confusion, et pour possible toute représentation dont il est impossible de nier la clarté et la distinction sans contradiction logique – sans renoncement à la rationalité même qui doit présider au labeur de l'imagination –, la feinte offre l'assurance de ne rien projeter que de possible. Feindre, de ce point de vue, revient à ne supposer que le possible (ou, plus exactement, que ce dont il est impossible de supposer l'impossibilité). La feinte est ainsi supposition en deux sens : parce qu'elle découvre les principes sur lesquels repose toute représentation et parce qu'elle propose un monde possible. Feindre, en ce second sens, dérivé du premier, consiste à *poser par l'imagination comme possible*. Tout est « supposé » dans la fable, *posé par l'imagination* : la représentation d'une matière indéfiniment étendue ; ses qualités géométriques (tridimensionalité, divisibilité...) et physique (impénétrabilité...) ; la division et communication du mouvement aux parties de la matière ; les lois du mouvement... La feinte est ainsi l'activité même de l'imagination distincte, dans la mesure où, par la reconnaissance de sa propre rationalité, cette imagination ne pose que le possible[1].

Cependant, en affirmant la possibilité – c'est-à-dire l'existence possible de ses objets –, la feinte excède la sphère de la représentation matérielle pour fonder métaphysiquement la pertinence épistémologique de l'imagination distincte. La question du possible se révèle, à travers l'analyse de la feinte, une question métaphysique. Ce qui peut être distinctement imaginé est possible comme *objet possible d'une création* renvoyant à une instance extérieure à la représentation : supposer, dans la fable, revient à invoquer une instance métaphysique fondatrice, qui confère l'existence possible aux produits de l'imagination distincte. La feinte se précise donc comme *supposition d'une création* : « supposons que Dieu crée de nouveau autour de nous... » (XI, 32). Il faut en effet remarquer que, dans la fable, l'esprit qui imagine le nouveau monde ne crée rien immédiatement par lui-même, mais confie à Dieu cette activité créatrice. Il est tentant d'affirmer que ce Dieu de fable est le prête-nom du démiurge cartésien, un assistant et une caution essentiellement rhétoriques : protection de l'autorité théologique recherchée par la fantaisie scientifique pour revendiquer la vérité. Force est de constater que chaque décision théorique –

1. « Car pour les qualités que j'y ai mises (...) je les ai seulement supposées telles que vous les pouviez imaginer », XI, 35. La supposition est ainsi définie et limitée par le pouvoir d'imaginer (les occurrences de « pouvoir » sont extrêmement nombreuses dans ces pages, et en général dans tous le traité), au sens d'imaginer comme possible.

chacun des *actes* de la fable du monde – est accomplie par Dieu selon une supposition expresse du sujet, singulier ou collectif, de la narration scientifique : « Supposons que Dieu crée de nouveau autour de nous tant de matière... » ; « supposons que la matière que Dieu aura créée... » ; « et supposons de plus que Dieu la divise véritablement... » ; « encore qu'il ne crée rien de plus que ce que j'ai dit... » (XI, 32 et 34), etc. Un fabuliste volubile doublé d'un audacieux géomètre, supposant qu'un Dieu secourable, ou plutôt quelque bon génie (l'antithèse du malin génie que produira la métaphysique pour dégager le *cogito*), réalise tour à tour chacun de ses rêves scientifiques. Mais c'est là en rester au premier niveau de la feinte, à la simple fiction, et manquer l'entreprise de fondation qui seule peut de cette fiction faire la vraie science. La science en effet, pour octroyer à ces fruits de l'imaginaire l'existence possible, suppose un Dieu qui excède infiniment ce rôle d'assistant, de créateur *ex machina* qui lui est effectivement dévolu dans la fable. Il s'agit d'imaginer un monde de telle sorte, écrit Descartes, « qu'il puisse toutefois être créé tout de même que je l'aurai feint » (XI, 36). La fable n'est pas la gratuite projection d'un univers rationnel mais purement imaginaire, c'est-à-dire sans rapport avec le réel ; elle est au contraire la fiction d'un monde « possible », en tant que Dieu est convoqué par la feinte comme cette instance métaphysique qui confère à l'imaginaire, sous condition de sa rationalité, l'existence possible. Les objets de l'imagination distincte ne sont possibles qu'en vertu d'un passage à la transcendance effectué par la feinte. Dieu, dans la fable, crée un nouveau monde, et nécessairement par la fable, mais c'est hors fable qu'il en crée la possibilité même. La feinte, autrement dit, fonde en Dieu la possibilité de la fiction du monde mécaniste ; elle n'est pas seulement une feinte *technique* (construction du nouveau monde mécaniste) et épistémologique (qui fait dépendre cette fiction des structures du sujet de la connaissance) mais elle est aussi une feinte métaphysique, dans la mesure où la possibilité de l'imaginaire rationnel ne peut être fondée que par une instance excédant la fiction. La feinte assure le passage de l'imagination technicienne à la transcendance et à l'instance qui peut seule, d'en haut, en assurer la pertinence scientifique. « Il est certain qu'il (Dieu) peut créer toutes les choses que nous pouvons imaginer » (*ibid.*). La feinte enveloppe une certitude d'ordre métaphysique qui fonde le possible comme tel et dont bénéficient les produits de l'imagination distincte.

Pourquoi dès lors parler en terme de « feinte » et non simplement de fondation métaphysique ? En premier lieu, parce que cette fondation est effectuée dans le texte sans être pleinement élucidée, comme l'atteste l'affirmation décisive que nous venons de citer, et qui vient conclure le premier chapitre de la fable: «Il est certain» que Dieu «peut créer toutes les choses que nous pouvons imaginer». Il est dit juste avant que cette certitude de la possibilité concerne les seuls objets de l'imagination distincte. Descartes justifie son choix, qui consiste à rejeter de la fiction «la moindre chose (...) obscure», en expliquant que, dans cette obscurité, pourrait se tenir cachée «quelque répugnance»: «sans y penser, je supposerais une chose impossible» (*ibid.*). C'est pourquoi il ne veut retenir que ce qu'il peut «distinctement imaginer». Cependant, dans l'affirmation conclusive, l'élision de «distinctement» n'est certainement pas fortuite. En effet, en l'absence d'une exposition complète de la doctrine des vérités éternelles, si Descartes avait ici réitéré son exigence de distinction, il aurait donné à croire que Dieu est dans l'impossibilité de créer les choses que nous imaginons confusément ou dans lesquelles nous apercevons de la contradiction. Cela reviendrait, autrement dit, à soumettre Dieu à la logique des possibles et donc à ces vérités qui, plus loin dans le texte, sont effectivement nommées «éternelles» (XI, 47)[1].

Or la thèse suivant laquelle Dieu lui-même serait soumis aux vérités éternelles est pour Descartes un «blasphème»: «C'est (...) parler de Dieu comme d'un Jupiter ou d'un Saturne, et l'assujettir au Styx et aux Destinées, que de dire que ces vérités sont indépendantes de lui» (I, 145)[2]. Jean-Luc Marion a montré quelles pouvaient être les diverses doctrines contre lesquelles s'élève Descartes (la scolastique nominaliste, celle de Suarez et de son école, l'émanentisme de Bérulle, le mathématisme de Kepler et de Galilée, considérés comme les diverses expressions d'une pensée de l'univocité abolissant l'analogie thomiste[3]), en les accusant, avec une grande virulence polémique, de soutenir une conception païenne de la divinité. Jupiter, Saturne, Styx et Destinées: Descartes dénie ainsi toute pertinence de l'imagination anthropomorphe à rendre compte du divin. Car assujettir Dieu aux mathématiques, c'est exactement comme le soumettre au destin et à la mort. Descartes reproche à l'orthodoxie théologique de s'être finalement laissée corrompre par l'imagination symbolique du naturalisme qui avait réintroduit les dieux anciens pour parler du divin, et d'une nature avec laquelle le divin ainsi compris tendait à se confondre. Descartes sait de plus que Mersenne, auquel il s'adresse, grand contempteur de tous les naturalismes, panthéismes et déismes hérités de la Renaissance, ne peut qu'être fortement touché par cet

1. Cf. *A Mersenne*, le 15 avril 1630, I, 145.
2. *A Mersenne*, le 15 avril 1630. Cf. *Au même*, le 6 mai 1630, I, 149.
3. Jean-Luc Marion, *Sur la théologie blanche*..., *op. cit.*, Livre I: L'analogie perdue; de Suarez à Galilée, p. 27-230.

argument[1]. Parler d'une part de Dieu comme d'un Saturne, le soumettre aux vérités éternelles, comme un Jupiter l'est lui-même aux destinées «qu'il a une fois établies»[2], et faire d'autre part de la «Nature» une «Déesse» sont certes des erreurs distinctes, mais comparables: en imaginant que la nature est une déesse, l'esprit divinise l'ordre des représentations qui s'imposent à lui dans l'expérience sensible; en imaginant que les vérités mathématiques sont incréées et s'imposent à Dieu comme à lui-même, il divinise l'ordre des essences. Dans les deux cas le divin est rabattu sur l'immanence, l'infini ramené sur le plan du fini. L'erreur du mathématisme n'est pas moindre que l'erreur du naturalisme: toutes deux reviennent à nier la contingence, à séculariser le divin et à hypostasier le créé. C'est alors vraiment que Dieu devient un dieu de fable, un Jupiter, un Saturne.

Dans la physique mécaniste, dans sa fable, les déesses et les dieux ne sont plus que des automates de jardin («une Diane qui se baigne», un «Neptune» menaçant de son trident le spectateur indiscret, XI, 131): ces dieux feints, comme toutes les machines du monde (tant artificielles que naturelles) et comme la machine du monde même, obéissent aux lois physiques et aux vérités mathématiques instituées par un Dieu infiniment transcendant. L'imaginaire polythéiste, hérité de la fable des anciens, est débarrassé de sa forme symbolique, vidé de tout contenu métaphysique pour devenir, non sans ironie, l'ornement, la parure du modèle automatique, faire valoir et signe de triomphe de la science mécaniste.

Ce triomphe, chez Descartes, seule la spéculation métaphysique l'autorise, mais aussi le limite infiniment: contre la divinisation du créé (sa négation comme créé) et pour montrer quel rapport unit la création à l'infinie puissance de Dieu, Descartes produit dans le *Monde* sa doctrine de la création continuée (XI, 37 sq.). A chaque instant Dieu «continue de conserver» le monde. A chaque instant Dieu crée le monde. Cette doctrine produit une radicale neutralisation de la nature en même temps qu'elle maintient les essences dans une irréductible

1. Il est d'ailleurs probable que Mersenne soit lui-même visé au premier chef par cette critique. Cf. J.-L. Marion, *op. cit.*, p. 161-178. Bien sûr, Descartes se livre du même coup à une assimilation polémique de la scolastique au libertinage déiste et potentiellement athée, lequel est précisément évoqué dans la même lettre (*ibid.*, p. 259), sous l'espèce d'un ouvrage anonyme dont Mersenne s'est indigné auprès de Descartes. Cet ouvrage, que Descartes propose étrangement de rééditer avec ses propres réfutations (*A Mersenne*, 6 mai 1630), pourrait bien être les *Cinq dialogues sur la divinité* de La Mothe le Vayer (Francfort, 1530), qui contiennent maintes comparaisons sournoises entre le Dieu de la Bible et les dieux des «fables».

2. *Réponses aux cinquièmes objections*, VII, 380.

contingence. Dans la première lettre sur les vérités éternelles, comme dans ces lignes du *Monde*, à travers la critique du paganisme de la scolastique rénovée, du naturalisme, mais aussi du mathématisme galiléen, il s'agit d'éprouver les limites de l'imaginaire scientifique en en jetant les fondements métaphysiques. Il convient de «parler de Dieu plus dignement, ce me semble, que n'en parle le vulgaire, qui l'imagine presque toujours ainsi qu'une chose finie» (*A Mersenne*, le 15 avril 1630, I, 146). En faisant des vérités qui régissent l'exercice de l'imagination distincte des essences incréées, on imagine un Dieu fini, et l'on parle alors de la divinité comme presque toujours en parle le vulgaire. «Ce serait témérité de penser que notre imagination a autant d'étendue que sa puissance» (*ibid.*). L'imagination «semble pouvoir s'étendre à l'infini», mais en croyant ceci, nous l'avons vu, nous nous abusons. Cet infini n'est qu'une apparence: notre imagination, dit le *Monde*, comme le regard en haute mer, ne fait que se perdre, indéfiniment... Il faut replacer la lettre du 25 avril 1630 dans ce contexte, comme nous y invite Descartes lui-même: «J'espère écrire ceci, même avant qu'il soit quinze jours, dans ma Physique...» (*ibid.*). Il ne le fera pas. Cependant les deux textes s'éclairent mutuellement. Seules cette lettre et les deux suivantes permettent une appréhension correcte de la réflexion cartésienne sur le possible et sa fondation dans le *Monde*, tandis que le traité, par le rôle qu'y jouent l'imagination et la feinte, permet réciproquement de mieux cerner les enjeux de la doctrine des vérités éternelles. Descartes, dans son argumentation sur la fondation du possible, prend l'activité de l'imagination distincte comme point de départ. En se soumettant à la rationalité des mathématiques, l'imagination prend la mesure de ses pouvoirs, mais aussi de ses limites indépassables. En effet, d'une part elle ne peut être son propre fondement : pour se déployer dans l'activité scientifique, pour pouvoir énoncer a priori les lois de la nature, l'imagination a besoin de la fermeté et de la stabilité des vérités qui règlent son fonctionnement: or il lui est impossible de tirer d'elle-même la garantie de cette fermeté et de cette stabilité. D'autre part elle échoue à se représenter le fondement des vérités auxquelles elle obéit: Dieu n'est pas imaginable et, si l'on peut se permettre une pointe de cynisme théologique dont la science cartésienne n'est certes pas exempte, il ne faut pas qu'il le soit. S'il l'était, l'imagination, pour structurée qu'elle fût par l'esprit géométrique, ne pourrait en aucun cas s'assurer de la possibilité de ses représentations. Imaginer Dieu, s'en faire une image, revient forcément à le concevoir comme un être fini, comme un géomètre incapable de faire que les trois angles du triangle ne soient égaux à deux droits[1]. Autrement dit, imaginer Dieu revient à laisser sans aucun fondement les principes de l'imagination scientifique, et à interdire aux images de la science de renvoyer à un monde possible.

C'est pourquoi Descartes écrit dans le *Monde* que Dieu peut créer tout ce que « nous pouvons imaginer », en se gardant d'ajouter « sans confusion » ou « sans contradiction », précision qui tendrait à placer en quelque sorte l'imagination humaine au dessus de Dieu et ôterait du même coup aux représentations rationnelles la caution métaphysique dont elles ont absolument besoin pour revendiquer leur pertinence. Si Dieu ne pouvait créer que les seuls produits de l'imagination distincte, notre imagination s'étendrait aussi loin que sa puissance, et même plus, d'une certaine façon, puisque nous aurions ce pouvoir en vérité inquiétant d'imaginer, obscurément et confusément, des *choses* ou plutôt des *néants*, des *riens* devant lesquels Dieu resterait impuissant. La seule issue métaphysique consiste à affirmer que Dieu crée librement les vérités éternelles, et qu'il ne saurait donc être soumis au possible, institué par lui seul. Ce qui garantit l'éternité des vérités, leur stabilité, dont le physicien a tant besoin, est l'immutabilité divine, fondement dans le *Monde* des trois lois du mouvement. Mais il serait faux d'en conclure que Dieu est soumis à sa propre immutabilité et en général à ses propres perfections; cela reviendrait à lui imposer encore notre propre rationalité, la rationalité qu'il a librement créée[2]. Absolument parlant, Dieu peut créer tout ce que nous imaginons, y compris le contradictoire, et donc l'impossible. Dieu a institué par un libre décret les vérités éternelles: ce faisant il confère, d'en haut, leur validité aux produits de l'imagination distincte. Les vérités éternelles, parce qu'elles sont librement créées par Dieu, sont « infaillibles » (XI, 47). Cette infaillibilité se transmet aux « démonstrations mathématiques », puis aux « démonstrations a priori » de la physique mécaniste (XI, 48): « la connaissance (de ces vérités) est si naturelle à nos âmes, que nous ne saurions ne les pas juger infaillibles, lorsque nous les concevons distinctement » (XI, 47). Elles ne sont pas cependant infaillibles en tant que nous les percevons, mais parce que nous appréhendons leur fondement divin.

1. *A Mersenne*, le 27 mai 1630, I, 152. Voir aussi *A Mesland*, le 2 mai 1644, IV, 118.

2. B. Guéroult parle à ce propos de « contradictions absolues » et de « vérités éternelles incréées » (*Descartes selon l'ordre des raisons*, Paris, 1953, II, p. 30). Il est justement critiqué par J.-M. Beyssade, in *La philosophie première...*, *op. cit.*, p. 113-121; H. Frankfurt, « Descartes on the creation of eternal truths », *Philosophical Review*, 1977, p. 47-50 et J. Bouveresse, *art. cit.*, p. 304-309.

Tel est le sens de la transgression opérée au sein même de la physique: la réflexion sur la fondation des vérités éternelles permet d'acquérir la certitude *que ces vérités sont vraies pour tous les mondes possibles*. «Nous ne saurions (...) douter que, si Dieu avait créé plusieurs *Mondes*, elles ne fussent en tous aussi véritables qu'en celui-ci» (*ibid.*)[1]. Quel est celui-ci? Selon toute apparence, «ce nouveau monde» (*ibid.*). Mais on peut en douter, et de toute façon cela importe peu désormais, car il est certain que le monde dans lequel nous sommes obéit aux mêmes vérités que le monde fictif construit par l'imagination scientifique. La certitude gagnée par ce passage à la transcendance est, autrement dit, celle de la pertinence de la science à rendre compte du monde. L'apriorisme de la physique cartésienne est ainsi pleinement légitimé par la doctrine des vérités éternelles. Résumant le *Monde*, Descartes écrira dans le *Discours de la méthode*: «J'ai remarqué certaines lois que Dieu a tellement établies en la nature, et dont il a imprimé de telles notions en nos âmes, qu'après y avoir fait assez de réflexion, nous ne saurions douter qu'elles ne soient exactement observées, en tout ce qui est ou qui se fait dans le monde» (VI, 41)[2]. La science est donc vraie. Elle est, en ses fondements et principes généraux, la vraie science de ce monde comme de tous les mondes possibles. C'est en effet à partir des vérités éternelles que le physicien peut «supposer», non comme hypothèses falsifiables mais comme lois indubitables parce que tirées de considérations métaphysiques, les «Règles» auxquelles la nature doit obéir: «Je mettrais ici deux ou trois des principales règles, suivant lesquelles, il faut penser que Dieu fait agir la Nature de ce nouveau *Monde*...» (XI, 38). Ces règles, «il faut les penser» non simplement parce qu'elles satisfont toutes les exigences de la raison, mais parce qu'elles dérivent du «fondement le plus ferme et le plus solide» que l'on puisse imaginer pour «établir une vérité», «la fermeté même et l'immutabilité qui est en Dieu» (XI, 43). Les perfections infinies de Dieu, sa fermeté et son immutabilité, garantissent la vérité de ces règles (VI, 43).

C'est pourquoi Descartes peut déclarer: «Encore que tout ce que nos sens ont jamais expérimenté dans le vrai *Monde* semblât manifestement être contraire à ce qui est contenu dans ces deux Règles, la raison qui me les a enseignées me semble si forte, que je ne laisserais pas de croire être obligé de les supposer dans le nouveau que je vous décris» (XI, 43). Il s'agit d'affirmer que ces règles sont nécessai-

1. Cf. *Discours de la méthode*, VI, 43 et 63-64.

2. Par «lois», Descartes entend ici les vérités éternelles, et non les lois du mouvement, énoncées plus bas.

rement observées « dans l'ancien *Monde* », même si celui-ci semble les contredire (XI, 38)[1]. Le maintien de la fiction d'un autre monde permet de prévenir une opposition ouverte et frontale de la nouvelle science, fondée métaphysiquement, à l'expérience immédiate, impossible à supprimer et tout au plus susceptible d'être suspendue par la feinte. Si les lois du mécanisme (le principe d'inertie et ses dérivés) semblent « manifestement contraires » à l'expérience du « vrai monde », la « raison » métaphysique qui nous les enseigne est « si forte » que nous sommes obligés de les admettre, sinon pour le réel, du moins pour la fiction. La feinte, parce qu'elle dégage les principes de notre connaissance du monde et les enracine métaphysiquement, permet ainsi à la science de s'affirmer malgré les apparences du vieux monde et sans renoncer à fournir pour autant l'explication complète de ces apparences mêmes. De ce point de vue, feindre consiste à faire reposer sur les perfections infinies de Dieu les règles du nouveau monde, et à montrer qu'elles sont les règles de tous les mondes possibles, ce qui implique bien sûr qu'elles s'imposent aussi au vrai monde. Feinte sans mystère.

Il est cependant impossible de nous en tenir à cette interprétation, rassurante pour le statut de la science, mais réductive. Selon cette lecture, il s'agirait de prévenir avant tout le démenti des sens. Le rôle de la fable serait alors provisoire : au terme du processus méthodique de déduction du monde à partir des principes indubitables de la connaissance, l'univers obtenu doit en effet être entièrement similaire au monde visible. Provisoire, la fable s'évanouirait à mesure que le nouveau monde ressemblerait plus à l'ancien, jusqu'à se fondre et disparaître, comme une précaution désormais inutile, dans la science pure et simple. D'une certaine façon il en va bien ainsi : l'ancrage métaphysique des vérités éternelles et des premières règles de physique légitime l'apriorisme cartésien : « ... ceux qui sauront suffisamment examiner les conséquences de ces vérités et de nos règles pourront connaître les effets par leurs causes ; et (...) pourront avoir des démonstrations a priori de tout de qui peut être produit en ce nouveau *Monde* ». L'enjeu est évidemment la connaissance a priori du vrai monde, car « tout ce qui est produit en ce monde » doit être exactement tout ce que l'on voit dans le nôtre : les « effets » tirés de ces « causes », dont la vérité est garantie métaphysiquement, seront des phénomènes entièrement semblables aux phénomènes de ce monde. Cependant,

1. Pour chacune de ses règles, Descartes s'efforce de montrer qu'elle s'accorde avec les expériences de l'ancien monde, mais il rencontre aussi des problèmes délicats qui ne peuvent être résolus que par la réitération du recours métaphysique (XI,38-47).

après la fondation métaphysique et jusqu'aux dernières lignes qui nous sont parvenues du traité, le diaphragme de la fiction est maintenu[1], au point qu'il semble tout aussi vrai de dire que, loin de disparaître, de se nier dans la science, la fable en vient à s'identifier à la science: la physique moderne est destinée à rester une fable.

Seule une analyse plus profonde de cette feinte qui soulève une métaphysique et poursuit l'œuvre duplice de reconstruction imaginaire du monde, est susceptible d'expliquer la persistance de la fable. Parce qu'elle donne à la fiction ses assises métaphysiques, la feinte confère aux images distinctes de la science la garantie d'une création possible, tout en préservant Dieu d'un asservissement désastreux (pour la science !) à l'imagination humaine, mais sans produire pour autant intégralement les soubassements métaphysiques du nouveau savoir. La feinte suppose la liberté divine, affirmée avec force dans des écrits privés, mais non énoncée dans le *Monde*. C'est en effet « sans s'engager plus avant dans ces considérations métaphysiques » que Descartes entreprend de présenter les trois règles de physique dont il prend pourtant soin de rappeler pour chacune la légitimation métaphysique: « Dieu qui, comme chacun doit savoir est immuable » (XI, 38). Mais la liberté divine, inséparable de l'immutabilité dans la doctrine des vérités éternelles, n'est pas déclarée dans le traité, alors qu'elle était pourtant destinée à y figurer[2]. Pourquoi cette élision, cet évitement de l'exposition complète d'une doctrine engagée cependant dans le texte ? Cette question nous oblige à considérer les nombreux plis et replis de la feinte. On retrouve bien-sûr ici la méfiance et la prudence cartésiennes: dans la lettre du 15 avril, Descartes fait d'ailleurs part à Mersenne des scrupules qui le poussent à remettre la publication d'une métaphysique à laquelle il a pourtant déjà beaucoup travaillé et dont il se dit « satisfait »; mais il craint de ne pas arriver à « persuader » le public et préfère charger son correspondant de répandre ses réflexions sur les vérités éternelles, « pourvu, ajoute-t-il, que se soit sans me nommer »[3]. Quand on compare le texte du *Monde* à cette lettre, il semble évident que Descartes, dans son traité, n'a voulu livrer de sa philosophie première que ce minimum nécessaire qui pouvait assurer le développement cohérent de la physique mécaniste. Pour justifier le principe d'inertie, la loi de conservation d'une même quantité de mouvement, la tendance dans l'instant au mouvement linéaire, et plus

1. Cf. Guido Canziani, *op. cit.*, p. 113.
2. *A Mersenne*, le 15 avril 1630, I, 144.
3. *Ibid.* Cf. également, *Au même*, le 25 novembre 1630, I, 181-182.

généralement pour fonder la permanence des vérités dont toute la science dépend, il lui suffit d'invoquer l'immutabilité divine et la notion de création continuée.

Si l'on y pense bien, l'affirmation explicite de la liberté absolue de Dieu à l'égard de sa création, effectivement inséparable de l'immutabilité dans les lettres de 1630, n'est pas un argument des plus persuasifs, dès lors qu'il s'agit de mettre en avant ce qui dans la doctrine métaphysique montre la pertinence de la science et non son irréductible contingence (même si Descartes montre par ailleurs, d'une façon extrêmement cohérente, dans sa physique achevée comme dans les lettres de 1630, qu'il est impossible de penser sans contradiction la permanence des vérités et des lois de la science sans la faire dériver de l'infinie liberté de Dieu). La liberté divine appartient nécessairement à la démonstration métaphysique de la vérité de la science. Son évocation, dans la production même de la science, n'en demeure pas moins une source d'inquiétude, de doute, de malaise: comment ne ferait-elle pas naître le soupçon qu'une telle liberté menace la vérité de la science en même temps qu'elle la fonde? Ces remarques suscitées par la confrontation du texte de physique aux spéculations sur la liberté divine qui lui sont exactement contemporaines mais que le traité masque pourtant, nous amène à reprendre, tout en la révisant, l'interprétation défendue par de nombreux commentateurs et suivant laquelle la doctrine des vérités éternelles aurait pour effet de donner à la physique mécaniste un fondement qui en assure l'émancipation, le déploiement autonome[1]. En démontrant la permanence des vérités mathématiques et des lois du mécanisme, Descartes dégage et simultanément désengage la physique moderne de la métaphysique. Autrement dit, le passage par la métaphysique permet effectivement à l'imagination scientifique d'accomplir son œuvre de reconstruction explicative du monde. Il serait pourtant tout à fait erroné de réduire la doctrine des vérités éternelles (et finalement, à partir de celle-ci, l'ensemble de la métaphysique cartésienne), à une argumentation forgée *ad hoc* pour établir la science. La métaphysique

1. E. Gilson, sur l'inspiration de L. Lévy-Bruhl, se demande « si Descartes a inféré l'inertie à partir de l'immutabilité divine ou si l'immutabilité divine n'a pas commencé de lui paraître intéressante et digne d'être retenue à partir du moment où il vit qu'on pouvait en faire usage pour « fonder » métaphysiquement l'inertie », « Le Descartes de L. Lévy-Bruhl », *Revue philosophique*, 1957, p. 444. Voir surtout, *La liberté chez Descartes et la théologie, op. cit., passim*. Cf. également E. Bréhier, *art. cit.;* M. Noda, cité par G. Rodis-Lewis in *Descartes textes et débats, op. cit.*, p. 385. Sur l'absence de déduction logique des principes de physique et la relative autonomie de la science qu'elle permet, cf. D. Clarke, *op. cit.*, p. 77-87.

cartésienne n'est certes pas «feinte», au sens où elle ne serait qu'un faire-valoir de la science, et la feinte consistant dans le *Monde* à dissimuler la liberté divine, soutenue ailleurs avec tant de véhémence, suffit à montrer que la spéculation métaphysique dépasse radicalement l'œuvre de fondation de la science[1].

«Feinte», parce que non élucidée dans son principe ultime, la métaphysique est cependant effectivement présente dans le *Monde* et cette présence seule justifie pleinement le recours à la fable. Au sujet de la raison que Descartes donne à Mersenne pour l'engager à diffuser la doctrine de la libre création des vérités éternelles («parler de Dieu plus dignement», c'est-à-dire le concevoir véritablement comme un être infini), Ferdinand Alquié écrit: «L'affirmation (...) est conditionnée par l'expérience métaphysique que constitue l'idée d'infini. C'est sans doute pourquoi Descartes, contrairement à ce qu'annonce cette lettre, ne l'insérera pas en sa *physique*»[2]. Comme nous venons de le voir, l'idée d'infini est cependant engagée dans le *Monde*, et dès le début de la fable, lorsque Descartes déclare que nous n'avons pas le pouvoir de «prescrire de bornes (...) aux œuvres de Dieu» (XI, 33). Penser l'indéfinité du monde à travers la conscience de la finitude de notre capacité de représentation revient à penser l'infinité positive de Dieu. De même penser la possibilité des représentations distinctes conduit à placer l'institution du possible en l'infinie puissance du Créateur. La considération de l'immutabilité divine, dont dépendent les vérités mathématiques, les lois de la nature et l'assurance de leur permanence, est inséparable d'une méditation sur la subordination absolue du monde et de l'esprit qui le pense à l'égard d'une cause infiniment positive. Chaque fois que la métaphysique vient fonder et légitimer la physique, l'expérience de l'infini, même si elle n'est pas ouvertement déclarée, est supposée par l'argumentation, et cette expérience, chez Descartes, ne fait qu'un avec la reconnaissance de la liberté.

La liberté divine place à la fois le monde et la science que l'homme peut en avoir dans une situation de dépendance et de précarité absolue. La métaphysique de la libre création, qui concerne de la même façon les essences et les existences, condamne à la fois le monde existant et la science à n'être jamais autre chose, par leur contingence absolue, qu'un songe, une fable. C'est pourquoi la fable du monde doit s'entendre en deux sens complémentaires: la science est une fable, au même titre que le monde (ou «les mondes»: le monde présenté comme un modèle

1. Cf. F. Alquié, *La découverte métaphysique...*, *op. cit.*, p.X.
2. FA I, 261, n. 3.

scientifique et le monde réel, en fait radicalement irréalisé) en ceci que les vérités dont dépendent l'un et l'autre sont des créations arbitraires de Dieu. Le passage à la métaphysique assure la vérité des principes de la science en montrant que les mêmes « vérités » ont été déposées en l'homme et instituées dans la nature. « Dieu (...) nous a enseigné qu'il avait disposé toutes choses en nombre, en poids et en mesure »[1], et la « connaissance » de ces vérités est « si naturelles à nos âmes » que nous pouvons prétendre à l'infaillibilité quand « nous les concevons distinctement » (XI, 47). C'est ainsi que nous pouvons avoir la certitude que les natures simples matérielles (les idées de figure, mouvement, etc.) répondent en nous aux réalités matérielles. Ce dépassement de la physique permet d'établir que les figures de la science, par delà les apparences sensibles, correspondent effectivement aux figures initiales du monde ; mais du même coup cette vérité ne s'assure d'elle-même qu'en se donnant pour une vérité seconde, soumise à l'infinie puissance de Dieu et donc à son infinie liberté. L'opération de décryptage géométrique – le travail de construction de l'imagination distincte – est justifiée et garantie en son principe, mais elle est aussi infiniment relativisée ; elle dépend d'une instance métaphysique irréductible à la rationalité scientifique puisqu'elle est précisément l'instance qui crée librement, c'est-à-dire de façon absolument arbitraire, la rationalité elle-même. La feinte du *Monde* accomplit ce passage à la métaphysique tout en maintenant dans l'ombre ce qu'elle peut avoir de scandaleux pour la science du monde : l'affirmation de l'arbitraire du Créateur.

Il est ainsi légitime de penser que ce premier principe est élidé afin de permettre le déploiement de la science de la nature, désormais assurée de sa vérité, sans encombre métaphysique. En dissimulant la liberté divine, pourtant requise par la doctrine comme fondement ultime de la science, la feinte cherche à mettre d'abord en pleine lumière la pertinence épistémologique de l'œuvre de reconstruction hypothétique du monde par l'imagination distincte. La feinte se met ainsi elle-même au premier plan, comme imagination heuristique, capable de produire a priori, à travers la construction d'un monde modèle, la vraie science de la nature. Cependant l'imagination, dont nous savons qu'elle transgresse la vocation géométrique qui lui est assignée par la doctrine, renvoie dans son exercice à cette instance, assumée grammaticalement dans le discours par les premières

1. Il est remarquable que cet « enseignement » soit la seule citation biblique du traité ; lui seul s'impose à la lumière naturelle et nous est à la fois révélé. Autrement dit, révélation et raison, théologie et métaphysique coïncident dans le fondement de la science et dans ce fondement seulement.

personnes du singulier et du pluriel, ce sujet dont nous avons déjà relevé le caractère démiurgique, dans la forge, la manipulation et l'ordonnancement des images et des arguments. Le statut philosophique de cette instance qui conduit la feinte reste dans le *Monde* totalement indéterminé. Nous voudrions cependant essayer de faire apparaître le rôle déterminant joué par cette instance dans la fable. Il nous semble en effet que l'élision de la liberté divine au profit de la capacité heuristique de l'imagination humaine est inséparable d'une autre élision métaphysique, signe d'une présence plus secrète et plus audacieuse encore: *la liberté infinie du sujet de la fable.* Nous souhaiterions ainsi montrer qu'il revient à la feinte, prise dans toute l'amplitude de son exercice (fiction narrative de la genèse d'un nouveau monde géométrique pourtant destiné à ressembler au monde sensible; dégagement des conditions épistémologiques de l'entreprise; mise à jour, mais aussi dissimulation des fondements métaphysiques de cette activité ambivalente de l'imagination scientifique), de réaliser dans le *Monde* la liberté du sujet de la science.

Il faut cependant répéter qu'une telle liberté n'est pas thématisée dans le texte, où ne figure même pas l'esquisse théorique de l'établissement du sujet métaphysique. La fable du *Monde*, vue sous cet angle, appartient tout au plus à la préhistoire de la philosophie du sujet. Pourtant le texte ne nous semble pouvoir être interprété de façon satisfaisante sans un recours à la métaphysique cartésienne du sujet pensant et de sa liberté constitutive. Il n'y a pas de philosophie de l'être pensant et de sa liberté dans le *Monde*, mais la revendication répétée de la «liberté de feindre» en tient lieu, au sens où elle la dissimule, l'évite et la précède à la fois. Cette interprétation est une tentative pour résoudre un problème que nous avons rencontré et laissé ouvert[1]. L'analyse du fonctionnement effectif de l'imagination dans le texte de physique montre que la «liberté de feindre» n'est pas simplement l'accord de l'imagination distincte avec ses propres principes gnoséologiques fondés métaphysiquement. Ces principes, elle les pose, leur procure un fondement mais aussi, simultanément, les transgresse.

1. Voir *supra*, V, 4.

VI. LA LIBERTÉ DE FEINDRE

La spéculation cartésienne sur le libre arbitre, il est vrai, n'est pas exposée de façon systématique avant les *Méditations* et elle ne trouve son plein épanouissement que dans les écrits des dernières années. Cependant elle apparaît dès les premiers textes de jeunesse et de multiples indices permettent de montrer qu'elle se trouve engagée dans toutes les œuvres du philosophe[1], y compris dans ce traité de physique que nous étudions.

On lit dans les *Olympiques* cet aphorisme surprenant: «Le seigneur a fait trois merveilles: les choses de rien, le libre arbitre et l'homme-Dieu» (X, 218)[2]. Le jeune Descartes s'émerveille trois fois: devant le mystère de la création, devant le mystère de la liberté et devant celui de l'incarnation[3]. La troisième de ces merveilles mise à part, parce que strictement réservée à la théologie, il faut en lisant le *Monde*, se souvenir que pour Descartes ce n'est pas le monde lui-même qui est merveilleux, mais sa création *ex nihilo* et donc la puissance et la liberté infinies que Dieu manifeste par cet acte renouvelé à chaque instant. Et la merveille en l'homme n'est pas tant qu'il puisse connaître le monde, en avoir la science grâce aux vérités éternelles déposées en lui, mais plutôt qu'il possède le libre arbitre et l'exerce en ce monde dans toutes ses actions, y compris bien sûr dans son activité philosophique et scientifique. A tel point qu'il est possible de se demander si

1. Sur l'importance du libre arbitre dans le *Discours de la méthode*, cf. N. Grimaldi, «La morale provisoire et la découverte métaphysique de l'homme chez Descartes», in *Le discours et sa méthode*, *op. cit.*, p. 303-322.

2. Voir les commentaires de H. Gouhier, *Les premières pensées...*, *op. cit.*, p. 84; de F. Alquié, FA, 299 et de N. Grimaldi, *L'expérience de la pensée...*, *op. cit.*, p. 45.

3. Si toutefois, pour le jeune Descartes imbu de culture humaniste, cet homme-Dieu n'est pas l'homme divin de l'hermétisme et du néoplatonisme florentin...

Descartes, lorsqu'il parle de «science des miracles» et surtout de science «admirable»[1], ne s'émerveille pas d'abord, secrètement, non du savoir technique capable de générer des miracles artificiels, ni de la science universelle qu'il découvre avec tant d'enthousiasme, mais du pouvoir de décision, de détermination et d'arbitraire manifesté dans la découverte de la science et sa mise en œuvre théorique et pratique. La science est «merveilleuse» parce qu'elle permet d'atteindre «d'incroyables connaissances»[2]: elle formule la vérité sur le monde. Mais la merveille réside moins dans le savoir constitué que dans tout ce que sa constitution requiert d'ingéniosité, de stratégie et de ruse de la part de son inventeur. En ceci aussi Descartes est l'homme de son époque, car la merveille baroque reconduit à l'ingéniosité, à la feinte, à la tromperie délibérée. Mais pour cette culture hantée par le scepticisme, l'exercice de la feinte montre d'une part l'impossibilité d'atteindre une vérité échappant à la pratique et à la pragmatique de la fiction technicienne, et d'autre part la vanité de toute revendication métaphysique de la liberté: la dialectique baroque de l'illusion et de la désillusion semble en effet impliquer une réduction à l'infini de la feinte où le joueur se découvre toujours déjà joué. L'homme baroque, qui fabrique et feint la merveille (le merveilleux ne s'offre plus de lui-même à l'âge baroque), se sait assujetti, asservi fondamentalement à cette feinte. Pour Descartes, la vérité est possible et requiert l'inaliénable liberté de l'être qui en est capable. La vérité cartésienne est «admirable» parce qu'une feinte y conduit. Cette feinte ne se conçoit pas sans l'exercice actif d'une liberté qui excède nécessairement l'adhésion à la vérité qu'elle rend possible.

Nous voudrions montrer, dans le texte que nous étudions, en quoi la feinte cartésienne manifeste effectivement une liberté irréductible aux impératifs rationnels de la nouvelle science, tels qu'ils se trouvent dégagés et fondés par le biais de cette feinte même. La liberté, sans laquelle la feinte serait inconcevable, ne possède dans le *Monde*, nous l'avons dit, aucun statut théorique. Elle se déclare pourtant dans le texte comme «liberté de feindre». La liberté de la feinte nous est d'abord apparue, alors que nous cherchions à mettre en avant la cohérence théorique du texte, comme cet accord de l'imagination distincte avec elle-même, dans la construction d'une fiction affranchie des contraintes de l'expérience commune et des opinions reçues. Mais il serait cependant faux, et cela du point de vue de la cohérence doctrinale elle-même, d'en faire une liberté nécessitée en son fondement par

1. Cf. *A ****, septembre 1629 (?), I, 21 et *Olympiques*, X, 179.
2. *A Vatier*, 22 février 1638, I, 561.

la rationalité à laquelle la fiction qu'elle présente doit obéir. Comme construction d'un monde possible, la feinte suppose un choix, un arbitraire dont la raison ne saurait rendre compte. Le nouveau monde cartésien est librement feint parce qu'il est précisément possible et non nécessaire, parce qu'il n'est qu'un possible parmi une infinité de possibles, une fiction parmi une infinité potentielle de fictions similaires, qui pourraient assumer la même fonction scientifique, relever de la même rationalité, des mêmes vérités et des mêmes principes. La fiction ne se laisse pas comprendre sans une libre décision et une libre activité de l'esprit qui la conçoit: c'est bien ce que dit Descartes, lorsqu'il affirme feindre son monde « à plaisir » et à « sa fantaisie », et comme de nombreux textes, nous le verrons, permettent de l'établir.

Mais notons d'abord, comme nous y invitent les termes mêmes de plaisir et de fantaisie, que la liberté de feindre n'est pas étrangère au paradoxe de l'hétérogénéité du modèle scientifique proposé et de sa mise en forme linguistique. La liberté de feindre consiste, dans le *Monde*, à « fabuler » pour mathématiser la nature. L'analyse de l'imagination nous l'a suffisamment montré[1]: la feinte n'impose le modèle géométrique dans la science de la nature qu'à travers un discours radicalement étranger à la formalisation mathématique, un discours orné, figuré, dont l'argumentation est plus souvent rhétorique que démonstratrice, comme du reste Descartes lui-même le revendique à travers la métaphore picturale du clair-obscur. La fable, considérée du point de vue de la feinte, nous amène à reprendre la question du langage de la science et du langage en général, afin de repérer quels sont le statut et la fonction du libre arbitre dans l'expression et la communication respectives du faux et du vrai. Il n'y a pas de feinte sans une part de dissimulation, de mensonge et de fausseté. Pour étudier le rôle du libre arbitre dans la formation et la communication de la science – le rôle de la liberté dans la feinte –, nous devons donc examiner le processus d'accès à la vérité, dès lors que l'opportunité et même la nécessité d'un recours à un moyen d'expression qui transgresse la vérité sont reconnues ou du moins admises.

Il faut commencer par constater, avant même de reprendre le problème du rapport du langage de la science à la vérité, l'importance du lien qui unit langage et liberté dans la philosophie de Descartes. Le langage implique toujours, dans son invention comme dans son usage, l'exercice du libre arbitre. Descartes ne développe pas à proprement parler une philosophie du langage, cependant celui-ci joue un rôle déterminant non seulement dans sa théorie de la perception, mais aussi

1. Voir *supra*, chap. IV.

dans son anthropologie. Car le langage apparaît comme le « signe » le plus évident de la spécificité de l'homme par rapport à l'animal[1]. Le langage est le moyen privilégié par lequel l'homme peut reconnaître l'homme, se distinguer de l'animal et prendre conscience de l'irréductibilité de sa nature à la substance matérielle. En ceci le langage fait « signe » vers l'intelligence et la liberté humaines. Cette conséquence, engageant le libre arbitre, Descartes ne la formule pas, mais elle est incontestablement impliquée dans tous les textes qui traitent de la communication linguistique. Comme il le répète à trois reprises dans la lettre à Newcastle, les signes humains sont faits « à propos ». Cet à propos implique une pensée dont la volonté ne saurait être déterminée par l'objet du propos (« le sujet qui se présente »); pour parler à propos, il ne faut pas seulement du discernement, il faut vouloir dire ce que l'on dit[2]. Les animaux, y compris les mieux dressés, et les machines, même les plus perfectionnées que l'on puisse imaginer, sont incapables d'à propos et incapables de « répondre »[3]. Descartes distingue soigneusement la réponse de la réaction automatique, c'est-à-dire du signal animal ou mécanique. Répondre, c'est « arranger » des paroles ou d'autres signes suivant ce que l'on *veut* dire en retour et que la question ne contient jamais nécessairement. La réponse n'est pas automatique : pour répondre il faut vouloir parler. Si l'animal répond, c'est toujours « par hasard »[4]. Il peut arriver en effet qu'un animal ou une machine semblent répondre, mais nous projetons alors en eux, dupes d'une apparence fortuite, notre propre libre arbitre. Ce en quoi nous nous trompons.

Et l'erreur, la fausseté même, l'incohérence des réponses du fou ou de l'idiot, telles qu'elles peuvent se manifester dans les actes de parole, sont autant de signes de la liberté qui habite le langage : « le parler (...) des fous (...) ne laisse pas d'être *à propos* des sujets qui se présentent, bien qu'il ne suivent pas la raison »[5]. Dans les mêmes textes, en effet, la perfection des actions des animaux est donnée comme la marque évidente de leur automatisme et donc, comme le dit un autre fragment des *Olympiques*, d'une absence de libre arbitre (X, 219)[6]. Ainsi,

1. *Discours de la méthode*, VI, 56-58; *A Reneri pour Pollot*, avril ou mai 1638, FA II, 55-56 (II, 39-41); *A Newcastle*, le 23 novembre 1646, IV, 574; *A Morus*, 5 février 1649, V, 278.

2. *A Newcastle, ibid.*

3. *Discours de la méthode, ibid.; A Reneri pour Pollot, ibid.; A Morus, ibid.*

4. *A Reneri pour Pollot, ibid.*, FA II, 56 (II, 40).

5. *A Newcastle, ibid.* Cf. *Discours de la méthode*, VI, 57-58; *A Morus*, le 5 février 1649, V, 278.

6. Cf. *Discours de la méthode*, VI, 59; *A Reneri pour Pollot*, FA II, 56 (II, 39), et *A Newcastle*, IV, 575.

réciproquement, l'imperfection des actions humaines, au rang desquelles sont à mettre les troubles, hésitations, inconséquences et erreurs de langage, devient un signe d'un degré supérieur de perfection. Une telle imperfection témoigne de la présence en l'homme du libre arbitre plus encore que l'habileté ou la prouesse du faire comme du dire[1]. Dans la profération du vrai comme du faux, du sens comme du non sens, le langage renvoie donc à la merveille du libre arbitre. Il nous faut maintenant déterminer en quoi précisément, dans la science même, dont l'objectif est de dire le vrai, le langage a partie liée avec l'erreur et la fausseté, non seulement de manière négative, parce que de l'erreur reste indéfectiblement attachée au langage, mais aussi de manière positive, dans la mesure où le combat contre l'erreur est mené à travers une démarche qui utilise la fausseté comme une arme. Il nous reste, autrement dit, à examiner en quoi consiste exactement la «liberté de feindre» qui se déclare dans l'écriture de la science.

1. Les langages de la science

Nous nous appuierons sur un passage des *Regulae*, qui vise à rendre compte des rapports que les «figures et les nombres» par lesquels Descartes exemplifie sa méthode, entretiennent avec la «*mathesis universalis*», la science universelle recherchée, cette science «qui doit (...) contenir les premiers rudiments de la raison humaine, et s'étendre jusqu'à faire surgir des vérités de n'importe quel sujet» (*Règle IV*, X, 374). «Si j'ai parlé de revêtements, écrit Descartes, ce n'est pas que je veuille envelopper cette doctrine ni la voiler pour en écarter la foule, c'est plutôt que j'entends l'habiller et la parer, de manière à la pouvoir mieux accommoder à l'esprit humain» (*ibid.*). Pour revêtir, vêtir la science et la rendre plus facilement accessible à l'esprit, Descartes choisit les figures et les nombres, dont sont par ailleurs tissées la géométrie et l'arithmétique (la «mathématique ordinaire»)[2]. L'esprit humain est en effet naturel-

1. De même, bien sûr, des «jugements» erronés qui président à ces actions. Cf. *Quatrième Méditation*, IX-I, 48. Voir surtout les lettres *à Mesland*, du 2 mai 1644 (IV, 111 sq.) et du 5 février 1645 (IV, 163 sq.).

2. Sur les figures et les nombres comme «revêtements» et les rapports entre les mathématiques communes et la mathématique universelle, cf. N. Grimaldi, *op. cit.*, p. 113-114.

lement enclin à déployer son activité en relation avec le visible, et à travers des signes ou des images qu'il établit lui-même. Il en va ainsi des mathématiques, où l'entendement se fait seconder par les sens et surtout par l'imagination, mais tout aussi bien des langues communes, parlées ou écrites. Figures, nombres, paroles et graphes sont des signes qui expriment et représentent des idées et des opérations mentales, c'est-à-dire de purs objets de pensée[1]. Comme les langues communes, les mathématiques sont composées de signes arbitraires, assemblés et ordonnés: la mathématique universelle, pour se dire, devra elle aussi en passer par les signes. Mais le Descartes des *Regulae* constate la supériorité du langage mathématique, de ses figures et de ses nombres: lui seul, dans l'histoire de la culture humaine, a su faire fructifier les «semences des vérités» contenues dans l'esprit, alors que les langues communes sont l'expression et le soutien immémorial des préjugés et contribuent au contraire à «étouffer» ces semences (*Règle IV*, X, 373 et 376). les signes employés dans les mathématiques, les figures et les nombres, peuvent servir à (pré)parer la vraie science, alors que les mots, presque toujours, nous entraînent dans l'erreur.

Un clivage radical semble ainsi séparer deux types de langage et deux types de savoir qui leur sont relatifs: le langage des sciences mathématiques, approprié aux exigences de «certitude» et d'«évidence», et les langues communes utilisées dans toutes les disciplines dont Descartes décide d'abandonner l'étude à la sortie du collège: la dialectique, l'histoire, l'éloquence, la poésie, etc. «Je croyais avoir déjà donné assez de temps aux langues et même aussi à la lecture des livres anciens, à leurs histoires, et à leurs fables»[2]. Les fables, entendues négativement comme des récits imaginés sans aucun véritable souci de vérité, sont bien paradigmatiques du fonctionnement normal des langues vernaculaires et de toutes les disciplines qui s'en remettent à elles: tous ces pseudo-savoirs qui se fondent non sur l'exercice actuel de l'esprit, comme les mathématiques, mais sur la parole rapportée, ne peuvent pour cela prétendre qu'à la vraisemblance et à la probabilité. Tous les langages sont des voiles, mais certains servent à cultiver la vérité, d'autres plutôt l'erreur, les uns peuvent nous conduire à la vraie science et les autres semblent fatalement nous en détourner. Et la ligne de partage paraît bien passer entre le langage mathématique et le langage courant, entre la démonstration du géomètre et la fable de l'historien, du poète... ou du philosophe.

1. Cf. à propos de la *Géométrie*, *A Mersenne*, juillet 1641, III, 395. Voir aussi, dans la même lettre, sur le langage, III, 393.

2. *Discours de la méthode*, VI, 6-7.

Reste que la philosophie nouvelle parle français ou latin et que le *Discours de la méthode*, comme le *Monde*, se donne pour une « fable »...

Si nous voulons clarifier ce paradoxe, il nous faut pourtant éviter d'opposer de façon drastique le langage mathématique au langage courant. D'ailleurs Descartes lui-même nous invite à ne pas penser la différence en terme d'opposition. Il évite d'abord soigneusement d'hypostasier le langage mathématique en langage naturel de la vérité, et il reconnaît ensuite que le langage courant peut effectivement servir à l'expression de la vérité. Plus encore, le langage commun réussit là où le langage mathématique échoue, se révèle insuffisant: en métaphysique, où il s'agit d'atteindre une certitude supérieure à celle des mathématiques, mais aussi en physique, où il est impossible d'égaler la certitude des mathématiques.

Descartes critique avec beaucoup de fermeté ce que l'on pourrait appeler le fétichisme mathématique: « rien n'est plus vain que de s'occuper de nombres abstraits et de figures imaginaires, au point de sembler vouloir se contenter de connaître de pareilles bagatelles » (*Règle IV*, X, 375). Les signes, pour Descartes, n'ont par eux-mêmes aucune épaisseur symbolique, aucun contenu occulte et cela est vrai des nombres et des figures comme des mots. Les figures et les nombres ne sont que les « instruments » que l'esprit s'est forgé pour jouer avec les critères formels de rationalité dont il est le dépositaire. Pratiqué pour lui-même ce jeu est gratuit, inutile et le plus souvent stérile: pures « bagatelles » (X,373). Descartes n'est pas homme à se satisfaire de ces jouets, de ces fétiches de l'esprit[1]; il en use pour constituer cette « mathématique générale » qui expliquera « tout ce qu'il est possible de rechercher touchant l'ordre et la mesure » (X, 378), tout en ayant parfaitement conscience que ces « *integumenta* » ne peuvent revendiquer le statut de « parties constituantes » de cette science elle-même (X, 374). Parce qu'ils ne sont rien que des signes arbitraires, ils peuvent être changés ou transformés à volonté. En vue de l'institution de la *mathesis universalis*, Descartes propose d'ailleurs au même endroit une réforme de l'algèbre qui est d'abord une réforme du langage algébrique. Il s'agit en effet de clarifier et de simplifier cette science, en commençant par la « débarrasser » des « chiffres de toute sorte qui l'encombrent » (X, 377). C'est bien ce que Descartes

1. Descartes exprime fréquemment son dédain et sa lassitude pour les mathématiques. Cf., outre ces textes des *Regulae*, *A Mersenne*, le 15 avril 1630, I, 139.

entreprend de faire en *Règle XVI*, et surtout dans le troisième livre de la *Géométrie*[1].

Or une réforme similaire pourrait être envisagée pour le langage courant. Dans une lettre écrite entre la rédaction des *Regulae* et celle du *Monde*, Descartes déplore en effet la confusion des langues communes : « les mots que nous avons n'ont quasi que des significations confuses, auxquelles l'esprit des hommes s'étant accoutumé de longue main, cela est cause qu'il n'entend presque rien parfaitement » (*A Mersenne*, le 20 novembre 1629, I, 81). Descartes se laisse alors aller à dresser le projet d'une « langue » explicitement inspirée du modèle mathématique utilisé dans les *Regulae* pour dégager la méthode qui conduira à l'institution de la *mathesis universalis*. Comme la mathématique dont elle dépend, cette langue serait d'ailleurs « universelle » (*ibid.*) : « elle pourrait être enseignée en fort peu de temps, et ce par le moyen de l'ordre, c'est-à-dire, en établissant un ordre entre toutes les pensées qui peuvent entrer en l'esprit humain, de même qu'il y en a un naturellement établi entre les nombres » (I, 80). Cette langue permettrait de juger de la « vérité des choses » parce qu'elle consisterait en l'établissement « d'un ordre » entre les « idées simples » dont on aurait au préalable dressé le catalogue (I, 82). Descartes évoque « une invention » pour composer « les mots primitifs » et leurs « caractères », qui rendrait possible l'apprentissage rapide de cette langue, « par le moyen de l'ordre » (I, 80). Cette invention, il ne la donne hélas pas, cependant la comparaison arithmétique et la volonté de composer jusqu'à de « nouveaux caractères » semble montrer qu'il songe à une langue de type algébrique (I, 80-81). Il s'agirait d'une sorte de chiffre qui recouvrirait non un autre phénomène linguistique mais la pensée même, un chiffre qui ne viserait pas à la dissimulation mais à la communication de la vérité. Ce chiffrage non pas cryptographique mais véridique représenterait l'esprit à lui-même. L'erreur deviendrait alors « presque impossible », tout « au rebours (des) mots que nous avons » (I, 81). Mais « l'invention de cette langue dépend de la vraie philosophie » (*ibid.*), et il faut entendre par là la méthode

1. Cf. *Règle XVI*, X, 455 ; *Discours de la méthode*, VI, 20. La réforme que Descartes présente vise à faciliter l'activité résolutive de l'esprit, d'une part en figurant les rapports arithmétiques (toutes les équations peuvent avoir une représentation graphique, mais qui dépend des règles de calcul internes à l'algèbre, cf. H. Caton, *op. cit.*, p. 176) et d'autre part à clarifier l'algèbre en lui associant l'intuition géométrique. Sur la recherche d'un « chiffre » dans la géométrie mais aussi dans les essais de physique, cf. P. Costabel, « Les *Essais de la Méthode* et la réforme mathématique », in *Le Discours et sa méthode*, *op. cit.*, p. 213-228.

stipulée dans les *Regulae*, et utilisée pour rendre compte de façon exhaustive du contenu de la pensée humaine. En vue de permettre l'expression linguistique la plus fidèle de la pensée, la méthode devrait d'abord «dénombrer toutes les pensées des hommes (...), les distinguer en sorte qu'elles soient claires et simples» et les «mettre en ordre» (*ibid.*). Cette langue serait le voile le plus léger et le plus transparent de la science, le support sensible le plus «accommodé» à la pensée, la «représentation» la plus exacte des «choses qui tombent en l'esprit des hommes» (*ibid.*)[1].

L'établissement d'une langue universelle ne serait en quelque sorte que l'utilisation la plus cohérente du langage, la plus appropriée à ce pour quoi les hommes l'ont inventé, c'est-à-dire pour «déclarer leurs pensées». Et cette langue permettrait «aux paysans (...) de mieux juger de la vérité des choses que ne le font maintenant les philosophes» (*ibid.*). Mais cette Arcadie philosophique, située comme on le voit non dans un âge d'or révolu mais dans un futur improbable, cette pastorale, où les bergers seraient plus sages que nos philosophes[2], est rejetée dans l'utopie (I, 82)[3]. Elle n'est qu'un possible dont il ne faut pas espérer la réalisation, un possible «qui n'est bon à proposer, écrit Descartes, que dans le pays des romans» (*ibid.*).

Cette langue, la langue universelle qui dépendrait de la vraie philosophie est donc un pur possible et, comme tel, une chimère romanesque. Un possible sans existence: il est difficile de ne pas penser au monde possible de la science, au monde de la fable écrite non

1. Cette langue ne serait pas pour autant la profération spontanée et systématique de la vérité même; un tel langage, parfaitement adapté à la vérité peut très bien servir à l'expression de jugements erronés. Cette possibilité est d'ailleurs aperçue par Descartes: sa langue «aiderait au jugement» en lui «représentant si distinctement toutes choses, qu'il (...) serait presque impossible de se tromper» (I, 81). Pour minime qu'elle soit, la possibilité de se tromper demeure donc, car le jugement est toujours une composition de représentations, et celles-ci ont beau être claires et distinctes, il peut toujours se glisser une erreur dans la composition (cf. *Règle XII*, X, 423-424).

2. Descartes, peu de temps avant sa mort, avait entrepris de composer une pastorale, dont Baillet et Leibniz ont eu le texte entre les mains. Baillet la considère comme un texte philosophique: «elle a tout l'air d'une Pastorale ou Fable bocagère (...) il semble avoir voulu envelopper l'amour de la Sagesse, la recherche de la Vérité, et l'étude de la Philosophie sous les discours figurés de ses personnages...», *Vie de Monsieur Descartes*, t. II, p. 407-408.

3. Descartes semble dire ici que seule une réforme politique absolument radicale, comportant sans doute l'instauration de la paix et de la concorde entre les peuples, permettrait l'institution d'une langue universelle. Mais Descartes est extrêmement critique à l'égard de tout réformisme politique (cf. *Discours de la méthode*, VI, 12-16), c'est pourquoi on ne peut sérieusement espérer l'avènement du règne de la vraie philosophie et de son langage.

en langage mathématique mais en bon français. De même que le monde feint expose les exigences doctrinales du mécanisme tout en révélant le fonctionnement effectif du discours scientifique cartésien et les fondements extra-scientifiques qu'il requiert, le projet de langue universelle exhibe l'idéal linguistique de la nouvelle philosophie, mais aussi permet d'appréhender quelle peut être la fonction des langues communes dans la science et laisse surtout transparaître les soubassements métaphysiques de la démarche. Nous allons voir que la fiction d'une langue universelle et la fiction d'un nouveau monde participent d'une même liberté de feindre.

En projetant son utopie linguistique, Descartes reconnaît indirectement que le langage est extrêmement utile, sinon indispensable à l'investigation de la pensée par elle-même et à l'exploitation des vérités qu'elle contient. Il semble en effet admettre que l'esprit ne peut accéder pleinement et complètement à sa propre clarté et distinction qu'à travers un procès linguistique. D'où la déclaration du *Discours de la méthode*, dont on n'a peut-être pas assez tenu compte : « souvent les choses qui m'ont semblé vraies lorsque j'ai commencé à les concevoir, m'ont paru fausses lorsque je les ai voulu mettre sur le papier » (VI, 66). L'écriture et la parole sont des supports sensibles investis par le sens : l'esprit s'y déclare, s'y donne à voir et à entendre, mais aussi utilise ces signes visibles ou audibles et les images intérieures auxquelles ils sont attachés pour se clarifier. Le langage n'obéit pas aux seuls impératifs de la communication, mais répond également à ce besoin inhérent à l'esprit humain, ce besoin de signes, qui ressort de la nécessité éprouvée par l'intelligence de s'en remettre aux sens et à l'imagination pour exploiter ses propres potentialités et se saisir des vérités qu'elle renferme, y compris celles dont l'appréhension exige absolument le dépassement du sensible et de l'imaginaire. En aucun domaine du savoir, la pensée ne peut faire l'économie d'une expression dont elle demeure pourtant fondamentalement indépendante. Les premiers principes de la métaphysique eux-mêmes sont gagnés à travers une réflexion sur des énoncés linguistiques[1]. Ce passage forcé de la pensée en quête d'elle-même par le langage apparaît d'ailleurs de façon remarquable dans la lettre de 1619. En vue d'instituer sa langue

1. *Méditation seconde*, VII, 25 ; IX-I, 19. Sur le caractère performatif du cogito, cf. Hintikka, « *Cogito, ergo sum* : inference or performance », *Philosophical review*, 1962 ; H. Caton, *op. cit.*, p. 140-143 ; J.-M. Beyssade, *La philosophie première...*, *op. cit.*, p. 250 ; J.-L. Marion, *Sur la théologie blanche*, *op. cit.*, p. 380-381. Thèse discutée par J.-C. Pariente, « Problèmes logiques du cogito », in *Le Discours et sa méthode*, *op. cit.*, p. 229-270.

universelle, Descartes montre la nécessité préalable d'« expliquer » quelles sont les « idées simples » de façon à gagner l'assentiment général du public; précision qui associe d'emblée la diffusion problématique de cette philosophie *mentaliste* à une rhétorique susceptible d'entraîner l'adhésion de « tout le monde » (I, 81): il veut signifier qu'une telle langue dépend de l'élaboration et de la publication de sa propre philosophie (« la vraie philosophie »), et pour se faire exploite les ressources des langues communes, comme cette lettre, rédigée en français, qui offre un échantillon de la philosophie cartésienne, en présente d'ailleurs le meilleur exemple. Car une réforme de la langue ne peut être envisagée qu'au moyen du langage tel qu'il est.

Le langage est donc une contrainte, à la fois insurmontable et inessentielle dans la mesure où il assiste la pensée sans la déterminer. Comme le signale la même lettre, la confusion des langues communes, renforcée par la « coutume », est telle que l'esprit des hommes aujourd'hui « n'entend presque rien parfaitement » (*ibid.*). Il est cependant possible, avec « les mots que nous avons », de dénoncer la confusion des « significations » qui leur sont attachées et de rechercher une meilleure formulation et une meilleure exploitation de ces vérités dont Descartes ne doute en fait jamais qu'elles sont, en amont du langage, contenues dans l'esprit à l'état de germes, de « semences » ou d'« étincelles ». Ces semences, il appartient à l'esprit, mais avec l'aide du langage, de les faire fructifier.

2. L'invention de l'ordre

Le langage humain se distingue des systèmes de signes naturels et/ou artificiels en ce qu'il se présente dans toute situation communicative comme un « assemblage », une « composition », un « arrangement » de signes conventionnels qui n'est jamais prédéterminé[1]. « L'assemblage » des signes, pour qui veut argumenter selon la raison et prononcer une vérité, doit être rigoureusement « ordonné ». Cet ordonnancement du langage, contrairement à ce que voudraient les dialecticiens, ne doit pas être formel et obéir à des cadres logiques préétablis s'imposant du dehors à la raison[2]. Au contraire l'ordre

1. « Assembler », « composer », « arranger » sont les verbes généralement utilisés par Descartes pour désigner la constitution des énoncés. Cf. *Discours de la méthode*, VI, 56-57 et *A Newcastle*, le 23 novembre 1646, IV, 574.

2. Cf. *Règle X*, X, 405-406.

linguistique doit émaner d'une mise en ordre active de la pensée par elle-même. Dans le travail philosophique du langage, ce qui est ainsi primordial, comme le montre le projet cartésien de langue universelle, est l'« ordre » que l'esprit parvient à introduire dans les signes. La question de l'ordre est en fait la question fondamentale de la science, et partant celle du langage scientifique[1].

Descartes fait procéder l'ordre non plus des choses mais de l'esprit qui entreprend de les connaître : renversement, révolution copernicienne de l'ordre[2]. L'ordre, comme l'établissent les *Regulae*, est bien l'ordre des connaissances et non des choses mêmes[3]. Pour connaître les choses, l'esprit construit un ordre qui appartient à la représentation. C'est dans cet ordre, tel qu'il se trouve mis en forme langagière, que réside la plus ou moins grande pertinence d'un texte à exprimer la vérité. Le curieux fragment sur le langage relevé par Baillet nous semble devoir être interprété dans le cadre de cette méditation sur l'ordre du discours philosophique (X, 204). Loin dans ce texte de toute préoccupation réformatrice, Descartes admet d'abord que parler ou écrire consiste toujours à répéter la langue même : « De même que nous ne pouvons écrire de mots avec d'autres lettres que celles de l'Alphabet, ni composer nos phrases avec d'autres mots que ceux du Dictionnaire, nous ne pouvons écrire de livre dont les phrases ne se trouvent chez les autres ». Mais il ajoute aussitôt cette étrange affirmation qui nous semble en fait recouvrir l'ensemble de son projet philosophique : « cependant, si les choses que je dis sont liées (*connexa*) et articulées (*coherentia*) de telle manière que les unes s'ensuivent des autres (*ut unae ex aliis consequantur*), cela montre que je n'ai pas plus emprunté mes phrases aux autres que je n'ai pris les mots du dictionnaire » (X, 204). Que cela peut-il vouloir dire, sinon que l'ordre seul (la « *coherentia* » et la « *connexio sententiarum* »[4]) donne son véritable sens aux mots et aux phrases, non les définitions du dictionnaire ou les livres des autres ? L'ordre confère au texte son autonomie et sa véridicité. L'ordre de la vérité se distingue ainsi radicalement de l'ordre grammatical et syntaxique du discours, qui n'est jamais que la reproduction formelle de la langue même ; l'ordre

1. Cf. le troisième précepte de la méthode : « conduire par ordre ses pensées... » (VI, 18-19), ainsi que la définition de l'ordre donnée dans les *Réponses aux secondes objections* (IX-I, 121).

2. Cf. *Règle VIII*, X, 399.

3. Cf. énoncé de la *Règle V*, X, 379 et *Règle XII*, X, 418.

4. Sur la « *connexio* », cf. J.-L. Marion, *Ontologie grise*, p. 32-33. Sur l'importance de la notion de cohérence, cf. J.-M. Beyssade, *La philosophie première...*, *op. cit.*, p. XII, p. 328-338 et *passim*.

visé dans l'exploitation du système linguistique transcende le langage. La pensée utilise toujours l'ordre de la langue «à propos» et ce propos est toujours d'un autre ordre, ce qui n'enlève rien à l'opportunité d'une réforme du langage, à la création d'un nouvel ordre des signes, plus conforme à la vérité. En fait l'ordre qui occupe Descartes n'est ni celui de la langue, ni celui des choses mêmes tel que la pensée s'efforcerait de le projeter dans le langage, enfin, et c'est le principal point, il n'est pas non plus conçu comme l'ordre naturel de la pensée qui, de lui-même, viendrait s'imposer au langage et conduirait à sa réforme. L'ordre cartésien est forgé librement par l'esprit : *il est un ordre feint.* Pour préparer l'institution d'une langue universelle, il faudrait «établir un ordre», «mettre par ordre toutes les pensées des hommes» (I, 81), de même qu'«il y en a un naturellement établi entre les nombres» (I, 80). Mais cette comparaison ne doit pas nous induire en erreur; si l'ordre des nombres est naturel, par contre l'ordre de toutes les autres pensées à rechercher sur le modèle arithmétique, doit être construit, forgé : feint. Ordonner ne consiste pas à retrouver un ordre préétabli et enfoui au fond de l'esprit, mais en inventer un nouveau en accord avec les semences de vérité, ces principes rationnels seuls naturellement contenus dans l'esprit. La langue qui dépendrait de l'établissement de cet ordre ne serait ainsi nullement «la» langue naturelle de l'esprit mais simplement la codification de l'une des mises en ordre possibles de l'esprit par lui-même. Il n'y a «qu'une vérité de chaque chose» (VI, 21), mais les chemins qui peuvent y conduire sont multiples[1]; ils consistent cependant toujours en l'établissement d'un «ordre» rationnel élaboré à travers un médium linguistique.

En toute rigueur, l'invention de l'ordre est chose mentale et devrait donc pouvoir se passer de langage, pourtant l'ordre cartésien n'est jamais conçu indépendamment de sa transposition langagière et il est surtout appréhendé selon un modèle linguistique. Ayant en vue l'écriture du traité de physique, nous ne nous attarderons pas ici sur les exemples d'ordre directement empruntés par Descartes aux mathématiques et à ses langages. Nous intéressent cependant au premier chef les exemples de codage et de décodage, ces jeux linguistiques dont nous avons vu qu'ils sont donnés comme des modèles pour l'analyse du travestissement de la réalité physique opéré par la sensibilité et pour la

1. C'est pourquoi la déclaration de la première partie du *Discours de la méthode* («mon dessein n'est pas d'enseigner ici la méthode que chacun doit suivre pour bien conduire sa raison, mais seulement de faire voir en quelle sorte j'ai tâché de conduire la mienne», VI, 4), ne consiste pas seulement en une «*captatio benevolentiae*», mais répond à une profonde exigence philosophique.

compréhension de l'entreprise correctrice de la science[1]. Dans les *Regulae*, la composition d'une anagramme et la lecture d'un cryptogramme sont prises comme des exemples paradigmatiques de résolution des difficultés par la création d'un ordre[2]. Anagramme et cryptogramme sont exemplaires en ce qu'ils montrent que l'ordre doit être le plus souvent «inventé», «feint» et que son établissement dépend du «libre arbitre de chacun» (*ex uniuscujusque arbitrio dependet*, X, 391). Que nous voulions «faire la meilleure anagramme» ou lire «une écriture déguisée sous des caractères inconnus» et dans laquelle «nous ne voyons aucun ordre se manifester clairement», il nous faut «introduire ingénieusement un ordre par la pensée» (*subtiliter ex cogitati*, X, 391), c'est-à-dire en «feindre un» (*aliquem fingimus*, X, 404). La feinte est ici construction hypothétique d'un ordre qui ne se donne pas, du moins de prime abord, et dont la validité est sanctionnée par le résultat: composer une bonne anagramme ou lire un chiffre. La feinte comporte une part importante d'arbitraire parce que, dans la plupart des cas, il existe plusieurs voies, plusieurs «ordres» susceptibles de conduire au même résultat.

Cet arbitraire montre l'importance déterminante du libre arbitre attaché à toute démarche scientifique, mais il fait apparaître du même coup le statut irréductiblement hypothétique de toute investigation du réel par la fiction de l'ordre, c'est-à-dire de la science même. Une simple réflexion sur la pratique du décryptage permet de mettre en évidence cette limite de l'ordre, dès lors qu'il n'est pas dégagé mais construit. Au terme d'une opération de déchiffrage, la certitude complète et définitive, la restitution du texte initial exige une confrontation directe avec l'original. Certes dans le cas, choisi par Descartes, d'une «écriture voilée sous des caractères inconnus», la production d'un texte lisible et sensé au moyen de l'établissement d'un ordre de transposition de ces caractères par des lettres, permet d'affirmer avec un très fort degré de probabilité qu'il s'agit bien de la restitution du message crypté. Mais ce n'est là qu'une probabilité, aussi forte soit-elle, car le décrypteur ne peut acquérir la certitude absolue, en l'absence d'un moyen de contrôle définitif, d'avoir établi, par sa méthode de résolution, un texte différent de l'original. Or Descartes réutilisera dans les *Principes* cet exemple du cryptogramme pour résumer et justifier sa propre entreprise de physicien. Le modèle du chiffre sert d'abord à montrer que le physicien, au terme de sa mise en ordre du monde – de sa déduction de tous les phénomènes à partir de

1. Voir *supra*, II, 4.
2. *Règle VII*, X, 391 et *Règle X*, X, 404-405.

« quelques causes » hypothétiques –, peut être « certain » de la validité de son entreprise. Mais ce recours au modèle cryptographique ne va pas sans une concession déterminante : la certitude du physicien n'est qu'une certitude « morale » (IV, art. 205). Elle est la certitude permise au terme du décryptage lorsque toutes les exigences rationnelles ont été respectées et qu'un sens est produit, en l'absence de l'original. Car en physique, le texte original, celui de Dieu, fait toujours défaut.

> Et si quelqu'un, *pour deviner un chiffre écrit avec les lettres ordinaires*, s'avise de lire un B partout où il y aura un A, et de lire un C partout où il y aura un B, et ainsi substituer en la place de chaque lettre celle qui la suit en l'ordre de l'alphabet, et que, *le lisant* en cette façon, il y trouve des paroles *qui aient du sens*, il ne doutera point que ce ne soit le vrai sens *de ce chiffre* qu'il aura ainsi trouvé, bien qu'il se pourrait faire que celui qui l'a écrit y en ait mis un autre tout différent, en donnant une autre signification à chaque lettre : car cela peut si difficilement arriver, *principalement lorsque le chiffre contient beaucoup de mots*, qu'il n'est pas *moralement* croyable. (*ibid.*)

Ce texte exhibe les prétentions totalisantes et les limites insurpassables de la science moderne.

L'artificialisme du processus de connaissance – l'ordre n'étant pas décrit mais construit – interdit toute identification entre l'ordre du déchiffrage et celui du chiffrage. Comme le montre la simple réflexion sur la multiplicité des ordres possibles, il est non seulement possible mais probable et même, pour des raisons non de pure logique mais de convenances théologiques[1], il est sûr que l'ordre adopté par Dieu en créant le monde diffère de celui que feint l'homme de science : « il et certain que Dieu a une infinité de divers moyens, par chacun desquels il peut avoir fait que toutes les choses de ce monde paraissent telles que maintenant elles paraissent, sans qu'il soit possible à l'esprit humain de connaître lequel de tous ces moyens il a voulu employer à les faire » (IV, art. 204). De plus le risque demeure, aussi faible soit-il, que le texte initial de la nature diffère du texte restitué par le physicien. Le livre de physique, absolument parlant, et bien que cela reste extrêmement improbable, peut donner une fausse clé pour la lecture du grand livre du monde. Dans le pire des cas, le monde présenté par le physicien serait « faux » parce qu'il ne serait pas la vraie représentation du monde réel, mais la simple projection d'un pur possible. Car cette fausseté globale de la science n'en supprimerait pas la rationalité, et ses objets resteraient donc des objets possibles. La métaphysique, souve-

1. Cf. *Principes* III, art. 46.

nons-nous, a établi que la rationalité scientifique ne peut différer de la rationalité effectivement engagée dans le monde.

Dans les *Principes* comme déjà dans le *Monde*, la certitude morale du physicien repose sur des principes dont la métaphysique montre que la vérité est absolument certaine: la certitude morale dérive d'une certitude absolue. Pour les *Principes*, qui bénéficient des acquis des *Méditations*, cette certitude se fonde sur la considération de la véracité de Dieu (IV, art. 206), pour le *Monde*, sur la reconnaissance de son immutabilité. Par la fondation métaphysique des vérités éternelles, Descartes prévient ainsi la fausseté des principes, mais non de l'entière démarche déductive. Cet «ordre» est construit selon les vrais principes mais de façon «arbitraire»[1]. Dès lors on comprend la raison profonde, non seulement du recours à la fable mais du maintien de la fable dans le *Monde*, après cette fondation. Ce maintien est, d'une certaine manière, la reconnaissance tacite de la persistance de cette double possibilité de non-conformité de la science, relevée dans les *Principes*. L'une de ces possibilités confine à la certitude, mais elle est indifférente du point de vue de la vérité: la genèse du nouveau monde n'est sans doute pas la vraie histoire du monde, ce qui n'enlève rien à la vérité de la science. L'autre éventualité est «presque» impossible. Il s'agit de l'inadéquation finale du nouveau et de l'ancien monde, son improbable confirmation serait la catastrophe de la science, sa dégradation en roman de la nature. Nous le voyons, le passage à la métaphysique ne garantit absolument que les vérités mathématiques et les principes de la physique[2]. Le déploiement effectif de la science, la construction de l'ordre est l'œuvre irréductiblement hypothétique de l'homme de science. C'est pourquoi au critère métaphysique, qui fonde la vérité des principes, doit être ajouté le critère épistémologique de conformité des explications à l'expérience sensible du monde. Il faut que le monde «déduit» des «premières causes» corresponde, «ressemble» aussi parfaitement que possible au monde visible: l'ordre doit produire l'explication de tous les phénomènes[3]. Mais ce critère, qui repose en dernier recours sur le sensible lui-même, s'il est

1. Dans les *Principes*, Descartes cherche cependant à étendre la certitude des principes à l'entière démarche du physicien, ceci en invoquant la bonté et la véracité divine et en avançant la notion, non dénuée d'ambiguïté, de «certitude plus que morale». Cf. *Principes* IV, art. 206, cité ci-dessus, et III, art. 43.

2. Cf. *Principes* IV, art. 206.

3. Cf. le commentaire du texte des *Principes* dans l'*Entretien avec Burman*, «De cette hypothèse (les tourbillons de matière), l'auteur a remarqué par après qu'il pouvait déduire jusqu'à la totalité des phénomènes», V, 171, trad. J.-M. Beyssade, *op. cit.*, p. 116.

décisif d'un point de vue pragmatique[1] (c'est «l'utilité» des explications hypothétiques invoquée dans les *Principes*) et bien sûr si sa production (l'appel à l'expérience) possède toujours une grande force persuasive, ce critère peut tout au plus valoir, au niveau de la théorie, comme un critère de vraisemblance, car le dernier mot appartient dès lors non à la science même, mais à ce qu'elle doit expliquer[2]. Entre les vérités éternelles et les apparences transitoires, et afin que les premières rendent effectivement compte des secondes, le physicien construit, «feint» un ordre. Fort de la certitude de ses principes, mais toujours tributaire de la (fausse) évidence du monde sensible, il élabore l'ordre des vraisemblances qui, dans le général, confine à la certitude «métaphysique», et dans le particulier, dépend presque entièrement de l'expérience[3]. C'est dans la tentative de régler l'écart qui sépare l'exercice des mathématiques de l'expérience quotidienne du monde que se manifeste pleinement la liberté de feindre; par la forge d'un ordre qui est aussi l'invention d'une fable.

Le modèle cryptographique produit en conclusion de la somme de physique pour justifier la prétention de son auteur à une «certitude morale» et même «plus que morale», ne tient pas compte de cette présence active de l'expérience sensible, comme référence heuristique, au sein même de l'ordre construit pour «l'expliquer». L'univers visible est présenté comme un texte chiffré et la physique mécaniste est donnée comme ce travail de décodage, indexé sur des procédés apparentés sinon empruntés aux mathématiques et destinés à restituer avec la plus grande probabilité possible le texte initial de la nature. Mais le texte second, le texte qualifié du monde sensible dont se nourrit l'imagination rhétorique des hommes intervient directement dans le décodage: il est utilisé à toutes les étapes du déchiffrage, c'est-à-dire de la forge de l'ordre, pour orienter la marche et montrer la validité de l'opération.

L'ordre est bien alors double, ou plutôt il peut se lire dans les deux sens; des causes vers les effets et des effets vers les causes, pour utiliser le vocabulaire employé par Descartes dans le *Discours* afin de justifier les «suppositions» par lesquelles commencent la *Dioptrique* et les *Météores* (VI, 76), mais aussi dans les *Principes* pour légitimer ses hypothèses (IV, art. 204). Comme Descartes s'en défend, d'un point de vue logique, il n'y a pas là de cercle. Les effets sont «expliqués» par leurs causes, puis leurs causes sont «prouvés par leurs effets» (VI,

1. IV, art. 204.
2. Cf. G. Canziani, *op. cit.*, p. 131-132.
3. Il est très révélateur que Descartes, à la fin des *Principes* retrouve Aristote et sa «science conjecturale» (IV, art. 204).

76)[1]. Mais il est impossible de rester sur ce seul plan logique, car les causes et les effets se situent dans la physique a priori du *Monde* ou des *Principes* sur deux plans radicalement séparés : les causes sont données comme des hypothèses rationnelles, les effets relèvent de l'expérience commune. Ce recours aux effets constatés empiriquement, pour montrer la validité des causes hypothétiques, reste donc tout à fait problématique dans le cadre de l'épistémologie cartésienne. L'ordre se construit a priori, il est déduction des effets sensibles à partir de causes rationnelles, mais simultanément il procède de l'expérience ; dès les premières hypothèses et à toutes les étapes de la déduction, il s'avère manipulé, machiné en fonction des apparences sensibles qui doivent être reconstituées suivant les principes du mécanisme. En résumé, le modèle mathématique ne s'impose à la nature qu'en s'ajustant à l'expérience.

De ces remarques, nous pouvons tirer une conséquence essentielle pour notre compréhension de la feinte et du discours qu'elle gouverne. Si l'expérience intervient dès la formation des hypothèses, non seulement dans les « comparaisons » initiales des *Essais* et du *Discours*, mais aussi dans la physique a priori du *Monde* fondée sur des principes rationnels garantis métaphysiquement, alors l'ordre échappe pour une part à la rationalité qu'il lui revient de promouvoir. L'ordre de la physique n'est pas transposable *more geometrico*, et c'est bien d'abord pour cela que le physicien ne peut revendiquer le même degré de certitude que le géomètre[2].

Cette réflexion sur l'ordre reconduit à nos analyse sur le fonctionnement effectif de l'imagination scientifique[3]. L'imagination distincte, dont il semble que seules les productions devraient entrer dans la composition de l'ordre, n'est pas la seule à tramer le discours de physique. La feinte ne se réduit pas à la fiction d'un monde conforme aux exigences de l'imagination distincte. La feinte génère l'ordre, mais pour l'instaurer, elle fait intervenir dans l'ordre même des données qui échappent à la rationalité. La feinte transgresse ces vérités qu'elle dégage et qu'elle érige en principes de toute science possible, mais c'est précisément en ceci qu'elle est véritablement une feinte, une ruse de la pensée. Il n'y a pas de feinte sans quelque *finesse*, sans quelque subtilité et tromperie. L'importance déterminante de la rhétorique de l'expérience au sein de l'ordre forgé en physique par la feinte, montre combien cette science est chez Descartes difficilement mathématisable

1. Cf. aussi *A Morin*, le 13 juillet 1638, II, 197-198.
2. Cf. *A Mersenne*, le 17 mai 1638, II, 142.
3. Voir *supra*, chap. IV.

et pourquoi elle est impossible à formuler, du moins dans la globalité de sa démarche, en langage mathématique. On comprend pourquoi il revient à un langage capable de *finesse*, c'est-à-dire au langage commun et en priorité au français de l'honnête homme, d'incarner la feinte. Il nous faut maintenant voir précisément comment, en vue de produire une représentation rationnelle du monde, la rationalité est transgressée, car c'est par cette transgression que se manifeste pleinement la liberté de feindre.

3. *Démonstration et approximation*

Dans la fable du traité, l'ordre feint consiste en une simulation cosmogonique : la « déduction » projetée dans une temporalité fictive à partir d'une matière et d'un chaos imaginaires, d'un monde conforme aux principes du mécanisme et qui « ressemble » parfaitement au monde sensible. L'ordre est ici indissolublement déductif et narratif : la déduction du monde mécaniste à partir de la plus simple représentation matérielle possible – l'idée d'espace – coïncide avec la narration de la naissance d'un nouveau monde. La création fabuleuse s'approfondit ensuite en une métaphysique de la création ; le discours excède la fiction pour en fonder les principes. L'énonciation des lois du mouvement et l'évocation des vérités éternelles (« sur qui les mathématiciens ont accoutumé d'appuyer leurs plus certaines et plus évidentes démonstrations », XI, 47) ainsi garanties par cet *excursus* métaphysique, autorisent Descartes à affirmer la possibilité d'une connaissance des « effets » par les « causes », c'est-à-dire de « démonstrations a priori de tout ce qui peut être produit en ce nouveau *Monde* » (*ibid.*). Mais l'auteur du traité se décharge de cette tâche sur « ceux qui sauront suffisamment examiner les conséquences de ces vérités et de (ces) règles » (*ibid.*). Quant à lui, il s'empresse d'ajouter : « je ne vous promets pas de mettre ici des démonstrations exactes de toutes les choses que je dirai » (XI, 48). Nous avons examiné quelles intentions didactiques sont effectivement contenues dans ces propos d'une désinvolture à peine croyable[1]. Il est cependant évident que Descartes n'est pas en mesure de fournir lui-même ces « démonstrations » ; il y a là aussi, à n'en pas douter, de la feinte, entendue cette fois au sens d'une dissimulation délibérée. Il est difficile de ne pas suspecter une certaine mau-

1. Voir *supra*, V, 3.

vaise foi dans cette invitation adressée au lecteur de remplir les engagements scientifiques que l'auteur ne peut lui-même tenir. Descartes a beau jeu de rappeler au même endroit qu'il «raconte une fable» et brosse un tableau en clair-obscur (*ibid.*). Car cette fable est sa physique et non un simple voile qui couvrirait la vraie science de la nature: les ombres du tableau, les obscurités de la fable, ses insuffisances ou ses inconséquences éventuelles sont celles de la science même.

Le rappel de la fable pour justifier le manque d'exactitude géométrique du traité est cependant révélateur car il fournit la reconnaissance explicite de l'irréductibilité de la fable aux démonstrations des géomètres et il contient l'aveu des nombreuses infractions aux impératifs de clarté et de distinction qui devraient strictement commander aux objets de l'imagination et à leur enchaînement dans l'ordre. Bref, en s'abritant derrière la fable au moment où la fondation métaphysique des principes autoriserait et semblerait même exiger le développement d'une physique strictement démonstratrice, Descartes reconnaît l'existence d'un décalage entre son projet scientifique et les moyens dont il dispose pour le réaliser.

Ce décalage est partout décelable, et nous en avons donné déjà maint exemple, mais c'est peut-être dans le chapitre VIII, qui suit immédiatement l'énoncé des règles du mouvement, leur fondation métaphysique et le rappel de la fable, que cet écart est le plus visible. Il s'agit de *l'épisode* de la fable où le narrateur tire de son «chaos» géométrisé – de sa matière primordiale divisée et agitée d'un mouvement dont il vient de donner les lois – le soleil, les étoiles et les «Cieux» de son nouveau monde. Ce passage du chaos au monde organisé en divers «cieux» dont les centres sont occupés par des étoiles, est le passage de l'abstraction à l'explication concrète du monde visible et de cela qui le rend visible; la lumière, terme fixé au voyage du *Monde*, comme Descartes ne l'oublie pas (XI, 53). Ce passage est aussi celui de l'uniformité géométrique à la diversité offerte par le monde sensible; Descartes, pour assurer ce transfert, doit revenir sur son modèle épistémique et théologique de création et l'adapter aux exigences du sensible. La fable l'y autorise et il ne quitte pas formellement le nouveau monde, si ce n'est pour montrer, comme en passant, que cette histoire conduit au présent de notre monde et que sa fiction est conforme aux observations et spéculations des «nouveaux Astronomes» (XI, 51).

Le problème majeur, pour cette représentation cartésienne de la formation du monde, voulue la plus proche possible du modèle géométrique et fondée sur l'immutabilité divine, est sa difficulté de produire autre chose que de l'égalité, de l'uniformité aussi bien dans la grosseur et la figure des parties de la matière que dans le mouvement. D'où la supposition d'un « Chaos » initial, « confus et embrouillé » (XI, 34), problématique à la fois pour l'épistémologie (parce que la « notion que nous en avons » manque de distinction) et pour la théologie (parce qu'il ne semble pas convenir à « la souveraine perfection de Dieu, *Principes* III, art. 47). Mais, dans le *Monde*, Descartes a besoin de ce chaos, il lui faut supposer au commencement une diversité infinie pour pouvoir en tirer un univers qui contienne les différences et la diversité que l'on voit dans le nôtre. Les lois du mouvement permettent à ce chaos de se « démêler » de lui-même et de se mettre en « bon ordre », c'est-à-dire, ici, de façon à produire un monde semblable au vrai monde, un ordre capable de générer le désordre apparent de ce monde (XI, 34).

Mais le premier problème, exorcisé momentanément par l'invention du chaos, réapparaît et le chapitre VIII s'emploie à le résoudre. En effet, supposées les plus grandes « inégalité et confusion » possibles entre les parties de la matière, les lois « imposées à la Nature », qui stipulent la création et la conservation d'une même quantité de mouvement, semblent amener toutes ces parties à une grosseur et un mouvement « médiocre », c'est-à-dire à la seule « forme du second élément » (XI, 48). « Ainsi faut-il penser, que l'action ou la force de se mouvoir et de se diviser, qui aura été mise d'abord en quelques-unes de ses parties, s'est répandue et distribuée en toutes les autres au même instant, aussi également qu'il se pouvait » (XI, 49). De plus, si l'on suppose l'introduction instantanée d'un mouvement égal dans ce monde sans vide, toute la matière devra alors se mettre à tourner autour d'un seul centre. Or Descartes veut démontrer la pluralité des systèmes stellaires. Il lui faut donc réintroduire de l'inégalité au départ, dans l'acte créateur lui-même, afin qu'il y ait trois éléments et non un seul, et que leurs parties soient nanties d'une infinité de tailles, figures et mouvements et tournent autour d'une multitude de centres. Jamais l'égalité « n'a pu totalement être parfaite » (*ibid.*). Il faut « supposer » que Dieu « a (mû) diversement » les parties de la matière. Il faut mettre au « commencement » la plus grande diversité possible, y compris de mouvement : « nous supposons que Dieu a mis au commencement toute sorte d'inégalité entre les parties de cette Matière, nous devons penser, qu'il y en a eu pour lors de toutes sortes de grosseurs et figures, et disposées à se mouvoir, ou ne se mouvoir pas, en toutes façons et en tous sens» (XI, 50)[1]. Sinon il serait impossible d'expliquer les inégalités de ce monde sans renoncer aux lois conquises de haute lutte à la frontière de la physique et de la métaphysique.

Une fois acquis le maximum de difformité imaginable par cette manipulation a posteriori du «*fiat*» créateur, commence la longue entreprise d'ajustage, d'accommodement du cadre mécaniste au monde visible et réciproquement du visible à la machine, ceci, à travers la description du «démêlage» progressif du «Chaos». Loin de toute exactitude mathématique, il s'agit là d'un ingénieux et patient travail d'imagination et d'écriture, plus proche de l'artisanat que de la géométrie, destiné à «démêler» l'écheveau de la création[2] afin que, peu à peu, avec une apparence de nécessité, se dégagent de la confusion initiale un soleil, des étoiles, des cieux, des planètes, des comètes, une terre, de la lumière et enfin des êtres capables de «voir» ce monde, les «regardants» auxquels Descartes consacre la deuxième partie de l'ouvrage[3]. «Il faut» que le modèle et le visible coïncident, au moins «à peu près»: cet impératif et les concessions qu'exigent son application sont rendus tout particulièrement apparents dans l'accumulation à la fois de locutions exprimant une nécessité impérieuse ne possédant pourtant aucun caractère apodictique et de formules, au demeurant fort peu cartésiennes, dénotant l'approximation. Ainsi les parties de la matière se rendent-elles «presque toutes assez égales», et chacune

1. Dans les *Principes*, Descartes suppose au départ une «parfaite égalité» entre les parties de la matière «tant en grandeur qu'en mouvement» et il n'a voulu «concevoir aucune autre inégalité en l'univers que celle qui est en la situation des étoiles fixes, qui paraît si clairement à ceux qui regardent le ciel pendant la nuit qu'il n'est pas possible de la mettre en doute», III, art. 47. Comme dans le *Monde*, il a besoin de postuler l'inégalité au commencement et, significativement, il emprunte cette inégalité au visible.

2. «... je suis maintenant après à démêler le Chaos pour en faire sortir de la Lumière», *A Mersenne*, le 23 décembre 1630, I, 194. Cf. *Monde*, XI, 34 et 36; *Principes* III, art. 15.

3. Il convient cependant de relever la rupture qui sépare les deux parties du traité, dans laquelle Descartes reconnaîtra une insuffisance, un défaut (cf. *Discours de la méthode*, VI, 45). Dans la partie du *Monde* consacrée à l'homme, faute de pouvoir formuler une hypothèse génétique, expliquant les effets par les causes, Descartes présente une hypothèse descriptive allant des effets vers les causes et consistant à traiter le corps des hommes de ce nouveau monde comme une machine automatique «toute faite» (XI, 120). Le modèle de l'automate déjà constitué vient suppléer le modèle dynamique de la construction progressive de l'objet. En 1639, Descartes écrit *à Mersenne*: «Si j'étais à recommencer mon *Monde*, où j'ai supposé le corps d'un animal tout formé, et me suis contenté d'en montrer les fonctions, j'entreprendrais d'y mettre aussi les causes de sa formation et de sa naissance», II, 525. Cependant les *Principes* eux-mêmes ne contiennent rien de tel (cf. IV, art. 188). Sur cette question, voir G. Canziani, *op. cit.*, p. 115-117.

« s'est trouvée plus ou moins éloignée du centre autour duquel elle a pris son cours, selon qu'elle a été plus ou moins grosse et agitée, à comparaison des autres » (XI, 50-51). Enfin, pour expliquer comment les parties de la matière, supposées avoir eu au commencement « toutes sortes » de figures, se sont « rendues à peu près toutes rondes », Descartes produit la comparaison de la rivière roulant des pierres, comparaison qu'il va filer ensuite longuement pour décrire le cours des planètes et des comètes[1].

Ce travail d'ajustage, de bricolage, accompli dans et par l'écriture, ce travail qui exploite la comparaison, manipule l'expérience et force le modèle, est la véritable fabrique, façon et feinte du nouveau monde cartésien. Comme nous avons déjà essayé de le montrer, cette démarche pourtant ne manque pas de rigueur : Descartes cède moins à l'approximation du langage courant et des images empruntées à l'expérience, qu'il ne se sert des images et des mots pour rendre effectivement applicable le modèle mécaniste à l'ensemble des phénomènes. L'expérience, déplacée, transformée, est utilisée contre elle-même, contre sa fausse évidence et sa familiarité trompeuse. Seul le langage commun peut ainsi prendre l'expérience à son propre piège et la manipuler pour montrer que le mécanisme – et donc les vérités éternelles des mathématiques sur lequel il s'appuie – peut rendre compte intégralement des phénomènes. La feinte, comme transgression de la rationalité, possède en physique une fonction heuristique dans l'établissement de la vérité. C'est pourquoi l'invention de la fable et sa reconduction après l'énonciation des principes de physique et de métaphysique ne doivent être interprétées ni comme le demi-aveu des faiblesses et des insuffisances de la physique, ni comme leur maquillage, leur escamotage adroit. Il faut plutôt les considérer comme l'admission d'une stratégie permettant l'institution et le développement de la science. L'affirmation de la fable et la revendication de la liberté ne font qu'un.

Le bref examen que nous venons de faire du chapitre VIII permet de montrer que la liberté de feindre s'exerce à la fois au niveau du modèle et de son fondement divin : Descartes n'hésite pas à manipuler l'acte créateur en fonction de ce monde qu'il veut reconstruire, et il se donne licence, au nom de la fable, de transgresser les principes de l'imagination distincte et de l'ordre déductif, seuls fondés, seuls légitimes pour la science. La feinte engage ainsi les rapports qui lient le

1. Voir *supra*, IV, 3, c.

sujet du discours scientifique, dont le statut théorique reste indéterminé dans le *Monde*, à la rationalité et à son fondement théologique.

4. Le faux pour le vrai

Afin de pouvoir considérer convenablement la relation métaphysique du sujet de la feinte avec le Dieu fondateur des vérités éternelles et des lois de la physique, il nous faut examiner quelle fonction épistémologique est donnée à la part du négatif dans la feinte. Il n'y a pas de feinte sans position délibérée du faux. Feindre revient toujours, quel que soit le but que l'on se propose, à dire le faux pour le vrai. Cela Descartes le reconnaît pleinement et nombreux sont les textes qui explicitent la feinte philosophique comme un certain usage du faux.

Il convient de remarquer d'abord que la fausseté, dans la feinte, n'est pas une «erreur»: le faux y est voulu et non subi. Cependant la feinte est susceptible d'induire le destinataire en erreur : lorsque cette erreur est recherchée, lorsque l'auteur de la feinte veut faire passer le faux pour le vrai, on parle alors de duperie, de tromperie, voire de mensonge. Parmi les divers types de feintes fallacieuses, il en est un d'extrêmement pernicieux, qui consiste à mésinterpréter délibérément le discours d'autrui, à faire semblant de comprendre le contraire de ce que l'interlocuteur veut dire. Ainsi, dans ses *Réponses* aux *Objections* de Gassendi, Descartes dénonce chez son adversaire une telle feinte, alors même qu'il explicite au même endroit une véritable stratégie philosophique de la feinte comme exploitation heuristique du faux: «Vous continuez ici à nous amuser par des feintes et des déguisements de rhétorique, au lieu de nous payer de bonnes et solides raisons...». Conduite de rhéteur, de sophiste: «vous feignez que je me moque lorsque [je] parle tout de bon, et vous prenez comme une chose dite sérieusement et avec quelque assurance de vérité ce que je n'ai proposé que par forme d'interrogation et selon l'opinion du vulgaire, pour en faire par après une très exacte recherche»[1]. Le sophiste prend délibérément le vrai pour le faux et le faux pour le vrai dans le but de

1. *Réponses aux cinquièmes objections*, FA II, 790-791 ; cf. également, 809, 819 et *passim*. Il est important de noter que Descartes déploie lui-même une telle feinte à l'égard de Gassendi. En effet, il feint avec une ironie fort impudente que Gassendi feint en jouant une partie qui n'est pas la sienne («vous jouez ici parfaitement bien leur personnage», *ibid.*, 789): celle du rhéteur et de «l'homme de chair», et non pas celle, qui lui revient, du «subtil philosophe», *ibid.*, 788.

brouiller la communication et de mettre en échec l'interlocuteur, non donc par le raisonnement (« les raisons d'un philosophe »), mais des « artifices rhétoriques » qui « éludent » les « opinions » (FA, II, 787).

Au contraire, la feinte philosophique revendiquée au même endroit est destinée à « la recherche de la vérité » (FA II, 791). A l'occasion de la réfutation de la feinte gassendiste, la feinte cartésienne se déclare comme l'admission provisoire de propositions douteuses par « forme d'interrogation » et « pour faire voir par après qu'elles (sont) fausses » (FA II, 791-792) . Le philosophe ne feint, ne dit le faux que pour le dénoncer et établir la vérité. « Un philosophe (...) n'ignore pas que souvent on prend ainsi des choses fausses pour véritables, afin d'éclaircir davantage la vérité » (FA II, 790). Par cette déclaration, Descartes s'emploie à défendre le doute de la *Première Méditation*, dont Gassendi nie en fait qu'il soit possible : « Pouvez vous (...) assez sur vous-même que de croire que vous ne soyez point éveillé, et que toutes les choses qui sont et qui se passent devant vos yeux soient fausses et trompeuses ? » (FA II, 708). Mais c'est là manquer la feinte cartésienne, ou plutôt, si cette mécompréhension est volontaire comme le soupçonne Descartes, feindre qu'il n'y a pas de feinte dans le doute[1]. Lorsqu'il affirme que le doute consiste à « tenir toutes choses pour fausses », Descartes ne dit pas se « persuader pleinement » de la fausseté générale (au contraire de ce que prétend Gassendi) : cette généralisation du faux, il ne veut que la « feindre » (*ibid.*)[2].

La « supposition » consistant à tenir pour fausses toutes les choses douteuses dans le but de mettre à jour la vérité, est l'assomption provisoire d'une *fausseté* : rien ne nous autorise en effet à dire que toutes ces choses sont véritablement fausses ; il est même probable que beaucoup soient vraies. Nous avons décrit une stratégie similaire dans le *Monde*, visant à dégager, par la feinte d'un rejet de toutes les représentations douteuses, ce qui dans la représentation est toujours déjà connu : l'idée même d'espace matériel. Cette ruse, ce détour de la pensée, Descartes les décrit en d'autres textes comme supposition du faux en vue « d'éclaircir le vrai » (FA II, 790). Il nous faut examiner quelques-uns de ces textes afin de spécifier le rapport qui se noue alors dans la feinte entre la fausseté et la vérité.

1. Gassendi reproche à Descartes de « *feindre* un Dieu trompeur ou un je ne sais quel mauvais génie » et critique l'argument du rêve (« vous *feignez* que vous dormez... »), *ibid.*, 707.

2. Cf. *Première Méditation*, IX-I, 17-18. Le doute cartésien ne saurait être une adhésion au faux, puisqu'il suppose au contraire, afin de ne « recevoir en (sa) créance aucune fausseté », une « suspension du jugement » (*ibid.*, 18).

Revenons brièvement aux *Réponses* aux *Objections* de Gassendi: en supposant la fausseté de tout ce qui n'est que douteux, il s'agit d'échapper à l'emprise de tous les «préjugés» (FA II, 789). Si cette supposition de la fausseté générale des opinions préconçues est fausse à strictement parler, cette fausseté permet de s'affranchir de toutes les erreurs effectivement contenues dans les idées reçues et de s'acheminer ainsi vers la vérité. La feinte consiste à simuler le faux pour échapper à l'erreur et pour se disposer à l'appréhension du vrai. Seule cette fausse assomption de la fausseté de toutes choses peut conduire à la certitude absolue du *cogito*. Descartes prend une comparaison: «un philosophe ne serait pas plus étonné de cette supposition que de voir quelquefois une personne qui, pour redresser un bâton qui est courbé, le recourbe de l'autre part» (FA II, 790). Courber le bâton dans l'autre sens pour le redresser: ainsi se précise la dialectique du vrai et du faux dans la feinte. Le philosophe joue le faux contre le faux pour établir la vérité: les feintes que Gassendi reproche à Descartes, celle du songe, qui conduit à révoquer en doute l'ensemble du monde sensible, et celle de la tromperie absolue (divine ou plutôt *géniale*) qui entraîne la suspension des vérités mathématiques elles-mêmes, ces feintes sont destinées à renverser la fausse assurance des témoignages des sens et la fausse certitude des mathématiques en vue de dégager les fondements métaphysiques qui seuls sont susceptibles d'en garantir la validité. Stratégie du bâton tordu dans l'autre sens.

Dans ce même texte, Descartes utilise deux autres comparaisons qui nous ramènent de la métaphysique à la science: «on prend ainsi des choses fausses pour véritables, afin d'éclaircir davantage la vérité, comme lorsque les astronomes imaginent au ciel un équateur, un zodiaque et d'autres cercles, ou que les géomètres ajoutent de nouvelles lignes à des figures données...» (*ibid.*). L'exemple astronomique revient très souvent sous la plume de Descartes, et presque toujours pour défendre l'usage de fausses hypothèses en physique[1]. Dans la *Dioptrique*, il écrit qu'en forgeant des comparaisons hypothétiques pour «expliquer» les «propriétés» de la lumière, il imite «les astronomes, qui, bien que leurs suppositions soient presque toutes fausses ou incertaines, toutefois, à cause qu'elles se rapportent à diverses observations qu'ils ont faites, ne laissent pas d'en tirer plusieurs conséquences très vraies et très assurées» (VI, 83)[2]. L'argument confère une crédibilité importante aux hypothèses,

1. *Règle XII*, X, 417; *Dioptrique*, VI, 83; *A Morin*, le 13 juillet 1638, II, 198-199.

2. Cf. le commentaire de ce texte, *A Morin*, le 13 juillet 1638, II, 199.

comparaisons et images de physique, mais on peut se demander cependant s'il ne se glisse pas là aussi quelque feinte. La comparaison du faisceau lumineux à un bâton, par exemple, est «fausse», comme les épicycles utilisés en astronomie, ces «cercles imaginaires» qui pourtant facilitent le calcul et permettent de «décrire les phénomènes»[1]. Mais les cercles imaginaires des astronomes, à la différence des hypothèses de la physique, sont de pures abstractions géométriques. Ils ne contiennent rien qui échappe à la «*ratio*» mathématique et ne sauraient donc importer en contrebande les témoignages des sens ou de l'opinion[2]. Nous savons qu'il n'en va pas de même des comparaisons et hypothèses de la physique: si, comme les suppositions astronomiques, elles sont destinées à sauver les phénomènes, leur rapport au paraître est différent. Dans le cas des comparaisons de la physique a posteriori de la *Dioptrique* (mais on retrouve aussi ces images dans la physique a priori du *Monde*), le rapport au monde phénoménal est de co-appartenance, quelque soin que Descartes apporte à désamorcer, neutraliser et «abstraire» cette dimension phénoménale pour réduire la comparaison à la seule fonction de paradigme mécanique. Dans la science a priori du *Monde* ou des *Principes*, les premières hypothèses portent sur la formation du monde, et elles exploitent alors avant tout (critiquent et manipulent) l'imaginaire culturel: le livre biblique de la *Genèse* et les mythes cosmogoniques des anciens.

Il est donc impossible d'assimiler ces deux types d'hypothèses, qui du reste interagissent dans les textes, aux suppositions mathématiques des astronomes. La feinte du conteur de science ne peut être confondue avec celle du géomètre. Il s'agit bien dans les deux cas de poser le faux pour en tirer le vrai, mais la fausseté des «suppositions» du physicien n'est pas du même ordre, malgré la caution mathématique que Descartes cherche ici encore à se donner.

Pour l'interprète de la fable du *Monde*, les plus importantes de ces hypothèses sont celles qui décrivent la naissance du monde; les hypothèses cosmogoniques. Dans les *Principes*, Descartes avertit son lecteur de l'entière «fausseté» de certaines suppositions qu'il va lui proposer: «tant s'en faut que je veuille que l'on croie toutes les choses que j'écrirai, que même je prétends en proposer ici quelques-unes que je crois absolument fausses...» (III, art. 45). C'est ainsi l'ensemble de

1. Cf. *Règle XII*, X, 417.

2. Il est vrai que ces suppositions mathématiques sont soumises aux systèmes astronomiques qu'elles ont la charge de sauver avec les phénomènes. Mais il n'empêche que rien de phénoménal n'entre dans leur nature purement géométrique.

son scénario de création que Descartes présente comme une fausse hypothèse :

> Je ne doute point que le monde n'ait été créé au commencement avec autant de perfection qu'il en a ; en sorte que le Soleil, la Terre, la Lune et les étoiles ont été dès lors ; et que la Terre n'a pas eu seulement en soi les semences des plantes, mais *que* les plantes même *en ont couvert une partie* ; et qu'Adam et Eve n'ont pas été créés enfants, mais en âge d'hommes parfaits. (*ibid.*)

Il s'agit certes de ne pas contredire « la religion chrétienne », laquelle « veut que nous le croyons ainsi » (*ibid.*). Prudence ? Certes le point est délicat et Descartes doit prémunir sa science contre les accusations d'impiété. Mais la prudence ne peut être ici que secondaire, seconde, car elle s'accorde avec « la raison naturelle » : « considérant la toute-puissance de Dieu, nous devons juger que tout ce qu'il a fait a eu dès le commencement toute la perfection qu'il devait avoir » (*ibid.*). Pourquoi alors écarter le miracle d'une création instantanée du monde en sa perfection, cet objet de foi et de raison, et lui préférer la feinte d'une genèse progressive ? Pourquoi supposer le faux et non pas adhérer d'emblée à une vérité à la fois révélée et naturelle ? Au nom des exigences de l'esprit humain dans la communication, mais d'abord l'invention de la science :

> ... nous ferons mieux entendre quelle est généralement la nature de toutes les choses qui sont au monde si nous pouvons imaginer quelques principes qui soient fort intelligibles et fort simples, desquels nous fassions voir clairement que les astres et la Terre, et enfin tout ce monde visible aurait pu être produit ainsi que de quelques semences. (*ibid.*)

La science moderne ne rend compte du monde ni selon l'être ni selon la foi mais suivant ce que peut en connaître l'esprit en simulant sa fabrication. La science décrit le monde non tel qu'il est, mais tel qu'il pourrait être si la réalité des choses procédait de la pensée et des mains de l'homme. Ce nouveau savoir ne se soumet ni à l'être ni à la vérité révélée, il n'est pas une ontologie ni une théologie mais une technologie, une simulation technique du réel. La science explique le monde en simulant sa production à partir de « quelques principes fort intelligibles et fort simples ». L'exercice de cette simulation implique la conscience d'une irréductibilité de la chose à sa *mimésis* technique. Nous savons (« bien que nous sachions... ») que le monde n'est pas comme nous pouvons le connaître. La physique décrit les choses sur le modèle du savoir faire humain, elle explique le monde tel que l'homme pourrait le construire, le produire s'il était Dieu. La feinte scientifique est une simulation démiurgique. Elle consiste, pour connaître, à *faire comme si* le monde était *à refaire*. L'auteur de la nouvelle physique emprunte la place de Dieu, tout en restant un architecte, un ingénieur, un technicien, un (re)créateur qui, pour concevoir un objet, doit en simuler la construction, l'usinage, la fabrication. La fausseté est donc essentielle dans la feinte du physicien; fausseté de l'hypothèse (qui ne répond pas à l'*être* de la chose) et imposture inhérente à toute simulation (se faire passer pour ce que l'on n'*est* pas).

Dans la science, l'esprit dicte aux choses un «semblant» de vérité, mais cette simulation pour Descartes dit fondamentalement la vérité sur les choses, parce que la physique procède de vérités identiques en l'homme et dans le monde, comme la réflexion métaphysique permet de s'en assurer. C'est en poussant la feinte jusque dans la métaphysique, que Descartes peut échapper au scepticisme du nouveau savoir. On trouve d'ailleurs dans le texte précité un terme qui illustre cette situation épistémologique et métaphysique de la physique cartésienne, celui de «semence», métaphore que l'on aurait tort de ramener à sa seule origine végétale, évoquée au même endroit. «Semence», dans le lexique cartésien, renvoie à l'idée d'une vérité innée mais inchoative; Descartes parle souvent de ces «semences de vérités» que l'homme peut étouffer ou cultiver en élaborant la physique. Dans ce texte des *Principes*, il s'agit des semences du monde, non celles du monde réel (qui n'en a pas d'autres que ces vérités auxquelles il obéit), mais du monde tel que nous pouvons en «imaginer» la production, ce monde faux que les semences de vérité permettent de fabuler. Ces «semences» de monde, sont bien au fond celles de l'esprit, celles dont l'esprit tire un monde fabuleux: ce n'est pas ce que Descartes dit ici à la lettre, mais on peut cependant l'entendre sans le mésentendre, car le terme possède dans ce texte comme ailleurs cette connotation innéiste.

Les choses ont pu «être ordonnées de Dieu en une infinité de façons» (III, art. 46), il nous est impossible de connaître avec une certitude absolue laquelle Dieu a choisie, nous ne pouvons que le conjecturer, «non par la force du raisonnement», mais en nous réglant sur «la seule expérience» (IV, art. 204). «C'est pourquoi il nous est maintenant libre de supposer celle que nous voudrons, pourvu que toutes les choses qui en seront déduites s'accordent entièrement avec l'expérience» (III, art. 46). Là où nous ne pouvons savoir, nous sommes libres de supposer, libres de feindre. La feinte a pour but de combler certaines lacunes de la rationalité (unique source de certitude absolue) et de permettre une connaissance raisonnable, c'est-à-dire une connaissance par conjecture (capable d'offrir une «certitude morale», «utile pour la vie») s'appuyant sur l'expérience sans renoncer à la raison. Pour suppléer les défauts de la raison humaine dans la connaissance qu'elle peut avoir de la nature (il lui est impossible de savoir comment Dieu a fait le monde), la liberté feint une genèse de l'univers qui peut satisfaire la raison et concorder avec l'expérience. Nous avons vu que la feinte s'emploie à accorder la déduction rationnelle avec l'expérience sensible et que cet accord ne peut être établi sans enfreindre la rigueur déductive et trahir l'expérience[1].

Mais il nous faut pousser plus loin le soupçon et l'analyse: ces «libertés» à l'égard de la raison et de l'expérience impliquent-elles un passage effectif à l'irrationnel? Une liberté transgressive allant jusqu'au choix de l'irrationnel? La feinte, comme tactique de la fausseté en vue de la vérité, jeu du faux contre le faux pour atteindre le vrai, ne suppose-t-elle pas un exercice *absolu* de la liberté, c'est-à-dire délié de toute contrainte de la raison aussi bien que de l'expérience?

La fausseté des suppositions sur la naissance du monde n'empêche pas, écrit Descartes, «que ce qui en sera déduit ne soit vrai» (III, art. 47)[2]. Sont alors présentés deux scénarios également possibles et également faux. Le premier est celui que l'on trouve déjà dans le *Monde* (auquel il est fait explicitement référence), qui consiste à faire dériver «l'ordre qui est à présent dans le monde» d'un chaos primordial. L'autre, préféré dans les *Principes* pour sa plus grande convenance théologique et épistémologique, part de l'«ordre» et de la «proportion» pour s'acheminer par une série de changements, jusqu'à la diversité du monde visible (*ibid.*). Les deux processus, basés sur des hypothèses contraires (la première pose le chaos – la plus grande inégalité possible – et la seconde l'ordre, la plus grande égalité possible), obéissent aux mêmes lois et parviennent au même résultat: la composition d'un monde parfaitement «semblable» au nôtre. C'est pourquoi Descartes peut écrire: «il importe peu de quelle façon je suppose ici que la matière ait été disposée au commencement». On peut en fait «imaginer» indifféremment toutes les dispositions initiales possibles: les lois du changement doivent nécessairement conduire à cette disposition «qui se trouve à présent dans le monde» (*ibid.*). En aucun cas la «fausseté» des «suppositions» ne peut faire douter de la vérité des résultats, car cette vérité dépend de la rigueur de la déduction et de l'accord final avec l'expérience. C'est la vérité

1. Voir *supra*, IV, 3 et VI, 3.
2. Cf. aussi IV, art. 204.

qui, au terme de l'opération, sera l'objet d'une «certitude morale», la certitude que peut apporter le déchiffrage du texte de la nature.

Le développement de la métaphysique entre le *Monde* et les *Principes* n'a donc pas changé le statut fondamentalement hypothétique de la physique, et le régime du discours impliqué par ce statut[1]. La déclaration de fausseté remplace dans les *Principes* la fable du *Monde*. Cela est si vrai que Descartes emploie le terme de «fable» pour désigner la physique de sa «somme philosophique»:

> ... il faut nier tout ce qui est contenu dans les deux dernières parties, et ne le prendre que pour une pure hypothèse ou même pour une *fable*, ou bien l'approuver tout. Et encore qu'on ne le prit que pour une hypothèse, ainsi que je l'ai proposé, il me semble néanmoins que, jusqu'à ce qu'on en ait trouvé quelqu'autre meilleure pour expliquer tous les phénomènes de la nature, on ne la doit pas rejeter.[2]

D'une certaine façon, les *Principes* institutionnalisent la fable, consacrent la physique moderne comme fable du sujet. Mais ils contribuent en même temps à occulter l'origine fabuleuse de la science. La fable du monde devient cette procédure méthodologique qui du faux tire le vrai, ou du moins la plus grande vraisemblance possible. La feinte n'est plus dans les *Principes* un tour littéraire, un style d'écriture de la science. Dans la feinte du *Monde*, la part du faux, de la fiction, du récit et de la rhétorique est beaucoup plus grande: c'est à la faveur de cette irréductible «fausseté» de la fable et parce qu'elle est tout autant justesse, habileté du dire, que mûrit silencieusement dans ces pages de science la métaphysique du sujet. Cette importance de la feinte et de ces enjeux dans le *Monde* n'est du reste pas séparable des liens étroits qui unissent le texte à la culture mondaine sceptique, comme suffit à le montrer l'adoption de la fable. Il ne faut pas oublier que les *Principes* sont une «Somme», un ouvrage destiné aux maîtres et à leurs élèves. Dans la physique comme dans la métaphysique des *Principes* l'ordre de l'enseignement (*ordo docendi*) s'est substitué à l'ordre de l'invention (*ordo inveniendi*)[3]. Dans le *Monde*, la feinte

1. Les *Principes* étaient considérés par Descartes comme la reprise et l'accomplissement du projet du *Monde*: «mon *Monde* se fera bientôt voir au monde», sous le titre de: «*Summa Philosophiae*», *A Huygens*, 31 janvier 1642, III, 523.

2. *A Mesland*, mai 1645, IV, 216-217. Il n'est pas inutile de relever que le portrait de Descartes où figure le *motto, Mundus est fabula,* est précisément de cette époque (1647 environ).

3. Ce sont les termes de l'*Entretien avec Burman*, par lesquels Descartes distingue les *Principes* des *Méditations*, V, 153.

invente la physique et l'invention exige plus d'audace et plus de ruse que l'enseignement. La feinte du *Monde* requiert en fait un usage radical et décisif de la liberté. Le choix du faux dans ce texte (l'invention de la fable) s'avère ainsi tout aussi déterminant pour la méditation métaphysique à venir sur la liberté que pour l'instauration de la vérité de la science.

5. Le chaos des poètes

Dans les *Principes*, Descartes reconnaît cette évolution générale et ce progrès de la pensée qui lui a permis de développer une métaphysique du sujet pensant et d'en faire dépendre la science sans que celle-ci n'ait plus à assumer sa propre fondation. Il signale d'abord cette évolution en adoptant une fiction cosmogonique qui prend l'ordre comme point de départ et proscrit le chaos. Deux raisons sont données à cette proscription: il convient mal « à la souveraine perfection de Dieu » d'être la cause de la « confusion » et la représentation que nous pouvons avoir d'un tel chaos manque de distinction (III, art. 47). Il y a en effet quelque problème théologique à faire de Dieu, dont l'immutabilité est mise au premier plan, l'auteur de la plus grande mutabilité et confusion pensables. D'autre part le choix initial d'une représentation du désordre absolu comporte quelque paradoxe et présente de sérieuses difficultés pour une épistémologie de la clarté et de la distinction. On ne peut douter qu'un tel paradoxe ne soit délibéré. Par la fiction du chaos, le physicien amateur d'énigme se pose un défi: démêler l'écheveau le plus embrouillé, tirer l'ordre du plus grand désordre possible, élaborer en partant de l'obscurité et de la confusion d'un non-monde un modèle scientifique permettant d'expliquer tous les phénomènes. Cependant le choix même du chaos implique une transgression pure et simple de la rationalité scientifique qui doit s'imposer à la nature. Le chaos initial est une fausse hypothèse; sa fausseté n'est absolument pas identifiable à celle des suppositions astronomiques ou mathématiques, et de plus elle contrevient de façon radicale aux données de l'expérience. Cette fausse hypothèse appartient à un récit invraisemblable, à une fable qui évoque d'autres récits, d'autres fables: toute la mémoire cosmogonique de l'humanité. Elle est une hypothèse fausse parce que fondamentalement irrationnelle et voulue comme telle par le fabuliste. C'est précisément pourquoi elle manifeste pleinement la liberté de feindre.

Ce passage de la feinte par l'irrationnel est inhérent au choix de la fable et, si l'on y prête attention, commence avec le récit. Nous avons déjà vu que le voyage du nouveau monde débute par une plongée dans un espace imaginaire, hors du monde visible, lieu vide, vacant, au « milieu » duquel est aussitôt créé l'espace matériel cartésien, conforme à l'imagination distincte[1]. L'épisode, bienvenu du point de vue narratif, plaisant et caustique à l'égard de l'Ecole, pose cependant problème, car cet espace vide entre deux mondes échappe aux conditions de représentabilité mises à jour quelques lignes plus loin. Pourtant l'efficacité rhétorique et doctrinale de ce moment du récit est incontestable. En dévalorisant la notion scolastique d'espace imaginaire, Descartes fait place nette pour le «*fiat*» du monde mécaniste. Le lecteur, engagé à suivre l'auteur dans ces espaces, est arraché au monde aristotélicien et plus largement au monde des sens et des préjugés pour être projeté dans un *vacuum*, un vide comparable, *mutatis mutandis*, à ce «gouffre» du doute où l'esprit s'enfonce à la fin de la *Première Méditation*[2]. Ce vide infini est feint, en ceci qu'il est faux, mais il sert à repousser une autre fausse représentation : le préjugé scolastique d'un monde plein et fini. Par sa fausseté même, son irreprésentabilité, son irrationalité, ce vide appelle la création d'une matière indéfiniment étendue qui corresponde à l'aperception de l'imaginable pur : image vraie parce que nécessaire, condition de possibilité de toute représentation du monde. Pour poser le rationnel – un espace matériel tridimensionnel; mesurable, quantifiable et donc parfaitement connaissable –, la feinte passe d'abord par l'irrationnel : le vide infini d'espaces impossibles, lieu romanesque du voyage de l'esprit scientifique. La forme narrative autorise ce choix de l'irrationnel et en couvre l'aporie. Ne sommes-nous pas dans l'univers de la fable ? Tout n'est-il pas possible dans les fables, même l'impossible ? Mais alors le physicien, dès qu'il adopte la fable et propose en son nom des représentations qui défient les critères rationnels de la science, viole les vérités éternelles au profit de «faussetés» qui impliquent contradiction et renferment donc l'impossible. Ces fausses représentations sont provisoires et surtout simulées, mais rien, dans l'épistémologie cartésienne, ne peut justifier leur adoption. Il faut donc taxer le discours d'incohérence ou bien aller chercher plus loin, plus profond, la véritable «raison» de ces

1. Voir supra, V, 4.
2. «in profundum *gurgitem* ex improviso delapsus, ita turbatus sum, ut nec possim in imo pedem figere, nec enatare ad summum», VII, 23-24.

« anomalies » nécessaires pourtant à l'invention et à l'exposition de la science.

Ces remarques doivent être réitérées pour l'hypothèse du chaos, formulée juste après la création cartésienne de la matière étendue. Le fabuliste fait créer par Dieu le chaos « le plus confus et plus embrouillé que les Poëtes puissent décrire » (XI, 33), ou plutôt « *feindre* », comme le dira plus justement le *Discours* (VI, 42)[1]. Descartes feint donc lui-même de céder à l'imagination la plus chaotique, celle des cosmogonies poétiques, afin de montrer qu'un tel chaos est réductible à l'imagination distincte, et qu'une fois établies les lois du mouvement, cette confusion doit se démêler d'elle-même pour produire un monde parfaitement ordonné (XI, 34-35). Mais il y a feinte parce que cette confusion poétique est simultanément évoquée et déniée pour laisser place à la clarté géométrique.

Descartes exploite ici un thème littéraire, remis au goût du jour par les poètes de la fin du XVIe siècle[2]. Peut-être se réfère-t-il à la *Semaine* de Du Bartas, qui connaît un très gros succès de librairie au début du siècle suivant[3]. Cette histoire versifiée des jours de la création, syncrétisme de références bibliques, patristiques, aristotéliciennes et néoplatoniciennes[4], fait une large place à la description du chaos. Du Bartas, pour exprimer le désordre et la confusion de ce monde d'avant le monde, se livre à un exercice de virtuosité langagière qui mobilise tous les tropes de la dénégation, de l'opposition et de la contradiction :

... Ce premier monde estoit une forme sans forme,
Une pile confuse, un meslange difforme,
D'abismes un abisme, un corps mal compassé,
Un chaos de chaos, un tas mal entassé
Où tous les elemens se logoient pesle-mesle,
(...)
La terre estoit au ciel, et le ciel en la terre.
La terre, l'air, le feu se tenoient dans la mer;

1. Cf. aussi *Principes* III, art. 47.

2. Cf. le t. 2 de l'édition critique de la *Sepmaine* de Du Bartas, due à K. Reichenberger : « Themen und Quellen der Sepmaine » (Guillaume Saluste Du Bartas, *La Sepmaine ou Creation du Monde*, kritischer Text der genfer Ausgabe von 1581 herausgeben von Kurt Reichenberger, 2 vol., Tübingen, 1963).

3. Cf. H. J. Martin, *Livre, pouvoirs et sociétés à Paris au XVIIe siècle (1598-1701)*, 2 vol., Genève, 1969, p. 288. Outre la *Semaine* de Du Bartas, Descartes a très certainement connu les « Chaos » d'Ovide (*Métamorphoses*, I, v. 5-20, peut-être étudié au collège) et de Lucrèce (*De Natura Rerum*, v. 432-442).

4. Cf. K. Reichenberger, *op. cit.* Cf. également James Dauphiné, *Du Bartas, poète scientifique*, Paris, 1983.

La mer, le feu, la terre estoient logez dans l'air;
L'air, la mer, et le feu dans la terre; et la terre
Chez l'air, le feu, la mer. (...)
L'air estoit sans clarté, la flamme sans ardeur,
Sans fermeté la terre, et l'onde sans froideur.
(v. 223-250)[1]

Ce chaos semble bien contenir tout ce que rejette l'imagination scientifique de Descartes, et en premier lieu la contradiction, la «répugnance»: «Le feu n'estoit point feu, la mer n'estoit point mer,/ La terre n'estoit terre, et l'air n'estoit point air» (v. 245-246). Du Bartas parvient à dire le chaos par la dénégation de la logique (une chose n'est plus elle-même) et des données de l'expérience («un ciel non azuré, non clair, non transparent/ Non marqueté de feu, non vousté non errant» (253-254). Le poète transfère la voie négative de la théologie à la physique: «Terre, et ciel, que je puis chanter d'un stile bas,/ Non point tels qu'ils estoyent, mais tels qu'ils n'estoient pas» (v. 257-258). L'entreprise poétique atteint d'abord, par le jeux des figures (antithèses, oxymores, etc.), l'irrationnel, l'irreprésentable (qui se trouve d'ailleurs coïncider avec «la matière première des philosophes» rejetée par Descartes, v. 259-260), puis elle consiste, par une invention linguistique d'une extraordinaire richesse, à reconstituer le monde de la physique traditionnelle et de l'expérience commune, jusque dans le moindre de ses «merveilleux» détails (le chant de chaque oiseau, les couleurs de son plumage, ses mœurs amoureuses, etc.). Le chaos de Du Bartas est avant tout une œuvre de langage, le jeu rhétorique et l'affirmation poétique d'une transgression linguistique de la raison et de l'expérience. Quant au reste de la *Semaine*, qui suit pas à pas le travail du créateur, elle est une recréation langagière du monde sensible: œuvre de restitution mais en même temps de transmutation et de métamorphose de l'infinie variété des choses en un monde de figures.

Les démarches du poète baroque et du physicien cartésien sont ainsi parallèles mais incompatibles; l'une et l'autre consistent à défaire et refaire le monde, à mimer les actes du créateur. Mais le poète exploite un imaginaire qui coïncide avec le pouvoir inventif, expérimental de la parole, alors que le physicien s'emploie à maîtriser cette imagination linguistique et à l'exorciser, en la faisant intervenir comme citation dans son propre discours (le chaos «des poètes»). Le premier construit un monde de parole, irréductible à la science et à

1. Cf. également v. 280-281 et Le Moyne, *Actéon*, in *Œuvres poétiques*, Paris, 1671, cité par J. Rousset, in *Anthologie...*, *op. cit.*, t. 2, p. 14.

l'expérience qu'il feint de mimer. Du Bartas en effet reproduit formellement la science des écoles et décrit les choses qui paraissent, mais la *mimésis* poétique est par essence transgressive : son monde est un événement littéraire. Le second invente un modèle mécanique susceptible de rendre compte intégralement de l'expérience, élabore une nouvelle science et cherche à montrer que rien ne peut faire obstacle à sa mainmise théorique : du chaos des poètes, le physicien se fait fort de tirer la machine de son monde.

L'honnête lecteur du *Monde*, à l'évocation du chaos poétique, se souviendra sans doute des prouesses rhétoriques et sonores de Du Bartas. Il est sûr que cette référence transporte au cœur et à la source du mécanisme, un imaginaire et une aventure langagière inadmissibles pour la rationalité géométrique. Mais ce rappel de la fiction poétique appartient à la feinte ; le physicien ne sollicite le poète que pour mieux l'exclure de *son* monde, non celui de ses plaisirs où Descartes réservera toujours une bonne place à la poésie, mais celui de la science. Car la matière et les qualités (grandeur, figure et mouvement) dont ce chaos est composé répondent parfaitement aux critères de l'imagination distincte :

> ... arrêtez-vous encore un peu à considérer ce chaos et remarquez qu'il ne contient aucune chose qui ne vous soit si parfaitement connue que vous ne sauriez pas même feindre de l'ignorer. Car pour les qualités que j'y ai mises, si vous y avez pris garde, je les ai seulement supposées telles que vous les pouviez imaginer. Et pour la matière dont je l'ai composé, il n'y a rien de plus simple, ni de plus facile à connaître dans les choses inanimées... (XI, 35)

Ce chaos présenté comme le comble de la confusion, on ne peut pas même « feindre d'ignorer » la moindre chose qu'il contient, si l'on se souvient de quelle matière et de quelles qualités imaginaires le physicien géomètre l'a composé. Ainsi Descartes peut-il reprocher à son lecteur, après coup, de n'avoir « pris garde » à sa feinte et de s'être laissé aller à fabuler un chaos irrationnel, irreprésentable : un chaos de poète. Le lecteur est tombé dans le piège rhétorique tendu par le fabuliste qui se joue de lui, de sa fantaisie et de ses préjugés culturels en lui montrant que son chaos n'est pas cette chose inconnue et inconnaissable, cette matière nue du verbe, feinte par les poètes et les philosophes, mais la chose la plus connue, l'espace géométrique, nanti de ses propriétés, dont il va pouvoir faire son monde.

On ne peut nier que la feinte cartésienne soit ici un savant escamotage, car elle ne réduit le chaos – l'imaginaire et la langue des poètes – à la science qu'en refusant de prendre en compte son impossible accord avec la raison et avec l'expérience, son essence anomale et transgressive, c'est-à-dire sa véritable nature, pour laquelle cependant Descartes l'a fait comparaître dans son traité. Aussitôt évoqué, le chaos des poètes est substitué par l'espace des géomètres. La responsabilité de la représentation monstrueuse du chaos originel des fables poétiques est rejetée ironiquement sur le lecteur qui n'a pas «pris garde» à la nature géométrique de l'imaginaire cartésien. La liberté de feindre se déclare ainsi dans cette convocation et révocation de l'imaginaire poétique, ce jeu de l'illusion et de la désillusion, cet usage du faux dressé contre lui-même pour atteindre le vrai, cette substitution, à travers la fable, de la science à la poésie.

6. Science et liberté

Le chaos du *Monde* est abandonné dans les *Principes*, parce que sa représentation manque de distinction et pour un défaut de convenance théologique. Nous venons de voir que cet hypothétique chaos est dans le premier traité, intrigué et démêlé – conduit à son dénouement – par la feinte. Mais demeure le problème de théodicée que pose la supposition d'une création confuse et désordonnée. Certes il s'agit seulement d'une hypothèse dont la fausseté est affirmée, mais il n'en demeure pas moins que Dieu, dans cette intrigue ne joue que le second rôle; l'intrication du chaos n'est pas destinée à montrer la grandeur de Dieu mais l'ingéniosité du savant, capable de «démêler» les fils du chaos le plus obscur pour en faire jaillir «de la lumière»[1]. Cependant ce «démêlage» ou ce «démêlement», comme l'on disait au XVIIe siècle pour le dénouement des comédies, est redevable à la divinité, puisqu'il dépend de la mise à jour des lois qu'elle a instituées dans la nature. Certes, mais là encore, en créant les lois – les lois du mécanisme – permettant de débrouiller le chaos – le chaos «des poètes» –, le créateur ne fait qu'obéir aux injonctions de la pensée scientifique. Ce problème de convenance théologique nous reconduit à l'examen des rapports extrêmement complexes que le sujet de la feinte entretient avec son créateur dans l'invention de la science.

Nous avons vu que le Dieu de la fable, parce qu'il fondait la possibilité même de la science, ne pouvait être simplement tenu pour un Dieu de fable[2]. Cependant comment empêcher ce premier soupçon

1. *A Mersenne*, le 23 décembre 1630, I, 194.
2. Voir *supra*, V, 5.

de renaître à l'examen du scénario de recréation, retouché et réformé au fur et à mesure des exigences de la science, au mépris des convenances théologiques et bibliques? Il faut alors admettre que non seulement la fable, mais aussi la doctrine métaphysique des vérités éternelles partiellement énoncée dans la fable, sont proférées depuis cette instance dissimulée que révèle dans le texte les décisions du sujet du discours, le sujet de la feinte, dont le statut n'est pas non plus déclaré. Parce qu'elle pose le fondement et le dispose en fonction des exigences de la science, et parce qu'elle transgresse simultanément la rationalité qu'elle s'emploie à fonder, cette instance ne peut être elle-même que fondatrice. La feinte métaphysique n'est pas une métaphysique feinte, mais une métaphysique qui dissimule son fondement ultime. Celui-ci, comme le montre l'analytique de la feinte, n'est autre que la *liberté*. Non la liberté de Dieu, source de toutes choses, sans laquelle la doctrine des vérités éternelles reste insuffisante, mais la liberté du sujet qui prend l'initiative de la fable et de son ancrage métaphysique, la liberté du sujet de la feinte.

Cette liberté du sujet de la feinte métaphysique, se déclare pourtant au moins une fois dans le texte, d'une façon assez troublante. L'occasion de cette déclaration est offerte par une proposition incidente, insérée dans une phrase dont l'objet est précisément l'affirmation du fondement divin. Il s'agit de quelques mots sur lesquels la lecture peut glisser et dont la teneur scandaleuse, de toute façon, se désamorce d'elle-même. « Car quel fondement plus ferme et plus solide pourrait-on trouver pour établir une vérité, *encore qu'on le voulût choisir à souhait* (n. s.), que de prendre la fermeté même et l'immutabilité qui est en Dieu? » (XI, 43). Descartes dit bien-sûr que le fondement de la vérité ne se « choisit » pas, mais s'impose à la réflexion métaphysique du physicien. Cependant la formulation interrogative révèle autre chose: quel fondement plus ferme, s'il le voulait chercher, le physicien pourrait-il « souhaiter » trouver? Le fondement est donc l'objet d'un souhait et il est volontairement mis à jour pour remplir ce souhait. De plus, Dieu est ici désiré, voulu, non pour lui-même, mais pour ceux de ses attributs susceptibles de fonder la science et de cautionner les audaces du physicien: l'immutabilité, de préférence à la liberté, passée sous silence dans le *Monde*. La vérité et son fondement ne sont pas les fruits de la volonté, du caprice ou de la fantaisie de l'homme de science, mais ils ne peuvent cependant être appréhendés s'ils ne sont « voulus ». Le physicien ne peut choisir « à souhait » le fondement de sa science, mais pour l'établir et l'exploiter, il doit le vouloir. Descartes cherche à montrer que son fondement est le plus ferme et le plus solide: il défie son lecteur d'en trouver un meilleur et s'adresse à lui-même ce défi. La forme interrogative de la phrase implique la possibilité de chercher un autre fondement, et donc de remettre en cause le fondement divin, de douter de son existence et de sa véridicité, ce à quoi Descartes s'emploiera effectivement dans les *Méditations*[1]. Cette question suppose que la démarche de fondation procède d'une volonté du sujet de la science, de cette liberté métaphysique qui s'exerce dans la feinte comme simulation d'un monde possible. La simulation n'est alors pas seulement à l'œuvre dans l'exercice de la science mais aussi dans l'appréhension du fondement lui-même, puisque la démarche va jusqu'à la question d'un « meilleur » fondement. Ainsi, dans le *Monde* déjà, un processus de falsification est esquissé ou plutôt supposé à l'égard du fondement. Peut-on feindre un meilleur fondement de la vérité que Dieu ? Non. Alors, ce fondement est indubitablement Dieu. Mais il a fallu pour cela éprouver la possibilité, absolument fallacieuse, d'un fondement de la vérité qui ne fût pas Dieu.

Ainsi la falsification, la position du faux pour atteindre le vrai fait partie intégrante de toute démarche philosophique, comme nous l'avons déjà soupçonné à la lecture de la défense cartésienne du doute contre les *Objections* de Gassendi[2]. Qu'il s'agisse de connaître le *Monde*, Dieu ou le Moi, le cheminement réflexif et linguistique passe par la feinte du faux.

Dans le *Monde*, comme dans toutes les œuvres cartésiennes, la falsification révèle ainsi la liberté du sujet par une double transgression de la rationalité, simultanément, vers l'être suprême et vers le néant. La réflexion s'élève d'une part jusqu'à l'appréhension de l'être « absolu », délié de cette rationalité qu'il crée librement, mais elle passe aussi par le « néant », en tant que la position du faux participe de la faiblesse et de l'imperfection de l'homme[3]. Les représentations ou idées fausses « procèdent du néant » inhérent à la nature de l'homme, elles sont la marque de sa finitude[4]. Mais le faux, l'erreur supposent tout autant la présence de l'infini en l'homme, sous la forme de son libre arbitre. L'erreur, le faux se produisent ainsi à la jonction du fini et de l'infini, d'un entendement limité et d'une volonté qui ne connaît

1. IX-I, 16. Voir la réflexion de F. Alquié sur la *Cinquième Méditation* (IX-I, 53) : « lorsque (...) Descartes déclare devant l'infinité de Dieu, qu'il n'est pas en sa liberté de concevoir un Dieu sans existence, la liberté qu'il invoque, et se trouve ici contrainte, n'est certes pas la liberté éclairée, mais celle-là même qui pourrait nier Dieu », *La découverte métaphysique...*, *op. cit.*, p. 293.

2. Voir *supra*, VI, 4.

3. *Méditation quatrième*, IX-I, 43. Cf. F. Alquié, *La découverte métaphysique...*, p. 298.

4. *Méditation troisième*, IX-I, 35.

pas de bornes[1]. Mais le néant est en quelque sorte «récupéré» dans la feinte parce que le faux y devient volontaire et y est utilisé pour la recherche de la vérité. La feinte use délibérément le faux pour atteindre le vrai et l'assomption du négatif (l'affirmation du néant) devient ainsi deux fois positive: parce qu'elle manifeste le libre arbitre et parce qu'elle sert la vérité. C'est selon cette double positivité qu'il faut considérer dans le traité l'appropriation ironique des espaces imaginaires ou l'évocation du chaos des poètes et, plus généralement, l'invention de la fable comme discours de la science en clair-obscur. L'effraction de la science en direction du fondement «supérieur» (Dieu), permet de conférer sa légitimité épistémologique à l'exercice de l'imagination distincte et à la fiction de l'ordre, dans le but d'expliquer un monde dont ne se donnent ni l'image ni l'ordre véritables. Cette échappée métaphysique suppose une liberté radicale qui excède positivement la rationalité dans l'appréhension de son fondement divin, mais aussi négativement, car celui-ci est affirmé dans la défaillance de la feinte déployée pour en établir un «meilleur». Ce double excès hors de la raison ou plutôt à ses limites, là où la raison appréhende ce qui l'excède positivement, mais aussi ce qui, négativement l'abolit, cette double effraction légitime l'usage restreint et dérivé de la liberté dans la manipulation du seul possible. La liberté transgressive échappe nécessairement à toute légitimation épistémologique: seule l'adhésion au vrai est pleinement légitimée par la doctrine cartésienne de l'évidence, et le faux admis comme procédé scientifique doit rester lui-même dans les limites du possible. Une telle liberté n'est pas pour autant supprimée de la science: elle s'affirme dans la «fantaisie», l'arbitraire, la dissimulation, dans tout ce substrat rhétorique du discours sans lequel la physique de Descartes serait inconcevable.

C'est pourquoi «la liberté de feindre» revendiquée dans le *Monde* nous semble anticiper cette liberté que Descartes expose à Mesland en 1645, à l'époque où il concède à ce même correspondant que la physique des *Principes* peut être lue comme une fable: «il nous est toujours possible de nous retenir de poursuivre un bien clairement connu ou d'admettre une vérité évidente, pourvu que nous pensions que c'est un bien d'affirmer par là notre libre arbitre» (FA III, 552).

Le *Monde* n'est pas un ouvrage de métaphysique ni de morale, mais exclusivement de physique, même si cette physique est pourvue d'une assise métaphysique et si la science, comme pratique, y renvoie en filigrane à une morale. L'affirmation de la liberté est inséparable,

1. Cf. *Quatrième Méditation.*

dans cette œuvre, de la visée de vérité scientifique et elle n'est décelable que dans la poursuite même de ce but. La liberté n'en assume pas moins un rôle fondamental et, nous l'avons vu, fondateur. Une fois reconnue à la liberté de feindre cette dimension métaphysique, il devient possible de mieux cerner les rapports que le sujet de la science entretient avec l'objet qu'il élabore, ce «monde» construit dans l'écriture d'un traité («le» Monde même !), et avec le fondement qu'il dégage pour assurer son entreprise épistémique.

Comme libre refonte, fondation et falsification de la science, la liberté de feindre n'est pas plus assujettie à la rationalité que ne l'est le créateur lorsqu'il établit celle-ci en l'homme et dans le monde. La liberté de feindre, comme la liberté de créer, est nécessairement indépendante de ses objets. En ce sens elle est infinie au même titre que la liberté divine, comme le montrent les développements métaphysiques postérieurs au *Monde*. Le sujet de la feinte est libre par rapport à sa fiction comme Dieu envers sa création.

Cependant cette identité dans la liberté s'accompagne d'une différence infinie: la fiction du sujet n'est pas création mais simulation de la création divine. Feindre un nouveau monde revient à mimer la création du vrai monde. De ce point de vue, l'homme de science qui feint un monde n'est que le mime, le simulateur de Dieu. Et de même que le mime ou l'acteur ne *créent* que des simulacres, la fiction scientifique n'est qu'une pseudo-création, une création «*in libro*» et plus encore «*in fabula*». Le monde ainsi recréé ne possède aucun statut ontologique, il n'est qu'une représentation. La feinte du monde est ce simulacre de création à travers lequel seul l'esprit peut avoir connaissance du monde.

Si l'esprit doit simuler pour connaître le monde, c'est qu'il y a aussi une part de fiction dans la création divine. La feinte du sujet répond à une feinte divine. Pour une *raison* qui échappe nécessairement à la raison de l'homme parce qu'elle appartient au mystère de la création et relève de l'insondable liberté du créateur[1], Dieu ne livre pas immédiatement à l'homme le monde dans sa vérité ou, ce qui revient au même, il ne donne pas à l'homme le pouvoir de connaître le monde sans médiation. Si nous percevons bien les natures simples matérielles, ces idées innées, à partir desquelles la connaissance du monde extérieur est possible, nous n'avons pas pour autant la science infuse du monde. Au contraire, le monde immédiatement accessible, le monde apparent est une source inépuisable d'erreurs. Dans l'expérience sensible, l'homme est confronté au

1. Cf. *Quatrième Méditation*, IX-I, 44.

spectacle trompeur du monde, à ce discours fallacieux du paraître que Descartes en *Règle XII* taxe de «fable» (X, 423). N'est-ce donc pas Dieu lui-même qui trompe l'homme en le soumettant ainsi aux faux-semblants de la nature? C'est là un soupçon inévitable que le doute métaphysique assumera pleinement, et seul ce doute radical permettra de supprimer définitivement ce terrible soupçon d'une tromperie divine. Dieu n'est pas trompeur parce qu'il a donné à l'homme, en même temps que la fable du monde, les moyens de ne pas se laisser abuser par les apparences et d'interpréter cette fable correctement. C'est l'homme lui-même qui s'abuse en prenant le paraître pour l'être et la fable pour une histoire vraie. Dieu est véridique parce qu'il a infusé en l'homme les vérités qui lui permettent de déjouer la fable, de décrypter le chiffre du monde, mais il lui a donné du même coup le pouvoir de se défier des apparences et d'exploiter les vérités qui sont en lui pour connaître le monde: ce don est celui de la liberté. En voulant l'homme libre, Dieu lui accorde la possibilité d'adhérer au vrai, mais aussi de choisir le faux. Il le fait capable de faillir et d'errer. C'est en ceci, paradoxalement, que réside la grandeur de l'homme, car cette capacité de se tromper et de faillir découle de l'indépendance absolue de la volonté[1]. La possibilité d'adhérer au faux est la marque de la liberté et les effets d'une telle doctrine se font d'abord sentir dans le domaine éthique. Cette conception radicale de la liberté fonde une morale de la liberté et de sa jouissance dans l'exercice de la générosité[2]. Mais il nous semble qu'elle conditionne tout autant la pratique scientifique et plus généralement toute démarche spéculative, parce que l'accès à la vérité se fait dans la feinte et suppose le choix du faux. Nous avons définit la feinte comme position volontaire du faux pour déjouer le faux en vue du vrai. Et la feinte du traité du *Monde* consiste à déjouer la fable du monde des sens et de l'opinion (commune ou savante) en lui opposant la fable du nouveau monde, afin d'instituer la vraie science. La feinte est la machination d'un discours oblique permettant de dire le vrai par le biais d'une fable, d'une «histoire» du monde délibérément fausse et destinée à neutraliser la fausseté inhérente aux discours conjoints des sens et de l'opinion. C'est pourquoi le langage courant, parce qu'il participe activement à cette fausseté, peut seul servir à la feinte: en parlant le français de l'honnête homme, en exploitant une rhétorique de l'expérience et de l'image qualifiée, le physicien s'attache en fait à dresser le sensible et

1. *Principia* I, art. 37, VIII, 19 (le français est moins précis). Cf. commentaire de F. Alquié, *La découverte métaphysique*..., *op. cit.*, p. 287.

2. Cf. *A Elisabeth*, 1er septembre 1645, IV, 281; *Passions de l'âme*, art. 153, etc.

l'imaginaire délétères contre eux-mêmes pour leur substituer la vraie représentation mécaniste du monde.

La pratique de la science requiert ainsi elle-même l'infinie liberté du sujet; Dieu exige donc de l'homme de science qu'il exerce dans la feinte une liberté comparable et même, si on la considère en elle-même, égale à cette liberté impliquée dans l'acte créateur. C'est en le faisant libre que Dieu a créé l'homme à son image[1]. Mais cette similitude, voire cette égalité ne concernent que la seule liberté. En Dieu, volonté, connaissance et création ne sont qu'une seule et même chose[2]. En l'homme ces facultés sont distinctes et les puissances de connaître et d'agir, comparativement à Dieu, sont infiniment limitées[3]. Voilà pourquoi la feinte n'est jamais qu'un simulacre de création, et ce monde simulé ne peut absolument pas prétendre rivaliser sur le plan ontologique avec son modèle, car il n'est à proprement parler «rien» qu'une représentation[4], tandis que, sur le plan de la connaissance, le sujet de la feinte, qui élabore la science du monde à travers sa fiction, ne peut atteindre qu'une certitude morale, qui enveloppe l'ignorance absolue des desseins de Dieu. La feinte scientifique implique ainsi un double rapport du sujet à l'égard du fondement divin: celui d'une différence infinie dans la connaissance et la puissance et celui d'une similitude parfaite dans l'exercice de la liberté.

Le libre arbitre «nous rend de quelque façon pareils à Dieu», tellement, ajoute Descartes à l'intention de la reine de Suède, qu'il semble nous exempter de lui être sujet»[5]. Il nous paraît possible d'appliquer cette conséquence morale d'une audace extrême à la pratique de la science dans le traité du *Monde*, rédigé presque deux décennies auparavant. La liberté permet au sujet de déclarer son indépendance à l'égard de la divinité dans la simulation de la création: la feinte est une *mimésis* originale, parce qu'originée dans la liberté même du sujet. Le monde de la fable n'est pas une copie conforme du vrai monde, mais la fiction d'un monde nouveau. La science n'est pas la simple application de la vérité innée aux apparences mais un

1. Cf. *A Mersenne*, le 25 décembre 1639, II, 628; *Méditation Quatrième*, IX-I, 45.

2. Cf. *A Mersenne*, le 6 mai 1630, I, 149; *Au même*, le 27 mai 1630, I, 153.

3. Quatrième Méditation, IX-I, 45-46.

4. Les détracteurs de Descartes auront ainsi beau jeu d'ironiser sur les prétentions démiurgiques de cette activité scientifique: «Monsieur Descartes désigna un espace en rond (...) pour en faire en petit un essai de son monde», Daniel, *Voyage de Descartes*, *op. cit.*, p. 299. «En moins de deux heures, je vous fais un Monde, une Terre, des Planètes, des Comètes et tout ce que vous voyez dans le vôtre de plus admirable», *ibid.*, p. 294.

5. *A Christine de Suède*, le 20 novembre 1647, V, 85.

dispositif rhétorique qui atteint le vrai en posant le faux. Nous paraît ainsi se vérifier, dans l'invention et l'écriture de la science, cette mimétique de l'aséité divine dont parle Jean-Luc Marion à propos de l'accomplissement moral de la liberté dans la générosité[1].

Quelle que soit la distinction radicale faite par Descartes entre les domaines de la spéculation et de l'action, la science, considérée dans son invention comme dans sa communication, reste une pratique[2]. La recherche de la vérité et son expression linguistique ont beau constituer un type d'action tout à fait particulier, elles sont des « occupations » comparables aux autres « occupations et actions » des « hommes purement hommes » (VI, 3). Il y a une pratique spéculative et le sujet de connaissance, qui est aussi le sujet du discours philosophique, le *je* qui prend l'initiative de fonder et de développer une nouvelle science, manifeste sa liberté dans cette pratique comme dans les autres champs de l'action humaine. Toute la fable du nouveau monde, dans l'affirmation réitérée du « bon plaisir » et de la « libre feinte » du géomètre-fabuliste, nous semble ainsi consister en une telle mimétique de l'indépendance divine. Ce nouveau monde n'est qu'une fiction, mais justement parce qu'il ne coïncide pas avec le vrai monde et procède d'un usage volontaire du faux – d'une feinte –, ce monde manifeste la liberté du fabuliste qui l'invente et l'écrit dans ce livre qu'il appelle le *Monde*, et encore : « la fable de *mon Monde* ». Ce monde, ce livre du monde est *sien* en vertu du libre arbitre engagé dans son écriture.

1. *Sur la théologie blanche*..., *op. cit.*, p. 412.

2. La spéculation n'est du reste séparée de l'action que pour mieux y ramener : la « recherche de la vérité » est toujours finalisée chez Descartes par la « conduite de la vie ». Cf. *Discours de la méthode*, première et troisième parties ; *Recherche de la vérité*, X, 495-496 ; *Lettre préface des Principes*, etc.

CONCLUSIONS

LE JE SOUVERAIN

> L'énigme de cette *fable* est entière, ou plutôt le Monde lui-même ne devient Monde que dans la mesure où il se glisse dans une *fable* dont l'écrivain est l'auteur [1].

1. « La fable de mon Monde me plaît trop... » [2]

L'analyse de la feinte nous a permis de déceler le statut métaphysique de cette liberté que s'octroie le physicien fabuliste dans la fiction narrative de son nouveau monde. Certes, dans la pratique scientifique la liberté est au service de la vérité, mais elle ne lui est pas pour autant asservie. Nous venons de le voir, la science même ne serait pas concevable sans l'exercice effectif d'une liberté qui l'excède. L'instauration et le déploiement de la science supposent en effet un usage transgressif de la liberté. Pour fonder métaphysiquement la rationalité mathématique et en permettre l'application au donné, une effraction de la raison s'avère nécessaire. La science a besoin de la liberté. Mais on peut aussi dire que la liberté utilise la science pour se manifester et se sert de la vérité même pour s'affirmer. Ce renversement de perspective nous amène à considérer le texte du *Monde* comme le lieu où une liberté se déclare.

1. P.-A. Cahné, *Un autre Descartes*, *op. cit.*, p. 116.
2. *A Mersenne*, le 25 novembre 1630.

Une liberté, car la liberté cartésienne est toujours celle d'un individu désigné ou plutôt autodésigné : une liberté qui dit *je*. Dans le *Monde*, le *je* s'énonce comme l'auteur, fabuliste, physicien, rhéteur-géomètre, peintre de clair-obscur. Ce libre *je* de la feinte est sujet du discours avant de se découvrir sujet pensant, sujet auquel la liberté appartient en tant qu'il pense.

Ce sujet qui revendique sa singularité n'est pourtant pas exclusif, il se décline aussi, comme nous avons pu le remarquer, à la première personne du pluriel. Le *nous* du *Monde* peut-être interprété comme un avatar du *je*. Mais, dans le nous, le *je* singulier donne sa pensée et donc sa liberté, au pluriel, en partage au public. Dans le nous et dans le *vous*, qui apparaît avec une fréquence moindre, le public, considéré non comme une généralité abstraite mais comme chacun des lecteurs potentiels, est invité à performer, avec l'auteur, la feinte de la science et donc à exercer la libre pensée requise par la feinte. En annonçant la feinte, la rhétorique cartésienne est d'abord dissuasive, elle provoque ainsi le *je* de l'autre à user de son libre arbitre. Car la performance de la feinte exige une distance critique à l'égard de la lettre du texte et de la doctrine qu'elle exprime. On trouve chez Descartes, en même temps que le constat d'une séparation drastique des substances pensantes qui révèle un sens absolu de l'indépendance individuelle[1], la reconnaissance d'une intersubjectivité de la vérité et de la liberté. Mais cette appréhension universelle de la vérité et cet exercice collectif de la liberté ne peuvent s'accorder avec l'affirmation de la singularité du sujet individuel que dans une épistémologie et une éthique du soupçon et de la défiance en la parole de l'autre[2]. L'œuvre cartésienne, dans sa

1. Cf. *Principes* I, art. 60.

2. Sur l'attitude psychologique de Descartes envers autrui, caractérisée par une objectivation spontanée de l'autre, la négation dans la polémique philosophique du « rapport interconscientiel », le refus de « l'idée que le contact d'autrui puisse être fructueux », cf. les pages lumineuses de F. Alquié, *La découverte métaphysique*, *op. cit.*, p. 98-100. La philosophie et la morale de Descartes, en accord avec ces caractéristiques individuelles, saisissent d'abord le *je*, isolé du monde des autres comme du monde naturel. Cependant, en tant que le « *je pense* » est donné à performer au lecteur, proféré au monde, l'autre est atteint comme sujet, mais indirectement, à travers la médiation du discours. Le *cogito* est un monologue prononcé devant un public, composé d'individus pensants et non devant une collection d'objets. L'intersubjectivité est ainsi impliquée dans l'affirmation de l'autonomie radicale du sujet : celle-ci est accomplie par le biais du langage et le langage suppose la présence d'un être capable de « répondre ». Mais l'intersubjectivité n'est pas première : ce n'est qu'en affirmant son indépendance absolue à l'égard du monde que l'*ego* cartésien, à travers le langage, rencontre l'autre comme sujet, tout en le maintenant dans un écart irréductible. Dans le partage de la vérité, l'intersubjectivité requise est toujours d'abord celle de la solitude et de la séparation.

façon de se donner à lire, de se publier, est le meilleur exemple de cette situation métaphysique du *je*, isolé, séparé, mis en rapport avec le « monde » à travers les signes qu'il lui destine et qu'il en attend.

Dans l'œuvre intitulée le *Monde*, à travers la fable d'un nouveau monde susceptible de révéler la vérité de l'« ancien », une liberté se déclare au « monde ». Nous rassemblons là les différentes acceptions du mot monde dans le lexique cartésien et tel que Descartes lui-même en joue. « Le » monde est ainsi tour à tour le monde réel, créé par Dieu, le monde recréé par le physicien dans la fable, le livre où s'opère cette recréation que Descartes appelle toujours dans sa correspondance « *mon Monde* »[1], et la communauté des lecteurs, le « monde » auquel l'ouvrage est destiné, mais qui, pour les raisons que nous avons vues[2], ne pourra le lire du vivant de l'auteur, si ce n'est à travers le *Discours* et surtout les *Principes*. Pour annoncer la prochaine parution de ce dernier ouvrage, Descartes écrit à son ami Huygens, en janvier 1642 : « Mon *Monde* se fera bientôt voir au monde »[3]. Cette équivoque appartient à une série qui constitue une sorte de jeu longtemps continué entre Descartes et son correspondant sur le titre de l'ouvrage laissé au tiroir. Dans la lettre à laquelle Descartes fait réponse, Huygens disait en effet : « Je vous prierai de donner votre *Monde* au monde avant que d'en sortir » et concluait, avec son urbanité habituelle : « Je vous baise très humblement les mains et, dans la presse du monde où je roule, vous demande toujours quelque nouvelle du MONDE, comme le moins entendu, mais des plus avides et insatiables de vos lecteurs »[4]. Il semble que la lecture faite par Huygens du manuscrit du *Monde* soit à l'origine de ce jeu[5]. D'ailleurs, l'ami de Descartes, par mode de plaisanterie, utilise à plusieurs reprises l'expression « espaces imaginaires » pour désigner les lieux de résidence du philosophe, alors que celui-ci s'emploie à les taire ou à communiquer de fausses adresses pour mieux protéger sa « retraite », son « loisir », son « repos » : sa « liberté »[6].

1. *A Mersenne*, le 4 novembre 1630, I, 176 ; le 25 novembre 1630, I, 176 ; décembre 1632, I, 263 ; *A Huygens*, le 5 octobre 1637, I, 645 et le 6 juin 1639, II, 552, etc.

2. Voir *supra*, V, 3.

3. Le 31 janvier 1642, III, 523.

4. *Huygens à Descartes*, le 25 janvier 1642, II, 779-780. Cf. *Descartes à Huygens*, le 9 mars, 1638, II, 662 ; *Huygens à Descartes*, le 15 mai 1639, II, 679 et le 28 mai 1639, II, 680-681 ; *Descartes à Huygens*, le 6 juin 1639, II, 552.

5. Cf. *Huygens à Descartes*, le 31 mars 1636, I, 604.

6. *Huygens à Descartes*, le 18 septembre 1637, I, 641 et le 23 novembre 1637, I, 646. Sur le choix de sa retraite hollandaise et son goût, d'une modernité étonnante, pour la solitude citadine, cf. *A Balzac*, le 5 mai 1631 (I, 203-204), et surtout le *Discours de la méthode*, VI, 34.

Il est possible de ne voir dans ces équivoques que des clins d'œil un peu appuyés, comme les aime le secrétaire du Prince d'Orange, destinés à convaincre enfin Descartes de publier son ouvrage. Ce jeu nous semble cependant très bien faire apparaître une certaine éthique de la production scientifique et de sa diffusion. Il montre surtout la profonde interaction du vécu le plus immédiat et de la spéculation scientifique et métaphysique, dans une revendication à la fois inquiète et souveraine de la liberté du penseur à l'égard de ses produits et de son public. Nous ne voulons pas tenter ici une analyse des ressorts psychologiques de l'attitude de Descartes afin d'en tirer éventuellement une clé de lecture pour le traité. Loin de croire que la vie puisse expliquer l'œuvre, nous pensons que l'œuvre se prolonge dans la vie, qu'elle s'illustre, s'éprouve et s'approfondit à la fois dans la biographie. Il ne s'agit pas de nier la présence, dans l'œuvre même, de déterminations psychologiques, socio-culturelles, historiques ou autres, mais plutôt de les considérer en fonction des visées et des enjeux propres de l'œuvre. En fait *nous* utilisons la correspondance privée pour exemplifier la philosophie, comme Descartes lui-même se sert de l'autobiographie dans le *Discours de la méthode* (VI, 3-4).

Descartes se tient délibérément, comme il le dit et comme Huygens s'en amuse, « hors du monde »[1], et ce monde dont « D'escartes »[2] reste à l'écart n'est pas le monde social pris dans son ensemble, le siècle (il n'y rien chez lui du « solitaire »), mais la communauté de ses lecteurs potentiels, dont il semble en effet souvent fuir plutôt que rechercher le contact direct. Pour se garder à lui, jouir de sa liberté, Descartes évite le public mondain, la foule des curieux : ses lecteurs. Pourtant l'une des préoccupations du philosophe, dans son « désert », est d'écrire pour le monde, en ne négligeant aucun de ses empires, et de s'enquérir auprès de ses correspondants, avec une insistance qui frise parfois l'indécence, de ce que le monde dit de lui et de ses écrits[3]. Hors du monde, dans les espaces imaginaires d'un loisir jalousement protégé, Descartes écrit *son Monde* pour le monde. Il identifie ainsi, avec la

1. Cf. par exemple, *A Huygens*, le 20 mai 1637, « encore que je me sois retiré assez loin du monde... », lettre signée d'Alcmar « où je suis sans y être », I, 631 et 634. « Lorsqu'il écrivait à ses amis, (...) il datait ordinairement ses lettres non pas du lieu où il demeurait, mais de quelques villes comme Amsterdam, Leyde, où il était assuré qu'on ne le trouverait pas », Baillet, *op. cit.*

2. « Mr d'Escartes », c'est ainsi que Huygens l'appelle dans la lettre qu'il lui envoie le 8 mars 1640, I, 745. Cf. *Saumaise à Dupuy*, « ... il vit toujours en ce pays dans quelque petite ville à l'écart, et quelques-uns tiennent qu'il en pris de nom d'Escartes... », *ibid.*

3. Cf. *A Mersenne*, le 8 octobre 1629, I, 23, *Au même*, le 18 mars 1630, I, 135 ; *A Mesland*, mai 1645, IV, 217, etc.

complicité de son interlocuteur, sur le mode ironique, sa situation réelle, comme auteur du traité, à la situation fictive par laquelle commence la fable. Descartes se tient hors du monde pour créer une œuvre nouvelle: un livre, appelé *Monde* et dans l'espace imaginaire du livre, un nouveau monde; le monde mécaniste de la nouvelle science. Cette mise en abyme du rapport de l'auteur au(x) monde(s), à travers l'ironie qui la construit, révèle et exorcise à la fois les prétentions véritablement démiurgiques du *je* cartésien. Le jeu de Descartes avec Huygens montre, si besoin était, que la fable est déjà en elle-même un mythe ironique, fondateur de la science moderne, parce que procédant non de vérités transmises par la mémoire culturelle, mais de la feinte du *je*. Vico a très bien noté que l'ironie mettait fin au mythe, considéré comme un récit essentiellement véridique[1]. La fable ironique de Descartes inaugure la modernité parce qu'alors même qu'elle abolit toutes les fables de la nature, tous les mythes cosmogoniques (y compris le récit de la *Genèse*), son ironie renvoie à un nouveau sujet qui n'est plus ni la nature ni le divin, mais l'instance métaphysique qui feint et fabule le monde.

C'est au titre de cette ironie, partagée ici avec le lecteur Huygens sur le titre du traité, mais omniprésente dans le texte cartésien, que l'on peut parler d'une simulation de la liberté et de la création divines. Comme Dieu écrit le grand livre du monde réel, Descartes conçoit son propre livre du *Monde*, mais il n'est qu'un démiurge de l'imaginaire, car ce nouveau monde, qui offre la vérité de l'ancien – donne la clé pour décrypter le livre divin – n'est qu'une fable. Ce monde du livre à travers lequel l'auteur mime la liberté de l'Auteur du monde et accomplit cette liberté dans l'acte mimétique, est produit entre deux mondes : le monde existant dont il est la fable véridique et le public mondain auquel il est destiné.

Dans sa mimétique de la liberté divine, Descartes réaffirme sans cesse son indépendance par rapport à l'écriture, il n'est pas un «faiseur de livres»[2] et refuse de sacrifier son repos au public. Le créateur n'a pas besoin de sa création et de sa créature pour être. Cependant Descartes constitue une œuvre scientifique et philosophique, et c'est dans cette œuvre que se manifeste à nous, ses lecteurs, l'intransigeance de cette liberté, en même temps qu'apparaissent toutes les contraintes inhérentes à l'expression linguistique. La dimension concurrentielle de la volonté et des aspirations du *je* par rapport à la liberté et aux œuvres

1. *Scienza Nuova*, Sez. II, cap. II, IV, 408, *op. cit.*, p. 165. Cf. F. Hallyn, *La structure poétique du monde*, Paris, 1987, p. 22.

2. *A Mersenne*, fin novembre 1633, I, 271; *Discours de la méthode*», VI, 60.

de la divinité est inséparable, dans le *Monde*, de la reconnaissance des compromis nécessaires à l'expression et à la communication de la vérité, des difficultés et de la précarité du travail d'écriture. Cette tension entre les prétentions démiurgiques du philosophe et les vicissitudes de l'écriture structure le texte du *Monde*, mais elle apparaît surtout dans sa périgraphie. L'interaction, dans ces marges du traité, entre la façon dont l'individu Descartes vit la gestation et la mise en œuvre de son projet philosophique et les enjeux explicites mais aussi implicites de cette entreprise, permet de considérer le tableau du *Monde* en adoptant le point de vue à partir duquel il est organisé, feint et peint: celui du *je* indissolublement discursif et métaphysique.

La première lettre où Descartes développe la doctrine des vérités éternelles, en rapport étroit avec le traité de physique auquel il est en train de travailler, est à cet égard extrêmement intéressante. Descartes y demande d'abord à Mersenne, avec empressement, de taire son adresse et de ne pas publier qu'il a entrepris d'écrire une physique[1]. Bien que cette insistance semble montrer que Descartes redoute de ne pas être entendu, il paraît plus probable qu'en priant ainsi un interlocuteur dont il connaît l'indiscrétion de tenir le secret, il souhaite en fait que celui-ci, le «bon Père Mersenne», déploie plus de zèle encore pour renseigner le public, à mots couverts, sur l'avancement de ses travaux[2]. Mais ce sont surtout les raisons de cette requête qui nous importent: il veut préserver sa «liberté» et son «loisir», «lesquelles deux choses, ajoute-t-il, je possède si parfaitement et les estime de telle sorte, qu'il n'y a point de Monarque au monde qui fût assez riche pour les acheter de moi» (I, 136)[3]. Car la perfection d'une liberté non pas abstraite mais pratiquée dans la jouissance du repos et de la tranquillité d'esprit rend Descartes, à ses propres yeux, supérieur au monarque le plus riche et le plus puissant. Dans ces quelques mots est contenue en germe la doctrine de la générosité et de la béatitude dans l'exercice du libre arbitre, que Descartes développera dans les dernières années de

1. *A Mersenne*, le 4 mars 1630, I, 125; le 15 avril 1630, I, 136 et le 25 novembre, I, 191.

2. La constatation de la célébrité de Descartes dans les milieux scientifiques, à une date où il n'a encore rien publié et fort peu écrit, nous oblige à soupçonner le philosophe d'adopter plus ou moins délibérément de telles stratégies «publicitaires». A titre d'exemple, citons la lettre *à Balzac* du 15 avril 1631 (écrite donc un an jour pour jour après celle que nous commentons ici), où Descartes laisse habilement planer le mystère sur «l'occupation» qui le retient en Hollande (I, 198).

3. Le 15 janvier 1650, moins d'un mois avant sa mort à la cour de Suède, il écrira encore *à Brégy*: «je ne suis pas ici en mon élément, et je ne désire que la tranquillité et le repos, qui sont des biens que les plus puissants rois de la terre ne peuvent donner à ceux qui ne les savent pas prendre d'eux-mêmes», V, 467.

sa vie. Mais il énonce ici cette morale à titre personnel, sur un mode préthéorique, en s'appropriant un lieu commun d'origine stoïcienne et épicurienne, sur l'indépendance et la félicité du sage, que l'on trouve d'ailleurs à son époque sous toutes les plumes[1].

Or la métaphore monarchique réapparaît plus loin dans cette même lettre pour désigner cette fois le pouvoir divin: «Dieu a établi ces lois (il s'agit des «vérités mathématiques») comme un roi établit des lois en son royaume» (I, 145). Mais Dieu, en instituant les vérités éternelles fait beaucoup plus que le monarque législateur. Comment dès lors résister à rapprocher ces deux usages de la métaphore? Comme le philosophe excède le pouvoir du monarque, toujours limité, en affirmant l'infinité de sa liberté, le créateur surpasse infiniment le monarque le plus puissant, parce qu'il «imprime» ses lois «dans le cœur de tous ses sujets» (*ibid.*). Ainsi Dieu se montre-t-il dans son acte créateur à la fois infiniment libre et doté d'une «grandeur» et d'une «puissance incompréhensibles»: seule la constatation de cette incompréhensibilité permet d'accorder l'éternité des vérités avec la liberté divine (I, 145-146). La grandeur divine est alors comparée à la majesté monarchique: «cela même que nous la jugeons incompréhensible nous la fait estimer davantage; ainsi qu'un roi a plus de majesté, lorsqu'il est moins familièrement connu de ses sujets, pourvu toutefois qu'ils ne pensent pas pour cela être sans roi, et qu'ils le connaissent assez pour n'en point douter» (I, 145). Or une fois sa doctrine énoncée, Descartes engage Mersenne à la diffuser, mais sous le sceau de l'anonymat (I, 146). Cette requête s'ajoute aux précédentes qui visent à présenter la tranquillité et le loisir du philosophe en simulant le désir d'incognito. D'une certaine façon Descartes fait tout pour instaurer avec son public un rapport similaire à celui que Dieu entretient avec ses créatures. Dieu se donne à connaître sans se donner à comprendre, institue librement les vérités tout en protégeant le mystère de sa grandeur et de sa puissance, comme un monarque veille à préserver sa majesté en évitant de se rendre familier à ses sujets. Or Descartes applique subrepticement à lui-même ces considérations de théologie politique. Il cherche à diffuser sa pensée, sa vérité – en l'occurrence sur la libre création des vérités éternelles –, intrigue habilement, en exploitant le zèle indiscret de Mersenne, pour se faire connaître tout en défendant jalousement sa solitude studieuse des intrusions du public.

1. Cf. par exemple Balzac, qui dans sa lettre du 25 avril 1631, érige son correspondant Descartes en idéal incarné du «Sage des Stoïques», I, 200.

Si Descartes avoue ne travailler à son traité que par « contrainte », en revanche il fait volontiers part du « plaisir » qu'il prend à l'étude. La recherche de la vérité appartient au loisir du philosophe et en nourrit la félicité. La science est pour Descartes un mode privilégié d'exercer sa liberté et d'en jouir. Elle est une démarche individuelle, soumise à une éthique hédoniste de la solitude. La finalité attribuée à la recherche n'est d'ailleurs pas seulement l'acquisition de la vérité dans les sciences, ni d'abord l'utilité technique de ces recherches, mais un usage moral et privé de la vérité. A toute autre activité, Descartes dit préférer « s'instruire lui-même », parce qu'il a besoin de cette instruction de soi (il faut relever la réflexivité de la démarche cognitive, pourtant tournée ici vers le monde) pour bien « conduire sa vie » (I, 137)[1]. Dans la pratique même de la science s'affirme ainsi une exigence d'aséité, défendue avec orgueil, qui participe directement de cette divine jouissance d'une volonté indépendante[2]. Même dans l'étude de la nature, la recherche est une activité tournée vers soi et destinée à soi, finalisée par l'acquisition d'une morale fort peu altruiste. Descartes attend de sa science des résultats concrets et il saura en vanter l'utilité publique dans le *Discours de la méthode* (VI, 61-62). Mais cette utilité, « le bien général de tous les hommes » (*ibid.*), est elle-même, pour le dispensateur de tous les bienfaits de la science, un moyen d'acquérir ce « contentement de soi » toujours recherché. La générosité est chez Descartes une passion qui n'est tournée vers autrui que pour donner au moi l'occasion de trouver des raisons de « s'estimer » (*Passions de l'âme*, art. 153). La morale scientifique de Descartes, au service du public, est une morale résolument égoïste.

Les études dont cette lettre dit les délices concernent la « chimie » et « l'anatomie ». En cultivant ces sciences, Descartes pense sans doute à la rédaction du traité, mais il donne manifestement la priorité à la constitution d'une médecine mécaniste : « Je voudrais bien être déjà parvenu jusques à la recherche des maladies et des remèdes... ». Il pourrait ainsi guérir Mersenne de l'érésipèle dont il est affligé (I, 137)[3] ! Descartes placera toujours la médecine au cœur de ses

1. Cf. également, *A Mersenne*, février 1634, I, 282.

2. Le cas du *Discours de la méthode* est à cet égard exemplaire. Comme l'a remarqué F. Alquié, « il commence par le thème du *je n'ai rien appris* pour finir par celui du *je ne puis rien apprendre* ; sa première partie condamne l'enseignement reçu, sa dernière partie refuse tout secours », *La découverte métaphysique*..., *op. cit.*, p. 99.

3. Cf. aussi janvier 1630, I, 105-106.

préoccupations scientifiques[1]. Il nourrit d'ailleurs à son égard, pendant de longues années, des espérances assez peu raisonnables, pensant pouvoir un jour soigner «une infinité de maladies, tant du corps que de l'esprit» (VI, 62)[2] et surtout augmenter la longévité, se disposant lui-même à vivre «plus d'un siècle»[3]. Ces projets médicaux témoignent, par leur ambition, d'un désir de transformer effectivement les données de la finitude, d'en reculer les limites, sinon de les anéantir. La science, par le progrès technique, doit servir à maîtriser et à prendre possession de la nature (VI, 62). La fiction du nouveau monde, même fausse, est «utile à la vie», comme le disent les *Principes*, parce qu'elle permet la transformation de l'ancien monde, sa rénovation mécanique. Mais, comme en témoigne la place donnée au corps humain dans le *Monde*, Descartes est surtout préoccupé par l'entretien et la conservation de notre machine. La science moderne en général, et celle de Descartes en particulier, dans son acharnement à repousser la mort, s'efforce d'abord de la nier. Certes la philosophie de Descartes s'emploie par ailleurs à montrer que la seule infinité à laquelle puisse prétendre l'homme est celle de sa volonté; mais cette démarche ne change pas cette vérité de fait: la médecine, chez l'auteur du *Discours de la méthode*, est désir d'immortalité. Dans ce texte, comme nous l'apprend l'index informatisé du texte[4], le mot mort est un hapax (VI, 66). La force philosophique de Descartes consiste d'abord à promouvoir et à vivre les aspirations de la science moderne, tout en s'efforçant d'en montrer les limites, d'en dénoncer les illusions. La morale de la liberté peut être d'ailleurs considérée comme la reconnaissance de l'irrémédiable finitude corporelle et intellectuelle, et la jouissance pourtant de l'infini dans l'exercice même de la volonté.

Cette immortalité convoitée place encore le savant en concurrence avec la divinité. En étudiant la médecine, dans son effort pour en faire une science exacte dérivée de sa physique, Descartes a désiré accomplir par ses seules forces cette sotériologie profane attachée au nouveau savoir: entretenir, réparer la machine, lui infuser la perpétuité du mouvement, pour que l'âme demeure. Il aura sans doute vu, au musée anatomique de Leiden ou ailleurs, l'une de ces nombreuses gravures

1. Cf. *A Mersenne*, le 25 novembre 1630, I, 180; *Discours de la méthode*, VI, 62; *A Newscastle*, octobre 1645, IV, 329; *Description du corps humain*, XI, 223-224; *Entretien avec Burman*, V, 178.

2. Cf. par exemple *Huygens à Descartes*, le 5 décembre 1635, I, 594.

3. *A Huygens*, le 4 décembre 1637, I, 649; *A Mersenne*, le 9 janvier 1639, II, 480. Son enthousiasme ne cessera pourtant de faiblir avec le temps, cf. *A Chanut*, le 15 juin 1646, IV, 442.

4. P.-A. Cahné, *Index du Discours de la méthode*, Rome, 1977.

allégoriques, très répandues dans l'Europe du nord, représentant le médecin sous l'aspect de Dieu repoussant la mort ou d'un ange assistant la guérison[1].

Emule de Dieu dans sa liberté, son retrait, ses aspirations à l'immortalité et à la thaumaturgie, Descartes apparaît surtout dans cette lettre *à Mersenne*, du 15 avril 1630, comme l'auteur d'un monde. Car dans son désert, entouré d'un secret soigneusement entretenu, il compose la fable de son *Monde*.

Mais, malgré qu'il en ait, le philosophe, dès lors qu'il exprime et diffuse ses idées, devient un Dieu soumis à toutes les vicissitudes du langage et de la communication. Descartes, dans la même lettre, oppose ainsi le «plaisir» et la «douceur» de l'étude à la «lenteur» et à la «contrainte» de l'écriture. Il justifie l'abandon de ses traités précédents et se plaint de s'être engagé vis-à-vis de Mersenne et de lui-même à écrire le *Monde*, se réservant même de le «désavouer» une fois achevé (I, 136). Il dit aussi attendre de savoir comment cette «Physique sera reçue» avant de penser à publier une métaphysique qu'il redoute de ne pas parvenir à «persuader» aux autres (I, 144). C'est pourquoi il souhaite que Mersenne diffuse «sans le nommer» sa conception créationniste de la vérité: «je serai bien aise de savoir les objections qu'on pourra faire contre...» (I, 146).

Mais de cette anxiété et de cette prudence se dégage avec force la ferme «résolution» d'achever le traité (I, 136-137)[2]. La philosophie qui se dessine est habitée par la certitude. Ainsi, le doute sur l'opportunité de publier la métaphysique n'empêche pas Descartes de déclarer qu'il pense avoir trouvé «comment on peut démontrer les vérités Métaphysiques, d'une façon qui est plus évidente que les démonstrations de Géométrie» (I, 144), et la peine qu'il éprouve dans l'écriture du traité est largement compensée par l'assurance de pouvoir «démontrer toutes ensembles», dans leur dépendance et leur

1. Les allégories du médecin comme Dieu (non pas «un» Dieu, mais bien «le» Dieu des chrétiens) et comme un ange, faisaient partie d'une série de quatre gravures représentant les rapports du médecin et de son patient. Au moment où il est appelé au chevet du malade dont le cas est désespéré le médecin est considéré comme un Dieu, puis dans la convalescence, comme un ange. Au moment de la guérison il n'est plus qu'un homme et lorsqu'il vient réclamer ses honoraires il devient le diable. Plusieurs artistes ont réalisé cette série. Le musée de Leiden possédait sans doute la très belle série attribuée à Goltzius (cf. Lunsingh Scheurleer, *art. cit.*, p. 266 et 276).

2. Descartes se fixe trois ans pour venir à bout de son ouvrage. A quelques mois près il tiendra d'ailleurs sa promesse, puisqu'il écrit le 22 juillet 1633, peu avant d'apprendre la condamnation de Galilée: «mon traité est presque achevé», I, 268.

enchaînement, « toutes les difficultés de Physique » sur lesquelles il a pris parti (I, 140). Il a déjà suffisamment amassé de « richesses » et sa « condition » est changée : le temps de l'apprentissage et des velléités est bien terminé. Ses « demeures » ont pu se révéler successivement trop modestes, il sait maintenant qu'il n'en pourra trouver une plus grande, car il s'agit non plus de quelque région de la science, mais de la physique tout entière : il est en train d'édifier le palais de « *son Monde* » et tous pourront l'admirer (I, 137-138) ; « ce qui m'assure que je ne changerai plus de dessein, c'est que celui que j'ai maintenant est tel que, quoi que j'apprenne de nouveau, il m'y pourra servir, et encore que je n'apprenne rien plus, je ne laisserai pas d'en venir à bout » (I, 138). Toute nouvelle connaissance pourra servir à cet ouvrage dont il a jeté les fondations métaphysiques et entrepris la construction fabuleuse.

Tel est l'autoportrait intellectuel de Descartes qui se dessine dans cette lettre contemporaine de la fable du *Monde*. On le voit mimer la divinité dans la revendication d'une indépendance souveraine à l'égard du « monde », mais on le voit aussi risquer sa quiétude et engager sa volonté dans l'écriture par laquelle seule il peut faire part « au monde » de ses vérités. N'ayant ni le pouvoir du Prince qui édicte « ses lois » dans son royaume, ni la majesté créatrice de Dieu qui imprime la vérité directement dans les cœurs, il lui faut « persuader » ses vérités au public par la force de l'argumentation. Son *Monde* est un livre : pour être lu et compris, Descartes sait qu'il doit « plaire » et prévenir par sa prudence la stérilité du scandale. Il lui faut rendre sa vérité crédible afin que le lecteur veuille l'éprouver et puisse la recevoir comme sienne[1]. Ce souci explique en partie pourquoi nous le voyons, dans cette lettre, avide de connaître quelles objections le public peut adresser à sa doctrine des vérités éternelles qu'il énonce pour la première fois et qu'il veut à cette date développer dans son texte de physique[2].

Chaque ligne du texte abandonné porte la double marque de l'audace prométhéenne de cette entreprise (feindre un monde imaginaire pour exhiber le monde dans sa vérité) et de cette inquiétude

1. Voir *supra*, V, 3.

2. La raison de l'absence de l'évocation du fondement de la science dans le *Monde* (la libre création des vérités par Dieu) pourrait venir en partie de telles objections et en particulier de la forte résistance opposée par Mersenne à ses arguments, comme en témoignent les deux lettres suivantes de Descartes (6 et 23 mai ; les lettres de Mersenne étant perdues). Nous avons déjà exposé pour quelles raisons doctrinales et rhétoriques Descartes a pu choisir de ne pas exposer l'essentiel de sa thèse dans le traité (*supra*, V, 5).

du comédien qui s'avance masqué sur la scène du monde. Cette inquiétude comme cette audace renvoient, derrière le tableau, sous le masque, au sujet métaphysique.

2. *Larvatus prodeo* [1]

C'est une préoccupation constante de Descartes: par tous les moyens, toutes les ruses, il cherche à savoir ce que pensent ses amis et plus généralement son «public» des travaux, des écrits et, à travers eux, de l'homme Descartes[2]. Par delà les motifs psychologiques, cette préoccupation nous semble révéler un souci qui n'est pas étranger à la métaphysique du sujet pensant, en gestation dans le traité du *Monde*.

En 1629 déjà, il projette d'«exposer» ses *Météores* au public sous l'anonymat et, comme Apelle, de «rester caché derrière le tableau pour écouter ce qu'on en dira»[3]. Descartes publiera d'ailleurs le *Discours de la méthode* et les *Essais* (dont les *Météores*), sans nom d'auteur, en 1637, et l'on y trouve en bonne place, comme dans le *Monde*, la métaphore du tableau[4]. Il y représente sa vie et des

1. «Je m'avance masqué», *Préambules*, X, 212.

2. *A Mersenne*, le 18 mars 1630, I, 135.

3. *A Mersenne*, le 8 octobre 1629, I, 23. Aucun commentateur n'a signalé, à notre connaissance, que Descartes se réfère sans aucun doute, en utilisant cette métaphore du tableau, à l'auteur des observations des parhélies romaines qu'il se propose d'expliquer dans ses *Météores*. Il s'agit du Père Scheiner, le grand astronome du Collège Romain, qui avait publié en 1612, *Tres epistolae de maculis solaribus scriptae ad Marcum Velserum*, Aug. Vindel., 1612, signées: *Apelles latens post tabulam*. En voulant parodier Scheiner, Descartes s'approprie là encore un trait de la culture baroque: l'usage tactique de la dissimulation et de l'omission dans la communication et la diffusion du savoir. L'analyse et l'histoire de ces procédés restent encore à faire...

4. *Discours de la méthode*, VI, 4; 41-42; *Monde*, XI, 48. Le tableau, comme image de l'œuvre philosophique, sert d'abord chez Descartes à exprimer la dialectique de l'ostentation et de la dissimulation, qu'il s'agisse du rapport devant-derrière le tableau (où le philosophe se tient aux aguets) ou de la relation picturale du clair et de l'obscur. Le premier cas décrit les rapports du philosophe et de son public à travers l'œuvre qu'il lui présente; le second indique les procédés d'omission et de dissimulation internes à l'œuvre. La métaphore est aussi appliquée à l'ouvrage des *Passions de l'âme*, cf. *A Elisabeth*, mai 1646, IV, 407. C'est alors la relation entre le dessin, identifié à l'esquisse («le premier crayon») et la peinture, le tableau achevé qui se trouve mise en avant. «Les couleurs et les ornements» sont requis pour faire paraître la matière étudiée «à des yeux moins clairvoyants» que ceux d'Elisabeth. Il semble donc que la peinture soit ici une image de la nécessité d'utiliser le style et la rhétorique pour «éclaircir» et

échantillons de sa philosophie pour, dit-il, avoir un «nouveau moyen de s'instruire», en «apprenant du bruit commun les opinions qu'on en aura» (VI, 4). Descartes affecte ainsi l'humble posture d'un auteur faisant part à son public de ses doutes sur la valeur de sa philosophie et sur la sagesse de la décision qu'il a prise de vouer sa vie à la recherche du vrai. «... il se peut faire que je me trompe, et ce n'est peut-être qu'un peu de cuivre et de verre que je prends pour de l'or et des diamants. Je sais combien nous sommes sujets à nous méprendre en ce qui nous touche...» (VI, 3). Il est difficile et en fait impossible de faire le départ entre l'affectation et la sincérité dans l'aveu de ces doutes. Il n'y a pas de récit, et plus généralement de recours au langage, sans feinte; Descartes semble d'ailleurs l'admettre lorsqu'il assure ses lecteurs de sa «franchise» et les prévient simultanément du statut fabuleux de cette «histoire» autobiographique (VI, 4). Or «les fables, dit-il plus loin, font imaginer plusieurs événements comme possibles qui ne le sont point; et (...) même les histoires les plus fidèles, si elles ne changent ni n'augmentent la valeur des choses, pour les rendre plus dignes d'être lues, au moins en omettent-elles presque toujours les plus basses et les moins illustres circonstances: d'où vient que le reste ne paraît pas tel qu'il est...» (VI, 7). Les fables, par leurs exagérations rhétoriques, font passer l'impossible pour possible et les histoires, même les plus fidèles, par leurs omissions, travestissent la vérité. Cette critique n'empêche pas Descartes, dans sa revue «des exercices auxquels on s'occupe dans les écoles», de reconnaître que «la gentillesse des fables réveille l'esprit; que les actions mémorables des histoires le relèvent, et qu'étant lues avec discrétion, elles aident à former le jugement» (VI, 5). D'une façon détournée Descartes appelle ainsi son lecteur à aborder sa fable avec la plus grande «discrétion». C'est seulement ainsi que pourra s'accomplir la double finalité spéculative et pratique du *Discours*, autrement dit, que le lecteur sera amené à nourrir un dessein «relevé», sans être illusoire: celui de distinguer par lui-même «le vrai d'avec le faux», et de ne s'en remettre qu'à lui-même pour conduire sa vie.

Enfin, dans ces scrupules affectés et cette attente des «jugements» du public, il est sûr qu'il entre une part importante de tactique éditoriale: le *Discours* est l'occasion de «sonder le gué» pour la publication de la physique résumée dans la cinquième partie et de la métaphysique esquissée dans la quatrième.

«illustrer» le sujet à l'intention des interlocuteurs. Mais il se trouve que la clairvoyance d'Elisabeth s'est exercée en remarquant les «défauts» du traité. Et si la peinture doit éclairer les moins clairvoyants ce n'est sans doute pas pour leur rendre visible les éventuels défauts de la doctrine !

C'est en cette métaphysique que doit être cherchée la clé interprétative des métaphores qui désignent le texte philosophique (tableau, fable, histoire) et de la dialectique communicationnelle qu'elles induisent: défiance de la lettre et performance de la pensée, saisie des rapports entre dit et non-dit, ostentation et dissimulation, fausseté et vérité. La feinte autobiographique, comme la feinte de la science, la fable du *Discours* comme celle du *Monde* sont tramées par un *je* qui excède ou plutôt précède les divers statuts – narratif, rhétorique, psychologique, épistémologique – successivement assumés dans le texte comme autant de masques et d'avatars: sujet du récit (fabuliste d'« un nouveau monde », portraitiste de sa « vie » et de ses « pensées »); sujet du « discours »; sujet des passions qui, au gré de l'auteur ou malgré lui, paraissent dans le texte; sujet enfin de la science qui comprend tous les autres; héros audacieux et chimérique des espaces imaginaires, géomètre et poète du nouveau monde. Nous voulons parler, en deçà de ces *je* d'emprunt, du sujet métaphysique, qui se découvre à lui-même et se profère au public par cette « résolution » prise dans le récit, racontée et performée dans le texte, de « feindre » la fausseté de tout le donné: « je me résolus de *feindre* que toutes les choses qui m'étaient jamais entrées en l'esprit n'étaient non plus vraies que les illusions de mes songes » (VI, 32). La « vie est un songe », répète inlassablement le drame baroque européen[1]. « N'avez-vous jamais ouï » ce mot d'étonnement dedans les comédies: *veillé-je ou si je dors*? »[2] Le *je*, dans la précarité de la parole, refuse d'être simplement le jouet de ce songe sceptique qui interdit toute assurance métaphysique[3]: il prend la liberté de feindre. « ... pendant que je voulais penser que tout était faux, il fallait nécessairement que moi, qui le pensais, fusse quelque chose » (VI, 32). En posant ainsi le faux, la fausseté générale de toutes choses, le *je* se révèle en cet acte même, constituer la première et la plus forte des vérités: « cette vérité : *je*

1. *La vida es sueño*, la célèbre pièce de Calderon est représentée à Madrid en 1640. La littérature sur le songe dans le théâtre du XVIIe est immense, nous citerons seulement le récent article de G. Forestier « Rêve et littérature au XVIIe siècle », in *Rêver en France au 17e siècle*, *op. cit.* Cet auteur tend cependant à réduire les thèmes du rêve et de la vie comme songe, dans la littérature du temps, à une « mode littéraire », *ibid.*, p. 226. La seule lecture de Descartes suffit à montrer qu'une telle réduction est impossible. Pour l'auteur des *Méditations* une pensée est bien engagée dans ce traitement du songe au théâtre: le scepticisme.

2. *Recherche de la vérité*, X, 511. Nous avons retrouvé le « mot de comédie » dans les *Occasions perdues* de Rotrou, 1635, III, 3.

3. Descartes a par exemple lu sans doute l'épigramme de Huygens: « *Somnium* », jeu virtuose sur « *somnio* » et « *cogito* »: « *Qui cogitando somnio/ Et somniando cogito...* », *Monumentum desultoria*, Leiden, 1655, p. 152.

pense donc je suis, était si ferme et si assurée, que toutes les plus extravagantes suppositions des sceptiques n'étaient pas capables de l'ébranler...» (*ibid.*). En projetant partout le non-être, le *je* rencontre sa propre évidence ontologique: «je pouvais feindre que je n'avais aucun corps, et qu'il n'y avait aucun monde, ni aucun lieu où je fusse; mais que je ne pouvais feindre, pour cela, que je n'étais point...» (*ibid.*). Cette feinte est l'assomption proprement métaphysique d'un dispositif dont nous avons étudié le fonctionnement dans la physique: elle conduit ici à la transcendance de l'*ego*, au «*je pense*». Mais la feinte par laquelle, dans le *Monde*, le *je* énonce la vérité et affirme sa liberté en tirant de sa propre imagination le modèle du monde, cette feinte implique déjà l'attribution d'un statut métaphysique au sujet de la science. Nous pensons autrement dit que seuls les textes ultérieurs au *Monde* et qui développent la métaphysique permettent de rendre compte des enjeux et des implications du traité de physique. Il est vrai que nous ignorons le contenu exact de la métaphysique qui a précédé et permis, suivant Descartes lui-même, le développement de la physique[1]. Mais par delà la chronologie, la logique propre du texte nous semble ramener au «*je pense*» et à sa liberté inconditionnée. Par logique du texte nous n'entendons pas celle de la doctrine énoncée, qui en effet ne fait pas intervenir le sujet métaphysique, mais la logique des dispositifs discursifs qui permettent l'énonciation de cette doctrine. Il apparaît alors que le *je*, dans ce discours de science, joue un rôle déterminant. Si l'on songe que l'objet du traité est de prononcer la vérité sur le monde, l'importance du *je* dans le texte est effarante et injustifiable, à moins de rechercher les raisons profondes du discours dans la métaphysique du sujet. En effet, directement ou indirectement, à travers la simulation d'un dialogue avec le lecteur, tous les énoncés de physique et de métaphysique procèdent dans le *Monde* du *je*. Apparemment, il n'y rien là qu'une convention littéraire : lors d'une conversation libre, à la

1. Cf. *A Mersenne*, le 15 avril 1630, I, 144. On sait en tout cas que ce petit «*Traité de Métaphysique*» contenait, outre la preuve de «l'existence de Dieu», celle de l'existence «de nos âmes, lorsqu'elle sont séparées du corps», *A Mersenne*, le 25 novembre 1630, I, 182. Descartes parle d'une démonstration de l'existence de «nos âmes»: ce pluriel semble indiquer qu'il n'y traitait pas d'abord de l'âme en général mais de l'âme individuelle. Il est donc fort possible et même probable qu'il ait abordé la question au singulier, en s'interrogeant sur son âme propre. Rien n'interdit donc de supposer que Descartes, dès 1629, est en possession du *cogito*. De plus, il faut se rappeler que la fin du traité de physique était consacrée, suivant ce que Descartes annonce au début de *l'Homme* (XI, 119-120) et surtout selon ce qu'il affirme dans le *Discours* (VI, 59), à l'âme humaine. Le *Monde* se terminait donc sans aucun doute sur un ou plusieurs chapitres de métaphysique.

mode du temps, le *je* donne ses «opinions» sur le monde. Mais cet échange est bien fictif, comme est fictif dans la fable le rôle de recréateur attribué à Dieu car le *je* assume toutes les parts: à travers le *nous* gagné dans la simulation colloquiale et grâce au «*Deus ex machina*» de la fable, le *je* impose toutes ses décisions scientifiques[1]. Le *je* se donne d'abord comme la seule autorité scientifique du discours: «je vois; je dis; je considère; je désire; je pense; je crois; je réponds; je conçois; je me persuade; je veux...»[2]. Cette situation ne manque d'ailleurs pas d'apparaître embarrassante: au terme du discours propédeutique, le *je* ne peut prétendre qu'à l'émission d'«opinions vraisemblables» (XI, 31). Pour revendiquer la vérité, le *je* invente alors la fable, et en cette fable convoque Dieu, non seulement comme assistant de la fiction créatrice mais comme fondateur métaphysique de la science. Le *je* présente alors au monde son nouveau monde, cet univers qu'il feint et fabule à sa «fantaisie» et qu'il donne pourtant comme la vraie représentation du vrai monde. Nous avons vu quelle licence le *je* prend avec cette feinte d'un nouveau monde et de son ancrage métaphysique[3]. Ces libertés à l'égard de la rationalité qu'il s'agit de fonder et de projeter dans la nature afin de l'y retrouver grâce au Dieu créateur des vérités éternelles, témoignent d'une liberté que seules peuvent justifier la métaphysique du sujet pensant – celle du *Discours* et des *Méditations* – et la morale qui en dépend.

C'est pourquoi il nous paraît légitime de proposer une hypothèse interprétative dont les métaphores du tableau comme représentation en clair-obscur, mais aussi comme trompe-l'œil derrière lequel l'artiste se tient aux aguets, nous suggèrent la formulation. *Le Monde est un tableau qui dissimule et représente à la fois le sujet métaphysique*. La démarche du traité ne peut être envisagée correctement si l'on ne suppose, sous ce monde feint, une «pensée de derrière» dont la feinte procède. Descartes, nous l'avons vu, veut attendre l'accueil réservé à sa science pour achever et publier une métaphysique plus audacieuse encore que sa physique. Cependant cette métaphysique, «la» métaphysique du sujet pensant, nous semble impliquée dans le texte,

1. Cette dimension fictive du dialogue n'empêche pas la communication de devenir effective dans la lecture. Nous l'avons vu: le texte cartésien doit être performé par une lecture défiante (*supra*, V, 3). De même que le Dieu fabulé suppose la présence métaphysique du créateur des vérités éternelles, le lecteur simulé «*in fabula*» implique la possibilité d'un acte de lecture authentique, qui donne sens à cette simulation.

2. Respectivement, XI, 7; 8; 10; 12; 13; 14; 15; 24; 31. Mais chacune de ces formes verbales, relevées en feuilletant les premiers chapitres, apparaît plusieurs fois dans le texte.

3. Voir *supra*, VI, 5.

dissimulée derrière la physique mais aussi représentée par le *je* multiple, protéiforme de la fable de science. Cette présence est impliquée par la conception cartésienne de la représentation picturale donnée comme modèle du travail scientifique. La peinture est chez Descartes l'usage d'un code de représentation, une écriture capable de produire de la ressemblance. Avec un peu d'encre, un peu de figure et de mouvement, l'artiste ou l'écrivain tracent des signes dont la lecture accomplit la fonction simulatrice et mimétique (l'imagination comme processus, construction de l'image dans la lecture, le décodage des signes). Quelques signes sur le papier, des «ovales», des «losanges» ou bien des lignes d'écriture, deviennent dans la lecture les simulacres d'une tempête ou d'une bataille, suscitent en nous la joie ou la tristesse[1]. Tous ces procédés de signification et de simulation impliquent la présence, à l'origine de la représentation, d'une pensée capable de former et de lire les signes, de percevoir les images, les passions, les idées enveloppées, encodées dans leurs textes, une pensée capable de composer de nouveaux textes et de nouvelles images, de répondre aux questions, d'inventer des chimères picturales, romanesques et philosophiques. Le maniement, la manipulation des signes, la parole, l'écriture, la peinture supposent le libre exercice de la pensée de chaque *je* participant à l'échange communicationnel: auteur ou/et lecteur, acteur-spectateur, devant ou derrière le tableau.

Comme la toile des *Météores*, peinte aux couleurs de l'Iris et des parhélies, offre une transcription mécaniste des merveilles de la nature, le *Monde* ou *Traité de la lumière* est le simulacre mécanisé de la lumière et, à son occasion, de tout un univers en clair-obscur, la construction, suivant les règles de la perspective géométrique, d'un monde qui «ressemble» au monde visible. Ce tableau de science, voulu ressemblant, n'est pas peint sur le modèle du monde apparent, mais à partir de la matière première de l'imaginaire et des vérités qui la structurent et dont la métaphysique permet d'établir qu'elles sont les vérités du monde même. D'où la spécificité de ce tableau ou, si l'on veut, les limites de la métaphore picturale. Le peintre, qu'il imite fidèlement le sensible ou tire des chimères de sa fantaisie, va du paraître au paraître à travers un processus de transcription, d'encodage: il soumet l'image visible ou imaginée aux règles de la perspective afin de la reproduire pour l'œil sur la toile. Le peintre géométrise le monde visible pour en construire le simulacre. L'homme de science, quant à lui, part des vérités qui président à la géométrie et reconstituent les apparences du monde. Le *je* physicien se fait fort de mettre à jour les

1. Voir *supra*, III, 3.

vérités premières, et les principes dont dépend la transcription géométrique du peintre, pour produire à partir de ces essences la vraie représentation du monde ; vraie parce que construite selon la vérité physique, selon les causes naturelles qui produisent en nous, par défiguration réglée, ces représentations qui composent notre paysage sensible, celles qui intéressent le peintre. C'est pourquoi le démiurge cartésien avant d'être le mime du monde, comme le peintre, est le simulateur de Dieu : il invente « son » monde comme Dieu crée le sien. Par cette simulation le *je* exhibe la vérité sur le monde de Dieu et, par la même occasion, sur la peinture des hommes. Il rend compte en effet par son simulacre de création à la fois de la reproduction naturelle de l'illusion sensible et de sa reproduction artificielle.

Cependant nous avons montré que la feinte ne consiste pas seulement à mimer Dieu en retraçant, en réécrivant la genèse géométrique du monde ; elle s'emploie aussi, cette fois comme la peinture, à s'arranger, à se « débrouiller » – et ce « dé-brouillage » est partie prenante du démêlage du chaos primordial – pour que la représentation scientifique « ressemble » aux apparences, et nous avons vu que la réintroduction subreptice de ces apparences dans le modèle apparaît à tous les moments de sa constitution. Avec les vérités éternelles et les premiers principes de la physique, le peintre du *Monde* est en possession des règles de la perspective originelle. Mais de ces principes, il lui faut tirer une représentation devant laquelle le « monde » puisse dire que la ressemblance est admirable, l'imitation agréable et charmante. Le *je* cartésien peint et feint son monde dans cet entre-deux, dans cet intermonde : le vrai monde voulu par Dieu et le monde de son public, le public de son *Monde*, amateur de trompe-l'œil, jouisseur désenchanté ou contempteur ému du paraître. Souveraineté et servitude du *je* de la feinte. En forgeant son monde, il s'affranchit de Dieu même dans la liberté qu'il prend à le simuler, mais il reste soumis à la semblance des choses, au goût du public (qui est d'ailleurs aussi le sien propre) et à son verdict, ses objections, ses éloges surtout, qu'il attend avec fébrilité, avec angoisse, depuis sa retraite, derrière le tableau. Cette divine simulation du monde, soumise au bon plaisir d'un « monde » pour lequel le divertissement passe avant l'amour de la vérité, nous amène à compléter la métaphore picturale par celle du théâtre, impliquée dans l'assomption de la fable.

Le Monde est une scène où le sujet s'avance masqué. La notation des *Préambules* permet en effet d'interpréter le traité en clé métaphysique. « ... au moment de monter sur ce théâtre du monde où, jusqu'ici, je n'ai été que spectateur, je m'avance masqué *(larvatus prodeo)* » (X, 212). Cet autoportrait au masque prépare et devance l'avènement métaphysique du «*je pense*». L'aphorisme autobiographique du jeune philosophe qui prend la décision de paraître masqué pour dissimuler à la fois ses audaces et ses craintes (la «rougeur» de son front), éclaire la fonction de masque métaphysique assumé par la fable dans le *Monde*. En effet, cette décision morale et intellectuelle, consignée dans le registre des *Préambules*[1], de prendre la défroque du philosophe pour monter sur la scène du monde et de garder le masque en ce théâtre[2], engage un processus de maturation métaphysique qui, à travers les premiers écrits – les *Regulae* et le *Monde* –, s'accomplit avec l'avènement du «*je pense*». La fable, ourdie par le *je*, institue la science comme savoir sur le monde dérivé du *je* et non du monde. Elle prépare, par cette institution même, l'événement métaphysique qui aura lieu «publiquement», pour la première fois et sous l'anonymat dans une autre fable, en 1637, une fable autobiographique cette fois,

1. C'est l'époque où, après avoir découvert les «fondements d'une science admirable», Descartes voit apparaître dans ce songe qu'il interprétera comme une visite de «l'esprit de Vérité», l'idylle d'Ausone : «*Quod vitae sectabor iter?*» (Quelle voie suivrai-je en cette vie?), *Olympica*, X, 179, 183; *Cogitationes privatae*, X, 216; *Discours de la méthode*, VI, 10.

2. En fait Descartes revient dans un premier temps sur sa décision: pendant «neuf années» il voyage de par le monde, comme il le raconte dans le *Discours de la méthode*, «tâchant d'y être spectateur plutôt qu'acteur en toutes les comédies qui s'y jouent», (VI, 28). La préférence de Descartes ira toujours à cette place de spectateur. Lorsqu'il agit, écrit, et avant même de se mettre à l'œuvre, il songe aux effets, au spectacle de sa propre prestation, tel qu'il peut en jouir dans l'image que lui renvoie le public. Toute la difficulté est de capter cette image malgré l'absence de franchise, la dissimulation de ce public; d'où une dissimulation réciproque, «derrière le tableau». Ici encore la psychologie renvoie à la métaphysique, car la position du spectateur est par excellence celle du sujet. Le sujet est d'abord spectateur de lui-même, de sa propre performance, dans la feinte introspective, autoptique, par laquelle il se déclare. Il est aussi le spectateur de sa science, comme représentation, fable du monde et, en tant que conscience unie à un corps, spectateur des effets techniques de cette science fertile en «miracles» sensibles. Le corps lui-même, observé à travers le modèle automatique, est un spectacle pour le sujet; dans *l'Homme*, il est décrit comme un théâtre d'automates hydrauliques, observé, surveillé et manipulé par le «fontainier» préposé à son entretien: l'âme humaine postée derrière les «regards» de la machine (cf. XI, 130-131). Le sujet est enfin et surtout spectateur des vicissitudes humaines dans la vie morale: le but de la morale cartésienne est la jouissance de toutes les passions, y compris des passions traditionnellement considérées comme négatives (tristesse, haine, etc.) en les pratiquant dans la distance, l'écart esthétique et hédoniste du spectateur au théâtre. Cf. *A Elisabeth*, le 18 mai 1645, IV, 202-203; le 6 octobre 1645, IV, 309; le 3 novembre 1645, IV, 331; janvier 1646, IV, 355; *Passions de l'âme*, art. 147 et 187.

un autoportrait: «*je pense donc je suis*». Le «*je pense*» apparaît d'ailleurs dans le *Discours* comme un moment, le moment métaphysique de l'«histoire» de cette vie du *je*. Il n'y a pas chez Descartes séparation entre l'autobiographie et la métaphysique du sujet : le *je* de la bio-graphie, le *je* qui conte (joue, fabule, feint) sa vie, met à jour, dans la méditation publique du texte, sa propre nature métaphysique. Le moment du «*je pense*» n'est donc pas celui où le philosophe lève enfin le masque, mais le moment où le *je* dégage le fondement ontologique d'une pensée du masque et de la feinte. Dans le *Discours*, comme dans les *Méditations*, c'est par la feinte et dans la feinte, comme doute volontaire, que s'énonce le «*je pense*». La *Recherche de la vérité* dira d'ailleurs: «*dubito, ergo sum*» (X, 523). En 1619, le *je* ne déclare encore que le port du masque et dans le *Monde* ne revendique que l'invention de la fable: «mon dessein (...) est (...) d'en feindre un à plaisir» (XI, 48). Il s'agit «d'un» monde, un monde comme tableau, un monde comme scène où le *je* exerce sa feinte, son «plaisir de feindre», et nourrit un «dessein» qui instaure la science pour autant qu'il l'excède.

Avec les métaphores du tableau et du théâtre nous retrouvons le point de départ de notre réflexion: le portrait de Descartes peint par Weenix, et sa devise; *Mundus est fabula.* Nous sommes maintenant en mesure d'articuler les diverses interprétations de l'énigme que nous avons tour à tour proposées au fil de notre lecture de cet écrit appelé par Descartes: «la fable de mon *Monde*».

«Le monde est une fable»: la devise est d'abord celle du monde baroque, celui dans lequel Descartes naît à la philosophie. Le monde est la fable et le théâtre de cette fable, le songe d'une nuit, un jeu d'ombre et de lumière, une eau courante où miroitent et s'évanouissent les illusions des hommes. Cette fable est celle du scepticisme, ce théâtre celui de la crise où s'anéantit le cosmos de la tradition. Il est un théâtre de la mort, nihiliste en son essence, parce qu'il récuse toute ontologie, mais aussi, indissociablement, théâtre des intrigues morales, politiques et scientifiques, fable industrieuse, affairée de la modernité: *memento mori* et rêve anatomique de l'entretien de la machine, *ad aeternam*, pour jouir des simulacres...

Descartes s'empare de cette fable sceptique, il l'assume d'abord comme décor culturel de son entreprise de réformation du savoir. Il renchérit ainsi avec ses contemporains sur la vanité des occupations humaines et parlera toujours en terme théâtral de la vie morale. Il intègre à son discours maintes métaphores de la fugacité de la vie, de l'évanescence du monde, partage les rêves et l'hédonisme inquiet d'une génération prise entre le libertinage et l'apologétique – où nous voyons deux effets complémentaires de la *skepsis* baroque, deux tentatives, vouées à l'échec, de conjurer le nihilisme. Mais de la fable baroque, Descartes conserve surtout sa conception illusionniste du sensible et la découverte, faite sur cette scène de la crise, du *je* comme dernier refuge dans la débâcle des référents, car la fable baroque est ce lieu du discours où s'invente et se défait, se dit et se dédit cette identité qui devient, chez Descartes, l'identité métaphysique du sujet pensant. Baroque, sans aucun doute, la conception cartésienne du monde sensible comme apparence et discours trompeur. Dans les *Regulae*, Descartes compare précisément ce monde à une «fable» (*Règle XII*, X, 423). Mais de cette fable, il entreprend de déterminer la vérité. Parce que celle-ci ne peut reposer sur les fausses apparences du monde sensible, il s'en détourne pour ne s'en remettre qu'à lui-même. L'*ego* privé de monde, le *je* problématique du drame baroque, fantomatique chez Calderón, chancelant chez Rotrou, impérieux chez Corneille, devient dans le texte cartésien source de la vérité sur le monde. D'emblée la science, dans le *Monde*, se présente comme une démarche individuelle et introspective[1].

C'est pourquoi le traité commence par une analyse de la perception sensible qui exhibe une différence drastique, pensée sur le modèle linguistique (la parole: ce qui reste au *je* sur le théâtre quand l'être vient à manquer) entre le monde tel qu'il nous apparaît et tel que l'exploitation des «vérités» qui structurent notre rationalité et notre imaginaire nous permet de le décrypter. Cette différence est donc double, elle sépare, sur le plan de l'être, la représentation du monde de son référent extérieur (le monde même) et affecte la représentation elle-même comme partage de l'illusoire – la fable sensible – et du vrai: les natures simples corporelles, ces essences géométriques qui se trouvent engagées dans la perception et qui offrent la vérité du monde sans rien ne lui devoir. Le discours de la science, indexé sur l'arithmétique et la géométrie (les deux sciences dans lesquelles le *je* fait l'expérience de la certitude), doit permettre la restitution de la vérité du monde dissimulé par la fable sensible. Mais dans son développement, son écriture, la science de la nature rencontre à chaque pas l'irréductibilité du monde sensible et des discours erronés dont ce monde est inséparable. La science, en son sein même, rencontre autrement dit la résistance, l'insistance, la persistance de la fable éconduite. La menace, pour la vérité, se cristallise autour du problème de la «ressemblance» de la représentation qui travaille tout à la fois la

1. Cf. *Discours de la méthode*, VI, 9.

doctrine de la perception, l'épistémologie qui en dérive et l'écriture de la science.

Il apparaît pourtant, à l'étude du texte, que le discours de science, loin de se laisser simplement corrompre ou parasiter par la fable sensible et son imaginaire culturel, détourne, utilise, récupère cette fable pour faire triompher le mécanisme. Et la fable du traité cartésien est précisément le déploiement avoué d'une rhétorique destinée à produire la vérité sur le monde; une rhétorique à la mode du temps, pour plaire à l'honnête homme et prévenir le scandale des doctes, mais d'abord pour fonder la science et la rabattre, comme fable du *je* garantie par Dieu, sur le vieux monde, celui de la fable des anciens remise au goût du jour par les modernes. La fable cartésienne s'approprie et phagocyte la fable baroque du monde. La fable du nouveau monde se révèle ainsi procéder d'une feinte métaphysique qui fonde la rationalité scientifique et les premiers principes de la physique sur l'immutabilité divine. Mais surtout la feinte, parce qu'elle consiste en une transgression de la vérité en vue de sa fondation métaphysique et de son déploiement discursif, manifeste la liberté du *je* qui la présente au public comme la vérité en clair-obscur du monde réel. «*Mundus est fabula*», le *Monde* est le masque et la scène du *je* souverain. La fable de la science est le prélude à la métaphysique du «*je pense*» et à la morale qui en découle. Le souci moral est en effet dès l'origine et jusqu'au bout, la finalité de la démarche cartésienne. Cette philosophie pratique commence avec la décision de porter un masque sur la scène du monde, un masque de philosophie. Elle s'achève avec la revendication de la jouissance théâtrale du monde permise au *je* par le contrôle de ses passions, fruit de l'exercice entier, c'est-à-dire infini, du libre arbitre. «... lorsque nous lisons des aventures étranges dans un livre, ou que nous les voyons représenter sur un théâtre, cela excite quelquefois en nous la tristesse, quelquefois la joie, l'amour, ou la haine, et généralement toutes les passions, selon la diversité des objets qui s'offrent à l'imagination; mais avec cela nous avons du plaisir de les sentir exciter en nous, et ce plaisir est une joie intellectuelle...» (*Passions de l'âme*, art. 147). Cette jouissance théâtrale du monde, dans la distance jalousement préservée entre la scène et la loge secrète où se tient le *je* métaphysique, n'est pas étrangère, nous semble-t-il, au «plaisir» avoué par le *je* dans la feinte, dans l'invention du nouveau monde: un monde projeté et maintenu par l'esprit sur la scène de l'imaginaire, maîtrisé et dominé comme simulacre mécanique, vrai sans être, rationnel et ressemblant mais fictif, un autre monde, notre monde cartésien, cette fable.

BIBLIOGRAPHIE

Notre travail se situant au carrefour des études cartésiennes et des travaux sur la culture baroque, notre bibliographie ne saurait prétendre à l'exhaustivité. Nous ne citons que les ouvrages consultés pour ce travail.

Pour une bibliographie cartésienne :

– période 1800-1960

SEBBA G., Bibliographia cartesiana. A critical guide to the Descartes literature, La Haye, 1964.

– 1960-1970

CATON H., *The origin of subjectivity*, Yale, 1974, p. 217-249.

– 1970-1989

EQUIPE DESCARTES CNRS, « Bulletin cartésien » in *Archives de la philosophie*, 1970 sq., 1 bulletin à l'année.

Voir en outre :

RODIS-LEWIS G., *L'œuvre de Descartes*, Paris, 1971, t. II.

Pour une bibliographie des sources premières de langue française :

ARBOUR R., *L'ère baroque en France*, Genève, 1977 sq., 5 vols.

CIORANESCU A., *Bibliographie de la littérature française du XVIIe siècle*, Paris, 1966.

Enfin, on trouvera de bons compléments à notre bibliographie dans les ouvrages suivants :

PINTARD R., *Le libertinage érudit dans la première moitié du XVIIe* siècle, Paris, 1943.

LENOBLE R., *Mersenne ou la naissance du mécanisme*, Paris, 1943.

BOSCO D., *La decifrazione dell'ordine*, 2 vols, Milano, 1988, t. II.

Œuvres de Descartes

Œuvres complètes, édition Adam et Tannery, Paris, 1897-1909, revue et augmentée 1964-74.

Œuvres philosophiques de Descartes par Ferdinand Alquié, 3 vols, Paris, 1963, 1967, 1973.

Correspondance avec Arnaud et Morus, éd. Rodis-Lewis, Paris, 1953.

De homine figuris et latinitate donatus a Florentio Schuyl, inclytae urbis sylvae ducis senatore et ibidem philosophiae professore, Leiden, 1662.

Meditationes de prima philosophia, éd. Rodis-Lewis, Paris, 1966.

Les passions de l'âme, éd Rodis-Lewis, Paris, 1966.

Lettres à Regius et remarques sur l'explication de l'esprit humain, éd Rodis-Lewis, Paris, 1959.

Regulae ad directionem ingenii, Notice de Henri Gouhier, Paris, 1965.

Règles pour la direction de l'esprit, traduction de J. Sirven, Paris, 1964.

Règles..., traduction et annotation J.-L. Marion, La Haye, 1977.

L'entretien avec Burman, édition, traduction et annotation par Jean-Marie Beyssade, Paris, 1981.

Abrégé de musique, édition nouvelle, traduction et notes par Frédéric de Buzon, Paris, 1987.

Dédicace du placard de licence en droit soutenue par Descartes le 21 décembre 1616 à Poitiers, texte original et traduction française, par Jean-Robert Armogathe et Vincent Carraud, *Bulletin cartésien XV*, *Archives de la Philosophie* 50, 1987, cahier 1, p. 1-4.

Sources premières

AGRIPPA Corneille, *De incertitudine et vanitate scientiarum atque artium declamatio, Opera Omnia*, Lyon, 1600, trad. fran. de Louis de Mayerne-Turquet: *Paradoxe sur l'incertitude, vanité et abus des sciences*, 1617.

AUBIGNAC (Fr. Hédelin abbé de), *Sur la pratique du théâtre*, Paris, 1669, éd. P. Martino, Paris, 1967.

BACON Francis, *The works of Francis Bacon*, sous la direction de James Spedding, Robert Ellis and Douglas Denon Health, Nouvelle édition, Londres 1887-1892, reprint, Stuttgart, 1986.

— *Novum organum*, introduction, traduction et notes de M. Malherbe et J.-M. Pousseur, Paris, 1986.

— *La nouvelle Atlantide*, traduction de M. Le Dœuff et Margaret Llasera, Paris, 1983.

— *Valerius terminus, (De l'interprétation de la nature)*, traduction, notes et commentaires de François Vert, Paris, 1986.

— *De sapientia veterum*, traduction française de Jean Baudoin: *La sagesse mytérieuse des anciens, ombragée du voile des fables, appliquées moralement aux secrets de l'Etat et de la nature*, Paris, 1619.

BAILLET Adrien, *Vie de Monsieur Descartes*, Horthemels, 1691, 2 vols,

BALZAC Jean-Louis Guez de, *Œuvres de Monsieur de Balzac*, divisées en deux tomes, Paris, 1665.

BAYLE Pierre, *Œuvres diverses*, La Haye, 1737.

Recueil de quelques pièces curieuses, concernant la philosophie de M. Descartes, Amsterdam, 1684.

BEECKMAN Isaac, *Journal tenu par Isaac Beeckman de 1604 à 1634*, présenté par C. De Waard, La Haye, 4 vols, 1939 sq.

BÉRULLE Pierre de, *Œuvres complètes du Cardinal de Bérulle*, reprint éd. Bourgoing, 1644, Montsoult, 1960.

BINET Etienne, *Essai des merveilles de la nature et des plus nobles artifices. Pièce nécessaire à tous ceux qui font profession d'éloquence*, Rouen, 1626.

BOREL Pierre, *Les Antiquitez, raretez, plantes, minéraux et autres choses considérables de la ville et du comté de Castres... Avec le roolle des principaux cabinets et autres raretez de l'Europe, comme aussi le Catalogue des choses rares de maistre Pierre Borel...*, Castres, par A. Colomiez, 1649, rééd. Paris, 1868.

— *De vero Telescopii inventore cum brevi omniumconspicilliorum historium... Accessit eiam centuri observationum microspicarum*, La Haye, 1655.

— *Vitae Renati Cartesii, summi philosophi, compendium*, Paris, 1656.

— *Discours nouveau prouvant la pluralité des mondes...*, Genève, 1657.

BOUHOURS Daniel, *Entretiens d'Ariste et Eugène*, Paris, 1671.

BRUNO Giordano, *De l'infinito universo e mondi*, London, 1584, présenté par S. Russo, Rome, 1960.

BURTON Robert, *The Anatomy of Melancholy*, London, 1621, rééd. et intro. par H. Jakson, London-Toronto, 1932, reprint 1977.

CAMILLO Julio, Idea del Teatro, Venezia, 1556.

CAMPANELLA Tomaso, *Poesie filosofiche*, Paris, 1622, reprint Napoli, 1980.

CASTIGLIONE Giuseppe, *Discorso accademico in lode del niente*, Napoli, 1632.

CHAPELAIN Jean, *De la lecture des vieux romans*, Paris, 1870.

CHASSIGNET Jean-Baptiste, *Le mépris de la vie et consolation de la mort*, Besançon, 1594; reprint Genève-Paris, 1967.

COMES Natalis, *Mythologia sive explications fabularum libri decem*, Venezia, 1567.

COPERNIC Nicolas, *Des Revolutionibus orbium cœlestium*, 1543, traduction de A. Koyré: *Des Révolutions des orbes*, Paris, 1934.

CORNEILLE Pierre, *L'illusion comique* (1639), présenté par R. Garapon, Paris, 1970.

CORPUS omnium veterum pœtarum latinorum, Lyon, 1603.

COSPI Antonio Maria, *L'interprétation des chiffres ou reigle pour bien entendre et expliquer toute sorte de chiffre simple,* traduit par Jean-François Niceron, Paris, 1641.

CUES Nicolas de, *De docta ignorantia, Opera omnia.* Jussu et auctoritate Academiae litterarum Heidelbergensii ad codicum edita, vol I, Leipzig, 1932.

CUREAU DE LA CHAMBRE Marin, *De la lumière,* Paris, 1657.

DANIEL Gabriel, *Voyage du Monde de Descartes,* Paris, 1690.

DELLA PORTA Giambattista, *De occultis litterarum notis,* 1563, rééd. Strasbourg, 1606.

— *Magiae naturalis libri XX,* Napoli, 1589.

DESMAREST de Saint Sorlin, *La vérité des fables ou l'histoire des dieux de l'antiquité,* Paris, 1648.

DONNE John, *An anatomie of the world (First anniversary),* Londres, 1611.

DU MOULIN, *Héraclite, de la vanité et misère de la vie humaine,* Rouen, 1615.

DURET Claude, *Thrésor de l'histoire des langues de cet univers,* Cologne, 1612.

DU VAIR Guillaume, *Œuvres philosophiques, morales et meslées,* Genève, 1621.

— *Philosophie des Stoïques,* Paris, 1946.

FARET Nicolas, *L'Honnête homme ou l'art de plaire à la cour,* Paris, 1630, éd. Magendie, 1925.

FLUDD Robert, *Utrius Cosmi maioris silicet et minoris metaphysica atque technica historia..., Tomi secundi tractatus primi sectio secunda, de Technica microcosmi historia,* Oppenheim, 1620.

FONTENELLE, *Entretiens sur la pluralité des mondes,* Paris, 1686.

— *De l'origine des fables,* 1724, Paris, 1932.

GALILEO Galilei, *Le Opere,* ed. nazionale, présenté par A. Favaro, V. Cerruti, etc., Firenze, G. Barbera, 1890-1909, 21 vols.

GARASSE François, *La doctrine curieuse des beaux esprits de ce temps ou prétendus tels,* Paris, 1623.

GASSENDI Pierre, *Opera omnia,* Lyon, 1658 (édition posthume par Sorbière), 6 vols.

— *Exercitationes paradoxicae adversus Aristoteleos....* Grenoble, 1624. *Dissertations en forme de paradoxes contre les aristotéliciens,* texte établi, traduit et annoté par B. Rochot, Paris, 1959.

— *Disquisitio metaphysica sen dubitationes et instantiae adversus Renati Cartesi metaphysicam et responsa, Recherche métaphysique ou doutes et instances contre la métaphysique de René Descartes,* texte établi, traduit et annoté par B. Rochot, Paris, 1962.

— *Lettres familières à François Luillier pendant l'hiver 1632-1633,* introduction et notes de Bernard Rochot, Paris, 1944.

DU SOUCY DE GERZAN François, *La science des sages et le triomphe des dames,* Paris, 1647.

— *Les profitables curiositez inouyes,* Paris, 1650.

GIBIEUF Guillaume, *De libertate Dei et creaturae,* Paris, 1630.

GRACIAN Baltasar, *Obras completas,* Madrid, 1976.

— *Agudeza y arte del ingenio,* 1647 ; *La Pointe ou l'art du génie,* traduction intégrale et notes par Michèle Gendreau-Massaloux et Pierre Laurens, Préface de Marc Fumaroli, Genève, 1983..

— *El discreto,* Madrid, 1646.

— *Oraculo manual y arte de prudencia,* 1647, *L'homme de cour,* traduction de Amelot de la Houssaye, Paris, 1684, rééd. Paris, 1972.

HOBBES Thomas, *The English Works,* 11 vols et *Opera philosophica quae latine scripsit omnia,* 5 vols, sous la direction de Sir W. Molesworth, London, 1839-45, reprint Verlag Aalen, 1961.

— *De Homine, Traité de l'homme,* traduit et commenté par Paul-Marie Maurin, Paris, 1974.

— *Critique du De Mundo de Th. White,* édition critique d'un texte inédit par Jean Jacquot et Harold Whitmore Jones, Paris, 1973.

HUYGENS Constantijn, *De Briefmisseling* 1608-1689, P.P.J.A. Worp, Gravenhage, 6 vols, 1911-1917.

KEPLER Johann, Johann Kepler. *Opera omnia,* 8 vols, sous la direction de C. Frish, Francfort, 1858-1870.

— *Gesammelte Werke,* 10 vols, sous la direction de M. Caspar, W. von Dyck et F. Hammer, Munich, reprint Paris 1938.

— *L'Etrenne ou la neige sexangulaire,* sous la direction de R. Halleux, Paris, 1975.

— *Paralipomènes à Vitellion,* sous la direction de C. Chevalley, préface de R. Taton et P. Costabel, Paris, 1975.

— *Le secret du monde,* Introduction, traduction et notes de A. Segonds, Paris, 1984.

— *Harmonie du monde,* traduction de J. Peyroux, 1979, Bordeaux.

LA FONTAINE Jean de, *Œuvres complètes,* éd. J. Marmier, Paris, 1965.

LA FORGE Louis de, *Traité de l'homme, de ses facultés, fonctions et son union avec le corps suivant les principes de R. Descartes,* Paris, 1666.

LA MOTHE LE VAYER François, *Œuvres de François de la Mothe le Voyer,* Dresde, 1756-1759, 7 t. en 14 vols.

— *Cinq dialogues faits à l'imitation des Anciens par Orasius Tubero,* 1re éd. 1630, Francfort, 1717.

LEIBNIZ G.W., *Philosophischen Schriften,* éd. C.J. Gerhardt, Berlin, 1830 sq.; Hildesheim, 1965.

— *Opuscules philosophiques,* traduction française de P. Schrecker: Paris, 1954.

LE MOYNE Pierre, *Les peintures morales...,* Paris, 1640-1643.

— *Devises héroïques et morales...,* Paris, 1649.

LEUCHEURON Jean, *Recreations mathematicques, composee de plusieurs problemes plaisants et facetieux en fait d'arithmeticque, geometrie, mechanicque, opticque et autres parties de ces belles sciences*, Pont-à-Mousson, 1624.

LIPSE Juste, *De Constantia*, Leiden, 1584 ; *Traité de la Constance*, Bruxelles, 1873.

MARANDÉ Léonard (de), *Jugement des actions humaines*, Paris, 1624.

MÉNESTRIER Claude François, *L'art des emblèmes où s'enseigne la morale par les figures de la Fable, de l'histoire et de la nature*, Paris, 1662.

— *La philosophie des images énigmatiques*, Lyon, 1682.

MÉRÉ, Chevalier de, *Œuvres complètes*, 3 vols, Paris, 1930.

MERSENNE Marin (R.P.), *Quaestiones celeberrimae in Genesim, cum accurata textus explicatione. In hoc volumine Athei et Deistae impugnantur, et expugnantur...*, Paris, 1623.

— *L'impieté des Deistes, Athees et Libertins de ce temps, combatue et renversee de point en point par raisons tirees de la Philosophie et de la Theologie. Ensemble la refutation du Poëme des Deistes*, Paris, 1624.

— *La Verité des Sciences. Contre les Septiques ou Pyrrhoniens*, Paris, 1625.

— *Questions Inouyes ou la récréation des savants*, Paris, 1634. Réédité dans le Corpus des Œuvres philosophiques en langue française, Paris, 1985.

— *Questions harmoniques, dans lesquelles sont contenuës plusieurs choses remarquables pour la physique, pour la morale et pour les autres sciences*, Paris, 1634.

— *Les Preludes de l'Harmonie universelle, ou Questions curieuses, utiles aux Predicateurs, aux Theologiens, aux Astrologues, aux Medecins et aux Philosophes*, Paris, 1634.

MEYER Louis, *Philosophia, scripturae interpres*, Amsterdam, 1666.

MONTAIGNE Michel de, *Essais*, publiés d'après l'exemplaire de Bordeaux par Fortunat Strowski, 5 volumes en 3 volumes, Hildesheim-New York, 1981.

NICERON Jean-François, *La perspective curieuse*, Paris, 1638.

PASCAL, *Pensées*, éd. Brunschvicg, Paris, 1963.

PAUW Paul, *Primitiae atomicae de humani corporis ossibus*, Leiden, 1615.

PERRAULT Charles, *Parallèle des anciens et des modernes*, Paris, 1693, reprint Genève, 1979.

PIC DE LA MIRANDOLE Giovanni, *Opera omnia*, Bâle, 1557 et 1573

— De Hominis Dignitate, Roma, 1986.

POISSON Nicolas, *Commentaire ou remarque touchant la méthode de René Descartes*, Vendôme, 1670.

POMPONAZZI Pietro, *Les causes des merveilles de la nature ou les enchantements*, traduction d'Henri Busson, Paris, 1930.

QUICCHELBERG, *Inscriptiones vel tituli theatri amplissimi*, Munich, 1565.

RIPA Cesare, *Iconologia*, Venezia, 1669.

ROTROU Jean, *Le véritable Saint Genest*, Paris, 1647.

— *Les occasions perdues*, Paris, 1635.

SAINT-AMANT Marc antoine de, *Œuvres*, éd. Livet, Paris, 1855.

SANCHEZ Francisco, *Quod Nihil Scitur*, Lyon, 1581 *Il n'est science de rien*, traduction A. Comparot, Paris, 1984.

SCHEINER (R. P.), *Tres epistolae de maculis solaribus scriptae ad Marcum Velserum*, Aug. Vindel, 1612, signée: Apelles latens post tabulam.

SCHUYL Florent, *Renatus Des Cartes, De Homine*, Leiden, 1662.

SCRIVERIUS, «*In theatrum Anatomicarum quod est Lugduni in Batavis...*» in *Délices de Leide*, Leiden, 1712, p. 143-147.

SCUDÉRY Georges, *Apologie du théâtre*, Paris, 1639.

SOREL Charles, *Des histoires et des romans...*, Paris, 1661.

— *La Bibliothèque françoise de M.C. Sorel*, Paris, 1664.

STENONIS Nicolai, *Opera philosphica*, 2 t., Copenhagen, 1910.

TESAURO Emmanuele, *Il Cannocchiale Aristotelico...*, Torino, 1654; Bologna, 1675.

TORICELLI E., *Lezioni Accademiche*, Milano, 1823.

TRISTAN L'HERMITE, *La Folie du sage*, Paris, 1645.

— *Poésies galantes et héroïques*, Paris, 1662.

TRITHEMIUS Joannes, *Polygraphia*, Haselberg de Aia, 1518; *Polygraphie et universelle escriture cabalistique de Jean Tritheme*, traduit par Gabr. de Collange, Paris, 1561.

VAN HELMONT Jean-Baptiste, *Ortus Medicinae*, Amsterdam, 1648; reprint Bruxelles, 1966.

VANINI Jules César, *Œuvres philosophiques*, traduction de X. Rousselot, Paris, 1842.

VÉSALE André, *De humani corporis fabrica*, Basilae, 1543.

VIAU Théophile de, *Œuvres*, 4 vols, éd par Guido Saba, Roma, 1978 sq.

VICO, *Scienza nuova*, 1725, 1730, 1744; éd.par P. Rossi, Milano, 1977.

WHITE Thomas, *De Mundo dialogi tres*, Paris, 1642.

— *Two treatises in the one of which, the nature of bodies; in the other, the nature of mans souls, is looked into: in way of discovery of the immortality of reasonable souls*, Paris, 1644.

WILKINS John, *The Mercury*, London, 1641.

Sources secondaires

ABERCROMBIE N., *Saint Augustin and French classical thought*, New York, 1972.

ADAM A., *Sur le problème religieux dans la première moitié du XVIIe siècle*, Oxford, 1959.

— *Les libertins érudits au XVIIe siècle*, Paris, 1964.

ALQUIÉ F., *La découverte métaphysique de l'homme chez Descartes*, Paris, 1960.

— *Etudes cartésiennes*, Paris, 1982.

— «Conscience et signes dans la philosophie moderne et le cartésianisme» in *Polarité du symbole, Les études carmélitaines*, 1960.

— «Une lecture cartésienne de la Critique de la raison pure est-elle possible?» in *Revue de métaphysique et de morale*, 1975, n°2; repris dans F. Alquié, *Etudes cartésiennes*, Paris, 1982.

ARGAN, *Immagine e persuasione. Saggi sul barroco*, Milano, 1987.

AUBENQUE P., *Le problème de l'être chez Aristote*, Paris, 1962, 4e éd. 1977.

BACHELARD G., *Le nouvel esprit scientifique*, Paris, 1934.

BADY R., *L'homme et son Institution de Montaigne à Bérulle, 1580-1625*, Paris, 1964.

BALDINI U., FARINA P., TREVISANI F., ZANIER G., *Ricerche sull'atomismo del seicento*, Nuova Italia, Firenze, 1977.

BALTRUSAITIS J., *Anamorphoses*, Paris, 1955.

— *Le miroir*, Paris, 1978.

BEAUFRET J., *Dialogue avec Heidegger*, «Philosophie moderne», t. II, Paris, 1953.

BEAUNE J.-C., *L'automate et ses mobiles*, Paris, 1980.

BELAVAL Y., *Leibniz critique de Descartes*, Paris, 1960, 2e édition 1976.

BENJAMIN W., *Ursprung des deutschen Trauerspiels*, in *Œuvres complètes*, vol. I, 1, Francfort-sur-le-Main, 1974. *Origine du drame baroque allemand*, Paris, 1985.

BERGAMO M., *La Scienza dei Santi*, Firenze, 1984.

BERNHEIMER R., «Theatrum Mundi» in *Art Bulletin*, n°XXXVIII, 1956.

BEYSSADE J.-M., *La philosophie première de Descartes*, Paris, 1979.

— «Mais quoi, se sont des fous. Sur un passage controversé de la première méditation» in *Revue de métaphysique et de morale*, 1973.

— «RSP ou le monogramme de Descartes», in *Descartes, L'entretien avec Burman*, Paris, 1981.

BLOCH O.R., *La philosophie de Gassendi*, La Haye, 1971.

BLONDEL M., *Dialogues avec les philosophes*, Paris, 1966.

— «Christianisme de Descartes» in *Revue de métaphysique et de morale*, 1896, p. 554.

BORTOLOTTI A., *Saggi sulla formazione del pensiero di Descartes*, Firenze, 1983.

BOSCO D., *Metamorfosi del libertinage*, Milano, Vita e Pensiero, 1981.

— *La Decifrazione dell'Ordine*, 2 vols, Milano, 1988.

— «Vertu e Honnête homme. Un tema di morale secentesca» in *Rivista di filosofia neoscolastica*, 1979, p. 80-104.

— «Honnête homme et Politesse mondaine», *ibid.*, p. 326 351.

— «Le metamorfosi dell'eroe. la Legge del opinione» in *Morale della politica e individualismo...*, sous la direction de D. Bosco, p. 237-282.

BOUTROUX P., *L'imagination et les mathématiques selon Descartes*, Paris, Alcan, 1900.

BOUVERESSE J., «La théorie du possible chez Descartes» in *Revue internationale de philosophie*, n°146, 1983, p. 293-310.

BOYER B., *The Rainbow from the myth to mathematics*, London, 1959.

BRANDT F., *Thomas Hobbes' mechanical conception of nature*, Copenhagen-London, 1928.

BRAY R., *La formation de la doctrine classique en France*, Paris, 1951.

BRÉHIER E., «Matière cartésienne et création» in *Revue de métaphysique et de morale*, t. XLIV, n°1, 1937, p. 21-34.

BRÉMOND, H., *Histoire du sentiment religieux en France*, Paris, 1911-1933 (reprint 1967-1971).

BROCHARD, «Descartes stoïcien», *Revue philosophique...*, 1880.

BUCI-GLUCKSMANN C., *La folie du voir*, Paris, 1986.

BUSSON H., *La pensée religieuse française de Charron à Pascal*, Paris, 1933.

— *La religion des Classiques (1660-1685)*, Paris, 1948.

Cahiers de l'hermétisme, n° spécial «Lumière et Cosmos», Paris, 1981.

CAHNÉ P.-A., *Index du discours de la méthode*, Roma, 1977.

— *Un autre Descartes*, Paris, 1980.

— «Autour de la phrase de Descartes» in *Europe*, 1978, n°594, p. 65.

— «Saint Augustin et les philosophes au XVIIe siècle: ontologie et autobiographie» in *XVIIe siècle*, 1982, p. 121-132.

— «Rêve et songe. Lexique et idéologie» in *Revue des sciences humaines, 1988-3*, n°211.

CANTELLI G., *René Descartes, L'Uomo*, Torino, 1960.

— *René Descartes, Meditazioi metafisiche*, Firenze, 1982.

— *Mente, corpo, linguaggio, saggio sull'interpretazione vichiana del mito*, Firenze, 1986.

CANZIANI G., *Filosofia e scienza nella morale di Descartes*, Firenze, 1980.

CASSIRER E., *Das Erkenntnisproblem in der Philosophie und Wissenschaft der neueren Zeit*, 3 vols, Berlin, 1906-1920.

— *Descartes, Corneille, Christine de Suède*, Paris, 1942.

— «La place de la Recherche de la vérité par la lumière naturelle dans l'œuvre de Descartes» in *Revue philosophique*, CXXVII, n°5-6, mai-juin 1939, p. 145-150.

CATON H., *The origin of subjectivity. An essay on Descartes*, New-Haven-London, 1973.

CAVAILLÉ J.-P., «Une histoire, un discours, des méditations, récit éloquence et métaphysique dans le Discours de la méthode» in *Descartes, il metodo e i saggi di questo metodo*, Roma, 1990.

— «Theatrum mundi, notes sur la théâtralité du monde baroque», *Working Papers of the I.U.E*, Firenze, 1987.

CAVE T. et JEANNERET M., *Métaphores spirituelles. Anthologie de la poésie baroque française*, 1570-1630, Paris, 1972.

CHAMPIGNY R., «The theatrical aspect of cogito» in *Review of Metaphysics*, 12, 1959, p. 370-377.

CHASTEL A., «Le baroque et la mort» in *Retorica e barocco, atti del II Congresso Internazionale di Studi Umanistici* (Venezia, 15-18 juin 1954), Roma, 1955.

CHESNEAU Ch., *Le Père Yves de Paris et son temps*, Paris, 1946.

CHEVALLEY C., «Rationalité de l'anamorphose» in *XVIIe siècle*, n°124, 1979, p. 289-296.

CHOMSKY Noam, *Cartesian linguistic. A chapter in the history of rationalist thought*, New-York-London, 1966; traduction française de Delanoë» et D. Sperber: *La linguistique cartésienne*, Paris, 1966.

CIFOLETTI, G. C., «Quaestio sive aequatio: la nozione di problema nelle Regulae», *Working Papers of the I.U.E*, n°89, 397, Firenze, 1989.

CLARKE D., *Descartes philosophy of science*, Manchester, 1982.

COHEN G., *Les écrivains français en Hollande dans la première moitié du XVIIe siècle*, Paris-La Haye, 1921.

CONTARDI B., *La retorica e l'architettura del Barocco*, Roma, 1978.

CONTE G., *La metafora barocca*, Milano, 1972.

COSTABEL P., «Les Essais de la Méthode et la réforme mathématique» in *Le Discours et sa méthode*, Paris, 1987.

CRAPULLI G., *Mathesis universalis. Genesi di un'idea nel XVI secolo*, Roma, 1969.

CROMBIE A.C., «La Dioptrique et Kepler» in *Le Discours et sa méthode*, Paris, 1987.

CURTIUS, E.R., *Europäische Literatur und lateinisches Mittelalter*, Bern, 1948, *La littérature européenne et le Moyen-Age latin*, Paris, 1956 et 1986.

DAVID M., *Le débats sur les Ecritures aux XVIIe et XVIIIe siècles*, Paris, 1956.

DE CERTEAU M., *La possession de Loudun*, Paris, 1970.

— *La fable mystique, XVIe-XVIIe siècles*, Paris, 1982.

— «Mystique au XVIIe siècle» in *Mélanges De Lubac*, Paris, 1964.

— «Crise sociale et réformisme spirituel au début du XVIIe siècle. Une nouvelle spiritualité chez les jésuites français» in *Le mépris du monde, problèmes de vie religieuse*, Paris, 1965.

DELL'ARCO F., «Le forme dell'effimero» in *Storia dell'Arte italiana*, vol. 11, *Forme e modelli*, Torino, 1982.

DELON M., «Cartésianisme et féminisme(s)» in *Europe*, oct. 1978, n°594, p. 73-86.

DÉMORIS R., *Le roman à la première personne*, Paris, 1975.

DENS J.P., *L'honnête homme et la critique du goût. Esthétique et société au XVIIe siècle*, Lexington, 1980.

DESCARTES et le cartésianisme hollandais, Etudes et documents, Paris, 1950.

DERRIDA J., «Cogito et histoire de la folie» in *Revue de métaphysique et de morale*, 1973.

DIBON P., *La philosophie néerlandaise au siècle d'or*, Amsterdam, 1954.

— «Scepticisme et Orthodoxie religieuse en Hollande au XVIIe siècle» in *Scepticism from the Renaissance to the Enlightenment*, sous la direction de R.H. Popkin et B. Schmitt, Wiesbaden, 1987.

DIBON P. et WAQUET F., *Johannes Fredericus Gronovius Pélerin de la République des lettres. Recherche sur le voyage savant au XVIIe siècle*, Genève, 1984.

DICK J., *Plurality of worlds, the origins of the extraterrestrial life debate from Democritus to Kant*, Cambridge, 1982, traduction française, Arles, 1989.

DISCOURS scientifique du baroque (le), actes de la dixième session internationale d'étude du baroque in *Baroques*, n°12, Montauban, 1987.

DREYFUS-LE FOYER H., «Les conceptions médicales de Descartes» in *Revue de métaphysique et de morale*, 1937, p. 237-286.

DUHEM P., *Le système du monde*, Paris, 1913-19.

DUMONT J.P., *Le scepticisme et le phénomène*, Paris, 1972.

EYMARD D'ANGERS J., *L'apologétique en France de 1580 à 1670. Pascal et ses précurseurs*, Paris, 1954.

FALGUIERE P., *Invention et mémoire*, thèse de doctorat, Paris I, Sorbonne, 1988.

FATTORI M., «Des natures simples chez F. Bacon» in *Recherches sur le XVIIe siècle*, Paris, 1980.

FERRIER F., *La pensée philosophique du Père G. Gibieuf (1583-1650), étude bio-bibliographique*, 2 t., Lille, 1976.

FORESTIER G., *Le théâtre dans le théâtre sur la scène française au XVIIe siècle*, Genève, 1981.

— «Rêve et littérature au XVIIe siècle» in *Rêver en France au XVIIe siècle*.

FOUCAULT M., *Les mots et les choses*, Paris, 1966.

— *Histoire de la folie à l'âge classique*, Paris, 1961; éd. révisée, 1972.

— *L'Ordre du discours*, Paris, 1971.

FRANCE P., *Rhetoric and truth in France – Descartes to Diderot –*, Oxford 1972.

FUMAROLI M., «Sources de l'héroïsme cornélien» in *Héroïsme et création littéraire*, Paris, 1974.

— *L'âge de l'éloquence*, Genève, 1980.

— «Hiéroglyphes et lettres: la sagesse mystérieuse des anciens au XVIIe siècle» in *XVIIe siècle*, n°158, janvier-mars 1988.

— «Ego scriptor: rhétorique et philosophie dans le Discours de la méthode» in *Problématique et réception du Discours de la méthode et des Essais*, textes réunis par H. Méchoulan, Paris, 1988.

GABAUDE J.M., *Liberté et raison. La liberté cartésienne et sa réfutation chez Spinoza et Leibniz,* Toulouse, 1970.

GARGANI A., «Funzione dell'imaginazione e modelli della spiegazione scientifica in Harvey e Cartesio» in *Rivista critica di storia della filosofia,* 1970, p. 250-274.

GARNER B.C., «Francis Bacon, Natalis Comes and the mythological tradition» in *Journal of Warburg and Courtaud Institute,* n°33, 1970.

GENETTE G., *Figures I,* Paris, 1966.

GILSON, E. *Index scolastico-cartésien,* Paris, 1913; rééd. 1979.

— *La liberté et la théologie chez Descartes,* Paris, 1913; reprint 1982.

— *Etudes du rôle de la pensée médiévale dans la philosophie de Descartes,* Paris, 1930.

— *Edition du Discours de la méthode, texte et commentaire historique,* Paris, 1962.

GLUCKSMANN A., *Descartes c'est la France,* Paris, 1987.

GORCEIX B., La Bible des Rose-Croix, Paris, 1970.

GOUHIER H., *Les premières pensées de Descartes,* Paris, 1958.

La pensée religieuse de Descartes, Paris, 1972.

— *La pensée métaphysique de Descartes,* Paris, 1962.

— *Cartésianisme et augustinisme au XVIIe siècle,* Paris, 1978.

— «Le refus du symbolisme dans l'humanisme cartésien» in *Umanesimo e simbolismo. Atti del IV Convegno internazionale di Studi umanistici,* Padova, 1958.

— «Esquisse pour une histoire philosophique du je» in *Mélanges offerts à Maurice de Gandillac,* Paris, 1985.

GRANEL G., «La mathesis universalis» in G. Granel et J.-C. Bouttes, *Cartesiana,* Toulouse, 1984.

GREGORY T., *Scetticismo e empirismo,* Bari, 1961.

— «Il libertinismo della prima metà del Seicento, stato attuale degli studi e prospettive di ricerca», in *Ricerca su letteratura libertina e letteratura clandestina,* Firenze, 1981.

— «La tromperie divine» in *Preuve et raison à l'Université de Paris.* Logique, ontologie et théologie au XIVe siècle, sous la direction de Z. Kaluza et P. Vignaux, Paris, 1984.

GRIMALDI N., *L'expérience de la pensée dans la philosophie des Descartes,* Paris, 1978.

— «La morale provisoire et la découverte métaphysique de l'homme chez Descartes» in *Le Discours et sa méthode,* Paris, 1987.

GUÉNANCIA P., Descartes et l'ordre politique, Paris, 1983.

— «Remarques sur le rejet cartésien de l'histoire», *Archives de la philosophie,* n°49, 1986, p. 561-570.

GUÉROULT M., *Descartes selon l'ordre des raisons,* 2 vols., Paris 1953.

— «Animaux-machines et cybernétique» in *Etudes sur Descartes, Spinoza et Leibniz,* Hildesheim, 1970.

HALLYN F., *La structure poétique du monde: Copernic, Kepler*, Paris, 1987.

— «Sur deux passages de Pascal et de Descartes» in *XVIIe siècle*, n°153, Paris, 1986.

HAYDN H., *The Counter-Renaissance*, New York, 1950.

HECKSCHER W.S., *Rembrandt's anatomy of Dr. Nicolaas Tulp*, Washington/ New York, 1958.

HENRY M., *Genèse de la psychanalyse*, Paris, 1984.

— «Descartes et la question de la technique» in *Le Discours et sa méthode*, Paris, 1987.

«HIÉROGLYPHES, Langages chiffrés, sens mystérieux», *XVIIe siècle*, n°158, 1988.

HINTIKKA, «Cogito, ergo sum: inference or performance» in *Philosophical review*, 1962.

HOLTON G., *The scientific imagination*, Cambridge, 1980; trad. française: *L'imagination scientifique*, Paris, 1981.

HUSSERL E., *Méditations cartésiennes*, 1931, trad., G. Peiffer et E. Lévinas, 1947.

ISOLLE J., «Un disciple de Descartes, Louis de La Forge» in *XVIIe siècle*, n°92, 1971, p. 99-131.

JACQUOT J., «Le théâtre du monde de Shakespeare à Calderón» in *Revue de littérature comparée*, 1957.

JEHASSE J., *La Renaissance de la critique. L'essort de l'humanisme érudit de 1560 à 1614*, Saint-Etienne, 1976.

JOUHAUD C., *Mazarinades: la Fronde des mots*, Paris, 1985.

KNECHT H.H., «Le fonctionnement de la science baroque: le rationnel et le merveilleux» in *Le discours scientifique du baroque, Baroques*, Montauban, 1987.

KOLAKOWSKI L., *Chrétiens sans église. La conscience religieuse et le lien confessionnel au XVIIe siècle*, Paris, 1969.

KOYRÉ A., *Mystiques, spirituels et alchimistes du XVIe siècle allemand*, Paris, 1955.

— *From the closed world to the infinite universe*, Baltimore, 1957; trad. française: *Du monde clos à l'univers infini*, Paris, 1962.

— *Essai sur l'idée de Dieu et les preuves de son existence chez Descartes*, Paris, 1922.

— *Etudes galiléennes*, 4e édition, Paris, 1986.

KRAILSHEIMER A.J., *Studies in self-interest from Descartes to La Bruyère*, Oxford, 1962.

KUHN T.S., *The structure of scientific revolutions*, Chicago, 1re édition: 1962, 2e édition augmentée, 1970.

— *The essential tension*, Chicago, University of Chicago Press, 1977.

LAFOND J., *La Rochefoucauld, augustinisme et littérature*, Paris, 3e édition, 1986.

— «La beauté et la grâce. L'esthétique de Psyché» in *Revue de l'histoire littéraire de la France*, mai/août 1969.

— «Des formes brèves de la littérature morale au XVIe et XVIIe siècles» in *Les formes brèves de la prose et le discours discontinu*, Paris, vrin, 1984.

— «Discours et essai, ou de l'écriture philosophique de Montaigne à Descartes» in *Actes du colloque, Descartes, il metodo e i saggi*, Rome, 1990.

LALANDE A., «Quelques textes de Bacon et de Descartes» in *Revue de métaphysique et de morale*, Paris, 1911.

LANDUCCI S., *La teodicea nell'età cartesiana*, Napoli, 1986.

LAPORTE J., *Le rationalisme de Descartes*, Paris, 1945.

LARSEN E., «Le baroque et l'esthétique de Descartes» in *Baroques*, Montauban, 1973, p. 69-73.

LEFEVRE R., *Le criticisme de Descartes*, Paris, 1958.

LENOBLE R., *Mersenne ou la naissance du mécanisme*, Paris, 1943.

— *Histoire de l'idée de nature*, Paris, 1967.

LEROY M., *Descartes le philosophe au masque*, Paris, 1929.

LIARD L., *Descartes*, Paris, 1882.

LICHTENSTEIN J., «Socrate à la cour de Louis XIV», in *XVIIe siècle*, 1986, n°150, p. 3-17.

LOJACONO E., *Opere scientifiche di René Descartes*, Milano, 1983.

LUGLI A., *Naturalia et Mirabilia. Il collezionismo enciclopedico nelle Wunderkammern d'Europa*, Milano, 1983.

LUNSINGH SCHEURLEER Th.H., «Un amphitéâtre d'anatomie moralisée» in *Leiden University in the Seventeenth Century*, Leiden, 1975.

MAGENDIE R., *La politesse mondaine dans les théories de l'honnêteté en France au XVIIe siècle de 1600 à 1660*, Paris, 1925, reprint Genève, 1970.

MARAVALL J.A., *La cultura del barroco. Analisis de una estructura historica*, Barcelona, 1975.

MARIN L., *La Critique du discours: études sur la Logique de Port-Royal et les* Pensées *de Pascal*, Paris, 1975.

— *Le récit est un piège*, Paris, 1978.

— *Le portrait du Roi*, Paris, 1981.

— «La description du tableau et le sublime en peinture» in *Communications*, n°34, 1981.

MARION J.-L., *Sur l'ontologie grise de Descartes*, Paris, 1981.

— *Sur la théologie blanche de Descartes*, Paris, 1981.

— *Sur le prisme métaphysique de Descartes*, Paris, 1986.

MARITAIN J., *Le songe de Descartes*, Paris, 1932.

MARTIN H.-J., *Livre, pouvoirs et société à Paris au XVIIe siècle (1598-1701)*, 2 vols, Genève, 1969.

MARTINET S., «Apologie de la Brieve description des principaux phénomènes indroduite par Descartes (Principes, IIIe partie)» in *Recherche sur le XVIIe siècle,* Paris, 1978, p. 32-44.

— «La séduisante théorie des tourbillons cartésiens» in *Recherches sur le XVIIe siècle,* Paris, 1980.

— «Rôle du problème de la lumière dans la construction de la science cartésienne» in *XVIIe siècle,* n°136, juillet/septembre 1982, p. 285-310.

MATHERON A., «Psychologie et politique: Descartes (la noblesse du chatouillement)» in *Dialectiques,* 1974, n°6.

MERLEAU-PONTY M., *Signes,* Paris, 1960.

— *Le visible et l'invisible,* Paris, 1964.

— *L'Œil et l'esprit,* Paris, 1985.

MESNARD P., *Essai sur la morale de Descartes, Paris,* 1936.

MILHAUD A., *Descartes savant,* Paris, 1921.

MONTAGNES B., *La doctrine de l'analogie chez Saint Thomas,* Paris-Louvain, 1963.

MOREAU J., «Sanchez précartésien» in *Revue philosophique de la France et de l'étranger,* 1967, p. 264-270.

NANCY J.-L., *Ego sum,* Paris, 1979.

NARDI A., «La luce e la favola del Mondo, Descartes 1629-1633» in *Annali dell'Istituto di Filosofia* 3, Firenze, 1981.

NEGRI A., *Descartes politico,* Milano, 1970.

ŒSTREICH G., *Neostoicism and the early moderne state,* Cambridge, 1982.

OLGIATI F., *La filosofia di Descartes,* Milano, 1937.

OLMI G., «Ordine e fama : il museo naturalistico in Italia nei secoli XV e XVII», *Annali dell'istituto italico-germanico in Trento,* Bologne, 1982.

—, «Dal 'teatro del mondo' ai mondi inventariati. Aspetti e forme del collezionismo nel'étà moderna», *Gli Uffizi, quattro secoli di una galleria,* Florence, 1983.

OSSOLA C., «Elogio del Nulla», *Il segno barocco* sous la direction de G. Nocera, Roma, 1983.

PANOFSKY E., *La perspective comme forme symbolique,* Paris, 1975.

PARIENTE J-C, «Problèmes logiques du cogito» in *Le Discours et sa méthode,* Paris, 1987.

PERELMAN Ch., «Analogie et métaphore en science, poésie et philosophie» in *Revue internationale de philosophie,* n°23, 1969, p. 3-15.

— *The new rhetoric and the humanities. essays on rhetoric and its applications,* Dordrecht, 1979.

PESSEL A., «Mersenne, la pesanteur et Descartes» in *Le Discours et sa méthode,* Paris, 1987.

PETIT M., *Poètes baroques allemands,* Paris, 1977.

PINTARD R., *Le libertinage érudit dans la première moitié du XVIIe siècle,* Paris, 1943.

— «Les problèmes de l'histoire du libertinage» in *XVIIe siècle*, n°127, 1980.

POMIAN K., *Collectionneurs, amateurs et curieux, Paris-Venise XVI-XVIIIe siècles*, Paris, 1987.

POPKIN R.H., *The History of Scepticism from Erasmus to Descartes*, Assen, 1960.

PORSET Ch., «grammatista philosophans» in *La grammaire générale des modistes aux idéologues*, sous la direction d'André Joly et Jean Stefanini, Lille, 1977.

PROBLÉMATIQUE et réception du Discours de la méthode *et des* Essais, textes réunis par H. Méchoulan, Paris, 1988.

REDONDI P., *Galileo eretico*, Torino, 1983.

REICHENBERGER K., *«Themen und Quellen der Septmaine» (Guillaume Saluste Du Bartas, La sepmaine ou creation du monde, kritischer Text der Genfer Ausgabe von 1581 von Kurt Reichenberger*, 2 vols, Tübingen, 1963.

RÊVER en France au XVIIe siècle, *Revue des sciences humaines*, 1988-3, n°211.

RICERCHE sulla letteratura libertina et letteratura clandestina nel seicento (Atti del Colloquio di Genova 1980), 1981.

RICŒUR P., *La métaphore vive*, Paris, 1975.

ROBINET A., *Le langage à l'âge classique*, Paris, 1978.

— *La pensée à l'âge classique*, Paris, 1981.

RÖD W., «L'argument du rêve dans la théorie cartésienne de l'expérience» in *Les Etudes philosophiques*, 1976/4, p. 461-473.

RODIS-LEWIS G., *L'individualité selon Descartes*, Paris, 1950.

— *L'œuvre de Descartes*, Paris, 1971.

— «Descartes et Poussin» in *XVIIe siècle*, n°23, 1954, p. 521-549.

— «Machineries et perspectives curieuses dans leurs rapports au cartésianisme» in *XVIIe siècle*, juillet 1956, n°32, p. 461-474.

— *Descartes, textes et débats*, Paris, 1986.

ROMANOVSKI S., *L'illusion chez Descartes*, Paris, 1974.

ROMANZO al tempo di Luigi XIII (Il), Bari-Paris, 1976.

RONCHI V., *Galileo e il cannocchiale*, Udine, 1942.

— *Storia della luce*, Roma, 1983.

ROSSI P., *L'interpretazione baconiana delle favole antiche*, Milano, 1953.

— *Clavis Universalis*, Torino, 1960.

— *Francesco Bacone, dalla magia alla scienza*, 1957, Torino, 1974.

— *I filosofi e le machine (1400-1700)*, Milano, 1962, 1984.

ROUSSET J., *La littérature de l'âge baroque en France*, Paris, 1964.

— *L'intérieur et l'extérieur*, Paris, 1976.

— *Anthologie de la poésie baroque française*, 2 vols, Paris, 1968.

SARDUY S., *Barroco*, Paris, 1975.

SARTRE J.-P., «La liberté cartésienne», in *Situations I*, Paris, 1947.

SAUNDERS J.-L., *Justus Lipsius: The Philosophy of Renaissance Stoicism*, New York, 1955.

SERRES M., *Etudes philosophiques*, Paris, 1968.

SEZNEC J., *La survivance des dieux antiques*, London, 1940.

SHEA W.R., «Descartes and the Rosicrucians» in *Annali dell'Istituto e Museo di storia della Scienza di Firenze*, Firenze, 1979.

SIMON G., *Kepler astronome et astrologue*, Paris, 1979.

— «Descartes, le rêve et la philosophie au XVIIe siècle» in *Revue des sciences humaines*, 1988-3, n°211.

SIRVEN J., *Les années d'apprentissage de Descartes*, Albi, 1928.

SKRINE P.N., *The Baroque*, London, 1978.

SLAUGHTER M.M., *Universal languages and scientific taxinomy in the seventeenth century*, Cambridge, 1982.

SPOERRI T., «La puissance métaphorique de Descartes» in *Cahiers de Royaumont*, Paris, 1957.

STAROBINSKI J., *Montaigne en mouvement*, Paris, 1982.

— «Descartes et la médecine», *Synthèse*, 1953, p. 333-338.

TANAKA H., «Le voyage de Descartes en Allemagne» in *Revue de métaphysique et de morale*, 1987, n°1.

TAPIÉ V.L., *La France de Louis XIII et de Richelieu*, Paris, 1952.

—*Baroque et classicisme*, Paris, 1957.

TENENTI A., «La polemica sulla religione di Epicurio nella prima metà del Seicento» in *Studi storici*, 1959-1960, p. 227-243, ensuite dans Tenenti A.: *Ideologie, libertinismi tra Mediœvo e età moderne*, Bologna, 1977, p. 287-306.

THORNDIKE L., *History of magic and experimental science*, volumes VII-VIII: *The seventeenth century*, New York, 1958.

TILLMANN A., *L'itinéraire du jeune Descartes*, Lille, 1976.

TOCANNE B., *L'idée de nature en France dans la seconde moitié du XVIIe siècle*, Paris, 1978.

TORRINI M., «Il topos della meraviglia come origine della filosofia da Bacon a Vico» in *Francis Bacon terminologia e fortuna nel XVII secolo*, Roma, 1986.

TREVISANI F., «La teoria corpusculare in Cartesio dal Traité du monde ai Principi» in *Ricerche sull'atomismo*, Firenze, 1977, p. 179-223.

TUZET H., *Le cosmos et l'imagination*, Paris, 1965.

VASOLI C., *La dialettica e la retorica nell'umanesimo*, Milan, 1968.

— *L'enciclopedismo del Seicento*, Napoli, 1978.

VECA A., *Vanitas. Il simbolismo del tempo*, Bergamo, 1981.

VIALA A., *La naissance de l'écrivain*, Paris, 1985.

VICKERS B., «Analogy versus identity» in *Occult ans scientific mentalities in the Renaissance*, sous la direction de B. Vickers, Cambridge, 1984.

VUILLEUMIER F., «La rhétorique du monument» in *XVIIe siècle*, n°156, juillet/sept. 1987, p. 291-312.

WALKER D.P., *The ancient theology studies in Christian Platonism, from the fifteenth to the eighteenth century*, Londres, 1972.

WARNKE F.J., *Versions of Baroque*, New Haven, 1972.

WEBER J.-P., «la méthode de Descartes d'après les Regulae» in *Archives de la philosophie*, janvier-mars 1972, t. 35, p. 52.

WHITMORE P.J.S., *The order of minims in seventeenth century France*, La Haye, 1967.

YATES F., *Giordano Bruno and the hermetic tradition*, London et Chicago, 1964.

— *The art of memory*, London et Chicago, 1966, traduction française de Daniel Arasse, Paris, 1975.

— *The rosicrucian enlightenment*, London et Boston, 1972.

— «The stage in Robert Fludd's Memory system» in *Shakespeare Studies*, vol. 3, 1967.

— *Theatre of the world*, London et Chicago, 1969.

INDEX NOMINUM

Portrait de René Descartes par Jan Baptist Weenix, 1647 environ
Rijksmuseum Het Catharijneconvent, Utrecht

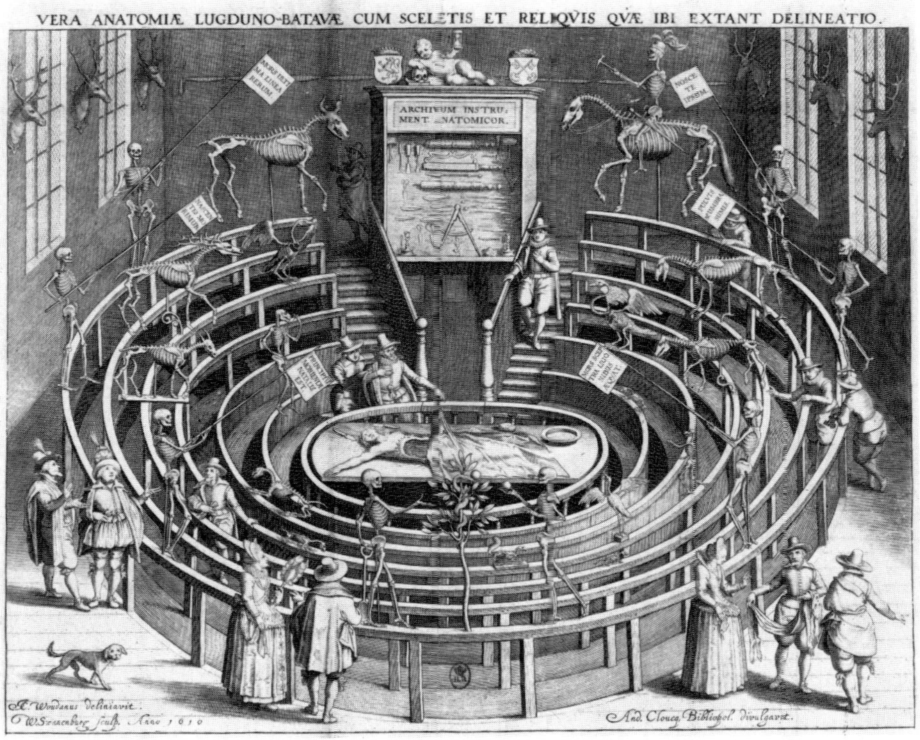

L'amphithéâtre d'anatomie de Leyde
Gravure de W. Swanenburg (1610) d'après J. Woudanus

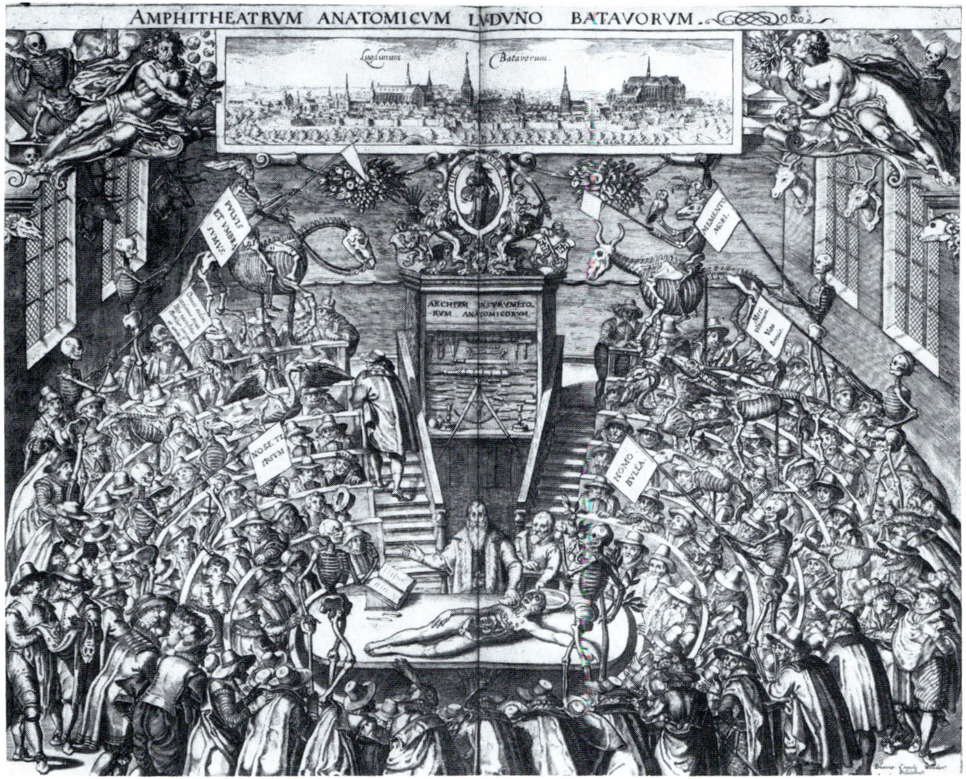

L'amphithéâtre d'anatomie de Leyde
Gravure de B. Dolendo (1609) d'après J. Woudanus

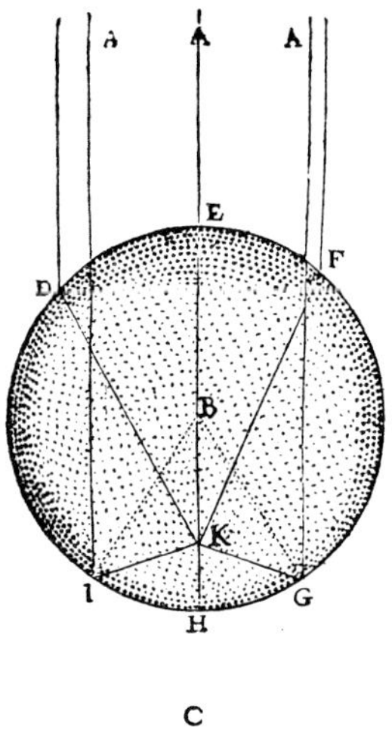

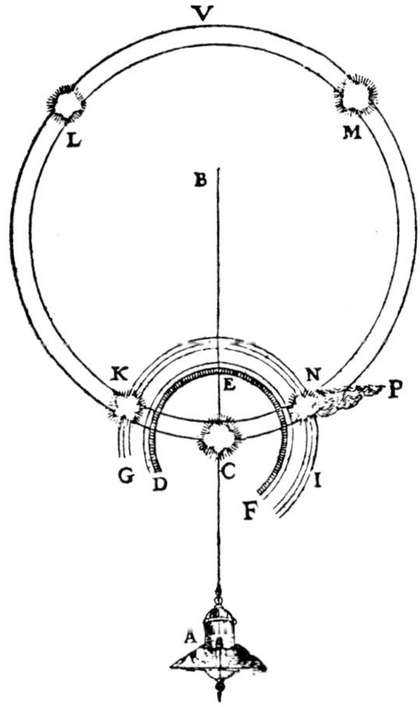

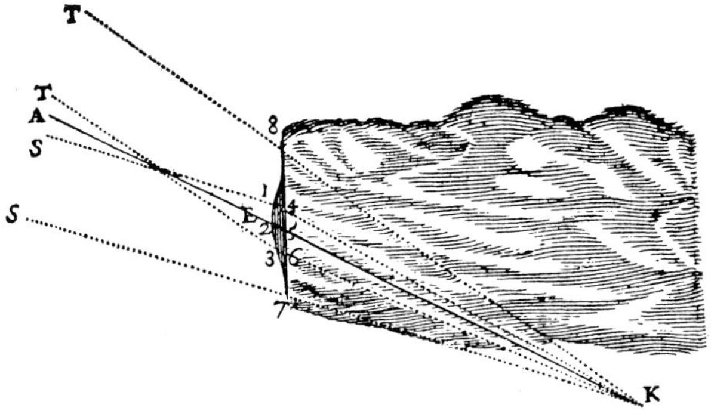

Météores, Discours dernier : de l'apparition de plusieurs soleils.
AT VI, 357-365.

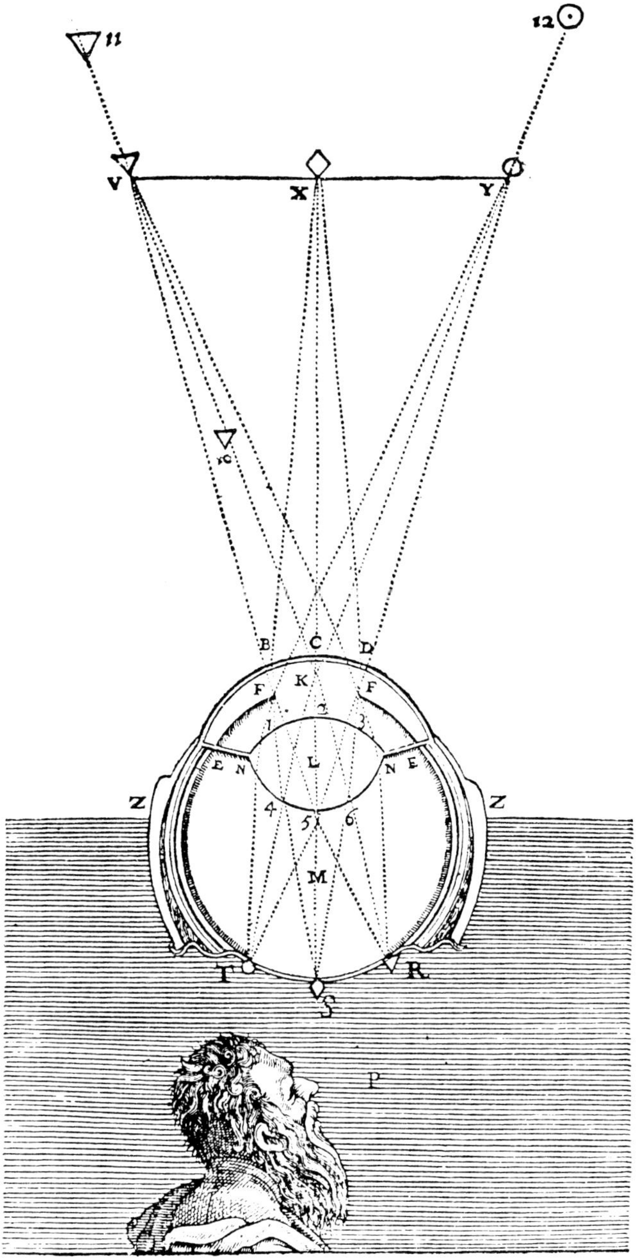

« … l'œil d'un homme fraîchement mort, ou, au défaut, celui d'un bœuf ou de quelque autre gros animal… », Dioptrique, AT VI, 115.

Fig. 15.

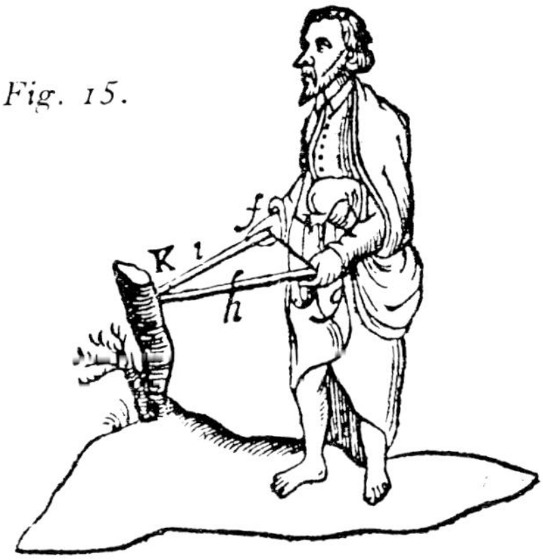

Fig 16.

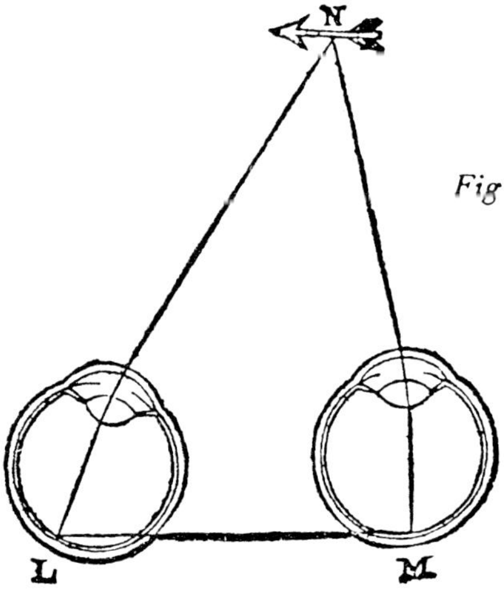

AT XI, fin de volume non paginé.

« Remarquez aussi (fig. 15), que si les deux mains, f *et* g, *tiennent chacune un bâton,* i *et* h, *dont elles touchent l'objet* K *: encore que l'âme ignore d'ailleurs la longueur de ces bâtons, toutefois, parce qu'elle saura la distance qui est entre les deux points* f *et* g, *et la grandeur des angles* fgh, *et* gfi, *elle pourra connaître comme par une géométrie naturelle, où est l'objet* K. *Et tout de même (fig. 16), si les deux lignes L et M sont tournées vers l'objet N, la grandeur de la ligne LM, et celle des deux angles LMN, MLN, lui feront connaître où est le point N » (AT XI, 160-161).*

Fig. 27.

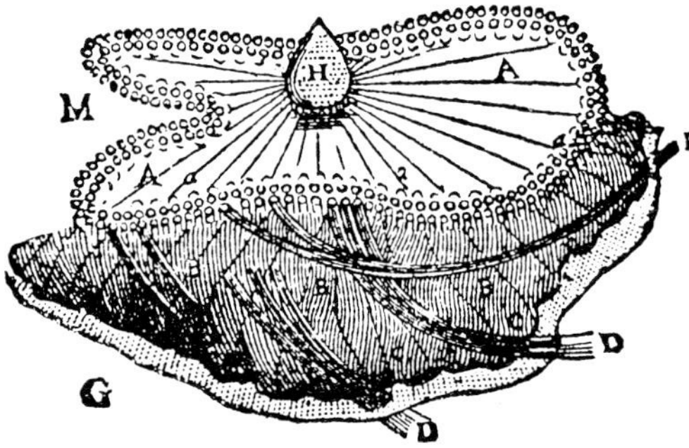

Fig. 29.

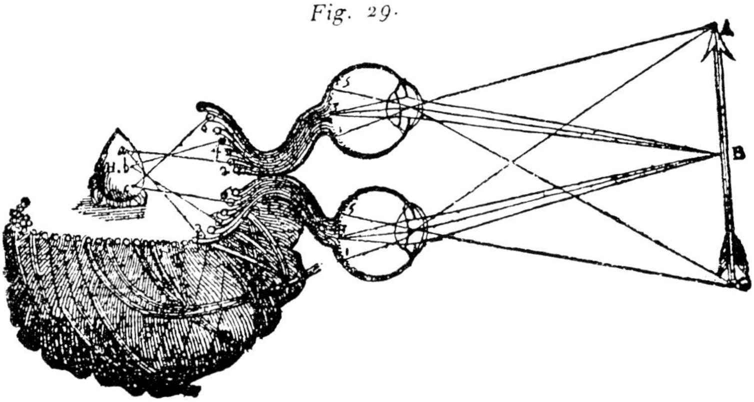

AT XI, fin de volume non paginé.

Fig. 27.

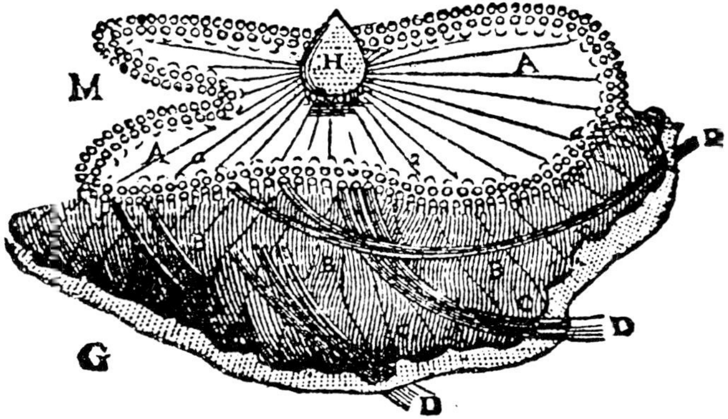

Fig. 28.

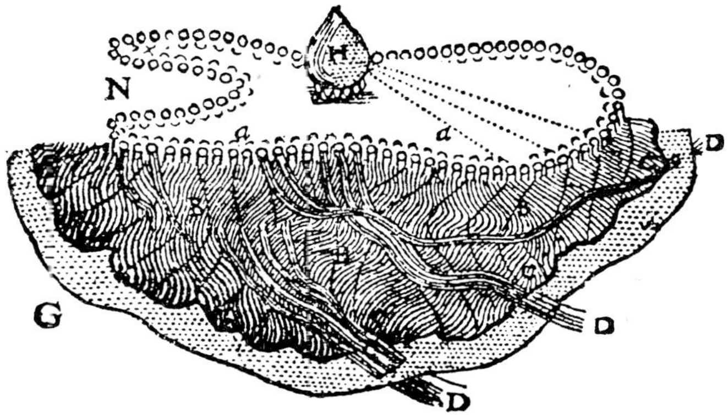

« …imaginez-vous… que la différence qui est entre les deux figures M *et* N, *est la même qui est entre le cerveau d'un homme qui veille, et celui d'un homme qui dort, et qui rêve en dormant* » *(AT IX, 173-174).*

Illustrations de Gutschoven
AT XI, fin de volume non paginé.

Fig. XXXII.

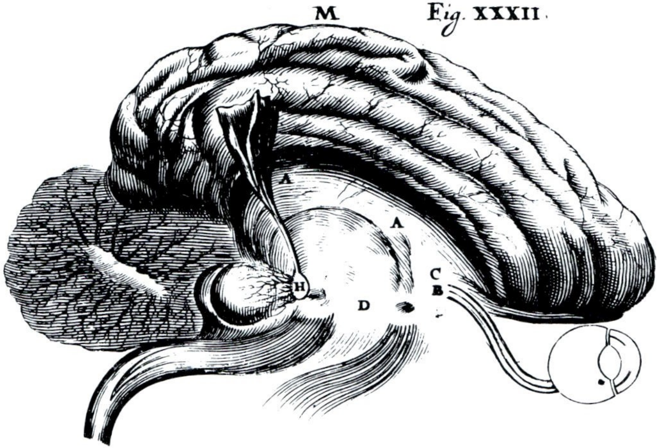

Fig. XXXIII.

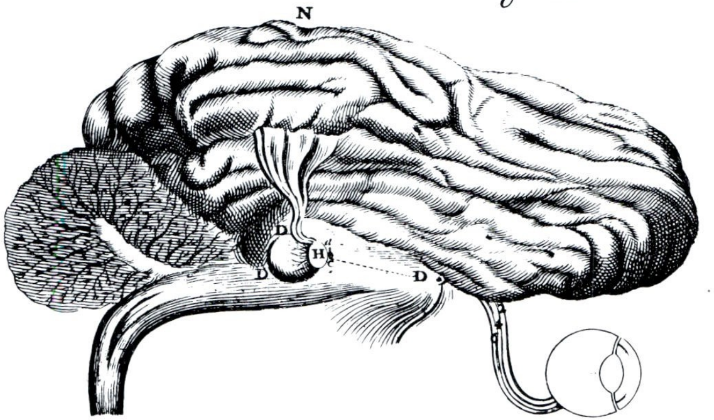

Illustrations de Florent Schuyl, *De Homine*..., Leyde, 1662.

Fig. 35.

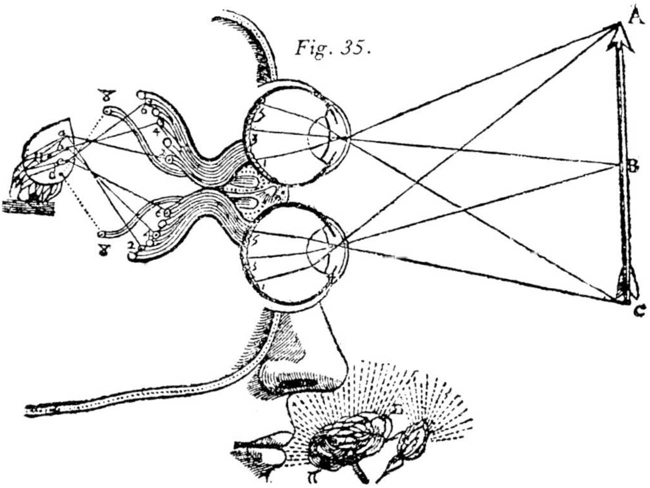

Fig. 36.

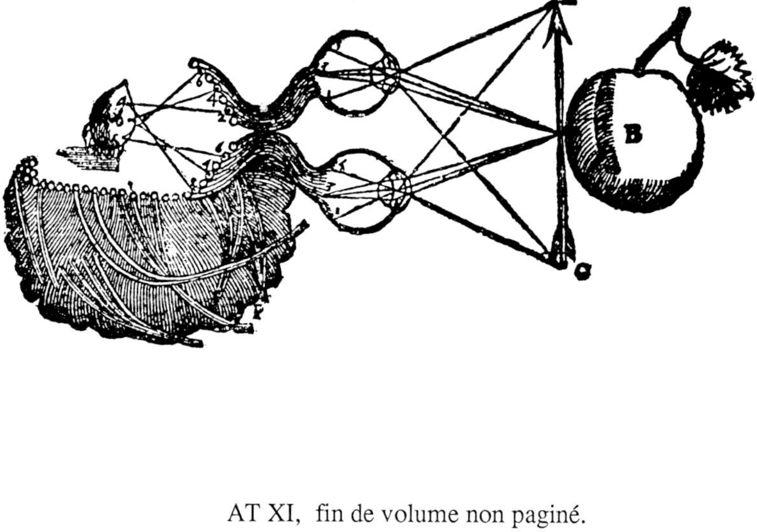

AT XI, fin de volume non paginé.

Fig. 30.

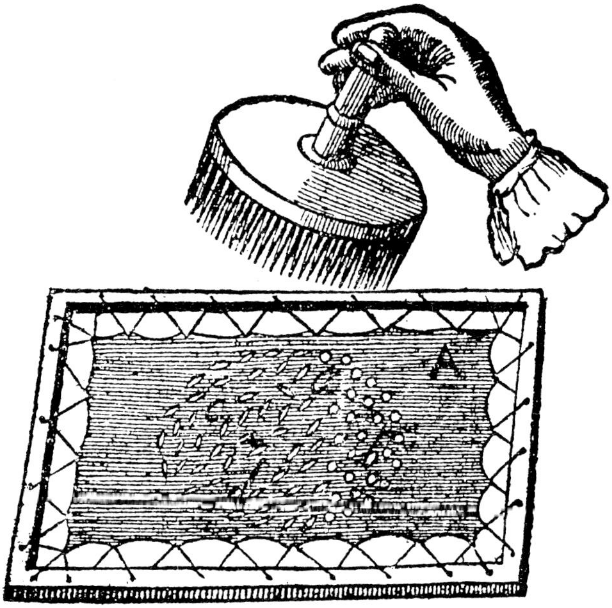

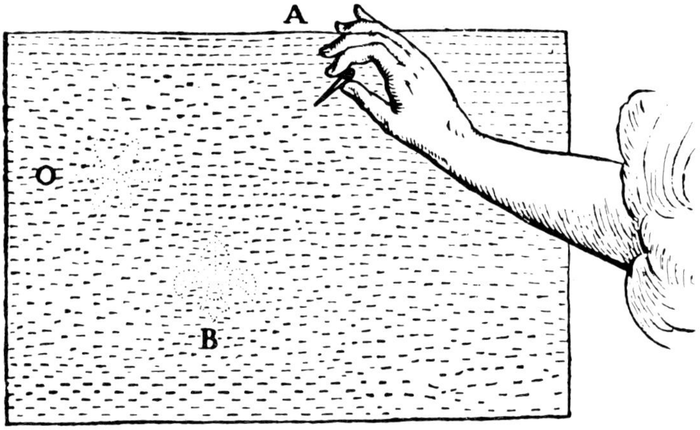

La mémoire cartésienne : *« ... ainsi que si on passait plusieurs aiguilles, ou poinçons au travers d'une toile, comme vous voyez... » (AT IX, 178).*

Illustration de La Forge (en-haut) AT XI, fin de volume non paginé.
Illustration de Schuyl (en-bas).

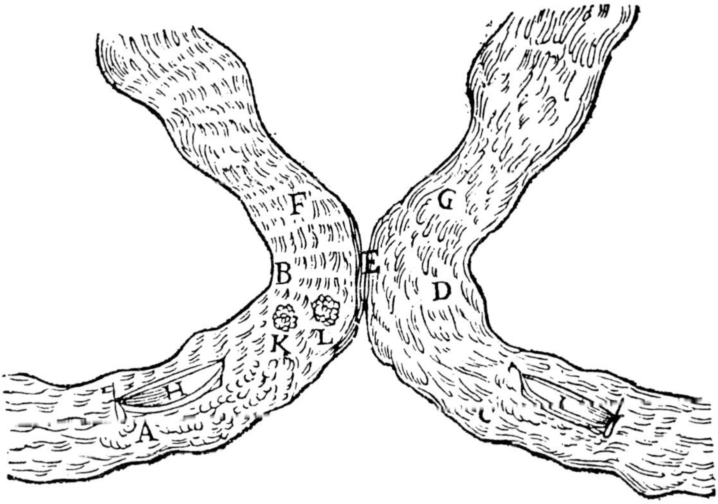

« Par exemple, si ces deux Rivières sont ABF et CDG, qui, venant de deux côtés différents, se rencontrent vers E, puis de là se détournent, AB ver F, et CD vers G : il est certain que le bateau H, suivant le cours de la Rivière AB, doit passer par E vers G, et réciproquement, le bateau I, vers F, si ce n'est qu'ils se rencontrent tous deux au passage en même temps, auquel cas le plus grand et le plus fort brisera l'autre ; et qu'au contraire l'écume, les feuilles d'arbres et les plumes, les fétus et autres tels corps fort légers, qui peuvent flotter vers A, doivent être poussés par le cours de l'eau qui les contient, non pas vers E et vers G, mais vers B, où il faut penser que l'eau est moins forte et moins rapide que vers E, puisqu'elle y prend son cours suivant une ligne qui est moins approchante de la droite ». (A T XI, 58-59).

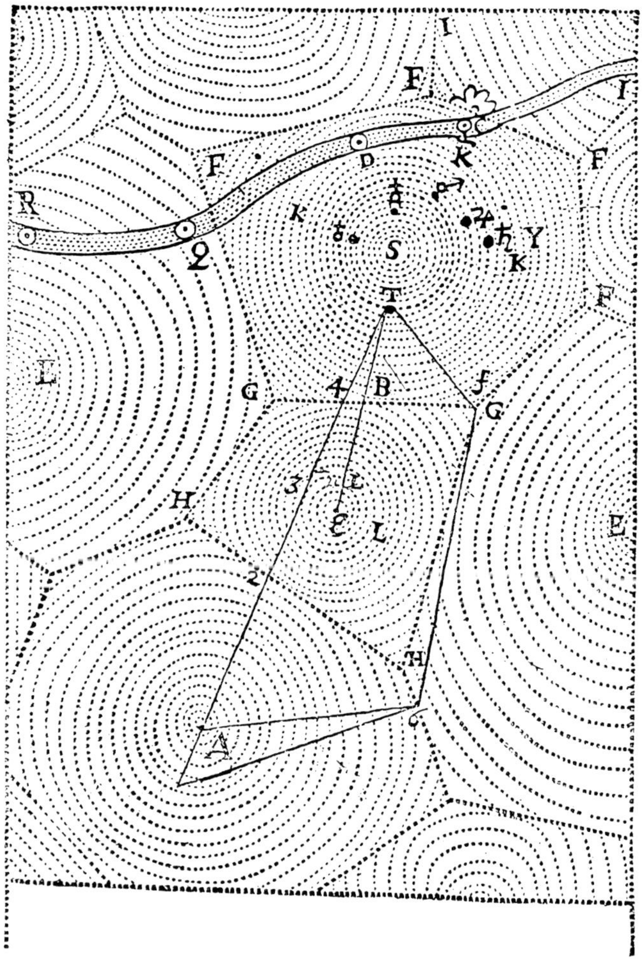

« Comme vous voyez ici que la Comète qui prend son cours suivant la ligne CDQR, étant déjà entrée assez avant dans les limites du Ciel FG, lors qu'elle est au point C, demeure néanmoins encore enveloppée de la matière du Ciel FI, d'où elle vient, et n'en peut être entièrement délivrée, avant qu'elle soit environ le point D. Mais sitôt qu'elle y est parvenue, elle commence à suivre le cours du Ciel FG, et ainsi à se mouvoir beaucoup plus vite qu'elle ne faisait auparavant. Puis, continuant son cours de là vers R, son mouvement doit se retarder derechef peu à peu, à mesure qu'elle approche du point Q ; tant à cause de la résistance du ciel FGH, dans les limites duquel elle commence à entrer, qu'à cause qu'y ayant moins de distance entre S et D, qu'entre S et Q, toute la matière du ciel qui est entre S et D, où la distance est moindre, s'y meut plus vite : ainsi que nous voyons que les rivières coulent toujours plus promptement, aux lieux où leur lit est plus étroit et resserré, qu'en ceux où il est plus large et plus étendu ». (AT XI, 61-62)

Figura

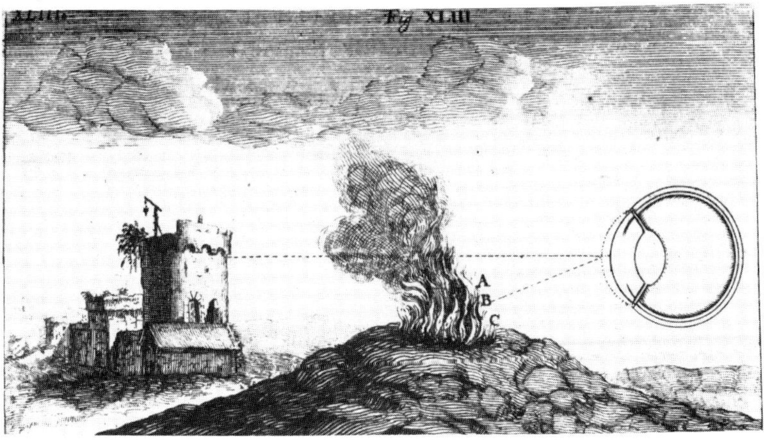

Illustrations de Florent Schuyl, *De Homine*..., Leyde, 1662, p. 91 et 98.

TABLE DES MATIÈRES

Imprimerie de la Manutention à Mayenne — décembre 1991 — N° 446-91